Konstanze Rasch

Diagnose Hufrehe

Müller Rüschlikon

Einbandgestaltung: grafik + design Erlewein, Stuttgart-Freiberg
Titelbilder und Foto auf der Umschlagrückseite:
Dr. Konstanze Rasch
Alle Fotos Dr. Konstanze Rasch, so nicht anders benannt.

Alle Angaben in diesem Buch wurden nach bestem Wissen und Gewissen gemacht. Sie entbinden den Pferdehalter nicht von der Eigenverantwortung für sein Tier. Für einen eventuellen Missbrauch der Informationen in diesem Buch können weder die Autorin noch der Verlag oder die Vertreiber des Buches zur Verantwortung gezogen werden. Eine Haftung für Personen-, Sach- und Vermögensschäden ist ausgeschlossen.

ISBN 978-3-275-02159-8

Postfach 103743, 70032 Stuttgart
Ein Unternehmen der Paul Pietsch Verlage GmbH & Co. KG

5. Auflage 2024

Sie finden uns im Internet unter www.mueller-rueschlikon-verlag.de

Lektorat: Claudia König
Innengestaltung: grafik + design Erlewein, Stuttgart-Freiberg
Druck und Bindung: Graspo CZ, 76302 Zlin
Printed in Czech Republic

Für Peggy, die Tapfere ...

Danke

Ich möchte mich bei allen bedanken, die mich bei diesem Buch unterstützt haben.

Ein ganz großes Dankeschön geht an meine Kolleginnen Carmen Daum, Corinna Meißner, Eileen Penzel und Angelika Prange, für die Dokumentation und das zur Verfügung stellen ihrer Hufrehefälle und für ihre hervorragende Arbeit an den Hufen dieser Pferde.

Ein ebenso großes Dankeschön geht an Irina Rosch, deren Wissen und Engagement auf dem Gebiet der Tierheilpraxis ich nicht mehr missen möchte und ohne die meine Arbeit an den Hufen in einigen Fällen wohl keinen Erfolg gehabt hätte. Allein zwei Pferde dieses Buches verdanken es ihr nicht weniger als mir, dass sie jetzt wieder munter zu Fuß sind.

Ich danke allen Pferden und ihren Besitzern, deren (Leidens-)Geschichten letztlich zu diesem Buch geführt haben und ich bedanke mich ganz außerordentlich bei all denjenigen, die diesen Pferden und Pferdebesitzern hier im Buch stellvertretend ein Gesicht geliehen haben. Ich wünsche mir, dass sie auf diese Weise vielen anderen Pferden Leiden ersparen und deren Besitzern zu den richtigen Entscheidungen verhelfen.

Ich danke meinem Mann und Kollegen Gerd Jampert dafür, dass er mein Buch von Anfang an nach Kräften unterstützt hat und mir stets so gut es ging den Rücken gestärkt hat. Ich danke ihm für seine mitunter schwer strapazierte Geduld, die organisatorische und fachliche Unterstützung und seine unerlässliche Hilfe bei der Endredaktion.

Mein Dank geht auch an meine Kolleginnen und Kollegen Birgit Höllmer, Dorle Jürgensen, Ralf Kirschner, Solveig Schmidt, Maria Scudino, Aline Ullsperger, Frank Vicent und Bianka Wernick, die mir ihr Bildmaterial zur Verfügung gestellt haben und so einen wertvollen Beitrag zum Gelingen des Buches geleistet haben.

Nicht zuletzt gilt mein Dank meiner Lektorin Claudia König und der Grafikerin Kornelia Erlewein für ihre technische Unterstützung und die wie ich finde gelungene Umsetzung meines Buchprojektes.

»Einmal Hufrehe –

0 Hufrehe – Eine Frage der Zeit

Hufrehe ist in dreifacher Hinsicht eine Frage der Zeit. Erstens ist die Hufrehe ein gehäuftes Phänomen der modernen Zeit, denn an Hufrehe erkranken gegenwärtig mehr Pferde als jemals zuvor. Die Ursachen hierfür liegen in den Entwicklungen der modernen Fütterungs-, Haltungs- und Nutzungspraxis der Pferde.
Die Hufrehe ist auch in weiterer Hinsicht eine Frage der Zeit, denn die Schnelligkeit der Reaktion ist überaus entscheidend für den Ausgang der Hufrehe und damit für das Schicksal des Pferdes. Wenn sich eine Hufrehe ereignet, ist sofortiges Handeln gefragt.
Nicht zuletzt ist es wirklich an der Zeit, die Hufe selbst im Hinblick auf die Erkrankung ernster zu nehmen. Und zwar nicht nur als Leidtragende der Erkrankung, sondern auch als prädisponierende Faktoren und Auslöser der Hufrehe. Viele Reheerkrankungen könnten verhindert werden, wenn die Warnsignale am Huf nicht übersehen würden! Aber auch als Objekt des Schutzes und der Wiederherstellung müssen die Hufe ernster genommen werden – mit den richtigen Maßnahmen ist es in den meisten Fällen möglich, die volle Funktionsfähigkeit der Hufe auch nach einer Rehe wieder herzustellen. Es gibt zu viele chronische Rehehufe!

Geläufig ist die Aussage »Einmal Hufrehe – immer Hufrehe«. Was wie eine Bauernweisheit klingt, sieht sich leider in der Praxis tatsächlich häufiger bestätigt, als die meteorologischen Bauernregeln. Aber ganz anders als beim Wettergeschehen hat der Mensch einen entscheidenden Einfluss auf das Eintreffen des gefürchteten Phänomens und vor allem auch darauf, ob es sich, einmal eingetreten, von nun an beständig wiederholt. Die chronische Hufrehe ist kein reines Naturereignis, sondern vielmehr und weit häufiger ein menschengemachter Zusammenhang, der in erster Linie aus Unwissen entsteht.

Das vorliegende Buch möchte Wege aufzeigen, diesen Teufelskreislauf zu durchbrechen.

An Hufrehe zu erkranken, stellt für die betroffenen Pferde und ihre Besitzer nicht nur eine schmerzhafte und anstrengende Phase des Leidens dar, für viele Pferde bedeutet sie auch einen harschen Bruch mit ihrem bisherigen Pferdeleben. Das gilt dann zumeist auch für den Pferdebesitzer, der sich nun vom stolzen Turniersportler oder unbekümmerten Geländereiter in die Rolle des Krankenpflegers versetzt sieht. Das bis dahin völlig gesunde Pferd wird durch die Hufrehe zu einem chronisch kranken Pferd – nicht mehr nutzbar, immer gefährdet, häufig weiter leidend. Dass dies kein zwangsläufiger Weg ist, ist eine der Kernaussagen meines Buches. Dieses Buch möchte Mut machen und Wege aufzeigen, die Pferd und Besitzer aus der vermeintlichen Sackgasse führen.

1 Anatomie des Krisengebiets

1.1 Auf der Fingerspitze – Naturwunder Pferdehuf

Tatsächlich ist der Pferdehuf ein kleines Wunder der Natur. Was den meisten Menschen wie ein kompaktes und massives Gebilde aus einem Guss vorkommt, ist in Wirklichkeit eine sensible, komplizierte und hoch spezialisierte Konstruktion. Nur wenige Pferdebesitzer wissen, wie es im Huf aussieht und welche vielfältigen Vorgänge innerhalb des Hornschuhs stattfinden. Was sorgt eigentlich dafür, dass gesundes Hufhorn wächst oder dass es eben ausbleibt? Warum werden Hufe schief? Und weshalb laufen manche Pferde unterm Sattel und vor der Kutsche ihr Leben lang Barhuf und andere Pferde laufen keinen einzigen Meter ohne ihren Beschlag?

Das Unwissen über den Huf gipfelt manchmal sogar in der Feststellung »Das Pferd hat ja gar keine Hufe!«, wenn ein Pferd »unten ohne« gesichtet wird. Der »Besserwisser« wird daraufhin sagen, »doch doch, denn ohne Hufe würde es doch gar nicht hier stehen, geschweige denn laufen. Was Du meinst, ist, dass es keine Eisen trägt.«

Im Großen und Ganzen wird der Huf von den meisten Menschen, als ein kompaktes, massives Horngebilde wahrgenommen, quasi dafür gemacht, einen Beschlag darauf zu befestigen und daneben noch mehr oder weniger anfällig für Strahlfäulnis oder Hornausbrüche zu sein, ohne dass man außer einem »das ist bei dem schon immer so« oder »das hatte die Mutter auch schon« einen triftigen Grund dafür weiß. Bis sich ernsthafte Probleme einstellen, sieht der Pferdebesitzer den Huf in der Regel nur aus der Perspektive des Putzers und Pflegers und nur wenige Besitzer haben eine ungefähre Vorstellung davon, was sich innerhalb der mit mehr oder weniger Aufwand und Liebe gepflegten Hornkapseln befindet.

Hat man nun ein Rehepferd, so sieht man sich unvermittelt vor die Aufgabe gestellt, Entscheidungen zu treffen, die auf einer gewissen Kenntnis der Hufanatomie beruhen. Soll man die erkrankten Hufe mit einem orthopädischen Eisen beschlagen lassen oder soll man den Beschlag, den es ohnehin schon trägt, nicht gar abnehmen lassen? Soll man sein Pferd aufstallen oder soll man es bewegen? Sollen die Hufe gekühlt werden oder in Verbände gepackt? Sollen die Trachten hochgestellt oder sollen sie heruntergeschnitten werden? Die Therapievorschläge der zu Rate gezogenen Experten sind mannigfaltig und widersprüchlich.

Dem Besitzer bleibt die Qual der Wahl. Was ist die richtige Entscheidung, was ist zu tun? Will man hier nicht blind vertrauen, sondern die verschiedenen Argumente und Gegenargumente beurteilen, so muss man sich selbst in den Stand versetzen, die Vorgänge im Huf zu verstehen. Dies ist umso notwendiger, als nicht jeder zu Hilfe gerufene Experte selbst von sich behaupten kann, auf dem neuesten Stand des Wissens zu sein. Um sich also zwischen den angebotenen therapeutischen Maßnahmen wirklich überlegt entscheiden zu können, ist es unerlässlich zu wissen, wie es im Huf aussieht. Kurz gesagt: Man muss das Krisengebiet kennen, um die Krise meistern zu können.

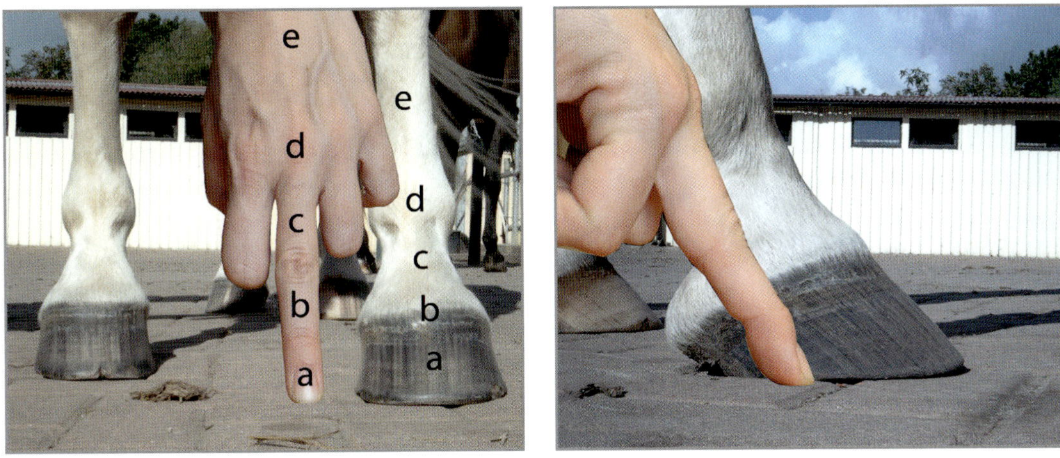

Abb. 1: Die Hand und die Pferdegliedmaße
(a) unterster Fingerknochen = Hufbein, (b) mittlerer Fingerknochen = Kronbein, (c) oberster Fingerknochen = Fesselbein, (d) Fingergrundgelenk = Fesselgelenk, (e) Mittelhandknochen = Röhrbein

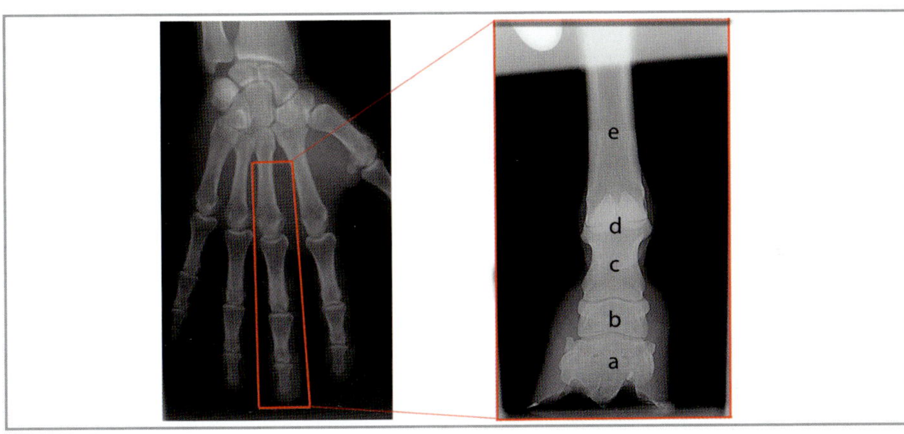

Abb. 2: Die menschliche Hand und die Vordergliedmaße eines Pferdes im Röntgenbild.

1.1.1 Pferdehuf und Fingernagel

Wenn man es genau nimmt, läuft das Pferd auf der Finger- oder Zehenspitze. Seine Vordergliedmaße entspricht in ihrem knöchernen Aufbau annähernd dem unserer Hand und unseres Armes, seine Hintergliedmaße dem unseres Fußes und Beines. So besitzt das Vorderbein des Pferdes ebenfalls ein Karpalgelenk (das ist bei uns das Handgelenk), das Hinterbein ein Sprung- und ein Kniegelenk etc. Und es gibt noch mehr Ähnlichkeiten, wie die folgende Anekdote zeigt. Die Besitzerin eines Rehepferdes hatte sich innerhalb weniger Tage bei Renovierungsarbeiten in ihrer Offenstallanlage nacheinander beide Daumen heftig angeschlagen. Es entstanden Blutergüsse unter den Nägeln. Zufälligerweise passierte dies just in der Zeit, als ihr Pferd wieder einmal unter einem akuten Hufreheschub litt. Sensibilisiert für das Thema, fotografierte sie die Einblutungen in ihren Daumennägeln und auch die bereits vom letzten Reheschub herrührenden Einblutungen in den Hufen ihres Pferdes. Gewisse Ähnlichkeiten sind tatsächlich nicht zu übersehen.

Abb. 3: Daumenrehe? Die ringförmige Einblutung im Horn entstand beim letzten Reheschub.

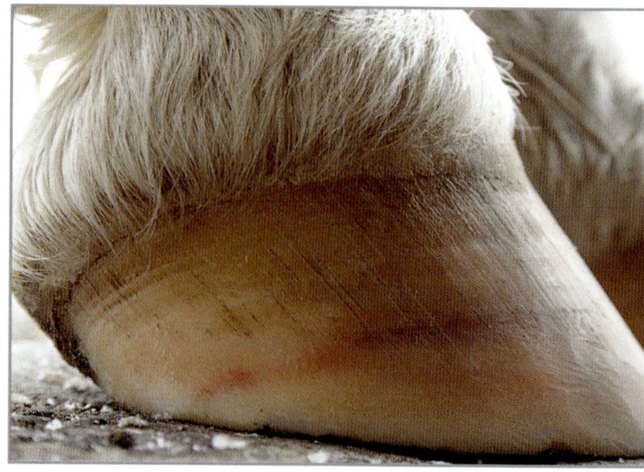

Dennoch darf das ähnliche Erscheinungsbild nicht über die unterschiedliche Ursache hinwegtäuschen. So reicht ein heftiger einzelner Schlag auf den Pferdehuf allein nicht aus, um eine Rehe auszulösen. Und auch die Einblutungen, die man in der Hornwand heller Hufe häufig sieht, sind viel eher durch hebelnde Krafteinwirkungen verursacht, als durch ein Anschlagen des Pferdehufes. Wir werden darüber im Abschnitt 2.4.1 (Check up: Hufe, S. 73 ff.) mehr erfahren. Neben den genannten anatomischen Ähnlichkeiten gibt es natürlich deutliche Unterschiede. Und diese Unterschiede verdanken sich dem unterschiedlichen Gebrauch von menschlicher Hand und Pferdebein. So dient der menschliche Fingernagel, wie auch der Fußnagel, hauptsächlich dem Schutz der empfindlichen Finger- oder Zehenspitzen; daneben besitzt er, je nach individuellem Geschick unter anderem auch noch eine Werkzeugfunktion. Der Huf des Pferdes jedoch ist nicht allein eine Schutzeinrichtung für die empfindlichen inneren Strukturen, der Huf ist darüber hinaus vor allem eine Tragekonstruktion.

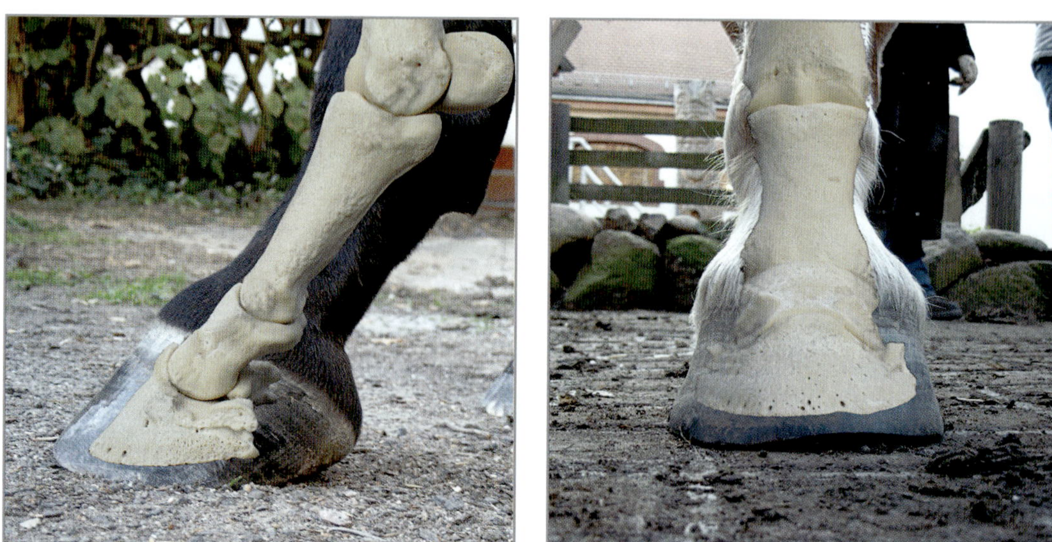

Abb. 4: Pferdebeine im Röntgenblick

Das Pferd läuft auf seinem Nagel. Es ist für das Pferd deshalb überlebenswichtig, dass dieser Nagel intakt und kräftig ist.
Sicher hat sich jeder schon irgendwann einmal in seinem Leben den Fingernagel eingerissen. Und bei bestimmten Verrichtungen kann dies auch sehr unangenehm und schmerzhaft sein.
Der Schmerz rührt daher, dass die eingerissenen Nagelränder an Gegenständen, beispielsweise dem Pullover, den man sich gerade anzieht, hängen bleiben und dadurch an der unter dem Nagel befindlichen Lederhaut reißen. Das kann sogar soweit gehen, dass es zu bluten anfängt. Also vermeidet man möglichst jegliche Berührung, und schneidet den Nagel so kurz es geht, um die freien Ränder möglichst am Einhaken im Pullover oder der Strumpfhose zu hindern.
Ein Pferd hat diese Möglichkeiten nicht. Es steht auf seinem Nagel und jeder Schritt, den es macht, bewegt die Nagelränder. Eine eingerissene Hornkapsel schmerzt das Pferd, ohne dass es etwas dagegen tun, also den Schmerz vermeiden könnte. Es kann lediglich weniger laufen, es kann lahm gehen und es kann sich hinlegen – alles keine wirklichen Optionen für das Lauftier Pferd.

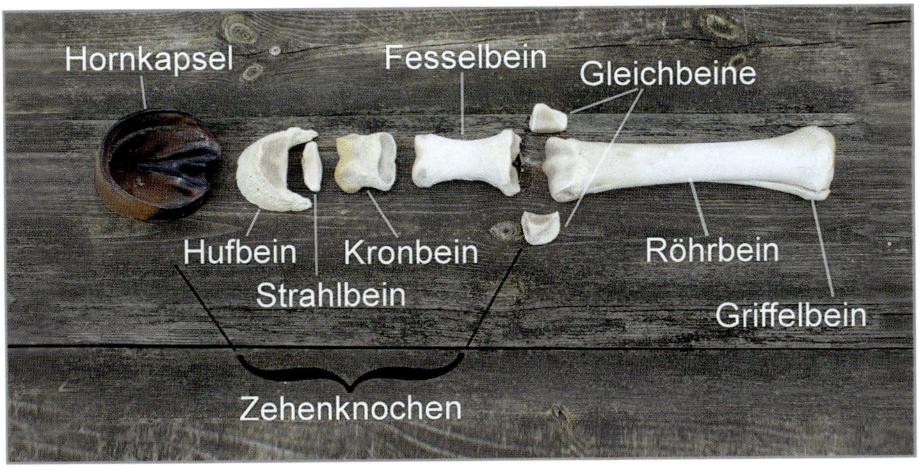

Abb. 5: Die Knochen der unteren Pferdegliedmaße.

Abb. 6: Hornkapsel mit Hufbein und Strahlbein ... hier vervollständigt mit Kronbein und Fesselbein.

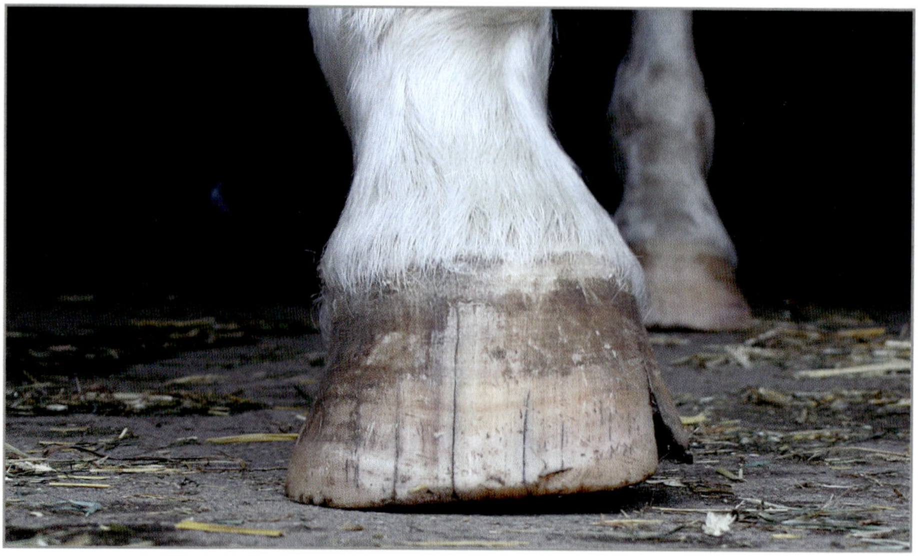

Abb. 7: Autsch! Besser nicht drauf stellen?

Nun soll nicht verschwiegen werden, dass die Hornkapsel ja deutlich stabiler gebaut ist als unser Fingernagel.
Nicht jeder Riss macht sich also sofort schmerzhaft bemerkbar.
Allerdings sorgt die unvermeidliche Bodenberührung für ein stetiges Weiterreißen und umso größer und tiefer der Riss wird, umso stärker wird die Wirkung auf die Lederhäute, die direkt unter dem Horn liegen. Der Mensch kann das unangenehme Reißen an der Lederhaut mindern, indem er wie beim Fingernagel die Nagelränder kürzt.
Allerdings bilden eben diese Nagelränder beim Pferd den Tragrand, auf dem es komfortabel läuft. Zu kurz geschnitten haben viele Pferde das Problem, dass sie auf hartem, unebenem oder steinigem Boden sehr fühlig gehen.
In beiden Fällen, Fingernagel und Huf, ist das Horn direkt mit der Lederhaut verbunden und in beiden Fällen bildet das Horn eine Schutzschicht gegen äußere Einflüsse. Im Fall des Hufes bildet das Horn jedoch nicht nur eine Schutzschicht, sondern es trägt zudem auch das Gewicht des Pferdes. Während der Fingerknochen und die Lederhaut vom Fingernagel »nur« bedeckt/geschützt sind, ist der Hufbeinknochen mit Hilfe seiner Lederhaut in seinem Huf»nagel« aufgehängt.
Dass dies möglich ist, verdankt sich einer Konstruktion namens Hufbeinträger. Diesem Träger des Hufbeins kommt im Zuge der Reheerkrankung eine ganz besondere Rolle zu. Aber alles schön der Reihe nach.

Die Knochen der Pferdegliedmaße haben sich – ebenso wie die Knochen von Hand und Fuß – an ihre Funktion angepasst. Deshalb ist die Form der Knochen natürlich auch eine völlig andere als die der menschlichen Fingerknochen.
Bis zur Höhe des Fesselgelenkes (beim Mensch das Finger- bzw. Zehengrundgelenk) besteht die Gliedmaße des Pferdes aus den folgenden Knochen: Hufbein, Strahlbein, Kronbein und Fesselbein. Diesen unteren Teil der Pferdegliedmaße bis zum Fesselgelenk nennt man die Zehenknochen und Zehengelenke des Pferdes. Nach oben, also oberhalb des Fesselgelenkes schließt sich das Röhrbein mit sei-

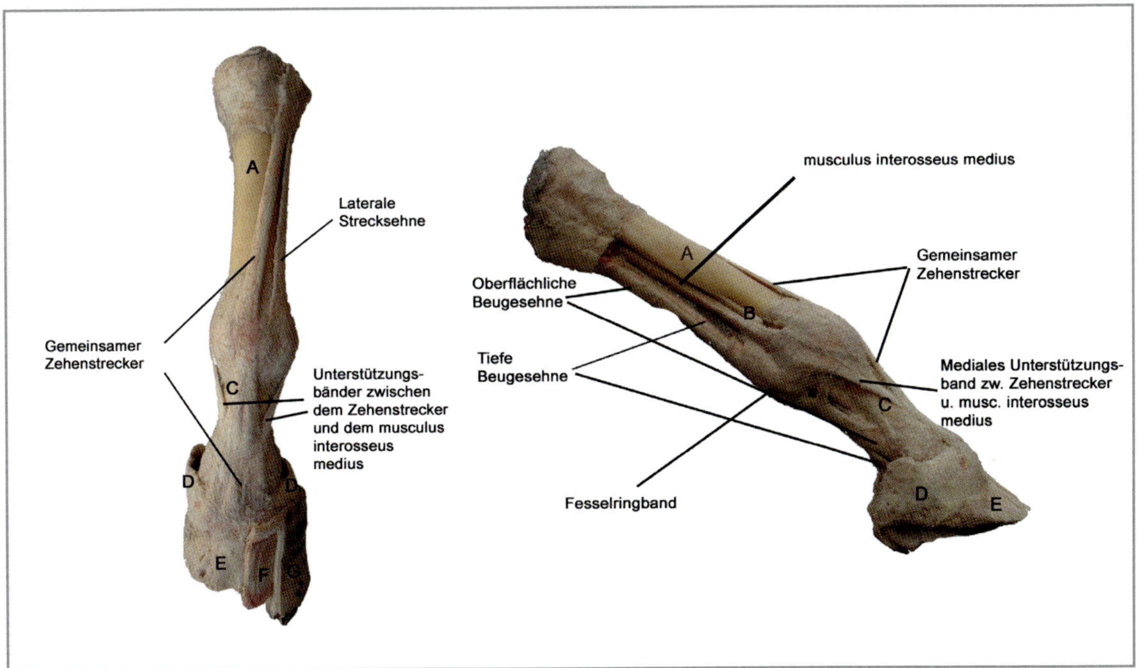

Abb. 8: (A) Röhrbein, (B) Griffelbein, (C) Fesselbein, (D) Hufknorpel, (E) Hufbein, (F) Wandlederhaut, (G) Hornkapsel (Präparat: Walter Keil)

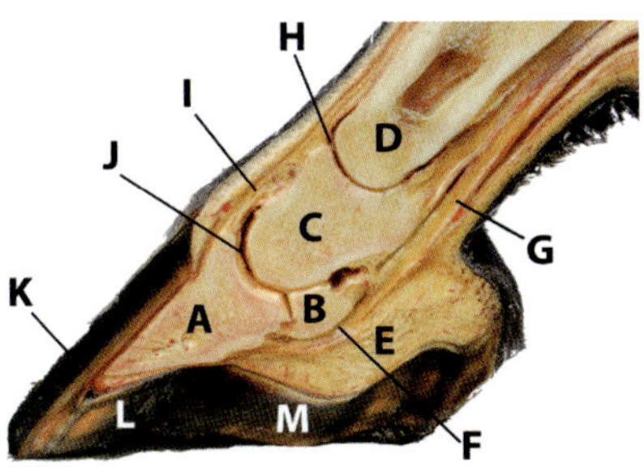

Abb. 9:
(A) Hufbein, (B) Strahlbein, (C) Kronbein, (D) Fesselbein, (E) Strahlpolster, (F) Hufrollenschleimbeutel, (G) Tiefe Beugesehne, (H) Krongelenk, (I) Gemeinsame Strecksehne, (J) Hufgelenk, (K) Wandhorn, (L) Sohlenhorn, (M) Strahlhorn (Präparat: Walter Keil)

nen beiden Griffelbeinen an. Im Anschluss hieran folgen am Vorderbein von unten nach oben das Karpalgelenk, der Unterarm, das Ellenbogengelenk, der Oberarm und das Schultergelenk. Im Hinterbein folgen auf das Röhrbein das Sprunggelenk, der Unterschenkel, das Kniegelenk, der Oberschenkel und das Hüftgelenk.

Die Knochen der Pferdegliedmaße stecken mit ihrem unteren Ende in der Hornkapsel.

Das Hufbein und das Strahlbein verschwinden dabei vollkommen in der Hornkapsel. Und auch das Hufgelenk, welches von Hufbein, Strahlbein und Kronbein gebildet wird, befindet sich innerhalb der Hornkapsel. Die Knochen selbst sind untereinander durch starke Bänder und Sehnen verbunden. Diese sorgen einerseits für ausreichenden Halt und andererseits für die Beweglichkeit in der vorgeschriebenen Bewegungsrichtung (Beugen und Strecken).

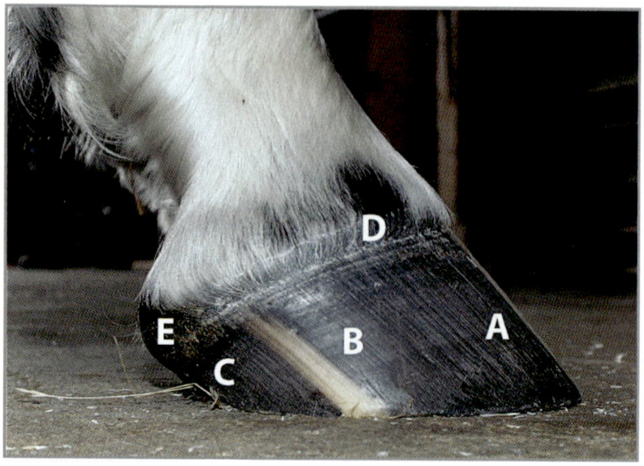

Abb. 10: (A–C) Kronhorn (A) Zehenwand, (B) Seitenwand, (C) Trachtenwand, (D) Saumhorn, (E) Ballenhorn

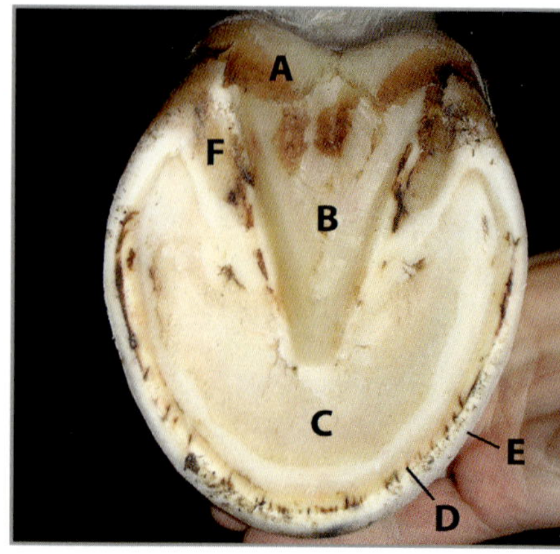

(A) Ballen, (B) Strahl, (C) Sohle, (D) Blättchenschicht, (E–F) Kronhorn, (E) Tragrand, (F) Eckstreben

Das Pferd steckt also mit den unteren Knochenenden seiner vier Gliedmaßen in seinen Hufen, wobei es nicht in ihnen steht, sondern vielmehr in ihnen »hängt«. Dies ist möglich durch den Hufbeinträger, dem wir uns aber erst im nächsten Abschnitt zuwenden werden. Bleiben wir vorerst noch beim Aufbau der Hornkapsel selbst.

Die Hornkapsel des Pferdes besteht nicht nur aus einer einzelnen und einheitlichen Struktur, sondern setzt sich aus verschiedenen Hornanteilen zusammen.

Der Blick in das Innere einer Hornkapsel zeigt die verschiedenen Hornstrukturen sozusagen an ihrer Geburtsstätte. Erkennbar sind die unterschiedlich ge-

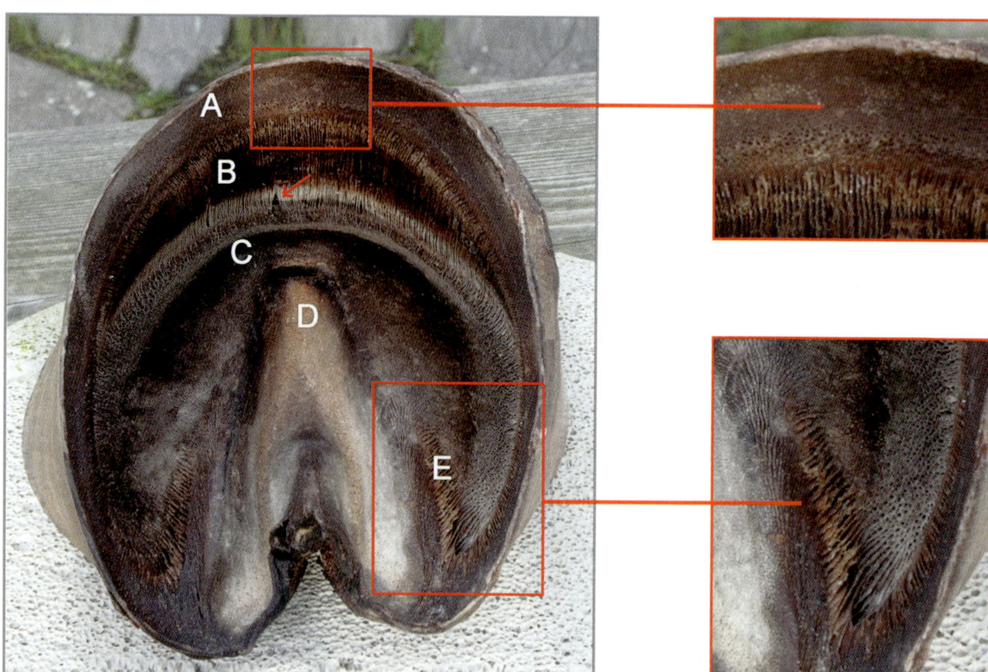

Abb. 11: Blick in das Innere einer Hornkapsel

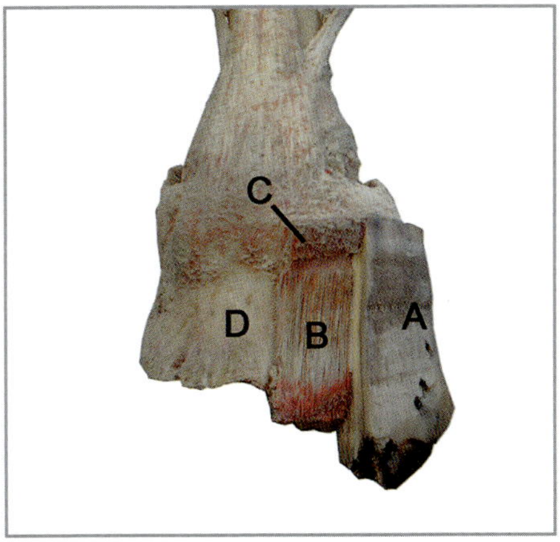

Abb. 12: Anordnung von Hufbeinknochen (D), Kronlederhaut (C), Wandlederhaut (B) und Kronhorn (A) (Präparat: Walter Keil)

formten Hornröhrchen der Hornwand (A), der Sohle (C) und des Strahls (D). Außerdem wird bei der Innenansicht deutlich, dass die gesamte Innenwand der Hornkapsel mit Hornblättchen (B) ausgekleidet ist. Diese Hornblättchen ziehen in Richtung der Hornröhrchen von oben nach unten und kleiden Zehenwand, Seitenwände, Trachtenwände und die beiden Eckstrebenwände (E) aus. Diese Hornblättchen übernehmen eine wichtige Funktion bei der Verbindung und Aufhängung des Hufbeins in der Hornkapsel. Sie sind ein Teil des Hufbeinträgers, den wir uns im nächsten Abschnitt genauer anschauen werden. Vor allem im untersten Bereich am Übergang zur Sohle nehmen die feinen Hornblättchen sehr leicht Schaden, beispielsweise durch starke Hebelwirkung verbogener Wandbereiche, die mit ihrer Zugwirkung auf die Hornblättchen einwirken. Auch eine direkte mechanische Einwirkung durch Tragrandspalten oder eine Keiminvasion durch Hufgeschwüre oder erst recht im Fall von Hufabszessen führt zu einer abweichenden Form der Hornblättchen. Im abgebildeten Hufpräparat (Abb.11) weist der Pfeil auf eine solche Stelle.

Als Pendant zu den Hornblättchen der Hornkapsel haben wir auf der anderen Seite die Wandlederhautblättchen (B), die den Knochen des Hufbeins umgeben. Beides – Hornblättchen und Wandlederhautblättchen – sind innig miteinander verbunden.

Die Wandlederhaut ist dabei nur eine von vielen Hufledehäuten. Am Huf finden sich außerdem noch die Kronlederhaut (C), die Saumlederhaut, die Ballen- und Strahllederhaut sowie die Sohlenlederhaut.

Außerdem existiert am Übergang zwischen der Kron- und Wandlederhaut ein Bereich, über welchem das Blättchenhorn, genauer die Primärhornblättchen, gebildet werden. Am Übergang der Wand- zur Sohlenlederhaut (am un-

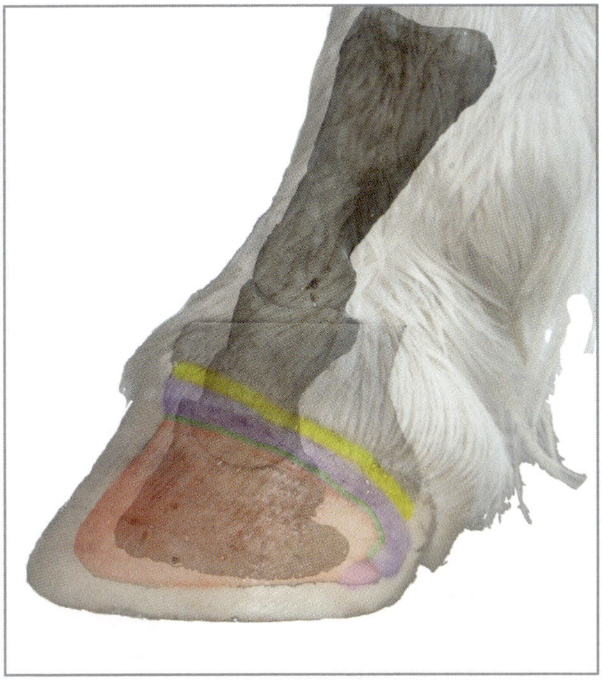

Abb. 13: Lage der verschiedenen Lederhäute: Wandlederhaut (rot), Übergang zwischen Wand- und Kronlederhaut (grün), Kronlederhaut (violett), Saum- und Ballenlederhaut (gelb), Strahllederhaut (pink)

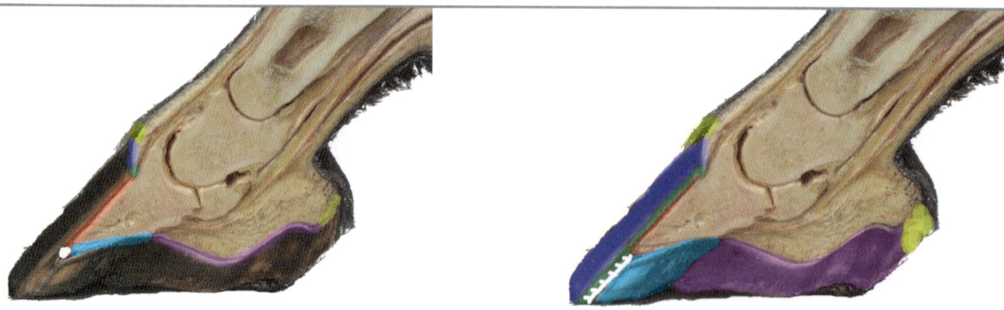

Abb. 14	a: Die einzelnen Lederhäute	b: und die zugehörigen Hornbestandteile
Rot:	Wandlederhaut	Sekundärhornblättchen, auch Gleithorn genannt
Grün:	Übergang zwischen Wand- und Kronlederhaut	Primärhornblättchen
Gelb:	Saum- und Ballenlederhaut	Saum- und Ballenhorn
Indigo:	Kronlederhaut	Kronhorn
Purpur:	Strahllederhaut	Strahlhorn
Türkis:	Sohlenlederhaut	Sohlenhorn
Weiß:	Terminalzotten	Terminallagenhorn

Präparat: Walter Keil

tersten Ende der Wandlederhautblättchen) befinden sich die Terminalzotten, über welchen das Terminallagenhorn gebildet wird. Die Abbildung 13 verdeutlicht die Lage der verschiedenen Huflederhäute.

Abbildung 14 macht im Unterschied deutlich, welche Lederhaut mit welchem Hornprodukt in Zusammenhang steht. Salopp ausgesprochen heißt es zumeist, die entsprechende Lederhaut »produziert« das jeweilige Horn.

Tatsächlich produziert die Lederhaut kein Horn, sondern sorgt vielmehr für die Ernährung der auf ihr befindlichen (und bereits zur Oberhaut gehörenden) Basalzellschicht.

Diese Basalzellschicht sorgt durch Zellteilung für eine dauernde Neuproduk-

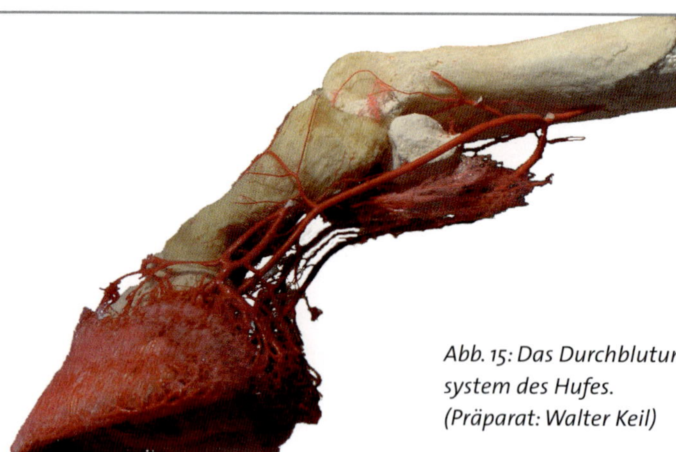

Abb. 15: Das Durchblutungssystem des Hufes. (Präparat: Walter Keil)

tion und damit für einen stetigen Nachschub an Hornzellen. Wie dies genau vonstatten geht, werden wir uns am Beispiel der Wandlederhaut im nächsten Abschnitt noch genauer ansehen.
Die Lederhäute des Pferdehufes sind allesamt stark durchblutet. Das Präparat (Abb. 15) vermittelt hiervon einen ungefähren Eindruck.
Ein mannigfaltiges System von arteriellen und venösen Blutgefäßen durchzieht die Huflederhäute.
Sie sorgen für die optimale Durchblutung und damit für eine ausreichende Nährstoffversorgung der unteren Gliedmaßen und ihres Hornschuhs.
Zusammen mit den Blutgefäßen verlaufen Nerven im Huf, die für die Empfindung – einerseits für das lebensnotwendige Tastgefühl im Huf und zum anderen auch für das sich unangenehm bemerkbar machende (aber nicht minder lebensnotwendige) Schmerzempfinden – verantwortlich sind. Dass Pferde mit Eisen zum Teil ziemlich unempfindlich über verschiedene Untergründe laufen, um die ein Barhufpferd, wenn es möglich ist, einen Bogen macht, liegt daran, dass dieses Tastgefühl durch den Eisenbeschlag weitgehend ausgeschaltet ist. (Mehr dazu im Abschnitt 1.1.3 über die Hufbiomechanik.)
Die hochgradigen Schmerzen, die ein Pferd während einer Reheerkrankung erleidet, verdanken sich in erster Linie der »Entzündung« der Wandlederhaut, die einen wichtigen Teil des Hufbeinträgers bildet. In späteren Phasen wird unter Umständen auch die Kronlederhaut und Sohlenlederhaut schmerzhaft involviert.

1.1.2 Der Hufbeinträger

Wir haben schon davon gesprochen, dass der unterste Knochen, das Hufbein, in der Hornkapsel aufgehängt ist. Wie das geht, wollen wir uns in diesem Kapitel näher anschauen.

Der Hufbeinträger ist die Verbindung zwischen der Wandfläche des Hufbeinrückens (rot) und der Innenfläche (blau) der Hornkapsel. Diese Verbindung wird folgendermaßen hergestellt:

Abb. 16: Die Wandlederhaut umgibt den Hufbeinrücken (rot)

Abb. 17: Die Innenseite der Hornkapsel ist mit Blättchenhorn ausgekleidet (blau)

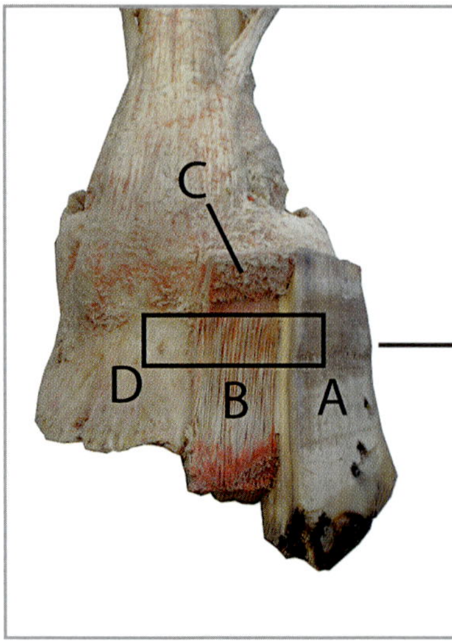

Abb. 18: Präparat mit Hornkapsel (A) Wandlederhaut (B), Kronlederhaut (C) und Hufbein (D) (Präparat: Walter Keil)

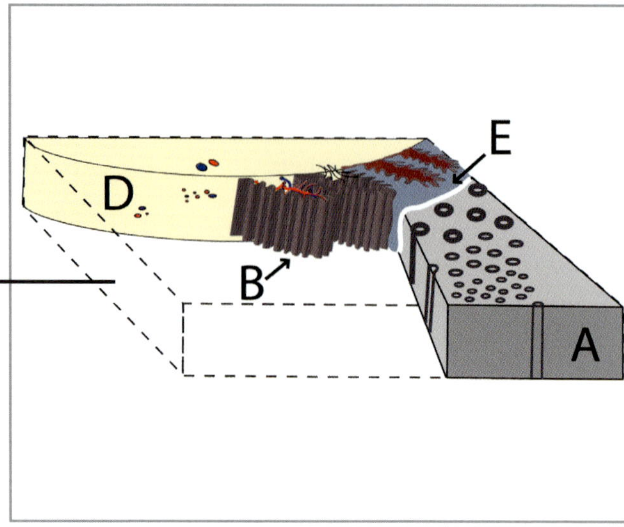

Abb. 19: Schematischer Ausschnitt aus Hornkapsel (A), Wandlederhautblättchen mit Blutgefäßen und Kollagenfaserzügen ins Hufbein (B), Blättchenhorn (E) und Hufbein (D)

Die gesamte Wandfläche des Hufbeins ist von einer Lederhaut umgeben, der Wandlederhaut. Diese Wandlederhaut ist mit dem Knochen des Hufbeins über Kollagenfaserbündel fest verbunden. Sie besitzt eine sehr große Oberfläche, da sie sich nicht einfach glatt an den Knochen anlegt, sondern sich in Primär- und Sekundärblättchen auffächert.

Jede Wandlederhaut eines Hufes besitzt zwischen 500 und 700 Primärblättchen. Jedes Primärblättchen wiederum besitzt noch einmal 110 bis 150 Sekundärblättchen (PELLMANN 1995: 21ff.). Die Oberfläche der Lederhaut misst durch diesen Trick der Natur nicht nur um die 90 cm² wie die Fläche des knöchernen Hufbeinrückens selbst, sondern ca. 7500 cm², also einen dreiviertel Quadratmeter (ebenda: 104). Die mechanische Belastung der Wandlederhaut wird hierdurch auf eine deutlich größere Oberfläche verteilt. Diese vergrößerte Oberfläche garantiert eine große Haltekraft zwischen der Wandlederhaut einerseits und der Innenseite der Hornwand andererseits. Diese Verbindung hält auch höchste Belastungsspitzen aus, so dass sich beide – Hornschuh und Hufbein – auch bei sehr großer Krafteinwirkung nicht trennen lassen. Eine Trennung in vivo kann nur dann erfolgen, wenn das Pferd eine Reheerkrankung erleidet.

Passend zu der Form der Wandlederhautblättchen ist die Innenwand der Hornkapsel mit Hornblättchen ausgestattet (siehe Abb.11, Seite 14). Wandlederhautblättchen und Hornblättchen passen ineinander wie Matrize und Patrize. Während die Blättchen der Wandlederhaut nun aber an Ort und Stelle am Hufbeinrücken festsitzen, sozusagen stationär sind, bewegen sich die Hornblättchen mit dem Wachstum der Hornkapsel nach unten, also von ihrer Geburtsstätte unterhalb der Kronlederhaut beständig hinunter in Richtung Tragrand. Das heißt, die Hornblättchen und Hornröhrchen werden im Laufe des Jahres ungefähr einmal von oben nach

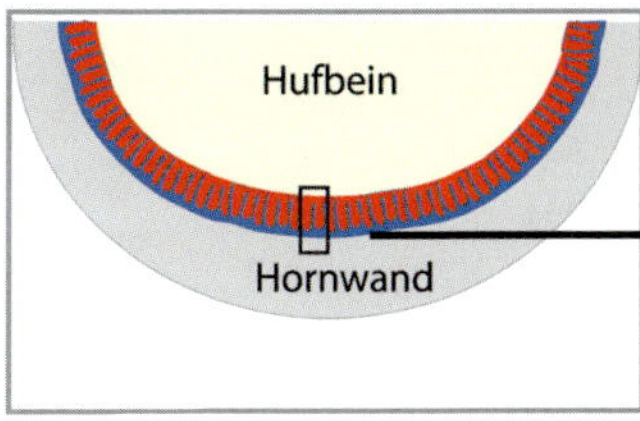

Abb. 20: Querschnitt durch den Huf mit Wandlederhaut (rot)

Ausschnitt: Zwei Primärblättchen (A) der Wandlederhaut mit ihren Sekundärblättchen (a) und Blutgefäßen, Basalzellschicht (B), Sekundärhornblättchen (C) und Primärhornblättchen (D)

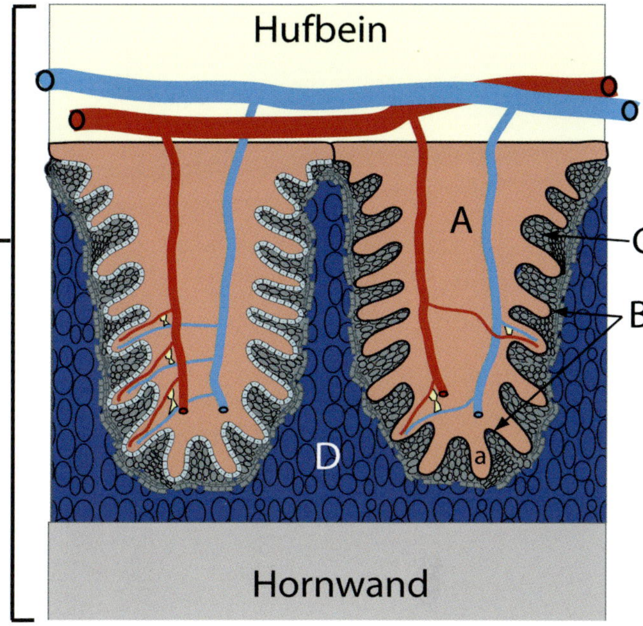

unten durchgeschoben. Dieses Nachschieben von oben nach unten erfolgt an den Wandlederhautblättchen vorbei, wobei trotzdem stets eine innige, feste Verbindung zwischen den Hornblättchen und den Blättchen der Wandlederhaut besteht. Der Hufbeinträger hält das Hufbein in der Hornkapsel zuverlässig fest und erlaubt es dennoch, dass der Hornschuh sich ca. einmal im Jahr erneuert. Dass dies geht, dafür sorgt die auf der Oberfläche der Wandlederhaut sitzende Basalzellschicht. Diese von der Wandlederhaut mit Nährstoffen versorgte Zellschicht produziert lebende Hornzellen. Die Produktion erfolgt durch beständige Zellteilung.

Die lebenden Hornzellen werden durch die stetig nachproduzierten Zellen nach außen geschoben, und zwar in Richtung der von oben herab schiebenden Primärhornblättchen und Hornröhrchen. Sie bilden dabei die Sekundärhornblättchen, auch weiche Epidermis genannt, und heften sich sukzessive an die von oben kommenden Hornzellen an. Auf ihrem Weg nach »draußen« durchlaufen diese lebenden Hornzellen einen Prozess der spezifischen Zelldifferenzierung, der sie nach und nach verhornen lässt. Dieser Prozess verläuft knapp gefasst folgendermaßen:

LEBENDE ZELLE

- Einlagerung von Keratinfilamenten
- hieran binden intermediärfilament-assoziierte Proteine an (IFAP)
- und führen zur Ausbildung größerer Keratinfilamentbündel (= Zytoskelett der Zelle = innerer Halt)
- Bildung einer verstärkten Zellmembran (cornified envelope)
- Bildung und Ausschleusung von Interzellularkitt aus der Zelle (= äußerer Halt)

HORNZELLE

Abb. 21: Die Blättchenschicht (gelblich) verläuft zwischen Sohle und Tragrand und reicht rings um den Huf bis in die Eckstreben (linke Abbildung). Idealerweise ist die Blättchenschicht geschlossen und unversehrt (rechte Abbildung Zoom).

Die Verbindung der Zellen wird zunächst durch spezielle zelluläre Haftstrukturen (Hemidesmosomen und Desmosomen) geleistet, später verbindet Interzellularkitt die verhornten Zellen untereinander. Solange die Zellen noch nicht verhornt sind, können die Verbindungen zwischen ihnen noch gelöst werden. Dies ermöglicht das Nachwachsen der Hornkapsel bei gleichzeitig erhaltener, stetiger fester Verbindung mit dem Hufbein. Der Prozess der Loslösung und Anbindung wird dabei durch spezifische Enzyme gesteuert. Wir werden im Kapitel »Ausnahmezustand« noch einmal von diesen Enzymen hören, da diese nach den neuesten Erkenntnissen der Hufreheforschung eine entscheidende Rolle bei der Pathologie der Hufrehe spielen.

Wenn wir einen Pferdehuf von unten betrachten, so sehen wir zwischen Hornwand (Tragrand) und Sohle die Blättchenschicht, die meist als Weiße Linie bezeichnet wird. Diese Blättchenschicht schafft die Verbindung zwischen Wand und Sohle und ist im Idealfall unversehrt und geschlossen.

Die Blättchenschicht besteht zum einen Teil aus den Hornblättchen – zur Erinnerung: Diese werden unterhalb der Kronlederhaut gebildet und wachsen mit der Hornwand gemeinsam nach unten, wobei sich auf dem Weg nach unten noch die Hornzellen aus dem Bereich der Wandlederhaut anlagern. Den anderen Teil des Hufbeinträgers bilden die Wandlederhautblättchen. An die Stelle der Wandlederhautblättchen, die weiter oben die »Lücken« zwischen den Hornblättchen ausgefüllt haben, tritt in der Blättchenschicht das Terminallagenhorn. Dieses Horn wird über den Terminalpapillen gebildet, mit denen jedes Primärblättchen der Wandlederhaut an seinem unteren Ende ausgestattet ist.

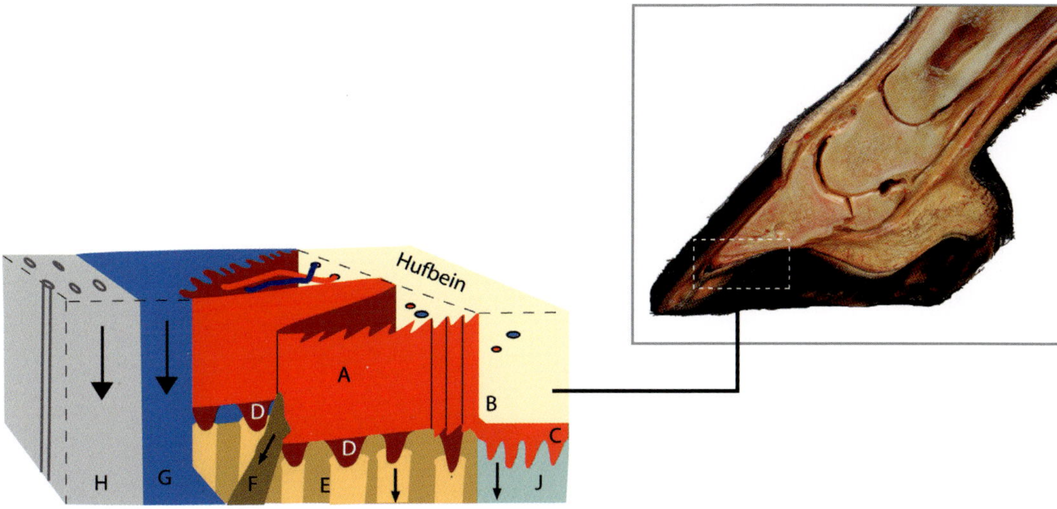

Abb. 22: Die Wandlederhautblättchen (A) schlagen am unteren Hufbeinrand (B) in die Sohlenlederhaut (C) um. An ihrem unteren Ende befinden sich Terminalzotten (D), über denen das Terminallagenhorn (E) gebildet wird. Das Teminallagenhorn bildet zusammen mit dem Kappenhorn (F) und dem Blättchenhorn (G) die Blättchenschicht, die Tragrand (H) und Sohle (J) verbindet. (Präparat: Walter Keil)

Die Abbildung 22 zeigt, wie die geschlossene Blättchenschicht entsteht.

Die Wandlederhaut liegt als Knochenhaut direkt am Hufbein an und schlägt am Hufbeinrand in die Sohlenlederhaut um. Die Hornblättchen schieben an den hier endenden Wandlederhautblättchen vorbei weiter Richtung Boden. Sie bilden zusammen mit dem Terminallagenhorn und dem Kappenhorn, welches über den Firsten der endenden Primärblättchen zusätzlich noch gebildet wird, die Blättchenschicht, die wir zwischen Tragrand und Sohle vorfinden.

In diesem Bereich zeigen sich nach einer Hufrehe zumeist starke Veränderungen. Je nach Schwere und Dauer der Hufreheerkrankung wird die Blättchenschicht deutlich breiter und reißt zumeist auf. Häufig ist sie zusätzlich mehr oder weniger stark blutig eingefärbt. Doch dazu später mehr im Kapitel 4 »Nach der Rehe – Was tun?«.

1.1.3 Die Hufbiomechanik

Bisher haben wir den Pferdehuf in erster Linie als statisches Gebilde betrachtet. Der Huf ist trotz seiner Härte und Widerstandsfähigkeit jedoch keineswegs starr, sondern mit einer beträchtlichen Elastizität ausgestattet. Diese Beweglichkeit verdankt sich zum einen der im vorhergehenden Kapitel beschriebenen Aufhängevorrichtung, zum anderen aber auch der Elastizität der Hornstrukturen selbst. So werden, je nachdem worauf der Huf tritt, die verschiedenen Wandbereiche in vertikaler und horizontaler Richtung bewegt, wirken Druck und Zugkräfte vermittelt über das Horn auf die Lederhäute ein. Dieses unablässige Bewegtwerden der Hornkapsel schafft den Anreiz zur Bildung von neuen Hornzellen. Die Hornbildungsraten wie auch die Qualität des produzierten Hufhornes sind abhängig von der Nährstoffversorgung der Basalzellen, deren Grundlage

Abb. 23: Bei diesem Huf stehen die Wände in einem physiologischen Winkel zum Boden. Auf diese Weise halten sich die vertikale und horizontale Krafteinwirkung die Waage. Die Hornwand trägt elastisch und wird vom Bodendruck nicht negativ in ihrer Stellung verändert.

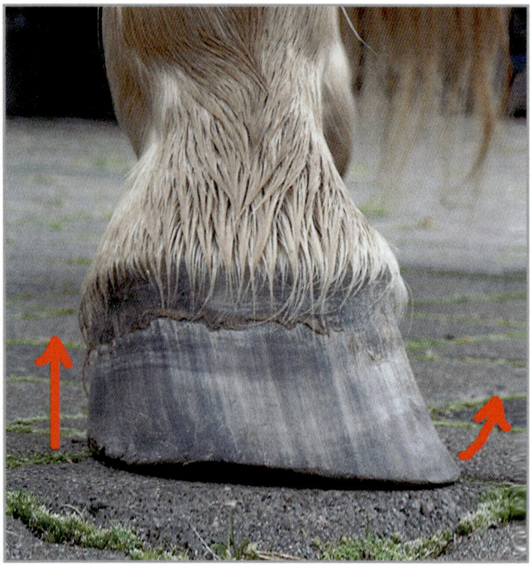

Abb. 24: Bei diesem schiefen Huf wird die schräge Wand nach außen gehebelt, während die steile Wand die Kraft vertikal auffängt.

eine optimale Durchblutungssituation der Lederhäute darstellt. Barhufpferde weisen deshalb häufig eine bessere Hornqualität auf als eisenbeschlagene Pferde, vor allem, wenn sie zudem über entsprechende Bewegungsfreiheit und Bewegungsanreize verfügen.

Durch seine Elastizität und Verwindungsfähigkeit ist der Huf in der Lage, den Sehnen- und Gelenkapparat vor den Stößen des Untergrunds auch bei höherer Geschwindigkeit zu schützen. Diese positive Fähigkeit büßt der Huf allerdings ein, sobald er mit einem starren Material (Eisen, Alu) beschlagen wird. Das »Anschmiegen« an den Boden, wie es dem Barhuf möglich ist, wird durch das unelastische Material verhindert. Die Gelenke des Pferdebeines werden von den Unebenheiten des Bodens damit stärker beansprucht, als dies beim Barhuf der Fall ist. Vor allem da hinzukommt, dass der Huf durch einen starren Hufschutz (egal ob genagelt, geklebt oder als Hufschuh angeschnallt) seinen Tastsinn sehr weitgehend einbüßt. Die elastische Beweglichkeit des Barhufs sorgt nämlich nicht nur dafür, dass ein nicht planes Auffußen zu einem geringenTeil im Huf selbst kompensiert wird, sondern sie »informiert« das Pferd auch über die Bodenunebenheit und sorgt so für die entsprechende gelenkschonende muskuläre Reaktion.

Sehr häufig findet man diese existenzielle Fähigkeit in der Literatur oder auch in der Diskussion in der Hufpraxis auf einen »Hufmechanismus« reduziert. Hierbei wird ein mehr oder weniger gleichartiger Prozess von Ausweitung (Trachtenwände) und Verengung (Zehenwand im Bereich der Krone) unterstellt, in manchen Auffassungen auch begleitet von einem Abflachen des Sohlenge-

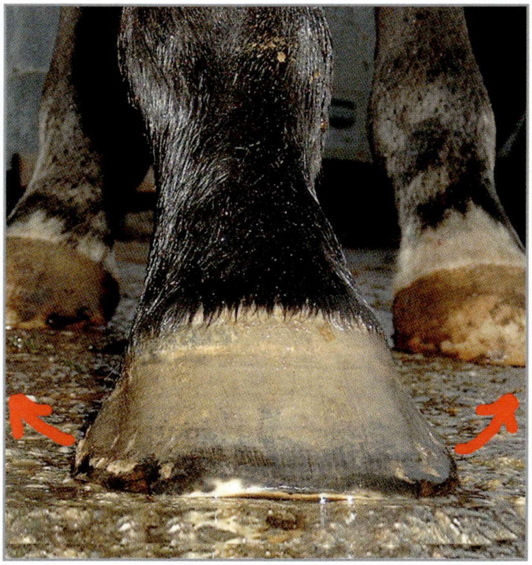

Abb. 25: Bei diesem sehr schrägwandigen Huf, werden beide Seitenwände bei der Belastung stets nach außen bewegt, was den Huf immer weiter werden lässt.

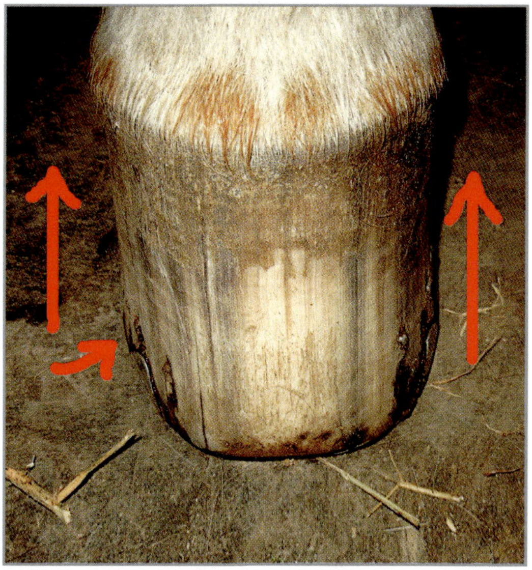

Abb. 26: Bei diesem sehr engen Huf findet überhaupt keine Aufweitung durch Bodengegendruck mehr statt. Die Stellung der Wände sorgt für ein Stauchen nach oben und Verengung insbesondere der übersteilen linken Wand.

wölbes und einem Niedersenken von Strahl und Ballen.

Tatsächlich ist die Biomechanik des Hufes aber ein wesentlich komplexerer Prozess, denn Beweglichkeit und Bewegungsrichtung der Hornteile sind für jeden Huf individuell verschieden. Die Hufmechanik ist kein ewig gleiches, sondern je nach Untergrund und Huf stets verschiedenes Bewegtwerden des Hornes. Zu den horizontalen Bewegungen der Hufwand, die auch bei weitem nicht nur im Trachtenbereich und erst recht auch nicht zwingend nach außen (also weitend) erfolgen, kommen Bewegungen in vertikaler Richtung.

Horizontale und vertikale Bewegung des Hornes korrespondieren miteinander. Das heißt, je nachdem in welchem Winkel der jeweilige Wandabschnitt zum Boden steht, wirkt auch der Gegendruck des Bodens völlig verschieden auf diesen Wandabschnitt ein. Während eine schräge Wand vom Boden vor allem nach außen bewegt wird – um so schräger sie ist, um so stärker –, erhält eine steile Wand eher wenig Impulse nach außen, erfährt hierfür aber vornehmlich Kräfte in vertikaler Bewegungsrichtung von unten nach oben. Ein Wandabschnitt dagegen, der schräg unter den Huf geneigt steht (beispielsweise untergeschobene Trachten), wird vom Bodengegendruck vielmehr nach innen unter den Huf bewegt.

Aus der Kombination dieser Bewegungen ergibt sich die individuelle Mechanik eines jeden Hufes.

Dabei hängt die Biomechanik des Hufs nicht nur unmittelbar von der konkreten Hufform ab, sondern wirkt letztlich auch wieder auf diese zurück. Im Gegenzug formt die jeweilige Hufmechanik also die Hufform. Beides – Hufmechanik und Hufform – befindet sich in wechselseitiger Abhängigkeit.

Deshalb ist es auch ganz wichtig auf Folgendes hinzuweisen: So positiv sich die Formkräfte am gesunden Huf zum Schutze von Sehnen und Gelenken auswirken, so negativ wirken sie sich aber auch bei einer unphysiologischen Hornkapsel aus. Dieser Fakt gewinnt auch und gerade bei der Hufrehe eine sehr große Bedeutung. Und zwar in einem doppelten Sinne, nämlich in Hinsicht auf die Reheprophylaxe wie auch in Hinsicht auf die Rehetherapie.

Jetzt sind wir ausgerüstet mit dem nötigen Wissen über den Aufbau und die Funktion des Pferdehufes und wollen uns nun den Vorgängen zuwenden, die bei einer Hufrehe im Huf stattfinden.

1.2 Ausnahmezustand im Huf

Viele Pferdebesitzer kennen die Symptome einer Reheerkrankung, die konkreten Vorgänge im Huf sind ihnen jedoch unbekannt. Was geschieht im Huf, wenn das Pferd an einem Reheschub leidet?
Es handelt sich in der Tat um eine Art Ausnahmezustand im Huf und der Hufbeinträger, den wir im Kapitel über die Anatomie des Pferdehufes kennen gelernt haben, spielt hierbei eine entscheidende Rolle. Erleidet unser Pferd einen Reheschub, geraten die oben beschriebenen physiologischen Vorgänge im Hufbeinträger durcheinander oder besser gesagt, sie geraten aus dem Tritt. Dies passiert bereits bevor unser Pferd Schmerz zeigt – man nennt diese Anfangsphase des Reheschubs in der veterinärmedizinischen Fachsprache aus diesem Grund auch die symptomlose Initialphase.

Als symptomloses Initialstadium, Früh- oder Entwicklungsstadium der Hufrehe bezeichnet man dabei den Zeitraum vom ersten Kontakt des Pferdes mit den reheauslösenden Faktoren bis zum sichtbaren Auftreten der typischen Rehesymptome am Pferd.

1.2.1 Der unsichtbare Anfang

Eine Rehe beginnt stets unbemerkt. Je nach auslösendem Faktor besteht die Erkrankung schon Stunden bis Tage, bevor unser Pferd uns durch Schmerzen anzeigt, dass es unter einem Reheschub leidet[1]. Prinzipiell kennt man zwei verschiedene Typen von Reheerkrankungen, die sich hinsichtlich ihrer Verursachung und in Bezug auf die konkreten Vorgänge in der jeweiligen Initialphase unterscheiden. Es handelt sich um die metabolische (auch systemische) Rehe einerseits und die traumatische oder Belastungsrehe andererseits.

a) Die metabolische Rehe

Die Ursachen, die eine metabolische Rehe hervorrufen können, sind vielfältig. Die nachfolgende Liste führt einige der bekanntesten Auslöser auf, ließe sich jedoch nach Belieben fortsetzen:

- **Futter**
- **Gift**
- **Stress und Schock**
- **Nachgeburtsverhaltung**
- **Kolik**
- **Medikamente (bspw. Kortison)**
- **Bestimmte Primärerkrankungen (Equines Metabolisches Syndrom (EMS), PPID (Pituitary pars intermedia dysfunction, früher als Cushing benannt), Insulinresistenz, Borreliose)**

1 *Die Zeitdauer unterscheidet sich je nach Reheursache und mit Sicherheit auch je nach begleitenden Umständen und individueller Konstitution des Rehepatienten. Die im Experiment ermittelten Werte sind: Bei Fütterungsrehe 1 Tag (BUDRAS et.al. 2005: 127), bei insulininduzierter Rehe 32 Stunden (SILLENCE et.al. 2007: 15), bei Belastungsrehe 6 bis 14 Tage (BUDRAS; HUSKAMP 1999: 106).*

Letztlich kann jede erhebliche Störung des Stoffwechsels beim Pferd einen Anlass zum Ausbruch einer Reheerkrankung liefern. Warum dies so ist, darüber zerbrechen sich die Veterinärmediziner und Pferdeheilkundler seit Jahrhunderten den Kopf. Kirsten Feldhaus, die im Rahmen ihres Dissertationsvorhabens die Historie der Hufreheforschung recherchierte, setzt deren Beginn etwa 1000 Jahre vor unserer Zeitrechnung an. So findet sie Überlegungen zu Entstehungszusammenhängen und Therapie der Rehe bereits erwähnt bei Homer (750 v. Chr.), Xenophon (400 v. Chr.) und Aristoteles (350 v. Chr.) (FELDHAUS 2005: 7).

Mit den gewachsenen Möglichkeiten in Wissenschaft und Technik hat man in den letzten Jahrzehnten einiges an neuen Erkenntnissen gewinnen können. Man ist dabei den Mechanismen der Reheverursachung und dem Ablauf der Erkrankungsprozesse im Innern der Hornkapsel bereits ein deutliches Stück näher gekommen, ohne allerdings den Vorhang bisher wirklich lüften zu können. So gibt es bislang ausschließlich Hypothesen darüber, welche Prozesse sich zu Beginn einer Rehe im Huf abspielen. Ein gesichertes Wissen hierüber existiert noch nicht. Die aktuellsten Theorien stammen von einem australischen Forscherteam um Christopher Pollitt – einem Vorreiter der Hufreheforschung. Noch bei der letzten Auflage dieses Buches im Jahr 2014 galt die MMP-Theorie als die modernste Erklärung der Pathogenese akuter Hufrehe. Das Team um POLLITT war bei seinen Forschungen auf Enzyme gestoßen, die den Zusammenhalt zwischen den Zellen im Hufbeinträger organisieren.

Diese Matrix-Metalloproteinasen (MMP 2 und MMP 9) sind beim gesunden Huf dafür zuständig, die Zellverbindungen innerhalb der weichen Epidermis zu lösen, um ein Nachwachsen des Hornschuhs bei aufrechterhaltener, fester Verbindung zwischen Hufbein und Horn zu gewährleisten. Die damalige Hypothese der Forscher lautete, dass dieser normalerweise kontrolliert ablaufende metabolische Prozess durch bestimmte Triggerfaktoren (Endotoxine, körpereigene Botenstoffe) außer Kontrolle gerät und so den Hufbeinträger schädigt (POLITT 1999a). Mittlerweile konnten die Forscher jedoch herausarbeiten, dass es bereits Stunden vor der übermäßigen Aktivierung der MMP's zu einer Zerstörung und Auflösung der Zellverbindungen kommt. Die MMP-Aktivierung wird deshalb nicht mehr als der Auslöser im Rehegeschehen betrachtet.

Aktuell liegt der Fokus auf der zu Beginn der Hufrehe stattfindenden Down-Regulation von Proteinen (Desmoplakin, β-Katenin, Plektin, Integrin β4). Diese Zytolink- bzw. Membranproteine sind für die funktionierenden Zellverbindung zwischen den Basalzellen und für deren sichere Anheftung an die Basalmembran zuständig. Sie gewährleisten die Funktion des Hufbeinträgers. Das Fehlen dieser Proteine führt zum Aufbrechen des Zytoskeletts der Basalzellen und zu deren Loslösung von der Basalmembran und leitet die Zerstörung des Hufbeinträgers ein. Momentan erforscht man in diesem Zusammenhang den Einsatz von Krebsmedikamenten aus der Humanmedizin, da die entdeckten Dysregulationen im Hufbeinträger große Ähnlichkeit mit den Veränderungen bei der Entstehung von Hautkrebs aufweisen. (POLLITT 2017b)

In der Vergangenheit existierten auch schon einige andere Theorien zur Pathogenese der Hufrehe, die heute jedoch alle als widerlegt gelten. Nichtsdestotrotz haben diese überholten Theorien auch heute noch ihre Vertreter, weshalb sie an dieser Stelle ebenfalls kurz beschrieben werden sollen. Es handelt sich um die Exsudat-Theorie, die Thrombose-Theorie und die Vasokonstriktions-Theorie.

Bei der *Exsudat-Theorie* ging man davon aus, dass die Entzündung der Huflederhaut zum Austritt von Entzündungsexsudat zwischen Lederhaut und Horn führt. Das so gebildete Ödem verursacht Schmerz und verhindert die Durchblutung der Wandlederhautblättchen. Dieser Hypothese steht entgegen, dass in den Frühstadien der Hufrehe in keinem untersuchten Sektionspräparat ein exsudatives Erscheinungsbild zu finden ist (POLITT 1999a: 3).

Die Thrombose-Theorie spricht im Unterschied zur Exsudat-Theorie der übermäßigen Blutgerinnung eine bedeutende Rolle für die Entstehung der Minderdurchblutung im Hufbeinträger zu. Beispielsweise indem ein durch Endotoxine angeregter Plättchenaktivierungsfaktor die Zusammenballung von Blutplättchen (Plättchenaggregationen) bewirkt, die sich in der Hufwandlederhaut lokalisieren und dort zu Thrombosen führen (WEISS zit. nach GLÖCKNER 2002: 10).

Die Vasokonstriktions-Theorie geht davon aus, dass Toxine und gefäßaktive Mediatoren zu einer Engstellung (Vasokonstriktion) der Blutkapillaren führen, weshalb es zu einer Umleitung des Blutstromes durch arteriovenöse Anastomosen (AVAs) kommt. In der Folge wird das Kapillarbett der Lederhautblättchen umflossen, was zu ihrer Minderdurchblutung führt (HOOD zit. nach BUDRAS et. al 2005: 126; POLLITT 1999b: 171f.).

Zum Teil werden die verschiedenen Theorien einander ergänzend zur Erklärung der Vorgänge bei Rehe hinzugezogen, zum Teil stehen sie aber auch im offensichtlichen Widerspruch zueinander.

Entsprechend den verschiedenen Theorieansätzen gibt es bei der Therapie »ein großes Spektrum an auch widersprüchlichen Therapievorschlägen« (FELDHAUS 2005: 93). Es existiert aufgrund der bisher noch nicht befriedigend geklärten Ätiopathogenese kein allgemeiner Maßnahmenkatalog oder einheitliches Behandlungsmuster, dessen Wirksamkeit als Therapie anerkannt ist (CZECH 2006: 29). Dies bezieht sich sowohl auf die medikamentöse und systemische Therapie als auch auf die orthopädischen Therapiemaßnahmen bei der Hufrehe.

So unbefriedigend es ist, keine abschließende Auskunft über das »Was passiert eigentlich genau?« zu erhalten, so wichtig ist es doch, die unterschiedlichen Theorien hierüber zu kennen. So ist es ein Unterschied, ob der behandelnde Tierarzt von einer enzymatischen Entgleisung ausgeht oder ob er im Zuge der Rehe ein ödematöses Geschehen oder eine Minderdurchblutung vermutet. Im letzteren Fall zielen seine Maßnahmen auf eine Förderung der Durchblutung im Huf, was aus Sicht der enzymatischen Theorie nicht angezeigt ist. Unter deren Annahme würde man vielmehr auf eine Reduzierung der Stoffwechselvorgänge im Huf hinwirken, damit keine weiteren Gift- und Botenstoffe in den Huf gelangen. Ein Tierarzt, der als Ursache der Reheschmerzen ein hinter der Hornwand befindliches Ödem vermutet, wird eine Resektion der Zehenwand veranlassen.

b) Die Belastungsrehe

Eine Belastungsrehe kommt im Unterschied zur metabolischen Hufrehe durch mechanische Traumen der Lederhäute zustande. In erster Linie ist hierfür eine übermäßige Belastung des Hufbeinträgers verantwortlich.

Wir haben oben gesehen, wie der Hufbeinträger durch die Verzahnung von lebender Wandlederhaut und Hornblättchen das Pferdegewicht in der Hornkapsel auffängt. Wird diese Konstruktion übermäßig stark belastet, kann dies eine Hufrehe auslösen. Wodurch kann aber nun die Belastung zu groß werden und welche Prozesse finden dann, zunächst völlig unbemerkt vom Pferdebesitzer, statt?

Vergegenwärtigen wir uns noch einmal, was wir über den Hufbeinträger herausgefunden haben: Die Wandlederhautblättchen sind über die Basalzellschicht mit den Hornblättchen verbunden. Die Hornblättchen wiederum sind befestigt an den Hornröhrchen, welche das Wandhorn des Hufes und damit seinen Tragrand bilden. Zwischen den Blättchen der Wandlederhaut einerseits und den Blättchen und Röhrchen der Hornwand andererseits herrschen Zugkräfte, solange das Pferd seinen Huf belastet.
Der Hufbeinträger zieht dabei an der Innenfläche des Hornschuhs und die Hornwand zieht an der Wandlederhaut. Die Zugkräfte verringern sich bzw. heben sich auf, wenn das Pferd seinen Huf entlastet. Sie vergrößern sich mit der Erhöhung der Gewichtslast, die von oben kommt, und natürlich mit der Kraft, mit der ein Pferd auffußt, also beispielsweise wenn das Pferd in schnelleren Gangarten unterwegs ist.
In verschiedenen Studien gemessene Belastungen des Hufbeinträgers z.B. bei der Landung nach einem Sprung betragen das 2,5 bis 3,85fache des Pferdegewichtes (PELLMANN 1995: 116).

Der Hufbeinträger ist darauf ausgerichtet, dass er diese wechselnde Belastung mit Belastungsspitzen im Galopp oder Sprung aushält. Mehr noch, er hält diese Belastung nicht nur aus, sondern der stetige Wechsel zwischen Be- und Entlastung sorgt erst für die optimale Durchblutung der Lederhäute, ist also die Grundlage für die Nährstoffversorgung

Abb. 27:

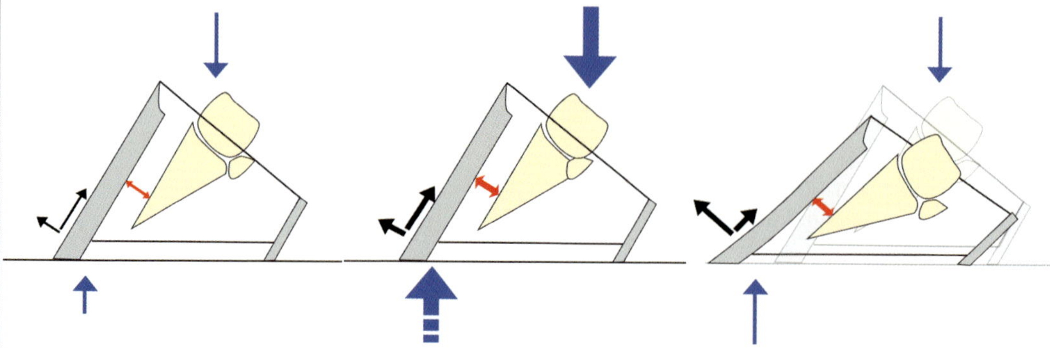

Physiologischer Huf unter mäßig starker Belastung

Physiologischer Huf unter starker Belastung (z. B. aufgrund erhöhten Pferdegewichts oder forcierter Bewegung) – Der Hufbeinträger wird stärker belastet

Unphysiologischer Huf mit mäßiger Belastung – durch die zu schräge und verbogene Zehenwand wird der Hufbeinträger auch unter normalen Umständen (Idealgewicht, Stand/Schritt) bereits stärker belastet

der Basalzellen und damit für eine gesunde Hornproduktion.

Die von oben eintreffende Last (Pferdegewicht plus Bewegungsenergie) macht allerdings nur die eine Seite der Hufbeinträgerbelastung aus. Die andere Seite, welche die Stärke der Zugkräfte innerhalb des Hufbeinträgers bestimmt, ist der von unten auf den Huf einwirkende Bodengegendruck. Wir haben im Kapitel zur Hufbiomechanik schon gesehen, welche Faktoren das konkrete Ergebnis des Bodengegendrucks beeinflussen. So ist die Stellung der Hornwände zum Boden von entscheidender Bedeutung dafür, wie die Kraft des Bodengegendrucks von diesen Wänden aufgenommen wird. Stehen die Wände physiologisch zum Boden, so halten sich vertikale und horizontale Krafteinwirkung die Waage. Die Hornwand trägt elastisch und wird vom Bodendruck nicht negativ in ihrer Stellung verändert. Bei einer unphysiologisch schrägen Wand dagegen, beispielsweise bei einer bereits verbogenen Zehenwand, wirkt der Bodengegendruck auf die Hornwand nach außen drängend. Die zu schräge oder bereits verbogene Wand nimmt den Druck des Bodens in diesem Fall nicht elastisch tragend auf, sondern gibt diesem nach außen nach. Die Wand hebelt weg. Durch diese Hebelwirkung wird die Wand immer weiter in die bereits eingeschlagene Richtung geformt, verbiegt sich also zunehmend. Umso stärker die Hebelwirkung nun aber auf die Hornwand ist, um so stärker wird auch die Zugwirkung auf den Hufbeinträger. Die Abbildung 27 verdeutlicht dies.

Schräge, verbogene Wände und lange, hebelnde Zehen belasten also den Hufbeinträger.

Was genau passiert nun aber im Hufbeinträger bei Belastung? Bei jeder Be-

Abb. 28:

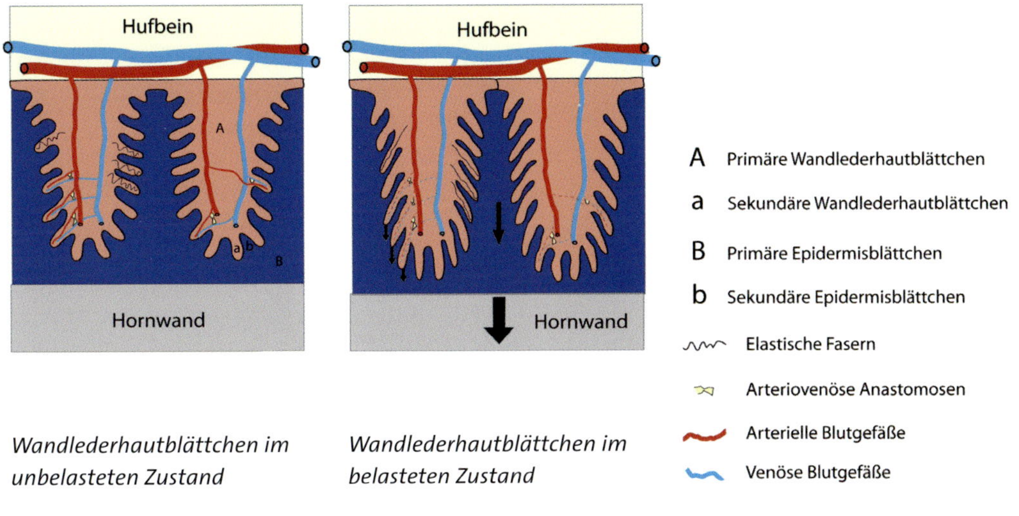

Wandlederhautblättchen im unbelasteten Zustand

Wandlederhautblättchen im belasteten Zustand

lastung der Pferdegliedmaße wird der Hufbeinträger durch die auf ihn einwirkende Zugwirkung gedehnt.
Dabei kommt es zu Form- und Stellungsveränderungen der Wandlederhautblättchen und der sekundären Epidermisblättchen. Die sekundären Lederhaut- wie auch die sekundären Epidermisblättchen werden in Zugrichtung gelängt. Sie werden dabei schmal und in einem spitzen Winkel zum jeweiligen Primärblättchen ausgerichtet. Durch diese Veränderung in Form und Stellung verengt sich das Kapillarbett der Lederhautblättchen und die kleinen Blutgefäße werden mehr oder weniger komprimiert.

Nach der Belastung erfolgt die Rückkehr in die alte Form. Hierfür sorgen elastische Fasern, die innerhalb der Wandlederhautblättchen – und dort in besonders hoher Konzentration an der Basis der sekundären Lederhautblättchen – vorkommen. Diese elastischen Fasern reichen bis in die Spitzen der sekundären Epidermisblättchen, die sich aufgrund der Formbarkeit ihrer noch nicht verhornten, lebenden Epidermiszellen in gleicher Weise reversibel verformen. Da das Pferd als Lauf- und Bewegungstier nahezu immer auf den Beinen ist[2], ist der Hufbeinträger in seiner normalen Funktion stets mehr oder weniger belastet. Er ist als Träger des Pferdegewichts für diese permanente Belastung, die dabei wechselnd stark ist, gerüstet. Ein vollkommen entspannter Hufbeinträger ergibt sich nur dann, wenn das Pferdegewicht nicht auf den Hufen lastet. Dies ist immer

2 *Das gesunde Pferd in artgerechter Haltung (Gruppenauslaufhaltung, Weidehaltung) ist ca. 95 % des Tages auf den Beinen. Es legt sich in der Regel ein- bis zweimal am Tag hin und ruht dann jeweils zwischen einer viertel und einer halben Stunde. (KUHNE 2003: 171)*

dann der Fall, wenn sich das Pferd bewegt – also die Hufe abwechselnd vom Boden abhebt –, wenn es eine Gliedmaße schont oder wenn das Pferd liegt. In der Bewegung – sei es beim Grasen, Spielen, zur Tränke gehen, Flüchten oder auch unter dem Sattel – findet ein stetiger Wechsel zwischen Belastung und Entspannung des Hufbeinträgers statt.[3]

Was aber, wenn die Belastung des Hufbeinträgers dauerhaft erhöht ist, weil die Hornwände durch ihre zu schräge Stellung zum Boden eine vermehrte Zugwirkung auf die Wandlederhaut ausüben? Durch den übermäßigen Zug der Hornwand an den Wandlederhautblättchen werden diese deutlich mehr beansprucht. Das bedeutet womöglich, dass der Hufbeinträger eines solchen Hufes bereits im Stehen so stark belastet ist, wie dies bei einer physiologischen Hufsituation beispielsweise erst im Trab oder Galopp der Fall wäre. Die Lederhautblättchen werden dann also mehr oder weniger dauerhaft zusammengepresst.

Dies stellt wenn nicht für sich allein schon einen Reheauslöser so doch zumindest eine entscheidende Prädisposition für Rehe dar. Treten bei einem Pferd mit einem solcherart unter Stress stehenden Hufbeinträger noch andere Rehefaktoren hinzu – durchs Futter, den Stoffwechsel oder eine außerordentliche Arbeitsbelastung bedingt –, dann ist der Ausbruch einer Rehe sehr wahrscheinlich. Leider erfährt dieses mechanische Dauerstress-Moment von Seiten der Veterinäre und Hufbearbeiter bislang viel zu wenig Beachtung. Vielleicht wäre es ansonsten kein Rätsel, warum manche Pferde bei dauerhafter Überbelastung einer Gliedmaße (z.B. wenn die andere Parallelgliedmaße krankheitsbedingt nicht belastet werden kann) an dieser Gliedmaße eine Belastungsrehe erleiden, andere jedoch nicht.[4]

Bekannter als die reheauslösende Kraft zu schräger und verbogener Hufwände ist, dass ein zu starkes Kürzen und Beschneiden der Hufe zu einer Belastungsrehe führen kann. Werden Hufe bei der Hufbearbeitung stark korrigiert (beispielsweise schiefe Hufe in gerade Form geschnitten) oder wird insgesamt massiv gekürzt, so hat dies in manchen Fällen eine Hufrehe zur Folge. Wie diese entsteht, kann zurzeit nur vermutet werden. Der Hufbeinträger wird im Fall eines zu starken Kürzens jedenfalls nicht stärker, sondern im Gegenteil eher weniger belastet. Wird ein Huf jedoch massiv gekürzt und ist das Pferd hierdurch

3 *Während sich Pferde in artgerechter Haltung (Weidetiere) den größten Teil des Tages in Bewegung befinden (60 % ihres Tages) stehen Boxenpferde den Großteil des Tages (65 %) (KUHNE 2003: 29f.). Dies ist evtl. auch eine Erklärung für die doppelt so hohen Liegezeiten in Boxenhaltung. Ein Boxenpferd liegt durchschnittlich 10 % des Tages (POLLMANN 2003: 73). Es ist denkbar, dass dieses artuntypische Dauer-Stehen den Hufbeinträger der Vorderbeine mehr belastet, die nötige Entlastung erfolgt dann über das vermehrte Ablegen. Auch der italienische Tierarzt Dr. Lorenzo d'Arpe sieht in der mangelnden Bewegungsmöglichkeit der Boxenpferde ein erhöhtes Hufreherisiko: »Ein ständig in der Box gehaltenes Pferd bewegt seine Hufe nicht ausreichend und hat ein höheres Hufreherisiko als das gleiche Pferd, wenn es auf einem Paddock oder auf der Koppel gehalten wird und sich bewegen kann.« (D' ARPE 2009: 36) Dr. D'Arpe hat einen Spezialbeschlag mit »massierendem Effekt« entwickelt, um Hufrehe vorzubeugen. (ebenda) Die Veränderung der Haltungsbedingungen wäre sicher der angemessenere Weg.*

4 *Nicht immer löst nämlich ein dauerhaftes Anheben (2–8 Wochen) einer Gliedmaße auf der kontralateralen Gliedmaße eine Belastungsrehe aus, wie in klinischen Studien nachgewiesen wurde. (VERSCHOOTEN 1993 zit. nach BUDRAS; HUSKAMP 1999: 106). Es gibt also offenbar noch andere Faktoren; wobei man nicht nur an das Gewicht des Pferdes oder eine Vorschädigung durch Rehe denken sollte, sondern eben an die konkrete durch die Hufform bedingte Situation des Hufbeinträgers selbst.*

gezwungen, auf der Sohle zu laufen, so kann dies augenscheinlich zu einer schmerzhaften Entzündung der Sohlenlederhaut führen. Greift diese Entzündung dann auf die Wandlederhaut über, so kommt es zusätzlich zu einer Hufrehe. Über empirische Beobachtungen hinausgehende, gesicherte Erkenntnisse hierzu gibt es leider nicht.

Anders bei der Belastungsrehe mit überlastetem Hufbeinträger. Beim übermäßig belasteten Hufbeinträger kommt es, verursacht durch die andauernde mechanischen Kompression des Kapillarbettes, zu einer Minderdurchblutung in den sensiblen Lederhautblättchen und in der Folge dann bereits zu den ersten Gewebsschädigungen. Der gestörte Zellstoffwechsel im Hufbeinträger löst nun die Entzündungskaskade aus, die eine Hufrehe kennzeichnet. Hierbei wird der Freisetzung von gefäßaktiven Mediatoren und lokal gebildeten Toxinen bisher eine wichtige Rolle zugeschrieben (BUDRAS; HUSKAMP 1999: 105f.). Ab wann und inwieweit auch hier eine Down-Regulation der für die Zellverbindung und für die Anheftung an der Basalmembran notwendigen Proteine bzw. die vermehrte Produktion und Aktivierung der Matrix-Metalloproteinasen folgt, ist bislang nicht bekannt.

Es wird vermutet, dass die systemischen Reheformen und die Belastungsrehe hinsichtlich der molekularbiologischen Vorgänge im Huf ab hier nun einen einheitlichen Verlauf nehmen.

1.2.2 Es schmerzt! Akuter Rehezustand

Die Reheerkrankung wird sichtbar. Die Prozesse aus der Initialphase sind jetzt soweit fortgeschritten, dass unser Pferd nun auch Schmerz verspürt. Die ausgeschütteten Entzündungsmediatoren und Endotoxine führen schließlich zu einer Erregung der Schmerznervenfasern. Das Pferd lahmt mehr oder weniger deutlich. Die Schmerzen reichen von ausgeprägter Fühligkeit und deutlichem Wendeschmerz bis hin zum Aufstellen in typischer Rehestellung oder Niederlegen mit Festliegen des Pferdes. Für den Tierarzt ist das Ausmaß der Schmerzen ein wichtiger Hinweis auf den Schweregrad der Rehe.[5]

Die gebräuchlichste Einteilung des Lahmheitsgrades bei der Hufrehe ist die Einteilung nach OBEL:

Grad 1: **In Ruhe hebt das Pferd ständig abwechselnd die Hufe. Im Schritt ist keine Lahmheit zu erkennen, im Trab ist der Gang kurz und steif.**

Grad 2: **Die Pferde gehen im Schritt zwar willig, aber steif vorwärts. Aufheben eines Fußes ist ohne Schwierigkeiten möglich.**

Grad 3: **Das Pferd bewegt sich äußerst widerwillig und wehrt sich heftig gegen den Versuch, einen Fuß aufzuheben.**

Grad 4: **Das Pferd weigert sich, sich zu bewegen. Nur durch Zwang ist es zum Laufen zu bringen.**

(STASHAK 1989: 490)

Sind die Schmerzen entsprechend groß, kommt es außerdem zu einer mehr oder weniger starken Beeinträchtigung des Allgemeinbefindens des Pferdes mit erhöhter Puls- und Atemfrequenz, erhöhter Körpertemperatur, Schweißausbruch und Zittern der Muskulatur.

Die Schmerzennervenfasern selbst haben die Eigenschaft bei Erregung, also bei Schmerz, vermehrt Neuropeptide

5 In der veterinärmedizinischen Forschung gefundene histopathologische Befunde im Inneren von Rehehufen korrelieren mit dem vorher festgestellten Lahmheitsgrad der Pferde. (POLLITT 2008: Pollitt 1)

auszuschütten, die dann wiederum Entzündungszellen anlocken.

Das Entzündungsgeschehen wird auf diesem Weg noch verstärkt und es entsteht eine Art Aufschaukelungseffekt. (HIRSCHBERG; BUDRAS; HINTERHOFER 2008: 10) Die Schmerzen bewirken durch die Stimulation des sympathischen Nervensystems zudem eine Freisetzung von Katecholaminen aus dem Nebennierenmark.

Dies hat neben den oben genannten Auswirkungen auf den Allgemeinzustand des Pferdes auch eine gefäßverengende Wirkung auf die Kapillargefäße des Hufbeinträgers.

Die in der Initialphase begonnene Zerstörung des Hufbeinträgers schreitet in der akuten Phase der Rehe weiter fort. Je nach Ausmaß der dabei entstehenden Schädigung der Wandlederhaut- und Epidermisblättchen findet letztlich eine gering- bis hochgradige Separation von Hufbein und Hornwand statt. Der Hufbeinträger ist in seiner Aufhängefunktion teilweise bis großflächig gestört und es bildet sich in diesen Fällen eine mehr oder weniger große Schere zwischen Hufbeinrücken und Zehenwand. Diese wird auf dem Röntgenbild sichtbar. Das Ausmaß der Zerstörung kann aber auch bereits am Huf selbst abgelesen werden. Es kommt zu einer mehr oder weniger starken Schrägstellung der Zehenwand. Mitunter sind auch schräge Seitenwände betroffen, wenn die Zerstörungsprozesse im Hufbeinträger sich auf die Seitenwand ausdehnen (Gefahr besteht vor allem bei sehr weiten bzw. schiefen Hufen). Die Blättchenschicht verbreitert sich und zeigt sich zum Teil aufgerissen. Die Sohle verliert ihre konkave Wölbung, da das Hufbein durch den eingeschränkten Halt des Hufbeinträgers nach unten sinkt. Unterhalb des Kronsaums entsteht eine Hornrille.

Die Schnelligkeit des Eintretens dieser Veränderungen am Huf gibt Aufschluss über die Heftigkeit der Zerstörung. Bei geringer Schädigung des Hufbeinträgers treten die Phänomene häufig erst nach dem Abklingen der akuten Phase nach und nach zutage. Zeigt sich bereits in der akuten Phase ein Einsinken des Kronsaumes und eine Vorwölbung der Hufsohle, so lässt dies auf einen großflächigen Verlust der Aufhängefunktion und massive Zusammenhangstrennungen schließen. Der Huf erleidet eine Hufbeinsenkung.[6]

1.2.3 Nachwehen

Das deutlichste Anzeichen für das Ende des akuten Reheschubs ist das Nachlassen der Schmerzhaftigkeit. Unser Pferd steht wieder auf, bewegt sich wieder etwas mehr, nimmt insgesamt wieder mehr am Leben teil. Das Leiden lässt nach.

Aber Achtung: Schmerzmittel reduzieren die Schmerzhaftigkeit! Werden also Schmerzmittel verabreicht, so darf eine Besserung des Zustandes nicht fehlinterpretiert werden. Es besteht ansonsten die Gefahr, dass man zu früh in seinem Bemühen um die Eindämmung der Reheschäden nachlässt. So wird das Pferd beispielsweise wieder auf die Koppel entlassen oder gar unter den Sattel genommen. Das wäre fatal, denn insgesamt ist der Zustand nach einer frisch überstandenen Rehe labil, vergleichbar

6 Zu den Begriffen Hufbeinsenkung und Hufbeinrotation siehe Kapitel 4, Seite 136 ff.

mit der Genesung eines Patienten nach schwerer Krankheit. Pferde zeigen dies leider nicht immer so deutlich wie die meisten Menschen. Als Bewegungstiere freuen sie sich über die langsam wiederkehrende Bewegungsfreude und Bewegungsmöglichkeit; als folgsame Gefährten bemühen sie sich, mit ihrer Herde und ihrem Menschen Schritt zu halten. Kehrt man zu schnell zur gewohnten Routine zurück – das Pferd will es so und dem Menschen selbst kommt es auch entgegen –, so besteht die Gefahr eines Rückfalls. Die Situation ist auch nach dem Abklingen der akuten Symptome heikel und anfällig für einen erneuten Reheschub.

Ob die Schmerzen der akuten Phase schnell abklingen oder ob sie, wenn auch vermindert, über eine längere Zeit hinweg anhalten, hängt letztlich vor allem vom Grad der Schädigung in der Hufbeinaufhängung ab. In jedem Fall sollte das Pferd solange geschont werden, bis der Hufbeinträgerapparat wieder in einer stabilen Verfassung ist. Leider werden Pferde in dieser Situation sehr häufig beschlagen, um die Schäden am Huf auszugleichen, noch vorhandene Schmerzen auszuschalten und das Pferd wieder schneller nutzen zu können. Eine zu schnelle Belastung reheerkrankter Pferde ist jedoch eine der Hauptquellen für die hohe Rückfallquote bei Rehe sowie für die Ausbildung von chronischen Rehehufen bei vielen Pferden.

2 Der Rehe keine Chance

Um zu verhindern, dass unser Pferd an Rehe erkrankt, ist es wichtig, die Ursachen der Erkrankung zu kennen und dagegen Vorsorge zu treffen. Wie im Abschnitt »Ausnahmezustand« schon beschrieben, kann jede erhebliche Störung des Stoffwechsels beim Pferd zu einer Hufrehe führen. Das heißt, die Wahrnehmung der ganz normalen Sorgfaltspflicht für unser Pferd ist auch bereits ein Stück Reheprophylaxe. Die Vermeidung von gefährlichen Situationen und die Minimierung von Verletzungsrisiken bewahrt unser Pferd nicht nur vor einem direkten Schaden, sondern verhindert auch, dass es womöglich infolge des nun nötigen Medikamentencocktails, des langen Stehens auf drei Beinen oder einfach infolge von Schmerz und Stress zusätzlich auch noch einen Reheschub erleidet. Kommt unser Pferd trotz aller Vorsicht zu Schaden, so ist die Möglichkeit einer hinzu kommenden Reheerkrankung immer mit zu bedenken und es ist dieser Gefahr vorzubeugen. Beispielsweise indem man bei dauerhaftem Schonen einer Gliedmaße durch das Pferd aufgrund einer Verletzung oder ähnlichem die gesunde Partnergliedmaße vorbeugend mit einem Sohlen-Strahl-Polsterverband versieht. Das Anfertigen eines solchen Verbandes lernen wir im Kapitel »Erste Hilfe« (siehe S. 110f.). Der Verband entlastet den Hufbeinträger effektiv und beugt so dem Risiko einer Reheerkrankung vor.

Auch bei der Verabreichung von bestimmten Medikamenten muss man die Gefahr einer Hufrehe bedenken. So kann die Gabe von Antibiotika oder auch ein missbräuchlicher Gebrauch von nichtsteroidalen Antiphlogistika zu einer Typhlocolitis (Colitis X) führen, die wiederum in eine Hufrehe münden kann. Um die negativen Folgen einer notwendigen Antibiotikumgabe für die Darmflora zu minimieren und so der Gefahr von Colitis und Hufrehe vorzubeugen, ist es sinnvoll, die Darmmilieu stabilisierenden Effekte von Probiotika zu nutzen. Dass die Zugabe probiotischer Präparate die natürliche mikrobielle Flora im Verdauungstrakt positiv beeinflusst und eine wirksame Prophylaxe wie auch Therapie von Durchfallerkrankungen darstellt, ist für den Menschen und zum Teil auch für landwirtschaftliche Nutztiere wie Rinder bereits nachgewiesen.

Allerdings gibt es bisher nur wenige Untersuchungen zur Anwendung von Probiotika beim Pferd. Positive Forschungsergebnisse liegen für das in der Humanmedizin eingesetzte Präparat Perenterol® (Saccharomyces boulardii) vor. So führte die Anwendung von Saccharomyces boulardii bei akuter Enterocolitis zu einer signifikanten Verbesserung der klinischen Symptome der therapierten Pferde (ALBERS 2007: 11). Meines Wissens gibt es hierzu aber leider keine weiteren Untersuchungen, die Aufschluss und Sicherheit bei der prophylaktischen Anwendung dieser Hefen geben könnten. Auch gibt es bisher kein entsprechendes (Perenterol)Präparat für Pferde. Als Probiotikum für Pferde zugelassene Hefen sind Saccharomyces cerevisiae, wie sie in dem Präparat Plantaferm® enthalten sind. Ein anderer, seit 2009 zu-

gelassener Zusatzfutterstoff für Pferde, der die Darmflora in Risikozeiten nachweislich stabilisiert, ist ColiCure (Escherichia coli) (EFSA 2009). Neben der Verabreichung von Medikamenten steigern auch Stresssituationen, wie sie mit einem Transport und einem Klinikaufenthalt verbunden sind, das Risiko von Folgeerkrankungen. Colitis X und Hufrehe sind gefürchtete Nebenwirkungen beim »Hospitalisieren« von Pferden. Es ist gut, in diesen Fällen Vorsorge zu treffen und entsprechende Maßnahmen zur Verhinderung von Darmfunktionsstörungen zu ergreifen. Tierheilpraktiker arbeiten zur Vorbeugung von Durchfallerkrankungen und zur Erhaltung einer stabilen Darmflora gern mit Kanne Brottrunk® oder Kanne Fermentgetreide®. Möglicherweise bieten auch die vielseitig einsetzbaren Effektiven Mikroorganismen des japanischen Agrarwissenschaftlers Teruo Higa eine gute Möglichkeit der Prophylaxe.[7] Untersuchungen zu diesen Dingen stehen leider aus. Eine durch Medikamente verursachte Hufrehe (iatrogene Hufrehe) tritt nicht selten auch im Zusammenhang mit der therapeutischen Verwendung von Glukokortikoiden auf. Besonders Langzeitkortisone, wie sie bei Lungenproblemen oder beim Sommerekzem zum Einsatz kommen, bringen ein stark erhöhtes Risiko einer Hufreheerkrankung mit sich. Die Medikamente Triamcinolon, Dexamethason und Bethametason haben in dieser Hinsicht »traurige Berühmtheit« erlangt. (GERHARDS 2008) Die Gefahr einer Hufrehe nimmt mit der Höhe der Dosierung und der Behandlungsdauer zu, was eine systemische Glukokortikoid-Therapie zu einem Damoklesschwert werden lässt. Eine gewissenhafte Risikoabschätzung und die Suche nach alternativen Behandlungsmöglichkeiten sind unabdingbar. Ich würde jedem Pferdebesitzer raten, alles zu unternehmen, um eine solche Therapie zu vermeiden.[8]
Es gilt mittlerweile auch als gesichert, dass Glukokortikoide auch beim Pferd eine Insulinresistenz (VPT 2010) oder das in jüngster Zeit immer häufiger diagnostizierte Cushing Syndrom/PPID (JOHNSON 2005) auslösen können. Die Zusammenhänge zwischen diesen Störungen des metabolischen Stoffwechsels und der Hufrehe werden in den späteren Abschnitten (siehe S. 45 ff.) näher betrachtet.

Letztlich birgt auch die Geburt eines Fohlens für jede Stute ein erhöhtes Risiko für eine Hufrehe. Treten beim Abfohlen irgendwelche Komplikationen auf, so ist schnelles und fachmännisches Handeln gefragt. Aber auch wenn alles reibungslos verläuft, sollte stets sichergestellt werden, dass sich die Nachgeburt vollständig gelöst hat.

Untersuchungen belegen, dass es bei zwei bis zehn Prozent der abfohlenden Stuten zu einer Nachgeburtsverhaltung kommt. Eine solche liegt immer dann vor, wenn die Nachgeburt nicht innerhalb einer Stunde nach der Geburt abgegangen ist. Haben sich die Eihäute zwei Stunden nach der Geburt noch nicht gelöst oder besteht der Verdacht, dass Reste in der Gebärmutter verblieben sind, so muss unverzüglich therapeutisch eingegriffen werden. (AURICH 2005: 209f.) Ein manuelles Entfernen der Nachgeburt bzw. ihrer verbliebenen Reste gilt heute als Kunstfehler und erhöht, wie ein zu langes Abwarten, das Risiko der Ausbildung einer Geburtsrehe.

7 siehe Nützliche Adressen im Anhang

8 Für das dämpfige Pferd kann ein Wechsel in einen Offenstall mit ganztägig frischer Luft und das Wässern des Heus Wunder bewirken. Für den Sommerekzemer gibt es neben gut wirksamen Repellents (El Niño, Ökozon) die Möglichkeit einer Ekzemerdecke.

Aber auch unter gleichbleibend behüteten und sicheren Bedingungen ohne Unfälle, Erkrankungen oder Stress kann ein bislang völlig gesundes Pferd an einer Hufrehe erkranken, wenn es unmittelbar bestimmten reheauslösenden Faktoren ausgesetzt wird. Diese gelangen am häufigsten über das Futter ins Pferd.

2.1 Futter und Unfutter

Wie das Pferd selbst, ist auch der Verdauungstrakt des Pferdes ein sprichwörtliches Gewohnheitstier. Abrupte Umstellungen und Wechsel im Futter, in seiner Qualität oder auch in der Quantität, sind Störungen, die vom Pferd nicht gut verkraftet werden. Die Mikroflora in Magen und Darm muss sich den neuen Gegebenheiten stets erst anpassen. Ist sie in ihrer Anpassungsleistung überfordert, beispielsweise wenn wir am 1. Mai das Tor zur Weide öffnen und uns freuen, wie sich unsere Pferde begeistert über das frische Grün hermachen, dann droht neben Durchfall auch die Gefahr einer Hufrehe.

2.1.1 Futterwechsel

Deshalb ist immer äußerste Vorsicht gefragt, wenn eine Umstellung des Futters vorgenommen werden muss. Abrupte Wechsel, beispielsweise von Heufütterung auf Weide, wie auch andersherum von reiner Weidehaltung auf reine Heufütterung, sind ebenso zu vermeiden, wie die plötzliche Zufütterung größerer Mengen von ungewohnten Futtermitteln wie Hafer, Müsli, Rüben, Äpfel etc. Auch das Umkoppeln bzw. das zur Verfügung stellen neuer Grasflächen kann Risiken in sich bergen, wenn sich die Flora der neuen Flächen von derjenigen der bis dahin genutzten alten Weide unterscheidet. Eine langsame Gewöhnung an neue Futtergegebenheiten ist unerlässlich, will man Probleme von vornherein vermeiden.

Besonders reheträchtig ist der Beginn der Weidesaison, wenn unsere Pferde nach einem meist graslosen Winter Ende April, Anfang Mai auf die Weiden gebracht werden. Sorgfältiges Anweiden ist Pflicht. Das gilt übrigens auch, wenn die Pferde in der glücklichen Lage sind, auch im Winter auf extensiv genutzten Wiesen etwas Gras zupfen zu können. Der Winterbewuchs der Weide unterscheidet sich grundlegend von dem neu sprießenden Grün, so dass auch hier Obacht gegeben werden muss, also eine Anweidephase eingeplant werden sollte.

Es ist sehr empfehlenswert, bei dieser Anweidephase nach einem strikten, selbst gesetzten Plan vorzugehen. Nachfolgendes Schema kann hierfür als Beispiel dienen:

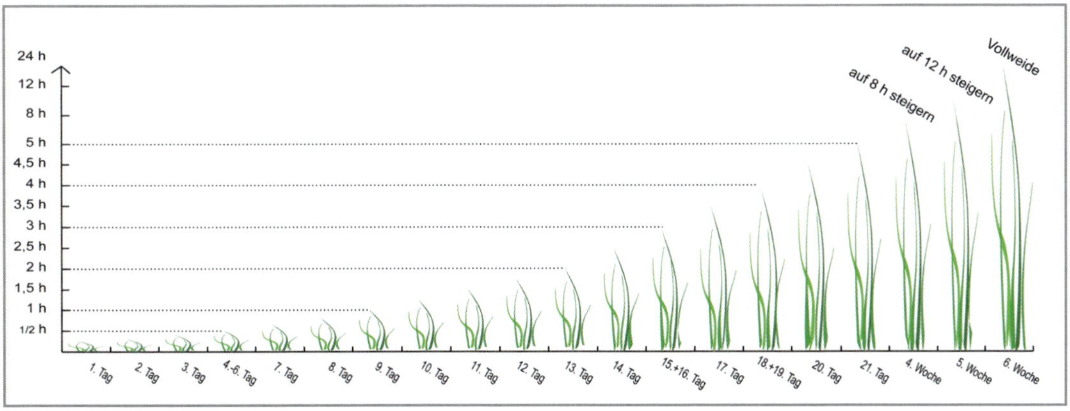

Abb. 29: Beispiel-Schema zum (sehr) sicheren Anweiden

Beginnend mit einer Viertelstunde am ersten Tag, gefolgt von 20 min am zweiten und 25 min am dritten Tag werden die Weidefresszeiten nach dem oben abgebildeten Schema langsam und kontinuierlich gesteigert. Man beobachte seine Pferde dabei aufmerksam in Bezug auf etwaige Umstellungsschwierigkeiten. Treten beispielsweise Durchfälle oder auch eine vermehrte Fühligkeit auf, muss das Anweiden unterbrochen werden. Erst nach der Normalisierung der Situation kann wieder neu begonnen werden. Es ist dann allerdings unbedingt nötig, wieder bei Tag 1 zu beginnen.
Man kann das beschriebene Schema auch variieren, indem man die Pferde beispielsweise zum Ende der ersten Anweidewoche jeweils zweimal pro Tag (früh und abends) auf die Weide lässt. Wichtig ist, dass immer vor dem Gang auf die Weide Heu verabreicht wird, so dass das frische Grün keinesfalls »auf den leeren« Magen kommt. Zum einen dämpft dies den Heißhunger auf das Gras eventuell etwas, zum anderen, und das ist das Entscheidende daran, wird das frische Grün dann weit besser vertragen. Das Raufutter hilft dabei, die ungewohnte Kost zu verarbeiten.

Haben wir unser Pferd auf diese Weise schonend an das Gras gewöhnt, ist ein großer Schritt in Richtung Reheprophylaxe getan. Allerdings sollte man sich auch dann nicht einfach beruhigt zurücklehnen, nach dem Motto »Gewöhnung ans Gras abgeschlossen, nun friss soviel du magst!« Gerade beim Grasfutter besteht für das heutige Pferd die Gefahr der Überfütterung. Hierfür sind verschiedene Faktoren verantwortlich, die im Abschnitt »Risikofaktor Wohlstand« näher betrachtet werden sollen. An dieser Stelle soll zunächst nur auf die allgemeine Gefahr einer dauerhaften übermäßigen Graszufuhr aufmerksam gemacht werden. In vielen Fällen ist es unerlässlich, die Weidezeit für Pferde zu beschränken, um eine zu hohe, nämlich krankmachende Futteraufnahme zu vermeiden. Abhängig ist dies in starkem Maße von der Rasse und der individuellen Konstitution des Pferdes, seinem täglichen Arbeitspensum sowie von den konkreten Weidegegebenheiten.

2.1.2 Overload

Neben einer dauerhaften Überfütterung ist auch eine einmalige maximale Überladung des Magen-Darmtraktes durch die kurzfristige Aufnahme großer Mengen von energiereichem Futter fürs Pferd sehr gefährlich. Wenn beispielsweise der frisch angelieferte Monatsvorrat an Kraftfuttersäcken nur provisorisch verräumt und über Nacht von der Offenstallgemeinschaft geplündert wird, so besteht für die Pferde, die an der nächtlichen Selbstbedienungsaktion beteiligt waren, die handfeste Gefahr, eine Rehe zu entwickeln.

Das Pferd ist ein Grasfresser und von Natur aus auf die Verwertung von faserreichen Pflanzenteilen eingestellt. Unter bestimmten Gegebenheiten – harte Arbeit, harte Witterungsbedingungen, ungenügende Weidefläche, tragende und milchgebende Stuten, ältere Pferde – kann es sein, dass der Energiebedarf durch Gras und Heu allein nicht gedeckt werden kann. In diesen Fällen wird traditionell Getreide, zumeist Hafer, heutzutage auch häufig Fertigmischfutter, als effektiver Energielieferant zugefüttert. In einem ausgewogenen Verhältnis ist eine solche Zufütterung zur Deckung des Energiebedarfs unbedenklich. So können beispielsweise Stärkemengen, die pro Mahlzeit 100 Gramm pro 100 Kilogramm Körpergewicht nicht überschreiten, problemlos vom Dünndarm verdaut werden (COENEN 2010: 16). Bezogen auf die Haferstärke, welche eine besonders gute Dünndarmverdaulichkeit besitzt, bedeutet dies bei einem schlanken Kleinpferd mit 400kg Körpergewicht also 1 kg Hafer (mittlerer Stärkeanteil von 40 %).[9]

Wichtig ist, dass diese Getreidefütterung nicht als Ersatz für die Fütterung mit Gras und Heu fungiert, sondern dem betreffenden Pferd zusätzlich Raufutter ad libitum, also soviel es mag, zur Verfügung gestellt wird. Wichtig ist außerdem, dass wirklich ein zusätzlicher Energiebedarf besteht. Leider ist letzteres sehr häufig ganz und gar nicht der Fall, und viele Pferde werden über ihren Bedarf mit energiereichem Zusatzfutter wie Müsli & Co. versorgt. Die negativen Folgen, die dann auch eine prinzipielle Unverträglichkeit der an und für sich verträglichen Zusatzfutter beinhalten, besprechen wir im Abschnitt »Risikofaktor Wohlstand« (siehe S. 44ff.).

Weshalb ist das aber so, dass von größeren Mengen Kraftfutter eine Rehegefahr fürs Pferd ausgeht?[10]

Aus ernährungsphysiologischer Sicht bestehen zwischen den einzelnen Futtermitteln erhebliche Unterschiede. Während im Gras (ob frisch, getrocknet oder siliert) die durch die Mikroflora langsam abbaubaren Kohlenhydrate vom Typ der Gerüstsubstanzen dominieren, enthalten Kraftfutter wie Hafer, Gerste, Mais vor allem leichtverdauliche Kohlenhydrate (Stärke), aus denen das Pferd schnell Energie gewinnen kann. Die leichtverdaulichen Kohlenhydrate, auch nicht-strukturbildende Kohlenhydrate (NSC) genannt, unterliegen dabei anderen Abbauprozessen als die strukturbildenden Kohlenhydrate oder Gerüstsubstanzen.

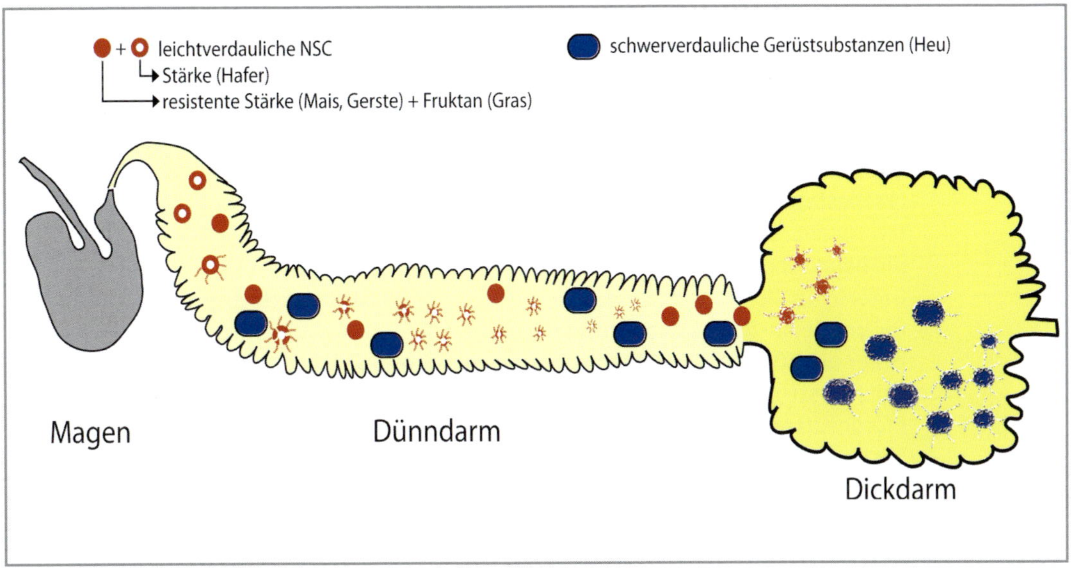

Abb. 30: Was wird im Darm wo verdaut?

9 Aber bitte beachten:
a) Die Bezugsgröße ist dabei selbstverständlich das optimale Gewicht des Pferdes, nicht das augenblickliche Übergewicht! Betont sei, dass bei Übergewicht ohnehin kein Kraftfutter gegeben werden sollte.
b) Die einzelnen Getreidesorten besitzen unterschiedlich hohe Stärkeanteile, die zudem je nach Bodenbedingungen und Klima schwanken. Man bleibt entweder deutlich unter der Höchstmenge oder kommt nicht umhin, den Stärkeanteil genau zu bestimmen und die Futterhöchstmenge auf Basis dieser Bestimmung zu berechnen.

10 Auf die übrigen negativen Folgen einer Kraftfutter-als-Ersatz-für-Raufutter-Fütterung – Magengeschwüre, Zahnprobleme, Futterstress, »Untugenden« etc. – möchte ich an dieser Stelle nicht näher eingehen.

Während erstere bereits zu relevanten Teilen im Magen und vor allem im Dünndarm durch körpereigene Enzyme verdaut werden, passieren die strukturbildenden Kohlenhydrate von Gras, Heu und Stroh den Magen und Dünndarm weitestgehend unverändert und werden erst im Dickdarm langsam mikrobiell fermentiert. Die Darmflora des Pferdes ist auf diese Verdauung eingerichtet.

Während also die leichtverdaulichen Kohlenhydrate zu einem großen Teil bereits im Dünndarm aufgeschlossen werden, geschieht die Verdauung der schwerverdaulichen Kohlenhydrate im Dickdarm. Wie die Abbildung 30 deutlich macht, werden aber nicht alle leichtverdaulichen Kohlenhydrate bereits im Dünndarm aufgeschlossen. Wo die Verdauung der NSC jeweils stattfindet, richtet sich nach ihrer konkreten Form – im Falle der Futtergetreide ist das durch die jeweilige Getreideart und die damit vorliegende spezielle Form der zugeführten Stärke bestimmt.

Bei Mischfuttermitteln kommt es auf die konkrete Zusammensetzung an (Getreideart, deren Zubereitungsform, Zuckerbestandteile, Pektine und Aminosäuren). Die verschiedenen Kraftfuttermittel, die beim Pferd eingesetzt werden, haben unterschiedliche Abbaukinetiken.

Im Vergleich der Futtergetreide besitzt Hafer die höchste Dünndarmverdaulichkeit. Gerste und Mais, die ebenfalls in der Pferdefütterung zum Einsatz kommen, besitzen einen höheren Anteil an resistenten Stärken – das ist die Summe der Stärkeanteile und Stärkeabbauprodukte, die nicht im Dünndarm resorbiert werden können. Gerste und Mais haben insofern eine niedrigere Dünndarmverdaulichkeit als Hafer, das heißt, die in ihnen enthaltene resistente Stärke kann zum Teil nicht durch die körpereigenen Enzyme im Dünndarm erfasst werden und gelangt deshalb unverdaut in den Dickdarm. Dort werden diese Stärken durch mikrobielle Fermentation sehr schnell abgebaut, anders als die Gerüstsubstanzen, deren mikrobieller Abbau nur langsam erfolgt.

Die multikulturelle Darmflora (Bakterien, Protozoen, Pilze) sorgt für die Verstoffwechslung der ganz unterschiedlichen Energieträger. Allerdings ist es dafür wichtig, dass die schnell fermentierbaren Kohlenhydrate, also die NSCs, lediglich in begrenzten Mengen ins Verdauungssystem gelangen.

Die Zusammensetzung der Mikroflora des Verdauungstrakts wird nämlich im Wesentlichen durch das zur Verfügung stehende Substrat beeinflusst. Das heißt, bei einem zu hohen Angebot von NSCs findet im Dickdarm eine massive Vermehrung von Säurebildnern statt. Wenn also beispielsweise eine große Menge Mais- oder Gerstenkörner gefüttert wurde, deren Stärken zu einem großen Teil nicht im Dünndarm, sondern erst im Dickdarm aufgeschlossen werden können, so verändert sich die Darmflora zugunsten der Bakterienpopulationen, die auf diese Stärken spezialisiert sind. Es kommt in der Folge zu einer Dominanz von gram-positiven Bakterien – insbesondere die laktatbildenden Laktobazillen und Streptokokken (vor allem Streptococcus bovis) nehmen zu. Dies kann dazu führen, dass der pH-Wert absinkt und es zu einer Übersäuerung (Azidose) des Blinddarms (= vorderer Teil des Dickdarms) kommt. Das wirkt sich wiederum negativ auf die gram-negativen Bakterienpopulationen aus, wobei diese beim Absterben Endotoxine freisetzen. Eine weitere Folge der Übersäuerung des Darminhaltes sind mögliche Schäden an den Schleimhautzellen der Darmwand, was die Darmwand durchlässig werden

lässt, also zu einer Verringerung der Magen-Darm-Schranke führt. Hierdurch können letztlich die Endotoxine der absterbenden Bakterien wie auch die Exotoxine der sich vermehrenden Bakterienpopulationen in die Blutbahn gelangen.
Die im Blut befindlichen Toxine können nun eine Hufrehe auslösen. Die genauen Wirkmechanismen sind noch nicht gänzlich aufgeklärt. Für die freigesetzten Endotoxine vermutete man bislang, dass diese durch ihre gefäßverengende Wirkung zum Auslösen der Hufrehe beitragen. Dem widersprechen allerdings die neuesten Erkenntnisse aus der Reheforschung, nach denen die Hufrehe in ihrer Anfangsphase nicht durch eine Vasokonstriktion und durch eine Minderdurchblutung gekennzeichnet ist.
Der Streptococcus bovis, einer der Hauptgewinner der Übersäuerung des Darms, trägt nachweislich durch die produzierten Exotoxine zur Aktivierung spezifischer Enzyme (MMP 2 und 9) bei (DAHLHOFF 2003: 126). Bis vor kurzem hielt man dies auch für die Erklärung für den nachfolgenden Verlust der Zellverbindungen im Hufbeinträger. Da man mittlerweile jedoch weiß, dass der Dysregulation der MMPs bereits eine Verminderung der spezifischen Zytolink- und Membran-Proteine vorausgeht, müssen die Zusammenhänge neu betrachtet werden. (siehe Seite 25f.)

Prinzipiell gilt, sowie der Ort der Stärkeverdauung in den Dickdarm verlagert wird, besteht das Risiko eines entstehenden mikrobiellen Ungleichgewichts im Darm mit den beschriebenen Folgen für die Hufe. Die Gefahr wächst mit der Menge, die gefüttert wird. Eine Aufbereitung von Gerste und Mais erhöht die Verwertbarkeit der Stärken im Dünndarm, so dass durch Quetschen, Schroten oder Poppen der Getreidekörner die Gefahr des Ankommens großer Mengen resistenter Stärken im Dickdarm sinkt. Aber selbst bei hoher Verdaulichkeit im Dünndarm können nur begrenzte Mengen an Stärke vertragen werden. Das traditionelle Kraftfutter Nr. 1, der Hafer, ist wie bereits gesagt, in sehr hohem Maße dünndarmverdaulich, d.h. der aller-

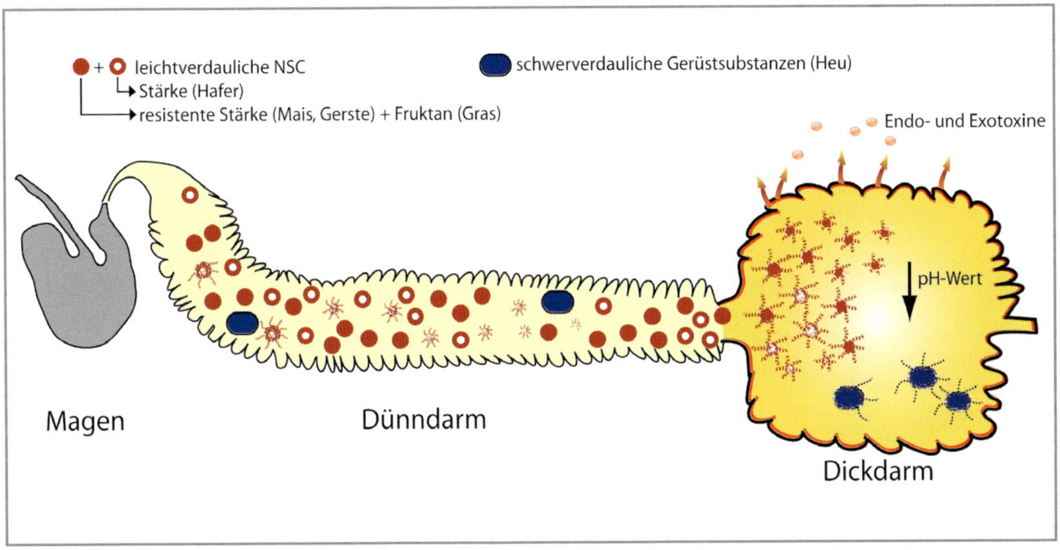

Abb. 31: Overload des Verdauungssystems

größte Teil der Haferstärke kann von den körpereigenen Enzymen im Dünndarm verarbeitet werden. Allerdings ist die Kapazität des Dünndarmes begrenzt. Wird die verträgliche Menge (beim gesunden Pferd 0,35–0,4% Haferstärke/kg Körpergewicht pro Mahlzeit, PLUMHOFF 2004: 81) überschritten, sind die abbauenden Enzyme mit den anfallenden Stärkemengen schlicht und einfach überfordert und ein Teil der Stärken gelangt unverdaut in den Dickdarm. Im Dickdarm aber können sie in der oben beschriebenen Weise zu einer nachteiligen Veränderung des Darmmilieus führen und letztlich eine Hufrehe auslösen.
Es besteht beim Pferd also eine kritische Obergrenze für die Aufnahme von schnellverdaulichen Kohlenhydraten. Neben der aufgenommen Menge sowie der Art und Zubereitungsform des Kraftfutters spielt auch das Verhältnis zwischen Kraft- und Raufutter eine Rolle dabei, ob es zu einer Schädigung des Darmmilieus kommen kann. Die Anwesenheit von großen Mengen Gerüstsubstanzen im Darm bietet diesem, auch bei Überladung mit schnell verdaulichen Kohlenhydraten, einen gewissen Schutz, d.h. die kritische Obergrenze wird dann nicht ganz so schnell erreicht (PLUMHOFF 2004).

Wissenschaftliche Untersuchungen zur Verdaulichkeit der verschiedenen Futtermittel deuten darauf hin, dass zwischen den einzelnen Pferden große individuelle und darüber hinaus auch tagesformabhängige Unterschiede bestehen (VOIGT 2006: 120). Das heißt, die von dem einen Pferd gut vertragene Menge Hafer oder Müsli kann beim anderen Pferd bereits die kritische Menge überschritten haben. Worauf diese individuellen Unterschiede beruhen, ist bisher noch kaum erforscht. Überlegungen gibt es in folgende Richtungen:

1. Die Kauaktivität des Pferdes hat Einfluss auf die Verdaulichkeit – wird das Futter besser gekaut (Zahnstatus!), dann erhöht dies die Dünndarmverdaulichkeit und es gelangt beispielsweise weniger unverdaute Stärke in den Dickdarm (VOIGT 2006: 116f.).
2. Pferde verfügen über individuelle Muster der Mikroflora (VOIGT 2006: 118).
3. Es gibt individuelle Unterschiede bezüglich der für die Stärkeverdauung notwendigen Amylaseproduktion durch die Bauchspeicheldrüse – das Enzym Amylase sorgt für den Stärkeabbau (ebenda).
4. Es werden rassespezifische Unterschiede im Kohlenhydratstoffwechsel von Klein- und Großpferden vermutet (VOIGT 2006: 110).

Es bleibt festzuhalten, dass das Verdauungssystem des Pferdes nicht auf eine Fütterung mit großen Mengen energiereichen Futters ausgelegt ist.
Das optimale Pferdefutter ist reich an Gerüstsubstanzen. Wird zusätzliche Energie benötigt, so muss es dem Pferd auch ermöglicht werden, diese Energie zusätzlich zu seinem Raufutter und verteilt über den Tag in ungefährlichen Dosen zu sich zu nehmen. Der so häufig zu beobachtende Ersatz von Raufutter durch Kraftfutter – sei es aus Gründen der Arbeitsökonomie, wegen mangelnder Lagerkapazität oder einfach wegen des beispielsweise verpönten Heubauchs – hat abgesehen von der damit einhergehenden Hufrehegefahr auch jede Menge anderer gesundheitlicher Konsequenzen. (siehe Fußnote 10, S. 39)

2.1.3 Kartoffelschalen, Buchsbaumhecke & Co

Eine häufige Gefahrenquelle für Hufrehe geht von ungeeignetem Futter oder Giftpflanzen aus. Wenn der Nachbar den hungrigen Blicken der Pferde nicht widerstehen kann und seine Küchenabfälle über den Paddockzaun entsorgt oder nach dem Heckenschnitt »wohlmeinend« Zweige vom Buchsbaum oder der Eibe in den Auslauf wirft, dann kann das fatale Folgen haben. Auch Giftpflanzen auf der Koppel können unseren Pferden zum Verhängnis werden. Ganz abgesehen davon, dass der Genuss mancher Giftpflanzen zum Tod führen kann, ist auch eine nicht-tödliche Vergiftung ein Ereignis, von dem sich manche Pferde nie wieder vollständig erholen. Hufrehe ist eine typische Folge von Vergiftungen.

Oftmals wissen Pferdebesitzer überhaupt nicht, was auf ihren Pferdeweiden wächst, und dass es auch in unseren Breiten einiges an Gewächsen gibt, die unsere Pferde krank machen können. Dagegen hilft es, sich schlau zu machen – im Internet, in Büchern, auf einem Weideseminar. Noch viel häufiger als auf Unwissenheit stößt man jedoch auch auf ein »Gottvertrauen« in den Instinkt des Tieres Pferd. Tatsächlich kann man zu diesem Thema immer wieder Anekdoten hören, wie zielsicher Pferde Giftiges umgehen. Allerdings häufen sich auch die gegensätzlichen Histörchen. Eines davon ist die Geschichte von zwei Pferden aus meiner Kundschaft, die auf einer zehn Hektar umfassenden Kuhweide mit leckerem Maigras und üppigem Baumbestand sich bereits am zweiten Tag ausgerechnet die einzige Robinie aussuchten und an deren Rinde knabberten. Gemeinschaftlicher Selbstmordversuch? Hier kann man der Besitzerin nicht einmal Fahrlässigkeit vorwerfen, aber man lernt daraus, dass selbst so etwas vorkommen kann. Oder Nathan, dessen Fall weiter unten dargestellt ist, der es nicht sein lassen konnte, beim Öffnen des Koppeltores jedes Mal sozusagen im Vorbeipreschen von der Thujahecke zu naschen.

Fahrlässig ist es allerdings, wenn überbesetzte, überweidete, kahlgefressene Weiden giftige Pflanzen beherbergen, die hungrige Pferdemäuler mangels anderen Futterangebotes letztlich doch fressen. In meiner Kundschaft gab es solche Vergiftungsfälle mit Johanniskraut (Hypericum perforatum) auf einer abgefressenen Weide und mit Robinien in einem sonst kahlen Auslauf.

Auch Massenansammlungen von Hahnenfuß (Ranunculus), im Volksmund Butterblume genannt, wie sie auf intensiv genutzten Pferdeweiden relativ häufig anzutreffen sind, können für das Pferd bei fehlendem Alternativangebot an Futtergräsern gefährlich werden.

Abb. 32: So besser nicht! Massenansammlung von Hahnenfuß auf einer kahlgefressenen Pferdeweide

Wenn beispielsweise scharfer Hahnenfuß (Ranunculus acris) in großen Mengen verzehrt wird, kann dies neben Nierenschäden und Schäden am zentralen Nervensystem zu massiven Störungen im Verdauungstrakt führen und dann letztlich auch immer in eine Hufreheerkrankung münden.

Alle Hahnenfußarten sind zumindest schwach giftig, d.h. sie sollten auf keinen Fall in größeren Mengen gefressen werden.
Sie werden von den Pferden zunächst gemieden, bei mangelndem Futterangebot aber schließlich doch aufgenommen.
Da Hahnenfuß zumeist nicht vereinzelt, sondern auf verdichtetem, überweidetem Boden gern in Massen wächst, geht hiervon eine nicht zu unterschätzende Gefahr aus. Der Giftgehalt der Pflanzen ist während der Blüte besonders hoch. Erst getrocknet (im Heu) verlieren sie ihre Toxizität.
Auch mangelnde Heuqualität ist ein Gefahrenherd. Muffiges, schimmliges Heu kann nicht nur Koliken herbeiführen und die Lunge schädigen, es vergiftet unser Pferd in kleinen Dosen und schwächt seine Konstitution. Die Hufrehe als Folgekomplikation muss immer mitbedacht werden.

2.2 Risikofaktor »Wohlstand«

Reichhaltiges Futter, null Arbeit – diese beiden Momente kennzeichnen den Alltag sehr vieler Pferde. Was auf den ersten Blick wie das Paradies auf Erden erscheint, ist für die Pferde eine gesundheitliche Misere höchster Güte und einer der wichtigsten Faktoren bei der Entstehung von Hufrehe. Übergewicht bei Pferden ist heutzutage an der Tagesordnung und mittlerweile genauso selbstverständlich wie Übergewicht beim Menschen. Amerikanischen Untersuchungen zufolge hat sich der Anteil der zu dicken Pferde in den USA in den letzten Jahren in etwa verzehnfacht. Im betrachteten Zeitraum von 1998 bis 2006 stieg der Anteil der übergewichtigen amerikanischen Pferde von fünf Prozent auf erschreckende 51 Prozent. (WALSH 2007: 1) Für Deutschland und Europa gibt es leider keine vergleichbaren Zahlen, da entsprechende Erhebungen fehlen. Im Institut für Tierernährung, Ernährungsschäden und Diätetik der Veterinärmedizinischen Fakultät der Universität Leipzig registriert man jedoch in den letzten Jahren eine Häufung diesbezüglicher Anfragen aus der Praxis, was in jedem Fall »eine erhöhte Sensibilität der Tierärzte und Pferdehalter gegenüber diesem Problem« belegt (VERVUERT 2008a: 17).

Auch in der Wahrnehmung des Hufpraktikers – die Gespräche mit Kollegen machen dies deutlich – scheint die Zahl der fettleibigen Pferde rasant zu steigen. Die Ursache hierfür liegt in einem eklatanten Missverhältnis zwischen reichem Futter- und geringem Bewegungsangebot. Vor allem die Pferde der Freizeitreiter sind hiervon betroffen. Die wenigsten Freizeitpferde werden täglich bewegt oder haben die Möglichkeit, ihre Kraft und Ausdauer zu trainieren. Sie sind wie die vielproblematisierten unsportlichen Kinder, die bereits in ihren jungen Jahren an Diabetes leiden oder die von der Gesundheitsministerin aufs Korn genommenen Erwachsenen, die kaum mehr eine Treppe in die zweite Etage bewältigen können, ohne ernsthaft in Atemnot zu geraten.

Der Mangel an Bewegung ist die eine Seite des Problems, das Überangebot an Futter die andere. Es freut das Pferd, wenn es, anstatt die meiste Zeit des

Tages und der Nacht in der Box zu verbringen, rund um die Uhr Weidefreiheit genießt. Das ist seiner Gesundheit auch prinzipiell zuträglicher – den ganzen Tag Schritt für Schritt grasend vor sich hin zu laufen, unterbrochen von ein- bis zweistündigen Dös- und Schlafphasen in trauter Gemeinschaft mit den anderen Herdenmitgliedern oder auch mal einem kurzen Galopp, weil was Aufregendes passiert. Extensive Weidehaltung ist die artgerechte Pferdehaltung schlechthin – allerdings ist sie in unseren Breiten eng mit der Gefahr verbunden, dass die so gehaltenen Pferde vor allem in den Sommermonaten stark verfetten. Es mag in Deutschland Gegenden geben, wo karge Böden und spärlicher Bewuchs optimale Bedingungen für eine extensive Weidehaltung bieten. In der Regel sind die Landschaften aber zu fruchtbar und die fetten Wiesen eher für die Haltung von Kühen, als für die Haltung von Pferden geeignet. Wie beim Menschen auch, wirkt sich das Übergewicht beim Pferd negativ auf die Gesundheit aus. Die ständige Überversorgung mit Nahrung bei mangelnder Verausgabung durch Bewegung und Arbeit führt beim Pferd zu einem Krankheitsbild, das in Anlehnung an ein in der Humanmedizin schon länger bekanntes Problem »Equines Metabolisches Syndrom« genannt wird.

2.2.1 Das Equine Metabolische Syndrom (EMS)

Bei dem Equinen Metabolischen Syndrom (EMS) handelt es sich um eine Stoffwechselstörung, die wie das Humane Metabolische Syndrom durch die Entwicklung von Übergewicht und Insulinresistenz gekennzeichnet ist (WLASCHITZ 2007: 10). Die übermäßige Energiezufuhr bei Bewegungsmangel führt zu einer Einlagerung von Fettdepots, die – wie man heute weiß – keine passive, untätige, »inerte« Masse darstellen, sondern hormonell aktiv sind (VERVUERT 2008a: 17). Das eingelagerte Fettgewebe entfaltet eine aktive Wirkung auf die Stoffwechselvorgänge im Pferd. Die durch das Übergewicht vermehrten und hypertrophierten Fettzellen setzen dabei verschiedene bioaktive Substanzen frei, die so genannten Adipokine. Diese Adipokine beeinflussen aktiv die Insulinsensitivität und den Energiestoffwechsel beim Pferd wie beim Menschen. So erhöht sich bei vorhandenem Übergewicht (Adipositas) die Ausschüttung von mehreren Adipokinen, denen ein Insulinresistenz auslösender Effekt zugeschrieben wird. Dies sind die Zytokine Tumornekrosefaktor (TNF-α) und Interleukin-6 (IL-6) sowie das Hormon Resistin. (FASSHAUER 2004: 3491; VERVUERT 2008a: 17)

Herabgesetzt ist dagegen die Produktion von Adiponectin, einem Hormon, welches die Insulinempfindlichkeit der Zellen erhöht und somit einer entstehenden Insulinresistenz entgegenwirken könnte. Amerikanische Studien, die das Vorhandensein dieses Hormons bei übergewichtigen und normalgewichtigen Tieren gemessen haben, weisen eine negative Korrelation zwischen Adiponectin und Übergewicht beim Pferd aus.
Das heißt, übergewichtige Pferde produzieren deutlich weniger Adiponectin als schlanke Tiere. (KEARNS 2006)

Ein weiteres Hormon, welches in den genannten Studien erforscht wurde, ist das Leptin. Auch hier zeigt sich ein bedeutender Zusammenhang mit bestehendem Übergewicht. Leptin spielt als Regulator der Nahrungsaufnahme eine wesentliche Rolle bei der Regulierung des Körpergewichts. Es sorgt durch Stimulation des Hypothalamus für die Hemmung des Hungergefühls und begrenzt hierdurch die Nahrungsauf-

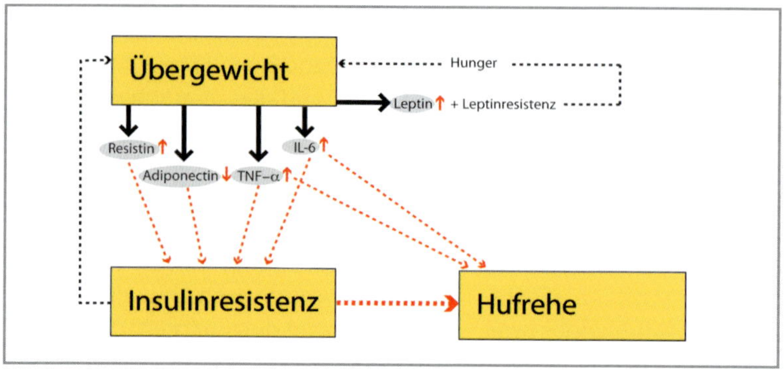

Abb. 33: Zusammenhänge zwischen Übergewicht, Insulinresistenz und Hufrehe

nahme. Bei übergewichtigen Pferden wird jedoch trotz eines insgesamt erhöhten Leptinspiegels eine Herabsetzung der Wirksamkeit des Hormons beobachtet. Man spricht von einer Leptinresistenz. (FASSHAUER 2004: 3494) Das im Normalfall einsetzende Sättigungsgefühl, welches die Nahrungsaufnahme auf ein physiologisches Maß begrenzt, tritt nicht ein. Unstillbarer Hunger ist die Folge. Das erklärt, weshalb adipöse Pferde oftmals nahezu unersättlich erscheinen.

Die angelagerten Fettdepots beim übergewichtigen Pferd befördern also zum einen die weitere Gewichtszunahme und Verfettung und führen zum anderen über kurz oder lang zur Entstehung einer Insulinresistenz. Was bedeutet dies nun aber fürs Pferd und inwiefern wächst mit Insulinresistenz und Fettdepots die Gefahr einer Hufreheerkrankung?

Körpereigenes Insulin hat eine wichtige Funktion in der Regulierung der Körperfunktionen. Das Hormon Insulin sorgt für die Senkung des Blutzuckerspiegels, indem es die Zielzellen dazu anregt, die nach der Nahrungsaufnahme im Blut befindliche Glukose aus dem Blut aufzunehmen. Dies geschieht mit Hilfe der an der Oberfläche der Zellen befindlichen Insulinrezeptoren. Diese Rezeptoren lösen beim Andocken des Insulins ein Signal aus, welches im Zellinneren einen Glukosetransporter (Protein) aktiviert. Dieser Glukosetransporter tritt durch die Zellmembran, nimmt die Glukose auf und transportiert sie ins Innere der Zelle. Muskel- und Leberzellen können große Mengen an Glukose aufnehmen und diese entweder in Energie umsetzen oder als Kurzzeit-Energievorrat (Glykogen) speichern. Während die Muskeln diesen Energievorrat später selbst aufbrauchen, dient das in der Leber gespeicherte Glykogen auch als Energiereserve für die anderen Organe im Körper. Auch die Fettzellen sind auf die Hilfe des Insulins angewiesen, um Glukose aus dem Blut zu schleusen und als Langzeit-Energiereserve Fett zu speichern.

In dem Maße, in dem nun die Glukose mit Hilfe des Insulins erfolgreich in die Zellen gelangt, sinkt der Blutzuckerspiegel. Als Reaktion auf den sinkenden Blutzuckerspiegel schüttet die Bauchspeicheldrüse jetzt ein anderes Hormon, nämlich Glukagon aus, welches die Rückumwandlung des in der Leber gespeicherten Glykogens in Glukose und dessen Freisetzung ins

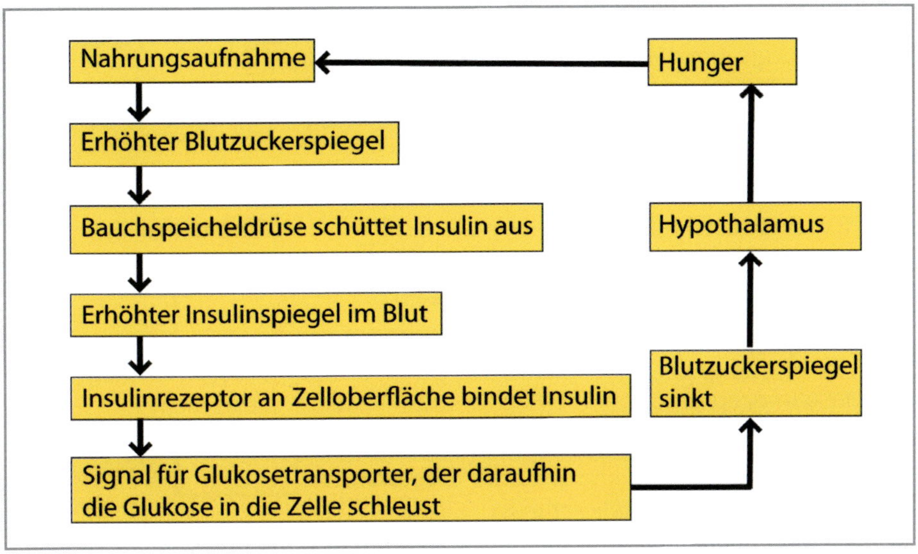

Abb. 34: Intakter Insulinstoffwechsel

Blut veranlasst. So werden die Zellen auch noch Stunden nach der Nahrungsaufnahme mit der lebensnotwendigen Glukose versorgt. Geht der Glykogenvorrat in der Leber zur Neige, lösen Rezeptoren in Leber und Magen über den Hypothalamus ein Hungergefühl aus. Der Kreislauf beginnt von vorne, wenn neue Nahrung aufgenommen wird. Bleibt die Nahrungsaufnahme aus, werden die Langzeitenergiespeicher angegriffen, die Fettdepots.

Liegt nun eine Insulinresistenz vor, so besteht eine verminderte Empfindlichkeit der insulinabhängigen Zellen gegenüber dem Hormon Insulin.
Die genauen Mechanismen der Störung werden noch erforscht. Vermutet werden sie im Bereich der Signalweiterleitung von Insulinrezeptor und Glukosetransporter. Damit die im Blut befindliche Glukose nun in die Zelle geschleust werden kann, wird immer mehr und mehr Insulin benötigt. Beim Menschen führt dies mit der Zeit zu einer Erschöpfung der Bauchspeicheldrüse und zu einer Diabeteserkrankung mit absolutem Insulinmangel. Diese Gefahr besteht beim Pferd eher nicht. Die Bauchspeicheldrüse des Pferdes erscheint nahezu unerschöpflich. Pferde sind in der Lage über lange Zeit sehr hohe Insulinkonzentrationen zu produzieren, diese erreichen bei Insulinresistenz durchaus das Hundertfache der Ruhekonzentration (SILLENCE et. al 2007: 1f).

Der mit der Insulinresistenz einhergehende hohe Blutzuckerspiegel (Hyperglykämie) und insbesondere die anhaltend hohen Insulinkonzentrationen im Blut (Hyperinsulinämie) führen jedoch wie beim Menschen zur Schädigung der Gewebe.

Während der Mensch besonders im späteren Stadium unter Sehstörungen, Nierenfunktionsstörungen, Nervenschmerzen und mitunter auch unter Herz-Kreislauf-Erkrankungen leidet, führt die Insulinresistenz beim Pferd zur Hufreheerkrankung.

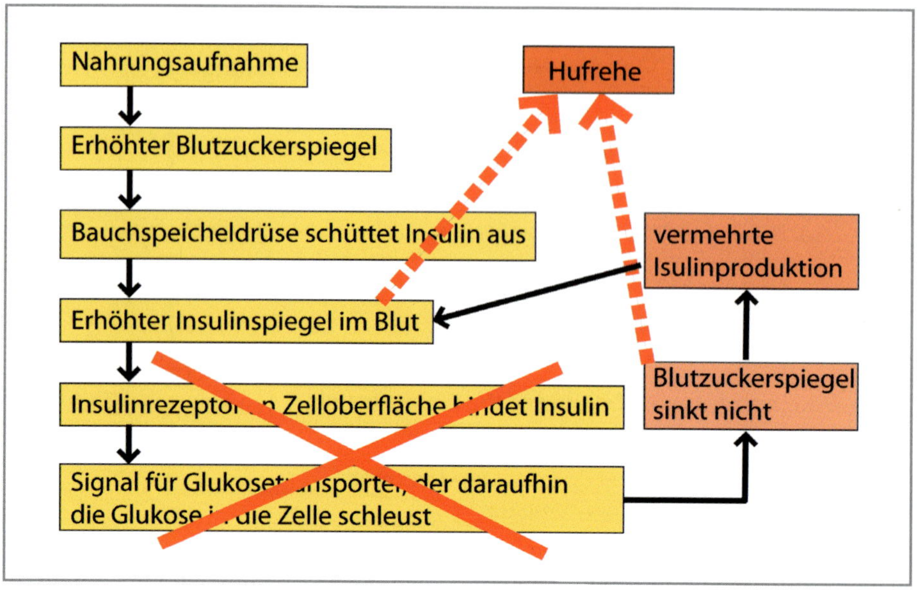

Abb. 35: Gestörter Metabolismus bei Insulinresistenz

Dass Insulinresistenz beim Pferd zu Hufrehe führt, ist eine Tatsache, die vor nicht allzu langer Zeit entdeckt wurde. Gegenwärtig bemühen sich zahlreiche Forscher in aller Welt um die Aufdeckung der Zusammenhänge. Bekannt ist, dass Insulin in überhöhten Konzentrationen eine direkte toxische Wirkung entfaltet und auch bei völlig gesunden Pferden in jedem Fall Hufrehe auslöst.[11] Man weiß, dass der stark erhöhte Insulinspiegel, der die Insulinresistenz begleitet, insofern direkt zur Entstehung der Rehe beiträgt.

Nimmt ein insulinresistentes Pferd Nahrung auf, so reagiert es auf den erhöhten Blutzuckerspiegel mit einer exzessiv hohen Insulinantwort. Je gehaltvoller die Nahrung (Kraftfutter, fruktanreiches Gras) und je größer die aufgenommene Menge ist, um so mehr Glukose zirkuliert im Blut. Bei vorliegender Insulinresistenz benötigen die Glukosetransporter ein Vielfaches an Insulin, um zu reagieren und die Glukose in die Zellen zu verbringen. Diese hohe Insulinantwort kann der Auslöser für eine Hufrehe sein.
Übergewichtige Pferde sind aus diesem Grund hochgefährdet, an Rehe zu erkranken. Hinzu kommt, dass vom Fettgewebe zwei Zytokine (TNF-α und IL-6) abgesondert werden, die als proinflammatorische Entzündungsmediatoren bereits eine direkte hufreheauslösende Wirkung besitzen.

Neben der Gefährdung durch die Futteraufnahme sind Pferde, die unter EMS leiden, auch durch Stresssituationen besonders gefährdet. Gerät ein Pferd unter Stress, so wird vom Körper Adrenalin ausgeschüttet. Dies hat den Zweck, kurzfristig Energiereserven zu mobilisie-

11 In einer australischen Untersuchung wurde einer Gruppe von gesunden Ponys über mehrere Tage eine Insulininfusion verabreicht. Alle Ponys entwickelten daraufhin eine Hufrehe auf allen vier Hufen, die bereits nach 32 h mit der typischen Rehesymptomatik (Obel 1) sichtbar wurde. (ASPLIN et. al 2007)

ren, die beispielsweise für die Flucht benötigt werden. Adrenalin stößt die Umwandlung von Glykogen in Glukose an und blockiert gleichzeitig die Aufnahme von Blutglukose in die Zellen, indem es die Insulinrezeptoren an der Zelloberfläche deaktiviert (SILLENCE et. al 2007: 3). Stress steigert also den Blutzuckerspiegel. Die beim EMS-Pferd dann hoch ausfallende Insulinantwort kann wie oben beschrieben eine Hufrehe auslösen. Bei dauerhaftem, also anhaltendem Stress kommt eine zweite Reaktionskette hinzu, bei der von der Nebennierenrinde Glukokortikoide (Kortisol und Kortison) ausgeschüttet werden. Wie das Adrenalin vermindern die Stresshormone Kortison und Kortisol die Insulinsensitivität der Zellen.
Deshalb tragen Pferde im Dauerstress (unpassende Herdenzusammensetzung und Herdengröße, beengte Ausläufe, ständige Schmerzen) ein größeres Risiko, an Hufrehe zu erkranken. Das trifft auch und besonders bei der chronischen Reheerkrankung zu.

Die anhaltende Schmerzsituation sorgt für einen anhaltend hohen Pegel der Stresshormone und damit für eine hohe Insulinausschüttung. Bereits bestehende Insulinresistenz macht diesen Kreislauf besonders gefährlich.
In gleicher Weise kann Stress beim Pferd auch die Entstehung von Insulinresistenz befördern und auf diesem Wege das Equine Metabolische Syndrom überhaupt erst entstehen lassen. Durch den chronisch erhöhten Glukokortikoidspiegel wird die Insulinsensitivität der Zellen vermindert. Das daraufhin vermehrt mobilisierte Insulin begünstigt die Bildung von Körperfett und unterdrückt gleichzeitig den Fettabbau (Lipolyse) in den bereits vorhandenen Fettdepots. Glukokortikoide üben darüber hinaus eine direkte, schädigende Wirkung auf die Wandlederhaut des Hufes aus. Unter ihrem Einfluss kommt es zu einer Verlängerung und Schwächung der primären wie sekundären Wandlederhautblättchen und damit ebenfalls zu einer Prädisposition für Hufrehe. (WLASCHITZ 2007: 11) Dieselben Mechanismen können natürlich auch durch die Gabe von Glukokortikoiden bei medikamentösen Behandlungen ausgelöst werden, weshalb Langzeitgaben von glukokortikoidhaltigen Medikamenten nicht nur Hufrehe, sondern auch eine Insulinresistenz und damit letztlich EMS auslösen können (ebenda). Eine Studie aus dem Jahr 2007 zeigt beispielsweise, dass eine 21tägige Dexamethason-Gabe bei gesunden Pferden die Insulinsensitivität erheblich herabsetzt. Zu dem gleichen Ergebnis kam auch eine frühere Studie in Bezug auf die Wirkung des Medikaments Triamcinolon. (TILEY et. al 2007: S. 139f.)[12]

Ein weiterer Umstand, der die Entstehung einer Insulinresistenz befördern kann, sind chronische Entzündungen, wie sie unter anderem bei Allergien vorliegen. Das bedeutet eine höhere Gefährdung für Pferde, die beispielsweise unter dem Sommerekzem leiden. Die mit einem solchen Ekzem einhergehende systemische Entzündung wie auch der erhöhte Histaminspiegel setzen die Insulinsensitivität der Zellen herab und prädestinieren diese Pferde für die Ausbildung einer Insulinresistenz. (FELDHAUS 2005: 77; VICK et. al: S. 493f.)

In jüngster Zeit mehren sich die Hinweise darauf, dass das Equine Metabolische Syndrom auch die Entstehung einer weiteren Erkrankung begünstigt. Die Rede ist von dem Equinen Cushing- bzw. PPID-Syndrom, welches in den letzten Jahren vermehrt diagnostiziert wird.

12 siehe hierzu auch Seite 36

2.2.2 PPID bzw. Equines Cushing Syndrom (ECS)

Das in den letzten Jahren unter dem Begriff Equines Cushing Syndrom bekannt gewordenen Krankheitsbild hat in der jüngsten Zeit eine Neubezeichnung erfahren und wird von den Fachleuten nun mehrheitlich als PPID (Pituitary pars intermedia dysfunktion) bezeichnet. Der Begriffswechsel trägt der Entdeckung Rechnung, dass der Pathomechanismus der Erkrankung beim Pferd nicht identisch ist mit den bei Mensch oder Hund vorgefundenen pathologischen Veränderungen.[13] Beim equinen PPID handelt es sich um eine degenerative Erkrankung des zentralen Nervensystems (RECKNAGEL 2017). Die Degeneration betrifft die dopaminergen Neuronen des Hypothalamus. Deren Nervenendigungen setzen in der Pars intermedia der Hypophyse im gesunden Zustand Dopamin frei und regulieren damit die dort stattfindende Hormonsynthese. Sind die Nervenzellen degeneriert, kommt es zu einem Wegfall des hemmenden Einflusses von Dopamin und in der Folge zu einer Aktivitätssteigerung der Pars intermedia der Hypophyse. Die Hypophyse des PPID-Patienten schüttet zuviel ACTH (Adenocorticotropes Hormon) aus, was zu einer Störung des hormonellen Gleichgewichtes führt. Denn das Hormon ACTH steuert die Hormonbildung in den Nebennieren und hat einen wichtigen Einfluss auf den Zucker-, Wasser- und Mineralstoffwechsel im Körper. Betroffene Pferde leiden unter erhöhtem Blutzucker, deutlichem Muskelabbau, allgemeiner Lethargie, erhöhter Infektanfälligkeit und verschlechterte Wundheilung aufgrund des gestörten Immunsystems und sehr sehr häufig leiden sie unter Hufrehe. Äußerlich zeigen sich bei einem an PPID erkrankten Pferd häufig dieselben Fettdepots, wie sie auch für EMSler typisch sind. Insgesamt jedoch magern die Tiere zumeist deutlich ab. Ein klares äußeres Anzeichen für PPID ist der ausgeprägte Hirsutismus, d.h. erkrankte Pferde leiden vor allem im fortgeschrittenen Stadium unter einem gestörten, verzögerten Fellwechsel. Die nachwachsenden Haare sind überlang und häufig auch gelockt. Erkrankte Tiere schwitzen zudem besonders leicht und häufig. Weitere Krankheitssymptome sind häufiges Urinieren und gesteigerter Durst.

Diese beim PPID-Pferd auftretenden Krankheitsphänomene lassen sich auch beim menschlichen Cushing-Patienten oder beim Cushing-Hund beobachten. Bei den beiden Letzteren sind die Phänomene vor allem auf die vermehrte Kortisolausschüttung (Hyperkortisolismus) der durch das ACTH stimulierten Nebennierenrinde zurückzuführen.

Der gleiche Zusammenhang wurde zunächst auch beim Pferd vermutet, weshalb die Erkrankung ebenfalls den Namen Cushing erhielt. Allerdings ist man in den Forschungen zum Thema auf den Umstand gestoßen, dass beim PPID-Pferd zwar der ACTH-Spiegel, nicht aber der Kortisol-Spiegel erhöht ist. Aus diesem Grund erfolgte später die Umbenennung des Krankheitsbildes beim Pferd in PPID. Über die Gründe dieser equinen Abweichung von der Cushing-Normalität existieren verschiedene Spekulationen und Erklärungsansätze. Eine Veröffentlichung

13 Wie das Metabolische Syndrom ist auch das Cushing Syndrom (gesprochen »Kusching«) zunächst als Krankheitsbild beim Menschen beschrieben worden. Die Bezeichnung geht zurück auf den Neurochirurgen Harvey Williams Cushing, der die Erkrankung als erster beschrieb.
Eine weitere Ursache der Krankheit können Tumore der Nebennierenrinden sein (adrenaler oder primärer Cushing). Beim Pferd sind diese allerdings außerordentlich selten.

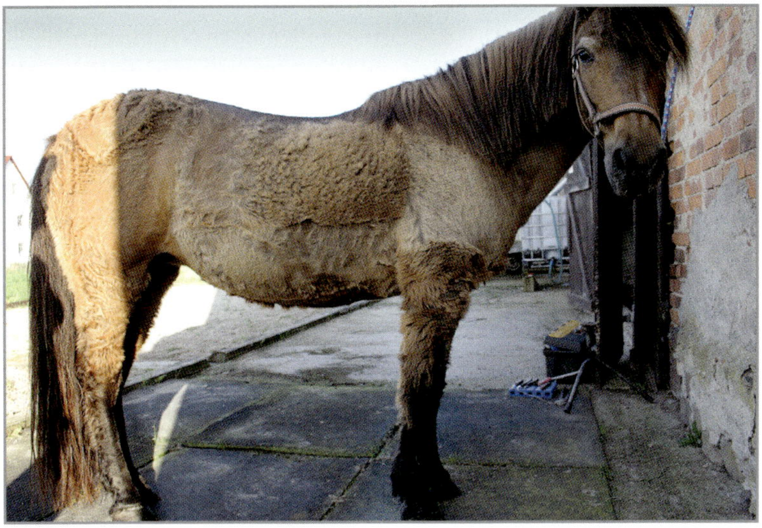

Abb. 36: Peggy, September 2008 – typisch für die PPID-Erkrankung ist der Hirsutismus.

aus dem vergangenen Jahr zeigt nun, dass man in Bezug auf das vermeintliche Fehlen eines Hyperkortisolismus beim Pferd wohl erneut umdenken muss (MORGAN et al. 2018). Die Forscher fanden neben normalen Kortisol-Spiegeln im Blut vierfach erhöhte Werte der Kortisol-Metaboliten im Urin der untersuchten PPID-Patienten. Auch in den Gewebeproben fanden sie deutliche Abweichungen in Bezug auf gewebsspezifische steroidmetabolisierende Enzyme vor, was nach Meinung der Forscher den Schluss nahelegt, dass beim PPID des Pferdes ebenfalls ein wenn auch anders gelagerter Hyperkortisolismus vorliegt. Am Ende der Untersuchung steht die Vermutung, dass die Nervenzell-Degeneration und Fehlfunktion der Hypophyse nicht die Ursache, sondern womöglich die Folge eines vorausgehenden Kortisol-Überschusses ist.

PPID ist die gegenwärtig am häufigsten diagnostizierte Hormonstoffwechselstörung des Pferdes. Galt PPID bzw. Cushing früher als selten vorkommend und ausschließlich ältere Pferde betreffend, häufen sich in letzter Zeit die gleichlautenden Diagnosen. Zum einen ist das sicherlich der gestiegenen wissenschaftlichen Aufmerksamkeit und verbesserten Aufklärung geschuldet, zum anderen wird auch die gestiegene Lebenserwartung der Pferde ins Feld geführt. Ob diese beiden Momente ausreichen, um den enormen Anstieg der PPID-Diagnosen zu erklären oder ob nicht auch eine tatsächlich ansteigende Erkrankungsrate hierzu beigetragen hat, bleibt offen. Letztlich kann man durchaus annehmen, dass das gestiegene Forschungsinteresse der Veterinärmedizin auch eine Reflektion auf das gehäufte Auftreten der Erkrankung und die damit erhöhte Praxisrelevanz ist. Für letzteres spricht auch, dass heute bei weitem nicht mehr nur ältere Pferde von PPID betroffen sind. Eine Untersuchung aus dem Jahr 2001 findet in der Untersuchungsgruppe der damals als Cushing-Patienten erfassten Pferde einen Anteil von 8%, die jünger als 10 Jahren sind (BRÜNS 2001: 56).

PPID-Erkrankungen unter Pferden nehmen letztlich im gleichen Maße zu wie das Equine Metabolische Syndrom. Und es scheint sich mehr und mehr herauszustellen, dass zwischen beiden Erkrankungen ein zum Teil enger Zusammenhang besteht. Neuere Studien haben mittlerweile aufgedeckt, dass eine chronische Insulinresistenz, wie sie mit dem EMS einhergeht, später zu PPID führt. EMS kann also als Vorstufe des PPID betrachtet werden (WLASCHITZ 2007: 13). So sind viele PPID-Pferde vor Ausbruch der Krankheit übergewichtig gewesen. In der Konsequenz sind – wie vom EMS auch – besonders häufig Kleinpferde und Ponies von einer PPID-Erkrankung betroffen. Es liegt insofern die Vermutung nahe, dass es sich beim PPID zumindest teilweise ebenfalls um eine Wohlstandskrankheit handelt. Für leichtfuttrige Pferde, die aufgrund von jahrelangem Futterüberangebot bei gleichzeitiger Unterbeschäftigung und mangelnder Energieverausgabung eine Insulinresistenz ausbilden, besteht die Gefahr, dass sie im späteren Alter an PPID erkranken.

PPID und EMS ähneln sich zudem hinsichtlich der Symptomatik, so dass vor allem im Anfangsstadium des PPID nicht immer sofort eindeutig erkannt wird, um welche Erkrankung es sich handelt. Hier helfen spezifische labordiagnostische Untersuchungen, wie sie im Abschnitt 2.4. (siehe S. 81 und 92) vorgestellt werden.

Wie das EMS kann auch eine PPID-Erkrankung zusätzlich durch die Verabreichung bestimmter Medikamente ausgelöst werden (iatrogenes oder tertiäres Cushing). So kann bspw. die Verabreichung hoher Dosen von synthetischem ACTH bzw. ein langfristiger therapeutischer Einsatz von Glukokortikoiden zur Entstehung der Erkrankung führen. Laut BRÜNS reicht hierfür mitunter die Verabreichung einer einmaligen überhöhten Dosis glukokortikoidhaltiger Medikamente aus (BRÜNS 2001: 9).[14]

Wehret den Anfängen!

Es gibt schlussendlich mehrere Faktoren, die zur Entstehung des Equinen Metabolischen Syndroms wie des PPID beitragen können. Eine häufige Ursache für ersteres bleibt allerdings das Übergewicht des einzelnen Pferdes, wodurch sich, wie wir gesehen haben, auch die Wahrscheinlichkeit für eine PPID-Erkrankung erhöht. Übergewicht bei Pferden ist wie beim Menschen vor allem ein Resultat eines Futterüber- und Bewegungsunterangebots. Betrachten wir die Sache einmal nach der Seite des Futterüberangebots hin, so spielt die Art des heutigen Pferdefutters hierbei allem Anschein nach eine nicht zu unterschätzende Rolle.

2.2.3 Fast-Food für Pferde

Vergangen sind die Zeiten, als Pferde mit Gras, Heu, Hafer und Rüben übers Jahr gesund gehalten wurden. Der Futtermittelmarkt für Pferde bietet heutzutage eine schier unüberschaubare Vielzahl an Spezialfuttern und Fertigmischungen, die für jeden Bedarf das passende Ergänzungs- oder Alleinfutter versprechen. Wer seinem Pferd etwas Gutes tun will, der füttert Müsli, Pellets oder Bricketts in der Weide-, Kräuter-, Light- oder Champion-Version, ergänzt um ausgesuchte Mineral- und Spurenelementmischungen etc. Alles frei nach dem Motto »Naja, ich dachte, das kann ja nicht schaden« – wie es eine Internet-

14 Beim Menschen wird das Cushing Syndrom überhaupt am häufigsten durch eine medikamentöse Hormontherapie mit Cortison- oder ACTH-Präparaten verursacht. Selbst die langfristige Anwendung von cortisonhaltigen Salben bei Hauterkrankungen oder anderen Präparaten (z. B. Augentropfen) kann beim Menschen zu einem Cushing Syndrom führen. (AOK 2009) Dieser Auslösemechanismus sollte dann sicher beim Pferd auch ernster genommen werden.

nutzerin in einem Hufreheforum formulierte. Ist dem wirklich so? Kann diese Zufütterung tatsächlich nicht schaden?

Aber wer kann da schon auch widerstehen – Bilder von prächtigen Pferden mit glänzendem Fell und wehenden Mähnen, die glücklich über eine herrliche Blumenwiese galoppieren ... Es ist ein bisschen wie mit den durch die Fernsehwerbung berühmt gewordenen gesunden Bonbons für unsere Kinder oder dem supergesunden Joghurt, der schlank und aktiv macht. Die Werbung suggeriert: »Tu Deinem Pferd etwas Gutes, füttere zu!« Ist es aber tatsächlich so, dass unsere Pferde mit der althergebrachten Fütterung von Gras und Heu oder bei zusätzlichem Energiebedarf mit Hafer und Karotten (Vitamin-A-Bedarf im Winter) mangelernährt sind? Experten der veterinärmedizinischen Fakultät der Universität Leipzig stellen dazu fest, dass in den letzten zehn bis 15 Jahren der Schwachpunkt in der Fütterung weniger in einer Mangelversorgung als in einer permanenten Überversorgung besteht (COENEN 2008; VERVUERT 2008b: 131).

Sicher gibt es Pferde, die im hohen Alter oder bei täglich zu erbringender hoher Leistung froh sind über eine bestimmte, auf ihren Bedarf abgestimmte Futtermischung. Aber wie viele Pferdebesitzer ermitteln den tatsächlichen Bedarf ihres Pferdes und wie viele Pferde werden weit über ihren Bedarf hinaus versorgt? Meiner Erfahrung nach überwiegen letztere bei weitem. Und in den Fällen, wo letzteres zutrifft, stellt das Zuviel auch nicht einfach nur eine unnötige Belastung des Geldbeutels dar, es birgt die oben bereits ausführlich geschilderte Gefahr der Entwicklung einer Insulinresistenz und der Ausbildung des Equinen Metabolischen Syndroms und prädisponiert Pferde damit für eine Hufrehe.

Dabei geht es hier weniger um die Gefahr der maximalen Überladung mit einer Azidose des Dickdarms und deren Folgen, wie im Abschnitt »Overload« ausgeführt (siehe S. 38 ff.), sondern hier ist vielmehr das ständige Zuviel an leichtverdaulichen Kohlehydraten (NSC) das zentrale Thema. Dieses führt bei fehlender körperlicher Verausgabung nicht nur zur Gewichtszunahme und Verfettung, sondern ist in Bezug auf die Insulinreaktion des Körpers kritisch zu betrachten. Mischfutter für Pferde besitzen in der Regel einen sehr hohen glykämischen Index, das bedeutet, dass nach der Aufnahme dieses Futters eine hohe Glukosereaktion erfolgt. Ein hoher glykämischer Index von Lebensmitteln wird in der Humanmedizin im Hinblick auf Fettleibigkeit und Insulinresistenz als problematisch betrachtet. Für Pferde fehlen hierfür bislang standardisierte Werte. Im Zusammenhang mit der Futtermenge erlangt er aber auch hier als »glykämischer load« Bedeutung.
Der glykämische load berechnet sich aus der Gesamtmenge der zugeführten Kohlenhydrate und deren glykämischem Index (GL= GI x KH(g)/100) und ist für die Höhe der Insulinreaktion verantwortlich. (VOIGT 2006: 32) Dabei zeigen Untersuchungen, dass Mischfuttermittel bereits in deutlich geringerer Futtermenge höhere Glukose- und vor allem auch Insulinreaktionen auslösen, als dies beispielsweise bei Hafer oder extrudierter Gerste der Fall ist. (VOIGT 2006: 107f.) Mischfuttermittel enthalten in der Regel zu leichtverdaulichen Stärken aufbereitete Getreide und besitzen meist einen hohen Zuckeranteil. Hinzu kommen in einigen Fällen spezielle Aminosäuren, die die Dünndarmverdaulichkeit der Mischfutter noch erhöhen. Dabei ist zu beachten, dass die Aminosäuren Lysin und Arginin nachgewiesenermaßen die Insu-

linausschüttung stimulieren. (BOTHE 2001: 114; VOIGT 2006: 121)
Für ein Pferd mit bereits bestehender Insulinresistenz ist ein solches Mischfutter Gift. Die Hersteller von Futtermitteln haben sich auf die jüngsten Entwicklungen eingestellt und produzieren insbesondere für Rehepferde getreidefreie Spezialfutter mit reduziertem Stärke- und Zuckeranteil. Diese sind aber auch nur in den Fällen sinnvoll, in denen wirklich ein zusätzlicher Energiebedarf besteht. In allen anderen Fällen ist das Futtermittel der Wahl ein Heu von guter Qualität.
Zu beachten ist weiterhin, dass neben der Aufbereitungsart der Getreide wie Schroten, Poppen, Flockieren etc. die Art der Getreidesorte selbst einen entscheidenden Einfluss auf die Verdaulichkeit und damit auf die Glukosereaktion des Körpers ausübt. Ausschlaggebend hierfür ist das Verhältnis von Amylose und Amylopektin in der jeweiligen Stärke des Getreides. Stärken mit einem hohen Anteil an Amylopektin besitzen eine größere Oberfläche und können von den körpereigenen Enzymen im Dünndarm besser aufgeschlossen und deshalb schneller verdaut und absorbiert werden. (VOIGT 2006: 15)
In der Landwirtschaftsindustrie gibt es einen Trend zur Entwicklung und Züchtung amylopektinreicher Getreidesorten. So gibt es mittlerweile beispielsweise Gerstesorten mit einem 95prozentigen Amylopektingehalt. Dabei gilt Gerste ursprünglich (im Unterschied zu Hafer) als ein Futtergetreide mit hohem Amylosegehalt und damit geringerer Dünndarmverdaulichkeit.
Von den Ernährungswissenschaftlern im Humanbereich werden Stärken mit hohem Amylopektingehalt problematisiert, da sie die Ausbildung einer Insulinresistenz zu befördern scheinen. (von SCHÖNAU 2003: 12) Versuche mit Ratten zeigen, dass Futtermittel mit einem hohen Amylopektingehalt über einen Zeitraum von zwölf Wochen eine Insulinresistenz bei Ratten auslösen (BYRNES et al. 1995). Diese durch die amylopektinreiche Fütterung ausgelöste Insulinresistenz lässt sich durch eine vorherige amylosereiche Fütterung nicht verhindern. Und sie kann auch durch eine nachfolgende Amylose-»Diät« nicht mehr umgekehrt werden. (WISEMAN et al. 1996)

In punkto Reheprophylaxe (und erst recht, wenn das Pferd bereits zu Übergewicht neigt oder gar schon eine Hufrehe erlitten hat) heißt es also ganz sorgfältig zu prüfen, wie hoch der Energiebedarf unseres Pferdes überhaupt ist und ob es sinnvoll und nötig ist, zusätzlich zu Weide und Raufutter ein Mischfutter zuzufüttern. Wenn dem so ist, dann muss unter den vielen verschiedenen Produkten sehr wohlüberlegt und am besten mit fachkundiger Hilfe ausgewählt werden.

Häufig werden Müsli und Co. jedoch gar nicht zur Deckung eines ungedeckten Energiebedarfs eingesetzt, sondern zur Versorgung mit Vitaminen, Mineralen und Spurenelementen genutzt. Das ist der Pferdegesundheit aus den oben angeführten Gründen jedoch eher abträglich. Stimmt die Qualität der Weide und des Heus, so ist die Nährstoffversorgung in der Regel ohnehin gesichert. Eine gezielte Zufütterung bestimmter Minerale und Spurenelemente, deren Mangel vorab in Futterproben nachgewiesen ist, ist weitaus sinnvoller, als die ständige Überladung der Pferde mit Energie und Nährstoffen.
Legen Sie Wert auf gesunde Weiden und qualitativ hochwertiges Heu und Sie haben ein Optimum an Gesundheitsvorsorge für Ihr Pferd getroffen.

Achtung: Ernährungsforscher aus Jena, Leipzig, Potsdam und Boston haben in einem Gemeinschaftsprojekt herausgefunden, dass Vitaminpräparate beim Menschen die Entstehung von Insulinresistenz fördern. Untersucht wurden die Wirkungen von Vitamin C- und E-Präparaten. Das Ergebnis: Diese bremsen die positive Wirkung von Sport auf die Insulinsensitivität der Zellen. Die Forscher betonen, dass dieser Effekt lediglich bei Vitaminpräparaten eintritt, nicht aber bei Vitaminen in ihren natürlichen Vorkommen wie Obst, Gemüse, Kräutern. Der Unterschied liegt möglicherweise in den pflanzeneigenen Polyphenolen begründet. (RISTOW 2009) Diese Ergebnisse machen nachdenklich. Machen die wohlmeinend verabreichten mineralisierten und vitaminisierten Pferdefuttermittel unsere Vierbeiner krank?

2.2.4 Rehegefahr aus dem Gras

Gerade haben wir gelernt, dass die beiden Stützpfeiler einer gesunden Pferdefütterung Gras und Heu sind, schon müssen wir eingestehen, dass für eine nicht geringe Anzahl von Pferden der Weideaufenthalt mit einem erhöhten Risiko verbunden ist, an Rehe zu erkranken. Ist Gras per se ein Risikofaktor?

Zunächst einmal ist das Pferd ein Grasfresser – sein Verdauungssystem ist perfekt auf diese Nahrungsquelle ausgerichtet. Dennoch gibt es Pferde, die durch den Aufenthalt auf der Weide eine Hufrehe erleiden. Bei abrupter Umstellung von raufutterbetonter Fütterung auf Weidegras oder beim Daueraufenthalt leichtfuttriger Ponys auf fetten Wiesen ist es kein großes Rätsel, weshalb die Tiere an Rehe erkranken. Wer dies noch einmal nachlesen möchte, kann das in den Abschnitten 2.1.1 und 2.1.2 tun (siehe S. 37 ff.).

Aber was, wenn trotz allergrößter Sorgfalt beim Anweiden und trotz einer Begrenzung der Weidezeit auf ein paar wenige Stunden bei einigen Pferden Reheschübe folgen?
Meist liegt die Ursache hierfür in einer bereits bestehenden Insulinresistenz dieser Pferde. Deshalb trifft es auch nur einzelne Pferde, während der Rest der Herde ohne Probleme ganztags auf derselben Weide grasen kann. Frisches Weidegras hat neben den langsam verdaulichen und damit sicheren Gerüstsubstanzen je nach Vegetationsperiode, Pflanzenart und klimatischen Bedingungen einen unterschiedlich hohen Anteil an leicht verdaulichen Kohlenhydraten (NSC). Diese können bei bestehender Insulinresistenz Hufrehe auslösen, da mit ihrem schnellen Abbau eine hohe Glukoseanflutung einhergeht.
Aus diesem Grund ist Gras für EMS-Pferde wie auch für PPID-Pferde ganz prinzipiell mit einem Risiko verbunden. Natürlich kommt es dabei immer auch auf die aufgenommene Menge an Gras an (glykämischer load), aber diese ist bei gestörtem Insulinmetabolismus eben deutlich geringer.

Eine hierzulande bisher noch wenig beachtete Problematik, die jedoch ebenfalls ein Rehepotential bergen könnte, ist die Vergiftung durch Weidegräser. Hierbei ist nicht an explizite Giftpflanzen gedacht, die wie weiter oben aufgezeigt ebenfalls zu Hufrehe führen können, sondern es geht um das Vergiftungspotential bestimmter Futtergräser, die mit Pilzen infiziert sind. Diese Pilze, Endophyten genannt, besiedeln das Gras und leben innerhalb der Pflanze zwischen deren Zellen. Die Endophyten leben sehr häufig in Symbiose mit unseren einheimischen Süßgräsern, d.h. sie werden von den Süßgräsern mit Wasser und Nährstoffen versorgt und produzieren im Gegenzug Toxine, die die Pflanze vor Insekten oder Würmern schützen und die Widerstandskraft gegen Dürre und Frost erhöhen. (VANSELOW 2008a: 20) Diese Gifte können allerdings auch für Weidetiere gefährlich werden.

Während die Wirkung auf Rinder und Schafe gut erforscht ist, gibt es bislang leider kaum Daten zum Pferd. Es gilt jedoch als gesichert, dass Pferde auf diese Gifte (Ergovalin, Lolitrem B) noch wesentlich empfindlicher reagieren als die Wiederkäuer. Zu den Symptomen einer Vergiftung mit diesen Pilztoxinen gehört auch die Hufrehe. Bei ständiger Aufnahme kleiner Giftmengen kommt es nicht unbedingt zu auffälligen Vergiftungserscheinungen, aber es leidet der Stoffwechsel des Pferdes. (VANSELOW 2008b: 22f) Die Pilztoxine wirken dabei auch massiv auf den Hormonhaushalt ein (VANSELOW 2008a: 28f), was eventuell auch im Zusammenhang mit dem Equinen Metabolischen Syndrom und mit PPID bedeutsam sein könnte.

Bisher sind die Gräser in Deutschland noch relativ selten und wenn dann auch in eher geringerem Maße mit den betreffenden Pilzen infiziert (REINHOLZ 2000: 108). Anders ist dies in Übersee. Aus wirtschaftlicher Sicht gibt es den Trend zur Züchtung von infizierten Grassorten, denn die Landwirtschaftsindustrie ist bestrebt, die positiven Eigenschaften der Pilz-Pflanzen-Symbiose zu nutzen und Gräser zu entwickeln, die gegen Schädlinge und klimatische Unbilden eine verbesserte Resistenz aufweisen. Solche Gräser sind dann aber auch gegenüber der übrigen Flora im Konkurrenzvorteil. Es ist deshalb zu befürchten, dass zukünftig auch hierzulande stärker pilzbesiedelte Gräsersorten angebaut werden und diese aufgrund ihrer höheren Konkurrenzfähigkeit dann schlussendlich auch auf unseren Weiden mehr und mehr Verbreitung finden werden. Im Blick sind dabei besonders Hochleistungsgräser wie das Deutsche Weidelgras und der Wiesenschwingel, beides sehr beliebte Futtergräser und auf vielen deutschen Pferdeweiden heimisch. Beide Gräserarten sind auch schon unter einem anderen Gesichtspunkt in Bezug auf Rehe ins Blickfeld geraten. Sie gelten als besonders fruktanreiche Gräserarten.

2.2.5 Lösen Fruktane Hufrehe aus?

Fruktane sind in jüngster Zeit in den Verdacht geraten, Auslöser von Hufrehe zu sein. Ging man früher davon aus, dass der höhere Eiweißgehalt von frischem Gras für die weidebedingte Hufrehe verantwortlich ist, so sieht man heute vielmehr den Fruktangehalt des Grases als Ursache an. Tatsächlich gelingt es, mit reinem Fruktan bei gesunden Pferden Hufrehe auszulösen.[15]

Fruktan gehört zu den leichtverdaulichen Kohlenhydraten (NSC), die im Dickdarm verstoffwechselt werden. Wie im Abschnitt »Overload« aufgezeigt, birgt eine größere Menge an schnell fermentierbaren NSCs im Dickdarm die Gefahr der Dickdarmazidose und damit einer Hufrehe.[16] Mit 7,5 Gramm Fruktan pro Kilogramm Körpergewicht, wie im Experiment verabreicht, scheint die kritische Menge in jedem Fall erreicht zu sein. Ob diese Menge allerdings auch über das Gras auf der Weide aufgenommen werden kann, damit beschäftigen sich verschiedene Untersuchungen.

15 *Hierfür verabreichte ein australisches Forscherteam sechs gesunden Pferden einmalig per Nasenschlundsonde je 7,5 g, 10 g bzw. 12 g reines Fruktan pro kg Körpermasse. Alle Pferde entwickelten binnen 48 Stunden eine Hufrehe. Die Stärke der Auswirkungen wuchs dabei mit der Menge der verabreichten Dosis. (FRENCH; POLLITT 2004)*

16 *siehe Abb. 31 »Overload des Verdauungssystems« S. 41*

Für Deutschland sind die bisher erhobenen Daten eher beruhigend. So wurde in einer Untersuchung der Tierärztlichen Hochschule Hannover im Jahr 2002 der Fruktangehalt von Pferdeweiden im Münsterland bestimmt. Im Zeitraum von Mai bis November 2002 wurden in vierwöchigem Abstand Grasproben genommen und auf ihren Fruktangehalt hin untersucht. (DAHLHOFF 2002) Der höchste Fruktangehalt, der in den analysierten Grasproben der zehn Betriebe dabei ermittelt werden konnte, betrug 81,6 Gramm pro Kilogramm Trockensubstanz[17]. Unterstellt man, dass ein Pferd bei 24 Stunden Weide täglich etwa 2,5 Kilogramm Trockensubstanz pro 100 Kilogramm Körpermasse aufnimmt, so ist dieser ermittelte maximale Fruktangehalt als risikolos einzuschätzen. (ebenda: 123ff.) Um die im Experiment verwendete Menge von 7,5 Gramm Fruktan pro Kilogramm Körpergewicht aufzunehmen, müsste ein 500 Kilogramm schweres Pferd auf der Weide mit dem maximal ermittelten Fruktangehalt von 81,6 Gramm pro Kilogramm Trockensubstanz insgesamt 183 Kilogramm Gras fressen. Dafür bräuchte es allerdings in etwa zweieinhalb bis drei Tage. (ebenda: 124)

Nichtsdestotrotz stellt sich die Frage, wie repräsentativ diese Daten sind. So kommen andere Untersucher in England zu weit höheren Maximalwerten von bis zu 400 Gramm pro Kilogramm Trockensubstanz im beprobten Weidegras (LONGLAND et al. 1999 zit. nach COENEN; VERVUERT 2002: 546). In späteren Studien konnten diese hohen Werte zwar nicht bestätigt werden, erreichten aber immer noch Maxima von 279 Gramm pro Kilogramm Trockensubstanz, also das Dreieinhalbfache der in der deutschen Studie gemessenen Werte (LONGLAND; BYRD 2006: 2100).

Die Unterschiede erklären sich mit größter Wahrscheinlichkeit aus dem unterschiedlichen Pflanzenbestand der untersuchten Weiden.

Während in der deutschen Studie Pferdeweiden mit einem Mischbestand aus Gräsern, Kräutern und Leguminosen untersucht wurden, analysierten die englischen Untersucher den Fruktangehalt von Deutschem Weidelgras (Lolium perenne). Es ist bekannt, dass dieses Gras im Vergleich der verschiedenen Weidegräser die höchsten Fruktankonzentrationen aufweist (von BORSTEL; GRÄßLER 2002 zit. nach DAHLHOFF 2002: 20f.). Hohe Werte finden sich darüber hinaus auch im Welschen Weidelgras sowie im Wiesen- und Rohrschwingel. Fruktanärmere Gräser sind der Wiesenfuchsschwanz und das Wiesenlieschgras (ebenda).

Neben der Pflanzenart ist der Fruktangehalt jedoch auch bestimmt durch klimatische Bedingungen. So schwankt der Fruktangehalt in ein und derselben Pflanze in Abhängigkeit von Temperatur, Lichtintensität, Wachstumsphase und Nährstoffversorgung der Pflanze. Das liegt daran, dass die Fruktane Reservekohlenhydrate sind, die sich in der Pflanze dann ansammeln, wenn die Photosynthese auf Hochtouren läuft, die Energie aber nicht durch ein entsprechendes gleichzeitiges Pflanzenwachstum verbraucht wird. Fruktane werden beim Wachstum der Pflanze in Stärke umgewandelt.

Werden sie nicht benötigt, sammeln sie sich in der Pflanze an, um später verwendet zu werden. Das ist beispielsweise bei niedrigen Temperaturen und hoher Lichtintensität der Fall. Niedrige Temperaturen drosseln das Pflanzenwachstum. Auch extreme klimatische Bedingungen wie Dürre, Frost oder auch eine ausbleibende Nährstoffversorgung lassen das Wachstum stagnieren. Den stärksten Ein-

17 *Der Trockensubstanz-Gehalt des Grases beträgt in etwa 20 % der Grasfrischmasse. (DAHLHOFF 2002: 124)*

fluss auf die Fruktananreicherung hat deshalb neben der Pflanzenart die Temperatur. Frostige, sonnige Tage bzw. auf frostige Nächte folgende warme und sonnenscheinreiche Tage fördern die Fruktananreicherung im Gras (BUDRAS et al. 2001: 5). Unter frostfreien Bedingungen ist allerdings weniger die momentane Temperatur auf der Weide, sondern vielmehr die Temperatur der vorangegangenen beiden Tage ausschlaggebend.[18]

Es können unter bestimmten Bedingungen (fruktanreicher Pflanzenbestand, hohe Photosynthese- und niedrige Wachstumsrate) also ohne weiteres recht hohe Fruktanwerte im Weidegras erreicht werden. Ob diese ausreichen, um bei einem gesunden (korrekt angeweideten) Pferd eine Hufrehe auszulösen, ist offen. Selbst wenn Werte erreicht oder überschritten werden sollten, die denen des Experiments entsprechen, so ist es doch eine Unterschied, ob diese Fruktanmenge als chemisch reines Fruktan in einem relativ kurzen Zeitraum verabreicht wird oder ob sie in Form von Gras verteilt über den ganzen Tag aufgenommen wird. Neben der notwendigen Aufspaltung der Pflanzenzellwände, die einen verzögerten Abbau der Fruktane im Dickdarm wahrscheinlich macht (DAHLHOFF 2002: 124), kommt es beim Grasen zusätzlich zur Aufnahme von strukturellen Kohlenhydraten (Gerüstsubstanzen). Diese haben einen schützenden Effekt auf die Darmflora (PLUMHOFF 2004: 92).
Auch wenn die Gefahr für ein gesundes Pferd eher gering scheint, so kann der Fruktangehalt der Weide für Pferde mit einer bestehenden Insulinresistenz jedoch sehr leicht gefährlich werden. Da die Fruktane zu den leichtlöslichen Kohlenhydraten gehören, kommt es wie bereits im vorhergehenden Kapitel ausgeführt zu einer hohen Glukoseantwort und damit zu einer möglichen Insulintoxizität. Studien zur Verdaulichkeit verschiedener Futtermittel belegen zudem, dass es zwischen den Pferden starke individuelle Unterschiede hinsichtlich der Stoffwechselvorgänge im Darmtrakt gibt. Eine Studie mit der fruktanhaltigen Futterpflanze Topinambur zeigt beispielsweise, dass der Einfluss der Fruktane auf die Mikroflora individuell sehr unterschiedlich ist. Topinambur enthält einen hohen Anteil an Inulin (Fruktan).
Im Unterschied zu Hafer, Trockenschnitzeln und Grünmehl, bei deren Fütterung in dieser Untersuchung nur geringe Differenzen auftraten, zeigten die Pferde bei der Fütterung von Topinambur eine sehr unterschiedliche Verdauungsreaktion (Laktat, Wasserstoff- und Methanexhalation). (PLUMHOFF 2004: 83 sowie MÖßELER 2004: 139ff.) In den Untersuchungen erhielten die Pferde über 10 Tage jeweils 1,5 Gramm Inulin pro Kilogramm Körpergewicht. Keines der Pferd entwickelte eine Hufrehe, aber einzelne Pferde zeigten eine veränderte Keimflora (PLUMHOFF 2004: 84). Inwieweit hier Zusammenhänge mit einer erhöhten Rehegefährdung bestehen, bleibt offen und nach Ansicht der Forscher eine Aufgabe weiterer Forschung. Fasst man die Ergebnisse bisheriger Forschung zusammen, so scheint von Fruktanspitzen auf deutschen Pferdeweiden keine allgemeine Gefahr der Hufrehe auszugehen. Für einzelne Pferde jedoch sind die mitunter hochschnellenden Fruktangehalte mit einem Risiko verbunden. Weshalb die betreffenden Pferde gefährdet sind, erklärt sich zum Teil aus vorhandenen Störungen des Insulinmetabolismus.
Ob es darüber hinaus noch weitere prädisponierende Faktoren gibt, das kann bislang nur vermutet werden und sollte weiterhin Gegenstand der Forschung bleiben.

18 So zeigt sich der Fruktangehalt deutlich abhängig von der mittleren Lufttemperatur der vorausgegangenen zwei Tage (48 Stunden) (DAHLHOFF 2002: 90), wobei die niedrigste in der Studie gemessene mittlere Lufttemperatur 3,1° Celsius war (ebenda: 168). Es gab im Laufe der Untersuchung keine Gefriertemperaturen.

Welche Bedeutung Übergewicht in diesem Zusammenhang besitzt, zeigt auch ein Beispiel aus der »Wildnis«. Seit 1992 leben in der Berliner Schorfheide Przewalski-Pferde in einem 0,42 Quadratkilometer umfassenden Semireservat. Im Frühjahr 1999 erkrankten drei der 17 Stuten an Hufrehe.

Dies zeigte sich deutlich am schmerzbehafteten Gang, einer typischen Rehestellung und der Ausbildung von tiefen Ringen in den Hornkapseln der drei betroffenen Stuten etwa vier Wochen nach Beginn der Erkrankung. Die Wetterlage war zu dieser Zeit so, dass auf kalte Nächte mit frostigem Morgen warme Sonnentage folgten. Bei den drei erkrankten Pferden handelte es sich exakt um diejenigen Pferde mit dem höchsten Körpergewicht. Alle drei hatten in den vergangenen drei Jahren im Vergleich zu den anderen Stuten der Herde am meisten Gewicht zugelegt und im vorausgegangenen Winter am wenigsten abgespeckt. (BUDRAS et al. 2001) Auch in den folgenden Frühjahren 2000 und 2001 kam es – wenn auch abgeschwächt – zu Hufreheerkrankungen.

Immer waren die Tiere mit dem höchsten Körpergewicht betroffen. Da im Semireservat auf jegliche Zufütterung verzichtet wurde, verloren die Pferde vorher im Normalfall über die Winter immer ca. ein Drittel ihres Gewichtes. In den milden Wintern der Jahre 1999 bis 2001 fand diese Gewichtsreduktion jedoch nicht ausreichend statt. (SCHNITKER et al. 2005: 351) Diese Beobachtungen belegen in meinen Augen die Wichtigkeit einer regelmäßig stattfindenden, durch die Jahresrhythmik bestimmten Gewichtsreduktion für die Erhaltung gesunder Stoffwechselprozesse beim Pferd. Insbesondere die Klein- und Robustpferderassen sind durch ihren bereits genetisch anders aufgestellten Insulinstoffwechsel in starkem Maße darauf angewiesen, dass der Winter (wie in der Natur) zum Abspecken genutzt wird.

Neben dem im vorhergehenden Abschnitt erwähnten Trend zur Züchtung und zum Anbau neuer Grassorten, die durch eine stärkere Endophytenbesiedlung widerstandsfähiger gegen Dürre, Frost und Schädlinge sind, gibt es auch Bemühungen um die gezielte Züchtung von Hoch-Zucker-Gräsern. Diese Futtergräser sollen die Wirtschaftlichkeit der landwirtschaftlichen Nutztierhaltung erhöhen und versprechen höhere Fleischerträge durch die höheren Anteile schnell verfügbarer Energie und die höhere Schmackhaftigkeit des Grasfutters[19]. Für unsere Pferde sind diese Gräser völlig ungeeignet. Andererseits sind die Gräser auf Konkurrenzstärke »programmiert«: Man muss insofern davon ausgehen, dass sie im Bewuchs auch auf den Pferdeweiden zunehmen werden. Ein Gras, welches die »positiven« Eigenschaften – aus Sicht der Wirtschaftlichkeit – in sich vereint, ist das Deutsche Weidelgras. In Gräsermischungen zur Neuansaat oder Nachsaat von Pferdeweiden ist dieses Gras gern mit einem hohen Anteil vertreten. Man sollte deshalb genau prüfen, was man an Saatgut auf der Weide ausbringt und ob der zukünftige Bewuchs den Energieansprüchen und der konkreten Haltungsform (Ganztages- oder Stundenweide) entspricht. Alle diese Dinge rücken lobenswerterweise immer mehr ins Licht der Forschung und auch die Pferdezeitschriften und Internetforen für Pferdebesitzer berichten mehr und mehr über die Gefahren, die durch falsche Fütterung und Stoffwechselentgleisungen entstehen können.

Es gibt allerdings einen weiteren Risikofaktor, der im Zusammenhang mit der Hufrehe eine immense Rolle spielt, der in der Forschung wie in der Öffentlichkeit bislang aber nahezu unbeachtet ist.

19 *Auf einer Weide mit Hoch-Zucker-Grassorte gehaltene Charolais-Stiere zeigten eine um 25 % höhere Lebendgewichtzunahme und um 20 % höhere Futteraufnahme pro Tag (SOUFAN 2008: 3).*

2.3 Risikofaktor Huf

Die Rolle der Hufsituation bei der Entstehung von Rehe wird bis heute weitestgehend völlig unterschätzt. Dabei können bestimmte Hufsituationen eine Rehe befördern, wenn nicht gar auslösen. Was sind das für Hufe, von denen eine Rehegefahr fürs Pferd ausgeht?

Das Risiko einer Rehe bergen in erster Linie solche Hufe, die eine hohe mechanische Belastung des Hufbeinträgers bewirken.

An zweiter Stelle stehen schmerzende Hufe; auch diese können eine Reheerkrankung auslösen. Oft fallen die beiden Momente zusammen, d.h. ein großes Schmerzpotential ergibt sich für Pferdehufe aus hebelnden Wänden und hierdurch schmerzhaft gezerrtem Hufbeinträger.

Die prinzipiellen Zusammenhänge von Wandstellung und Belastung des Hufbeinträgers sind im Abschnitt über die Belastungsrehe (siehe S. 27ff.) bereits erörtert worden. Aber was bedeutet dies für die Praxis? Welche Hufe sind konkret rehegefährdet?

Explizit in Gefahr sind Pferde

- mit vernachlässigten Hufen,
- mit zwei unterschiedlich steilen Vorderhufen,
- mit im Verhältnis zur Körpermasse zu klein geratenen Hufen,
- mit sehr weiten Hufen, sog. Tellerhufen oder Platthufen,
- mit sog. chronischen Rehehufen.

2.3.1 Rehegefahr durch vernachlässigte Hufe

Wie wir wissen, wächst das Hufhorn beständig nach. Halten sich Wachstum und Abrieb die Waage, wie es bei Pferden die Barhuf laufen und trotzdem anständig genutzt werden zumeist der Fall ist, so ist die Sache perfekt und für die Hufbearbeitung

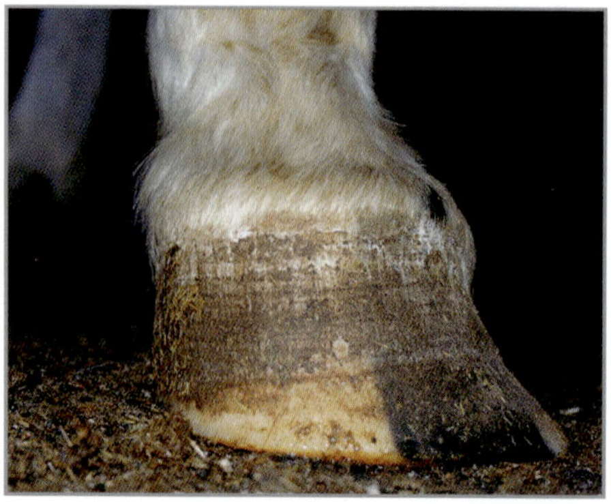

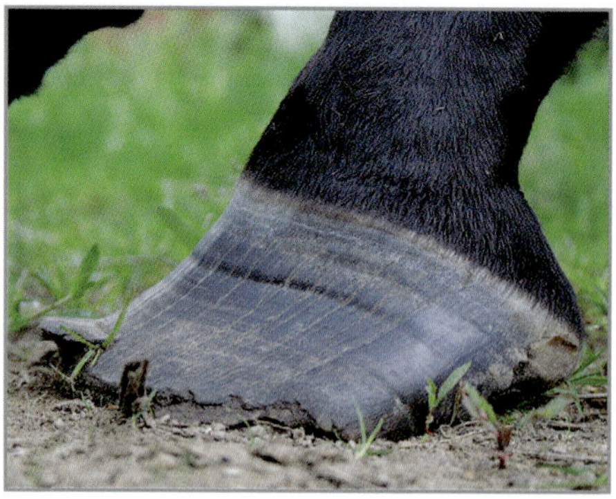

Abb. 37–40: Solche Hufe erhöhen für die betroffenen Pferde das Risiko, an Rehe zu erkranken.

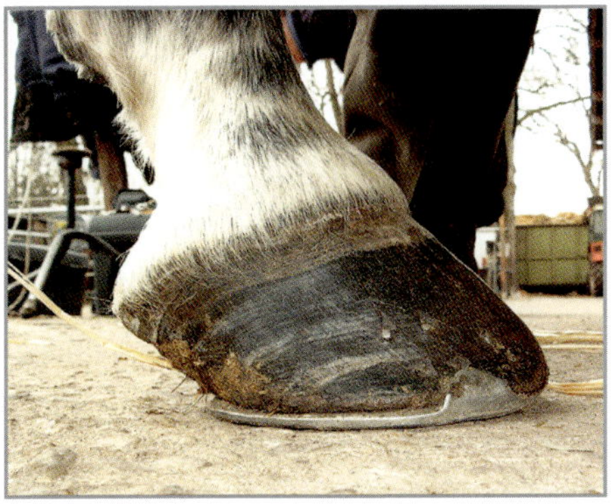

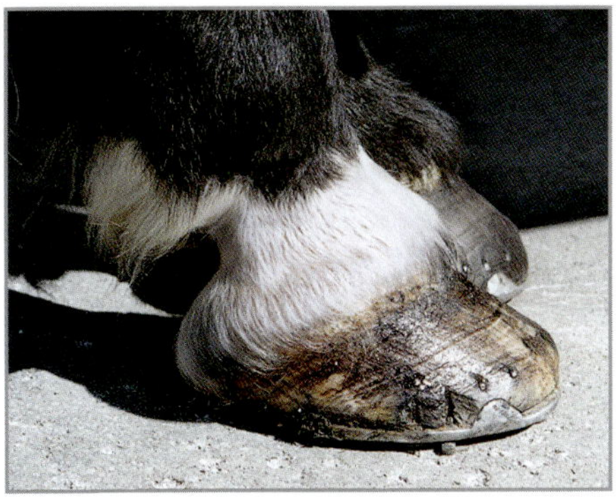

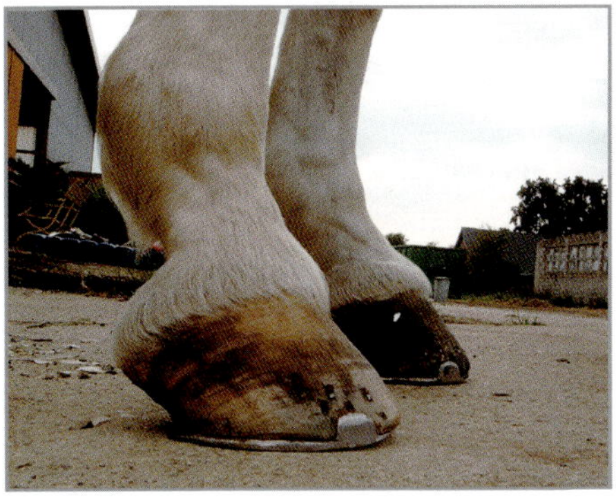

Abb. 41–43: Bei zu langen Beschlagsintervallen geraten beschlagene Hufe in Hyperextension.

oft nur wenig zu tun. Werden Pferde allerdings kaum oder gar nicht zum Reiten, Fahren oder Arbeiten genutzt und werden sie zudem auch nur auf mehr oder weniger weichen Böden gehalten (Graskoppel, Box mit Stroh, Auslauf mit Sand oder Holzhackschnitzel) dann fehlt dem Horn meist jede Chance auf Abrieb.

Das bedeutet, dass der Tragrandüberstand im Monat annähernd einen Zentimeter wächst – im Sommer mehr, im Winter in der Regel etwas weniger. Das bedeutet weiter, dass diese Hufe regelmäßig von einem Hufbearbeiter gekürzt werden müssen. Je nach konkretem Fall (individuell starkes oder schwaches Hornwachstum, nur »Rasenmäher« oder doch zumindest »Wochenendreitpferd«, Feuchtwiese oder trockene Sandkoppel etc.) muss der Hufbearbeiter aller vier, fünf oder sechs Wochen an die Hufe, damit diese ihre brauchbare Form behalten. Geschieht dies nicht, werden die Hufe schief, entwickeln lange verbogene Zehenwände und bekommen hebelnde Seitenwände.

Auch beschlagene Hufe müssen regelmäßig und in den beschriebenen kurzen Abständen gekürzt werden, da hier ebenfalls der notwendige Abrieb ausbleibt. Vernachlässigt man das Korrigieren und Umbeschlagen des Hufes, so kommt es in der Regel noch schneller als beim Barhuf zu ungünstigen Veränderungen der Huf- und Gliedmaßenstellung.

Beschlagene Hufe geraten sehr leicht in eine Hyperextensionsstellung, bei der die Knochenachse der Zehenknochen nach hinten gebrochen ist. Das heißt, Huf und Hufbein stehen flacher zum Boden als die darüber liegenden Knochen Kron- und Fesselbein. Ursache ist der fehlende Abrieb bei einem durch den Beschlag geschützten Huf. Je nach individueller Anlage und Jahreszeit wachsen die Hufwände in einer Beschlagperiode von 4–6 Wochen einen knappen bis einen reichlichen Zentimeter. Diese Längenzunahme in den Wänden sorgt für eine Lastumverteilung in der Hornkapsel. Das Gewicht wird dabei beinahe immer vermehrt in den hinteren Hufbereich verlagert, was dafür sorgt, dass die Trachtenwände sehr leicht ihre physiologische Stellung zum Boden verlieren. Sie schieben unter den Huf und erleiden hierdurch zusätzlichen Schaden. Die natur-

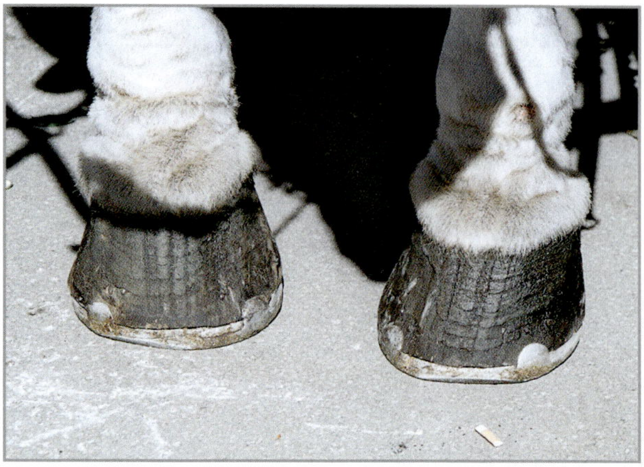

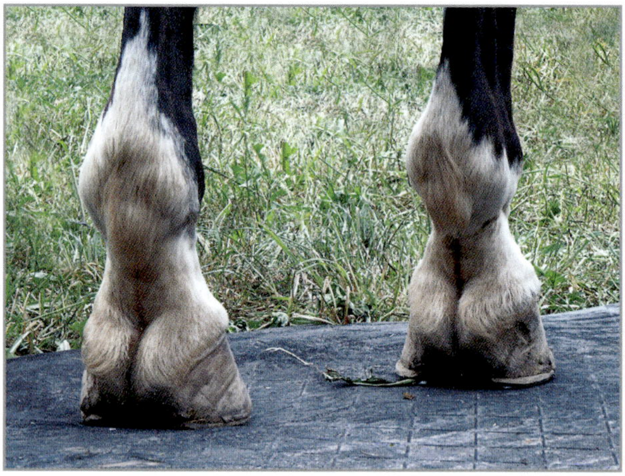

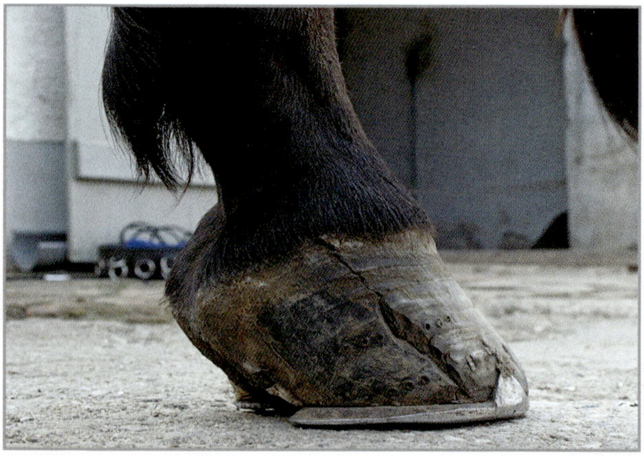

Abb. 44–46: Kein Schritt mehr ohne Eisen – mit solchen Hufzuständen ist ein Pferd auf seinen Beschlag angewiesen. Abhilfe schafft hier nur, die Hufe wieder tüchtig zu machen und die Hufform zu sanieren.

gemäß dünneren Trachtenwände werden in dieser ungünstigen Stellung leicht mechanisch und bakteriell beschädigt. Je nach veranlagter Stellung, Hufform und Hornqualität stellt sich die Entwicklung bei manchen Pferden sehr leicht, bei anderen erst infolge einer zu langen Beschlagperiode ein. Dasselbe passiert auch einem Barhufpferd, wenn es ohne Chance auf Abrieb und ohne Hufbearbeitung in die Höhe oder besser Länge wächst. Um eine solche Entwicklung zu verhindern, müssen eisenbeschlagene Hufe im etwa monatlichen Abstand korrigiert und umbeschlagen werden. Wer die Praxis kennt, wird an dieser Stelle den Kopf schütteln. Alle vier, fünf oder längstens sechs Wochen – das macht doch keiner. Und was das kostet?!

Es mag Pferde geben, deren Hufe aufgrund ihrer Ausgangshufform und Hornbeschaffenheit gut damit zurechtkommen, dass der Hufschmied lediglich aller acht Wochen zu ihnen kommt. Diese Hufe sind aber die Ausnahme, sie sind keineswegs die Regel. Jeder, der an seinem Pferd beklagt, dass es untergeschobene Trachten, zu lange Zehen, schiefe Hufe, Risse, Hornspalten, Ausbrüche, Trachtenzwang, Hyperextension hat, dass es häufig stolpert oder sich beständig die Eisen abzieht, der sollte überprüfen, ob der Abstand der Hufbearbeitung für sein Pferd nicht zu lang ist. Er sollte – auch wenn der Hufbearbeiter abwinkt – auf kürzeren Abständen bestehen. Eigentlich sollte er dann auch auf einen neuen Hufbearbeiter bestehen. Denn wenn der Hufbearbeiter diesen Zustand nicht selbst anspricht und stillschweigend hinnimmt, dass die Hufe in diesem Zustand verbleiben, dann ist er wohl eher nicht der Richtige, um den Missstand am Huf zu beheben. Neben der Verkürzung der Bearbeitungsabstände braucht es zudem auch noch einigen Sachverstand, um den Hufen wieder aufzuhelfen. Viel leichter als auf dem Beschlag ist das natür-

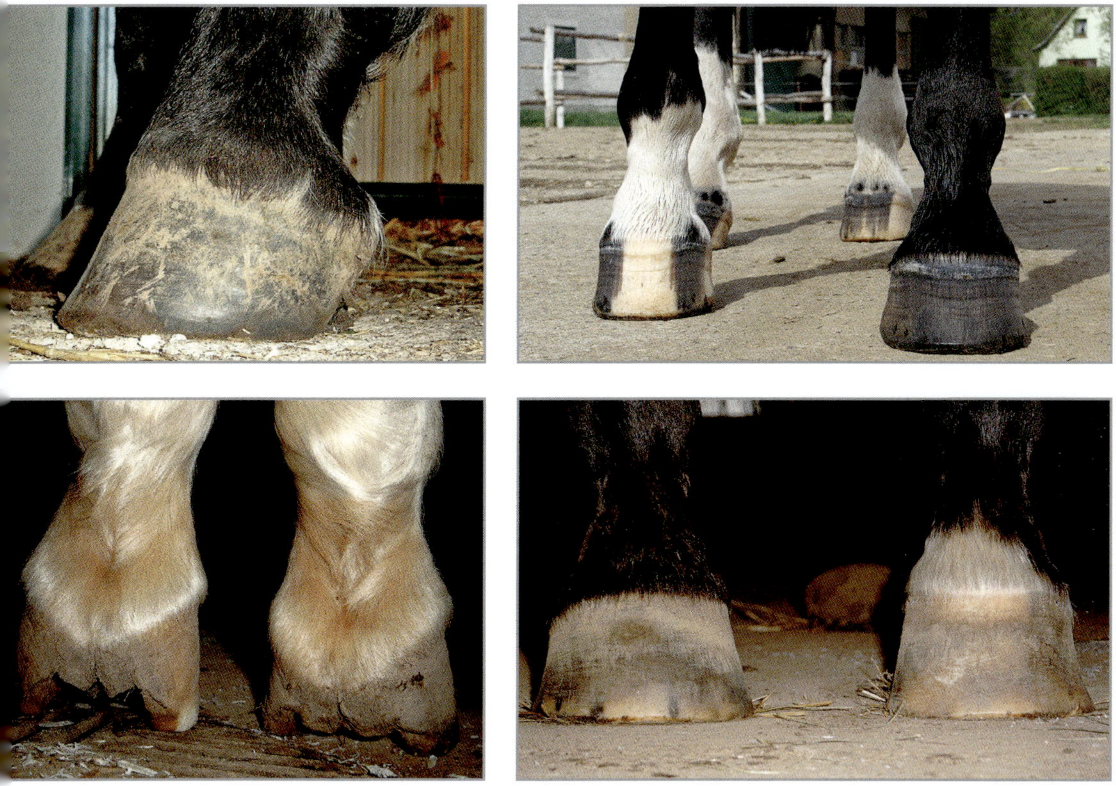

Abb. 47–50: Häufig anzutreffen: Viele Pferde leben mit unterschiedlich steilen und großen Vorderhufen.

lich am Barhuf möglich. Wenn also ein Pferd aufgrund seiner spezifischen Nutzung nicht unbedingt beschlagen sein muss, sollte es Barhuf laufen dürfen. Das dient nicht nur dem Schutz und der Gesundheit der Gliedmaßen, sondern hilft auch, Hufprobleme zu lösen. Wenn man sich umschaut, wird man ohnehin feststellen, dass die wenigsten Pferde aufgrund ihrer starken Nutzung beschlagen sind. Viele Pferde sind stattdessen beschlagen, weil sie ohne Eisen nicht laufen können, auch wenn sie nur 3-mal die Woche in der Reithalle gehen und am Wochenende ins Gelände spazieren. Wen es interessiert, warum dies so ist, der werfe einen Blick auf die Hufe! Wer wachen Auges durch die Ställe oder über die Turnierplätze streift, der wird schnell lernen, gemütliche von ungemütlichen Hufsituationen zu unterscheiden. Eine lange verbogene Zehenwand und die erzwungene Hyperextension sind aber eben nicht nur über die Maßen ungemütlich, sie stellen auch eine sehr starke Belastung für den Hufbeinträger dar und prädestinieren so für die Entwicklung einer Hufrehe.

2.3.2 Zwei unterschiedlich steile Vorderhufe und das Feindbild »steile Hufe«

Eine nicht geringe Anzahl von Pferden besitzt zwei unterschiedlich steile Vorderhufe. Eine kleine Zählung anlässlich eines Vortrages zur dritten Huftagung der DHG e.V. im Jahr 2009 ergab, dass ein reichliches Viertel unserer Pferdekundschaft (26,2 Prozent) ungleich steile Vorderhufe besitzt (RASCH 2009: 29). Das Phänomen zieht sich dabei

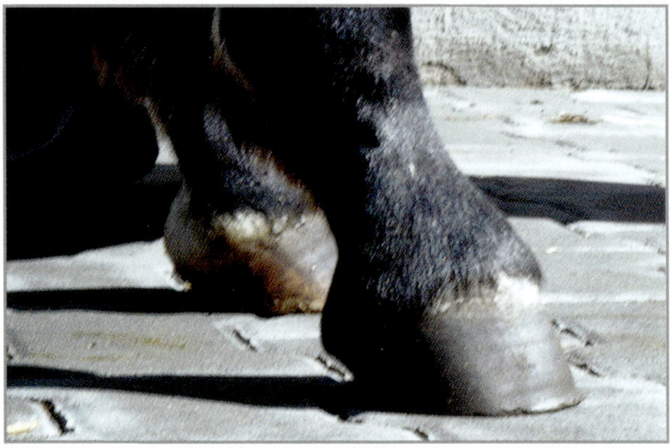

Abb. 51: Knapp halbjähriges Fohlen mit tendogenem Bockhuf vorn rechts

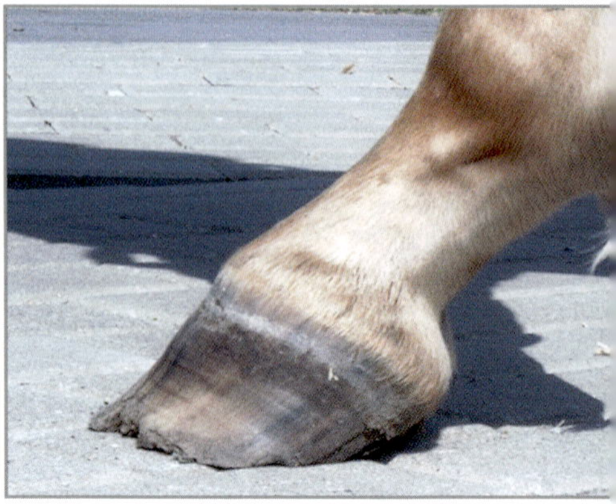

Abb. 52: Einjähriger mit einem solchen vorn links

quer durch alle Rassen und Altersgruppen und ist unabhängig von bestimmten Nutzungsformen und Haltungsbedingungen. Die Ursachen für die Ausbildung verschiedener Vorderhufe sind unterschiedlich, liegen aber sehr oft bereits im Fohlenalter begründet. Eine häufige Form ist der einseitige tendogene Bockhuf (tendo = Sehne). Bei diesem nur auf einer Seite der Vorhand ausgebildeten Bockhuf spielen auch wieder verschiedene Entstehungsursachen eine Rolle [20]. So kann es bereits beim Fohlen aufgrund von mangelnder Sorgfalt, mangelnder Bewegung, Ernährungsfehlern, falscher Hufbearbeitung, einer Schonhaltung aufgrund einer Verletzung oder aufgrund von Exterieurmängeln zu einer Wachstumsdiskrepanz zwischen den schnell an Länge zunehmenden Knochen der Vorderbeine und der Tiefen Beugesehne kommen. Letztere bleibt relativ verkürzt.

Das passiert zumeist in den ersten sechs Lebensmonaten, der Phase des schnellsten Wachstums. In der Folge wird das Hufbein und damit der Huf der betroffenen Gliedmaße steiler zum Boden ausgerichtet, als dies bei dem anderen Vorderbein der Fall ist. Auch bildet sich dabei eine Flexion im Hufgelenk aus. Das heißt, dass das Hufbein steiler zum Boden ausgerichtet ist als das Kronbein und das Fesselbein. Die Zehenachse des Beines ist nach vorn gebrochen.

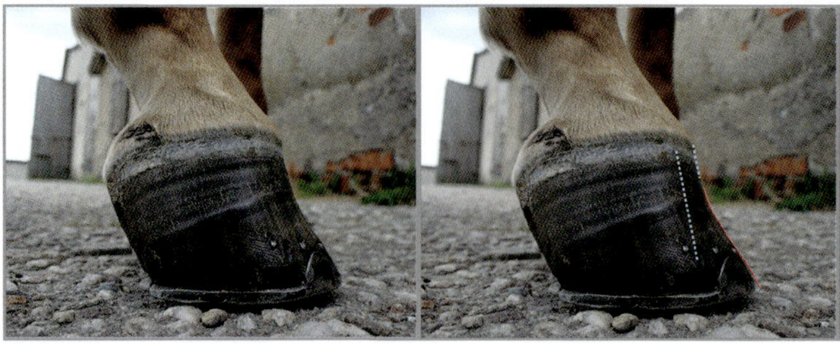

Abb. 53 und 54: Dreijähriger mit stark ausgeprägtem sehnenbedingtem Bockhuf, der längere Zeit »Therapie«versuchen durch die Hufbearbeitung ausgesetzt war.

Abb. 55: Die überbelastete, linke Gliedmaße; das linke Eisen hatte er sich schon wiederholt abgetreten.

20 Ausführlich zu den Ursachen, verschiedenen Formen, Konsequenzen nachzulesen in RASCH 2009

Bemerkt man diese Fehlstellung frühzeitig, so hat man noch Chancen, diese unliebsame Entwicklung zu stoppen und rückgängig zu machen. Kauft man sich jedoch ein erwachsenes Pferd mit einer solchen Fehlstellung, so muss man diese akzeptieren. Das bedeutet, man muss es hinnehmen, dass das Pferd auf zwei unterschiedlich steilen Vorderhufen unterwegs ist und darf keinesfalls mehr versuchen, den Bockhuf in eine normale, flachere Form zu bringen.
Leider wird dies immer wieder getan. Für die so behandelten Pferde hat das oft üble Konsequenzen. Im Bestreben, den Bockhuf zu korrigieren, kürzt man die Trachten. Oftmals wird der Huf auch zusätzlich beschlagen, damit sich das Pferd nicht durch das übermäßige Abreiben der Zehe zurück in seine steile Position laufen kann.

Durch das Trachtenkürzen gelingt es zwar meist vorübergehend, die Knochenachse (Hufbein, Kronbein, Fesselbein) zu strecken und die Flexion zu mindern, die erhöhte Sehnenspannung der Tiefen Beugesehne sowie die verfestigten Knochen-, Band- und Gelenkstrukturen ziehen das Hufbein allerdings wieder in die ursprüngliche, steile Position zurück. Das geschieht dann allerdings auf Kosten der Verbindung zwischen Hufbein und Zehenwand, wobei sich die Zehenwand vom Hufbein verbiegt. Am oberen, steil bleibenden Verlauf der Zehenwand – circa 1,5 Zentimeter unterhalb des Kronsaumes (Abb. 54) – kann man die tatsächliche Stellung des Hufbeins in der Hornkapsel erkennen. Die übrige Zehenwand hat sich vom Hufbein entfernt und dabei stark verbogen. Das geht zu Lasten des Hufbeinträgers und verursacht zum Teil massive Schmerzen.
Der Huf ist in dieser Situation hochgradig rehegefährdet und von einem Huf, der bereits eine Rehe erlitten hat, äußerlich kaum mehr zu unterscheiden (siehe Kapitel 4 »Nach der Rehe – Was nun?«, S. 129 ff.). Hinzu kommt, dass auch die flacher gestellte, »normale« Gliedmaße fast immer unter dieser Situation leidet. Die hausgemachten Probleme der steileren Gliedmaße, die Ungemütlichkeit und Schmerzhaftigkeit des nicht-steil-sein-dürfenden Hufes führen zu einer Überbelastung der anderen, eigentlich normalen Vordergliedmaße. Nicht selten kollabiert dieser gewichtsmäßig überbelastete Huf. Die Zehenwand wird immer schräger, die Hufwände immer flacher, die Trachten rollen sich ein oder schieben unter, es gibt Risse und Spalten, Hufgeschwüre und ausplatzende Tragränder, ungeklärte Lahmheiten etc. Auch bei dieser Gliedmaße ist der Hufbeinträger schlussendlich durch die schrägen verbogenen Wände mehr belastet, als dies in einer physiologischen Hufsituation der Fall wäre.
Neben dem im Fohlenalter erworbenen tendogenen Bockhuf und dem unflexierten lateral-grazing-Huf gibt es auch andere Formen und Gründe für die unterschiedliche Steilstellung der Hufe zum Boden. Diese Fehlstellung kann beispielsweise ebenso im Erwachsenenalter unfallbedingt erworben werden oder auch einer arthrosebedingten Schonhaltung im Seniorenalter geschuldet sein. Dabei kann ausschließlich das Hufbein, aber auch zusätzlich das Kron- und Fesselbein steiler gestellt sein.

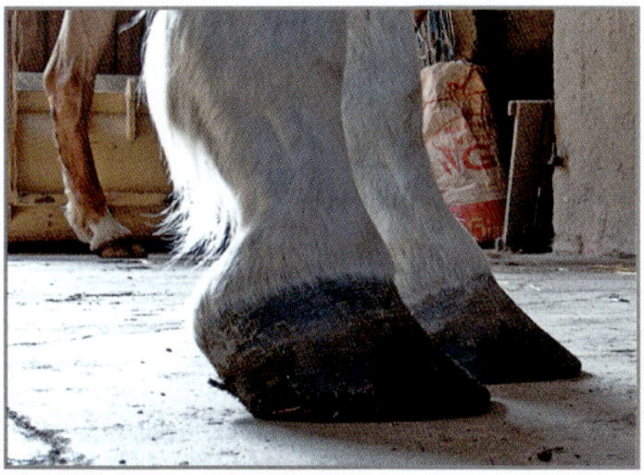

Abb. 56: Insgesamt steilere rechte Huf-Fessel-Achse mit flach gehaltener Hornkapsel.

Bei diesem Pferd (Abb. 56) beispielsweise ist eine alte Schulterverletzung die Ursache für die am rechten Bein steiler ausgerichtete Knochenachse der Zehe. Der 18-jährige Wallach stellt sein rechtes Vorderbein seit Jahren leicht zurück unter den Körper, weil dies die bequemste Stellung für ihn und seine abgeheilte Schultermalaise ist. In der Folge richtet sich natürlich die Zehenachse des Beines steiler zum Boden aus.
Jahrelang hat man bei der Hufbearbeitung versucht, das zu korrigieren, und den steileren rechten Huf in den Trachten gekürzt. Nach der Hufbearbeitung war das Laufen für ihn deshalb auch stets ziemlich beschwerlich. Aber auch wenn er sich nach 14 Tagen eingelaufen hatte, blieb die Situation reichlich ungemütlich. Man sieht, wie sich die Zehenwand vom Hufbein entfernt hat. Man kann von Glück sagen, dass alle anderen Bedingungen (Konstitution, Fütterung, Haltung) so waren, dass die Reheprädisposition der Hufe nicht zu einer Reheerkrankung geführt hat. Wenn man die Blättchenschicht des Hufes betrachtet, ist der Unterschied zu einem Huf, der bereits eine Rehe erlitten hat, lediglich noch marginal.

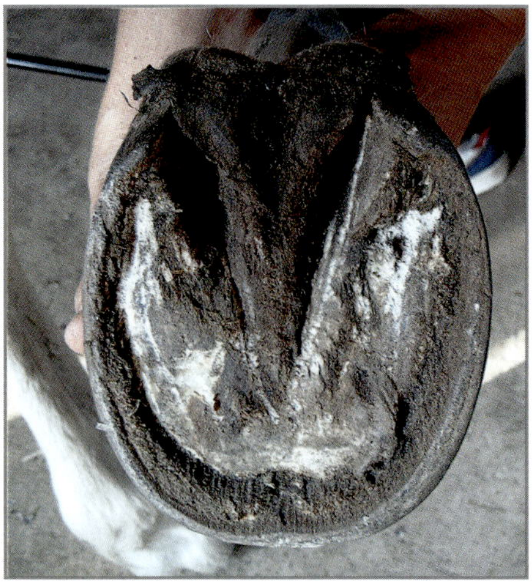

Abb. 57: Die Sohlenansicht des rechten Vorderhufes aus Abb. 56 zeigt eine aufgerissene und verbreiterte Blättchenschicht.

So eindeutig wie hier zeigt sich das Problem fast immer, und es ist ein Stück weit unverständlich, dass der Großteil der Fachleute diesbezüglich auf beiden Augen blind ist. Es ist ja verständlich, dass ein Pferdebesitzer eine Korrektur der Hufdifferenz wünscht. Es wäre auch fraglos besser, wenn diese Differenz der beiden Hufe nicht vorhanden wäre – die unterschiedliche Winkelung bleibt schließlich nicht ohne Auswirkung auf den Bewegungsablauf des Pferdes. Es wäre jedoch die Aufgabe der Fachwelt (Hufbearbeiter, Tierärzte, Tierheilpraktiker, Osteopathen, Chiropraktiker) zu erklären, dass die Möglichkeit einer gesundheitsverträglichen Korrektur leider vorüber ist und die unterschiedliche Stellung der Hufe jetzt akzeptiert werden muss. Andernfalls schadet man dem Wohlbefinden und der Gesundheit seines Pferdes bei Weitem mehr. Vor allem aber sollte der wegen bereits aufgetretener Probleme hinzugezogene Fachmann in der Lage sein zu erkennen, wenn die Lahmheits- und Bewegungsproblematik aus den Korrekturbemühungen und den zwangsläufig verbogenen Hufwänden herrührt. Und er sollte sich in diesem Fall dafür aussprechen, dass eine solche Hufbearbeitung unterbleibt. Auch ohne die Gefahr einer Rehe, die hierbei besteht, ist die Situation fürs Pferd problemträchtig und verschleißend.

Das gilt auch für eine Hufbearbeitung, die steile Hufe ganz prinzipiell nicht duldet. Eine bestimmte Schule der Barhufbearbeitung schreibt den Pferdehufen konkrete Winkelmaße vor, da angeblich nur diese Maße eine Gesundheit der Hufe garantieren [21]. Alle von diesen Winkelmaßen abweichenden Hufe werden als Zwanghufe und kranke Hufe bezeichnet. Dem ehrlich entsetzten Pferdebesitzer wird ein Bild des Schreckens aufgezeichnet, was alles passiert, wenn diese zu steilen Hufe

21 zur Kritik dieser Hufbearbeitung siehe JAMPERT 2008

seines Pferdes nicht korrigiert werden. Die Korrektur erfolgt in erster Linie über das je nach Grad der Abweichung vom Idealmaß mehr oder weniger starke Kürzen der Trachten und zeigt sich völlig ignorant gegen die Folgeprobleme dieser Prozedur fürs Pferd. Dass die Pferde »zunächst« schlechter laufen, wird nicht als deutlicher Hinweis für die Falschheit des Vorgehens genommen, sondern als Notwendigkeit auf dem Weg zur Heilung interpretiert.

Der Pferdebesitzer muss nur (wenn er nicht als schlechter Mensch betitelt werden möchte) ein paar Jahre durchhalten, dann winken geheilte Hufe und ein wieder ganz fröhliches, schmerzfreies Pferd. Die mangelnde Lauffreude durch hochgradige Fühligkeit, reheähnliche Schmerzen im Hufbeinträger, Sehnenprobleme und Hufgeschwüre werden weder zum Anlass genommen, die Hufbearbeitung zu ändern, noch werden sie überhaupt gelten gelassen. An den Pferdebesitzer ergeht der Auftrag, dass er sein lahmendes Pferd bewegen muss, damit der »Heilungsprozess« voranschreiten kann. Haben Sie schon einmal ein Pferd mit schmerzenden Füßen von A nach B bringen müssen? Beispielsweise weil es von der Waldkoppel in den Stall musste, um versorgt werden zu können oder weil es vom Stall in die Klinik musste. Ein lahmes Pferd ist einer der traurigsten Anblicke, die es gibt. Man muss eine ganze Menge »Überzeugung« besitzen, um ein solches Pferd zum täglichen »Spaziergang« zu zwingen. Und das über Monate, wenn nicht gar Jahre. Ich habe einige Pferdebesitzer kennen gelernt, die dies eine Zeit lang getan haben, im Vertrauen darauf, dass dies das Beste für ihr Pferd sei. Keiner von ihnen redet später gern darüber.

Nach dem, was wir bisher schon alles über die Hufrehe wissen, wundert es nicht, dass diese Behandlung der Hufe und Pferde nicht selten in einer Reheerkrankung gipfelt.
Wie die übrigen auftretenden Probleme – Hufgeschwüre, schmerzende Hufe – sei die Hufrehe aber nicht etwa die Folge der jetzt vorgenommenen Bearbeitung, so wird der Pferdebesitzer aufgeklärt, sondern lediglich ein nun überfälliges Resultat des vorherigen kranken Hufzustandes. Auch beim Rehepferd wird zwecks Heilung auf Zwangsbewegung bestanden. Dass dies den mechanischen Stress für den Hufbeinträger vergrößert, insofern also absolut kontraproduktiv ist, ist für den gesunden Menschenverstand leicht einzusehen.

Abb. 58: Die kleine Ponystute mag nicht mehr laufen.

Zu dieser kleinen Ponystute wurde ich von den besorgten Besitzern gerufen, weil die Tierärztin vorgeschlagen hatte, eine dritte Meinung einzuholen. Die Tierärztin diagnostizierte eine Hufrehe, die Hufbearbeiterin aber, die das Stütchen seit einem guten Jahr bearbeitete, widersprach und verordnete weiter Bewegung und Hafer und drohte darüber hinaus kürzere Bearbeitungsabstände an. Schon am Telefon berichtete man mir, dass die Stute seit geraumer Zeit sehr laufunwillig sei. Früher, als sie noch vom Schmied bearbeitet wurde, lief sie auch ohne Gerte im Gelände freiwillig vorwärts. Bislang konnte sie zumindest noch immer mit der Gerte geritten werden. Aber seit gestern ginge sie nun auch mit der Gerte nicht mehr. Als ich zu der Familie kam, bewegte sich die Ponystute auch auf der Wiese nur noch zögernd und deutlich schmerzbelastet vorwärts. Es war der Beginn einer Hufrehe.

Abb. 59: Eindeutig schmerzende Füße

Die schmerzenden Hufe der kleinen Stute zeigten die charakteristische Verbiegung der Zehenwand, wie sie entsteht, wenn man steile Hufe durch beständiges Trachtenkürzen in eine flachere Stellung zwingen will.

Die Hufsohlen waren infolge der massiven Bearbeitung sehr dünn, die Blättchenschicht hinter der Zehenwand bereits verbreitert. Zusätzlich besaß die Stute die typischen Fettdepots, wie sie beim Equinen Metabolischen Syndrom vorhanden sind. Die Besitzer hatten auf Anraten der besagten Hufbearbeiterin zusätzlich zur ohnehin schon üppigen Weide täglich auch noch Hafer gefüttert. Wieviel, das wollten sie mir nicht sagen.

Bitte, lieber Leser, wehren Sie sich mit Händen und Füßen gegen solche Unvernunft: Heftige Korrekturen der Trachtenhöhe, die in kurzen Abständen stets wiederholt werden müssen, mit dem Ergebnis dass Laufunwillen, Fühligkeit bzw. regelrechte Lahmheit zunimmt, stetige Hufgeschwüre (die der Vergangenheit angehängt werden, anstatt dass man sich des Problems annimmt, wie man diese Hufgeschwüre vermeiden kann, statt sie immer wieder aufs Neue zu produzieren), erzwungene Bewegung trotz der immer wieder schmerzenden Füße und das alles, um eine Idealvorstellung vom Huf herzustellen. Eine Idealvorstellung, die man sich selbst und der Kundschaft mit Eimer-Modellen und physikalischen Formeln verplausibilisiert und die in ferner Zukunft als

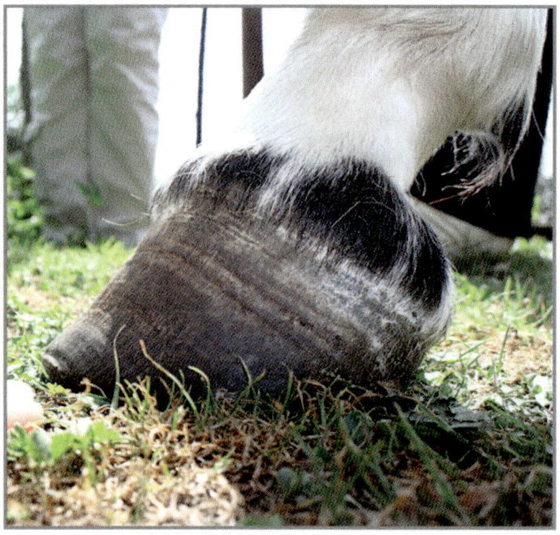

Abb. 60 und 61: Kurz gehaltene Hufe mit verbogener Zehenwand und verbreiterter Blättchenschicht

Endziel leuchtet. Bitte sagen Sie laut und vernehmlich NEIN!

Es kann sicher einmal passieren, dass ein Pferd nach der Bearbeitung seiner Hufe schlechter läuft als vorher. Ein guter Hufbearbeiter zeichnet sich dadurch aus, dass er sich in einer solchen Situation zunächst erst einmal vor allem selbst als Verursacher für das Schlechterlaufen aufs Korn nimmt. Schließlich hat er an den Hufen etwas verändert.

Nicht immer muss das wirklich der Auslöser der Verschlechterung sein, aber es sollte doch stets erst einmal ausgeschlossen werden[22]. Laufen Pferde nach der Hufbearbeitung aber immer wieder schlecht, so bekommt ihren Hufen diese Bearbeitung offensichtlich nicht!

Für sich genommen sind unterschiedliche (steile) Vorderhufe genauso wenig rehegefährdet wie steile Hufe.

Beide werden dies lediglich durch falsche Bearbeitung. Das Ende der Korrekturmöglichkeit hin zu einer flacheren Stellung zeigt der steile Huf deutlich an, wenn er sich in der Zehenwand verbiegt. Die Sehnen-, Band- und Gelenkstrukturen sind dann offensichtlich soweit verfestigt, dass sich eher das Horn verformt, als dass es die inneren Strukturen zum Nachgeben zwingt. Das Hufbein verharrt

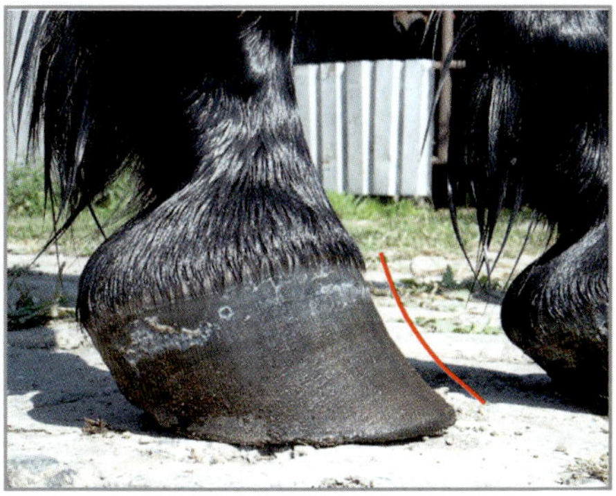

Abb. 62: Steiler rechter Vorderhuf einer 8-jährigen Stute – durch das ständige Trachtenkürzen hat sich die Zehenwand verbogen.

in seiner alten Stellung. Die Hufbeinaufhängung wird geschädigt. (HENKELS 1949: 93 und BIERNAT; RASCH 2003)

2.3.3 Großes Pferd auf zu kleinen Hufen

Bei der Betrachtung der Konstruktion der Hufbeinaufhängung in den vorhergehenden Kapiteln haben wir gelernt, dass die Aufhängung des Hufbeins in der Hornkapsel extrem belastbar ist und sogar annähernd das Vierfache des Pferdegewichts aushalten kann (siehe Seite 27).

Dennoch kann ein zu großes Gewicht des Pferdes dem Hufbeinträger gefährlich werden. Grund dafür ist nicht die reine Gewichtslast, die auf dem Hufbeinträger ruht, und diesen etwas mehr beansprucht, sondern die Wirkung des Gewichtes auf die Hornkapsel. Besitzt ein Pferd einen mächtigen Körper, aber recht kleine Hufe, so existiert sehr leicht ein Missverhältnis zwischen dem am Huf vorhandenen Hornmaterial und dem von diesem Material auszuhaltenden Gewicht. Es lastet in diesem Fall zu viel Gewicht auf jedem Quadratzentimeter Horn und damit auf allen Wandabschnitten der Hornkapsel. Das Missverhältnis besteht dabei nicht nur in einem zu kleinen Umfang des Hufes, sondern auch in einer verhältnismäßig dünnen Wandstärke dieser Hufe. Die Hornwände verbiegen sich unter dieser Überlast und es ist außerordentlich schwer, diese Verbiegung im Zaum zu halten.

Manche Pferde sind tatsächlich mit Hufen ausgestattet, die an und für sich für deutlich kleinere, leichtere Pferde konzipiert sind. Besonders häufig begegnet uns diese Situation bei bestimmten Linien von Quarterhorses und Paints. Mitunter auch beim Schweren Warmblut und beim Kaltblut. Ob bei der Zucht ein bestimmtes Schönheitsideal (niedliche kleine Füße) verfolgt wurde oder

22 Ein Beispiel hierfür ist das Folgende: Nimmt man Pferden mit untüchtigen Hufen bei der Hufbearbeitung den Beschlag ab, um ihre Hufe barhuf zu sanieren, kann man in dem meisten Fällen nicht verhindern, dass sie zunächst ohne den Beschlag etwas schlechter laufen, als vorher.

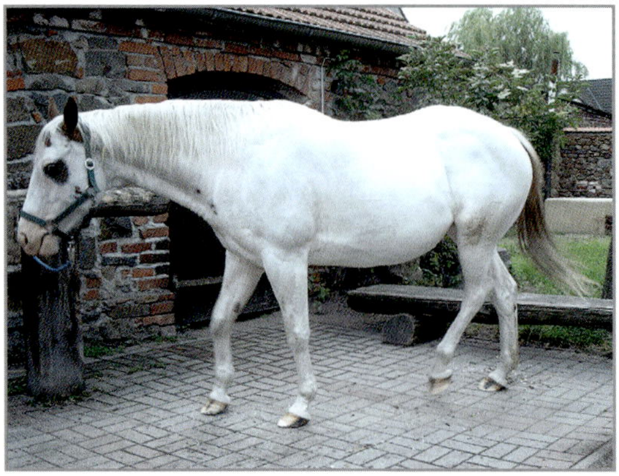

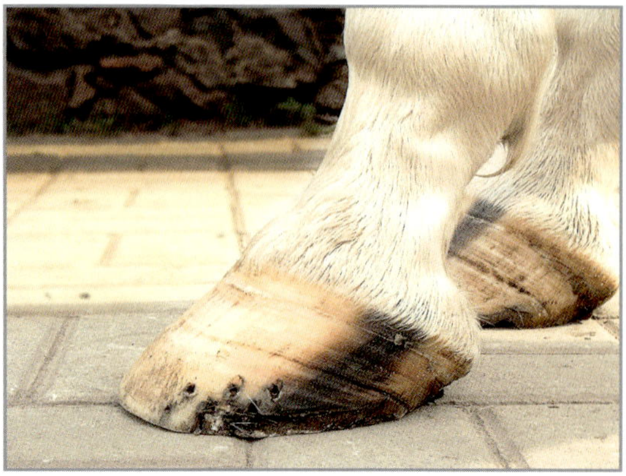

Abb. 63 und 64: Paintstute Summer mit zu kleinen Hufen

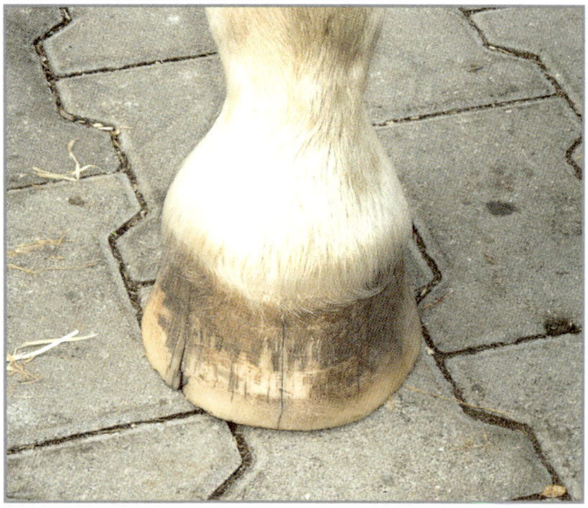

Abb. 65 und 66: Schwere Warmblutstute Hazel auf zu kleinen Hufen

einfach Fahrlässigkeit am Werk war, sei dahingestellt. In jedem Fall ist es für die betroffenen Pferde wesentlich schwieriger, ihre Hufwände unverbogen auf dem Boden zu behalten. Diese Situation aber, dass wissen wir aus dem Kapitel »Belastungsrehe«, beansprucht den Hufbeinträger in sehr starkem Maße.

Er ist sozusagen doppelt in der Bredouille – einmal durch das bloße unverhältnismäßige Gewicht des Pferdekörpers, zum anderen durch die Verbiegung der Hornwände und die damit vergrößerte Hebelkraft, die einen starken Zug auf die Wandlederhautblättchen ausübt. Die Rehegefahr steigt mit dem Grad der Verbiegung und häufig fehlt dann nur noch ein Tropfen, der das Fass zum Überlaufen bringt. Häufig werden Pferde mit zu kleinen Hufen beschlagen, da die Hufe durch ihre verbogenen Wände wenig Tragrandüberstand und kaum Bodenfreiheit bieten und die Pferde sehr leicht fühlig gehen. Hinzu kommen Probleme wie Risse und Spalten, Hufgeschwüre, Hornwandausbrüche etc. Es ist allerdings zu bedenken, dass es unter dem Beschlag aufgrund des ausbleibenden Abriebs noch viel weniger möglich ist, die lastbedingte Verbiegung der Wände aufzuhalten. Am Effektivsten ist dies am Barhuf möglich.

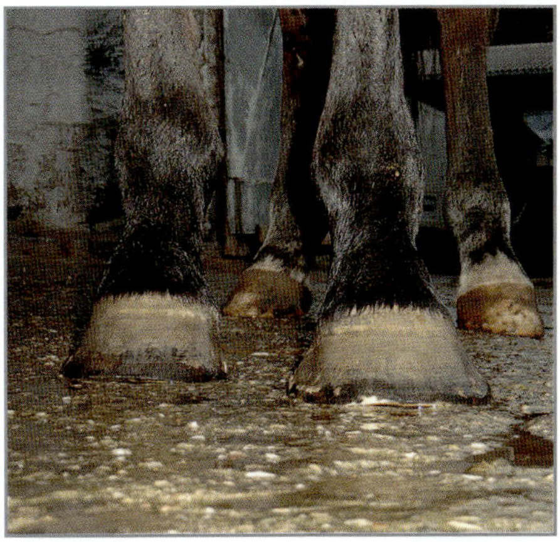

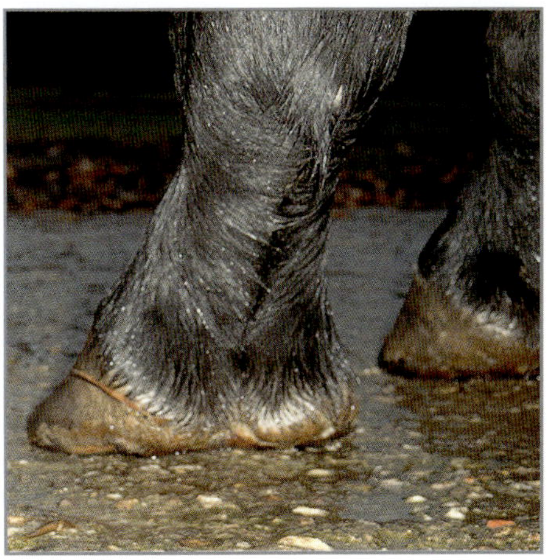

Abb. 67 und 68: Vollblut-Plattfüße

2.3.4 Flach-, Platt- und Tellerhufe

So wie es Pferde mit einer eher steileren Ausrichtung der Zehenknochen und dementsprechend steilen Hufen gibt, gibt es natürlich auch Pferde, die von ihrer Anlage und ihrem Gebäude her mit flachen, schrägwandigen Hufen ausgestattet sind. Besonders häufig trifft man dies beim englischen Vollblut an, aber auch andere Rassen besitzen mitunter solche Hufe. Da schon die natürliche Stellung der Hufwände bei diesen Hufen eine starke Schräge zum Boden aufweist, ist hier besondere Sorgfalt und Pflege gefragt, damit sich diese nicht zu einer unphysiologischen Schräge entwickelt. Der Bodengegendruck findet in diesen schrägen Wänden ein leicht verformbares Material, weshalb hier wirklich eine vernünftige und konsequente Hufbearbeitung gefordert ist.
Ansonsten verbiegen sich die Wände in kürzester Zeit und vergrößern die Hebelkraft und das Verformungspotential des Bodens. Dass dies ebenfalls eine Belastungsprobe für den Hufbeinträger darstellt, ist naheliegend.

2.3.5 Chronische Rehehufe

Eine besondere Reheprädisposition geht von Hufen aus, die bereits einmal eine Hufrehe erlitten haben und bei denen es später nicht gelungen ist, die ursprüngliche Hufform wieder herzustellen. Man nennt diese Hufe aus dem Grund auch chronische Rehehufe, da man sich darüber im Klaren ist, dass es hier lediglich eine Frage der Zeit ist, wann der nächste Reheschub erfolgt. Diese Hufe gelten als unheilbar, was in zahlreichen Fällen völlig unberechtigt ist. Je nach Schwere der Reheerkrankung, Schnelligkeit der Reaktion und Erfolg der eingeleiteten Rehetherapie zeigt ein Huf nach der Rehe mehr oder weniger starke Veränderungen. Wir werden uns hiermit im Abschnitt »Baustelle Huf« noch genauer beschäftigen. Mit einer vernünftigen Hufbearbeitung – natürlich im Verein mit dem Abstellen der Reheursachen und einer gewissen Rücksichtnahme auf die anfangs noch fragile Situation des Hufbeinträgers (Schonung des Pferdes) – kann diese Situation in der Regel wieder behoben werden. Die Hornkapsel erneuert sich in etwa einmal im Jahr, so dass die Reheschäden innerhalb eines Jahres herauswachsen können. Natürlich gibt es auch Ausnahmen und Erschwernisse, die dies verunmöglichen können, aber auch dazu

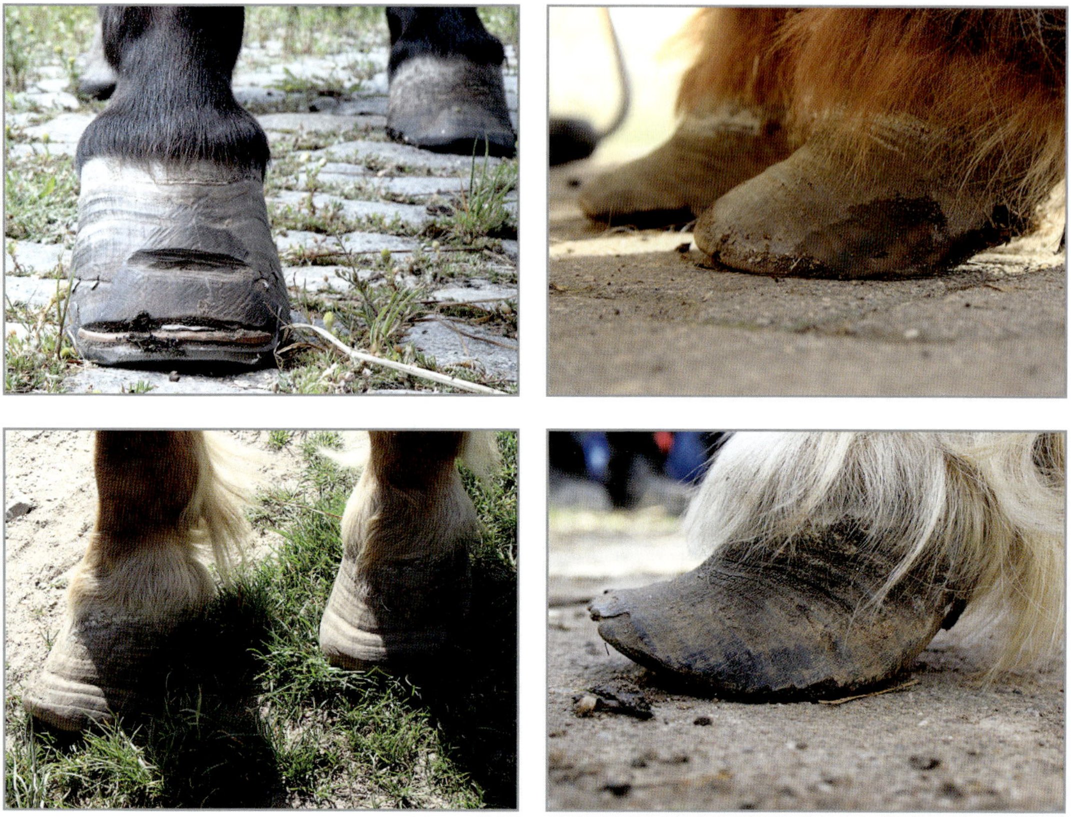

Abb. 69–72: Chronische Rehehufe

später mehr in dem eigens diesem Thema gewidmeten Kapitel.
Sehr sehr häufig fehlen einfach geeignete Maßnahmen am Huf, um die physiologische Situation nach einer Rehe wieder herzustellen.

Verbleiben die Hufe jedoch in dieser nicht reparierten Situation, sind weitere Reheschübe meist nicht zu vermeiden. Die Aufhängung des Hufbeines bleibt in dieser Situation mehr oder weniger beschädigt, die Ausrichtung der Zehenwand zum Boden belastet die Wandlederhaut dauerhaft. Sowohl die Wandlederhaut als auch das Hufbein werden durch das Fortbestehen der Situation beschädigt.

2.4 Ist mein Pferd rehegefährdet?

Die verschiedenen stoffwechsel- und hufbedingten Prädispositionen, die oben aufgeführt wurden, führen dazu, dass unter gleichen Haltungs-, Fütterungs- und Arbeitsbedingungen das eine Pferd durchaus an Hufrehe erkranken kann, während das andere dabei völlig unbeschadet bleibt.

Dieselben Faktoren (z. B. frisches Gras, Weidewechsel, Wurmkur, gefrorener Boden, ...) werden in dem einen Fall zum Reheauslöser, in vielen anderen Fällen passiert überhaupt nichts. Für die Reheprophylaxe ist es deshalb wichtig, eine korrekte Einschätzung darüber zu treffen, ob ein Pferd bereits ein erhöhtes Risiko trägt, an einer Hufrehe zu erkranken oder nicht. Die größte Sicherheit besitzt ein normalgewichtiges Pferd mit gesunden und tüchtigen Hufen, welches täglich gearbeitet wird. Alarmzeichen sind Fettpölsterchen, starke Gewichtszunahmen im Sommer ohne merkliche Gewichtsreduktion im Winter, keine oder seltene Nutzung durch Reiten, Fahren, Feld- oder Waldarbeit, häufige Hufprobleme und ständige oder zeitweise Fühligkeit der Hufe. Wenn Ihr Pferd immer mal wieder schlecht läuft, bisweilen sehr fühlig geht, in engen Wendungen autscht, dann sind das möglicherweise erste Anzeichen für eine zu starke Belastung des Hufbeinträgers.

2.4.1 Check up: Hufe

Ganz häufig wird eine besondere Fühligkeit des Pferdes vorschnell über ein »der Huf ist zu kurz« erklärt und das Pferd wird beschlagen. Schräge Wände und verbogene Zehen sorgen jedoch ebenso für einen klammen Gang, da sie schmerzhaft an der Wandlederhaut ziehen. Der aufgebrachte Beschlag lindert diese Schmerzen zwar in den meisten Fällen, da er die Hufbiomechanik stark verringert, allerdings verstellt man sich mit dem Beschlag die Möglichkeit, die Wände in eine geradere Form wachsen zu lassen. Der Hornabrieb kann, anders als am Barhuf, nicht für die Verbesserung der Situation genutzt werden, genauso wenig wie der Bodengegendruck. Da man die Ursache der Fühligkeit so nicht beseitigen kann, bleibt letztlich nur der lebenslange Beschlag. Dieser hat dann aber genau genommen weniger die Funktion eines Abriebschutzes als vielmehr die Aufgabe, dem Huf eine Gehhilfe zu bieten. Viele Hufe wären ohne eine solche Gehhilfe allerdings deutlich besser beraten, gerade auch wenn man die Situation des Hufbeinträgers mit bedenkt.

Wenn Sie ein Pferd mit unterschiedlich steilen Vorderhufen besitzen, achten Sie mit Argusaugen darauf, wie Ihr Hufbearbeiter mit dieser Situation umgeht. Beobachten Sie den Verlauf der Zehenlinie, insbesondere bei dem steileren der beiden Hufe. Ist die Zehenwand gerade oder besitzt sie einen konkaven Wandverlauf? Man kann auch ohne zu röntgen relativ leicht feststellen, ob sich die Zehenwand bereits vom Hufbein entfernt hat.
Am einfachsten geht dies mit Hilfe eines Fotoapparates. Säubern Sie den Huf und stellen Sie ihn auf eine gerade, ebene Fläche. Asphalt oder Beton sind hierfür bestens geeignet. Fotografieren Sie den Huf aus der Seitenansicht (lateral). Halten Sie den Fotoapparat dazu in Bodenhöhe, damit Sie die Zehenkontur im rechten

Abb. 73: Anfertigen eines aussagekräftigen Huffotos

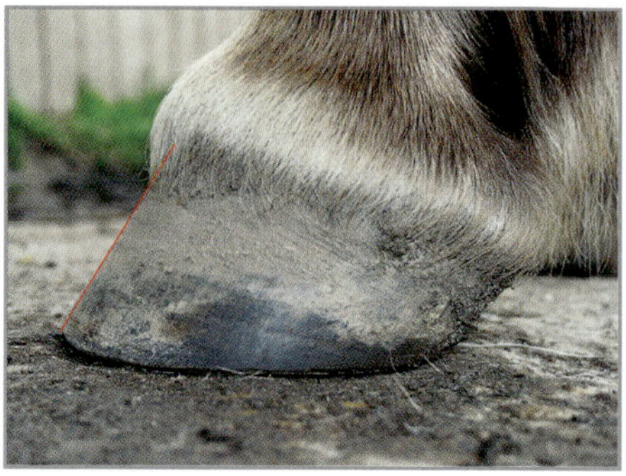

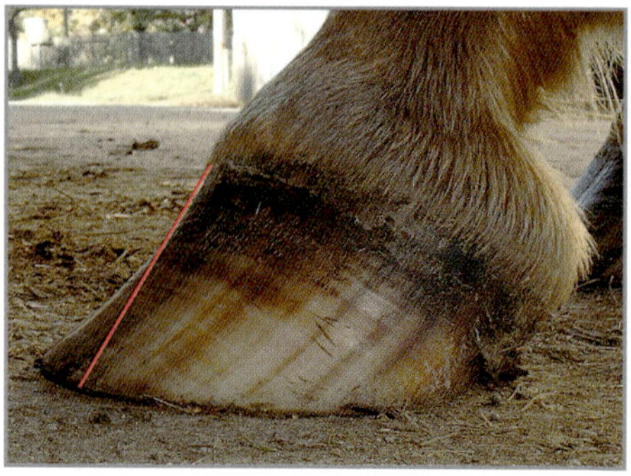

Abb. 74 und 75: Gerader Zehenverlauf und intakter Hufbeinträger

Hier ist die Zehenwand vom Hufbein weg verbogen

Winkel treffen. Auf dem Foto ziehen Sie nun eine gerade Linie beginnend unterhalb des Kronsaumes und dem obersten Zentimeter der Zehenwand folgend bis zum Boden. Fällt diese Linie mit der Zehenkontur Ihres Pferdes zusammen, so ist die Hufbeinaufhängung intakt. Schneidet die Linie die Zehenwand, weicht also die Kontur der Zehenwand in einem Bogen von der Linie ab, so ist der Hufbeinträger in Gefahr.

Ebenfalls alarmierend sind häufige Rillen und Ringe in den Hufwänden. Diese zumeist als Futterringe bezeichneten Hornrillen können gleichermaßen auf hebelnde Hufwände (Faltenhorn) wie auch auf einen instabilen Stoffwechsel (Futterringe) verweisen. Beides ist als Reheprädisposition relevant! Bei diesem Pferd (Abb. 76) finden wir beide Momente vor – zum einen eine verbogene Zehenwand mit stauchenden und hebelnden Wandbereichen, die das Horn in Falten legen, zum anderen ein fragiler Stoffwechsel, der auf jede noch so kleine Änderung reagiert und dicht an dicht umlaufend um die Hornkapseln aller vier Hufe Ringe produziert.[23]

Auch die besonders in hellen Hufen gut sichtbaren Einblutungen in den Hornwänden sind deutliche Zeichen für eine starke Belastung der Lederhäute durch Zug und Druck. Besonders häufig findet man sie in den hebelnden Wandbereichen, weshalb sie auch als Indiz für eine starke Hufbeinträgerbelastung genommen werden können.

Abb. 76–77: Futterringe und Faltenhorn

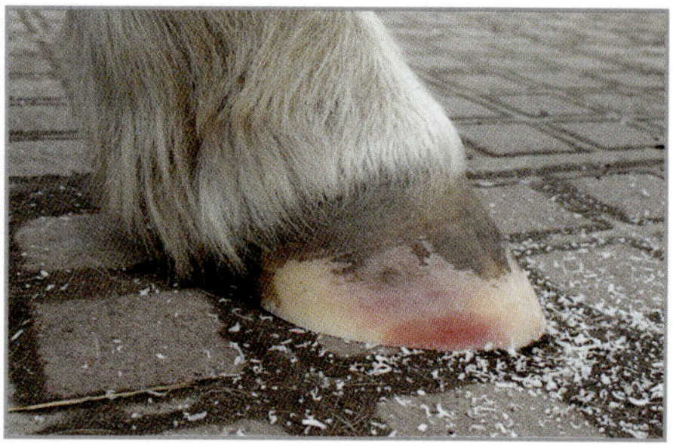

Einblutungen in der Hornkapsel kommen nicht vom Anschlagen, wie häufig angenommen wird. Sie entstehen hauptsächlich durch die Hebelwirkung schräger, verbogener Wandbereiche.

23 Mehr zu Rillen und Falten im Horn wie zu den verschiedenen Entstehungsursachen von Horneinfärbungen finden Sie in RASCH 2013

Abb. 78–80: Ist die Blättchenschicht aufgerissen, ist der Hufbeinträger belastet. Auch gelblich bis blutig verfärbtes Blättchenhorn weist auf die Rehegefahr hin.

Finden Sie bei der Betrachtung der Hufsohle eine aufgerissene Blättchenschicht vor oder ist diese Verbindung zwischen Tragrand und Hufsohle sogar gelblich bis blutig verfärbt oder verbreitert, so ist dringender Handlungsbedarf angezeigt. Diese Blättchenschicht ist das bodenseitige Pendant zum Hufbeinträger. Ist sie aufgerissen, verbreitert oder eingeblutet so zeigt dies, welchem Stress der Hufbeinträger unter der gegenwärtigen Situation ausgesetzt ist.

2.4.1.1 Huftherapeutische Reheprophylaxe

Wenn Sie feststellen, dass die Hufe Ihres Pferdes eines oder mehrere der oben genannten Anzeichen für eine Rehegefährdung aufweisen, dann besteht dringender Handlungsbedarf. Haben Sie es bislang mit der regelmäßigen Hufbetreuung durch einen Huffachmann nicht so furchtbar genau genommen, dann ändern Sie dies unbedingt.
Ohne regelmäßige Bearbeitungsintervalle von vier bis fünf Wochen kann Ihr Hufbearbeiter Ihrem Pferd nicht helfen. Besprechen Sie die vorgefundenen Phänomene, wie Einblutungen, aufgerissene Blättchenschicht, verbogene Zehenwand etc. Fragen Sie nach den Gründen, weshalb weisen die Hufe Ihres Pferdes diese Dinge auf? Und wie kann dies in Zukunft abgestellt werden? Fotografieren Sie die Hufe Ihres Pferdes.[24] So lassen sich Veränderungen viel leichter feststellen und man kann den Erfolg der Maßnahmen dokumentieren. Bleibt der gewünschte Erfolg aus, so scheuen Sie sich nicht, dies anzusprechen und eine Erklärung hierfür zu fordern. Wechseln Sie den Hufbearbeiter, wenn Sie seine Argumente nicht überzeugen können und Sie das Gefühl haben, dass er nicht in der Lage ist, die Hufe durch seine Bearbeitung zu verbessern.

24 *Folgende Aufnahmen sind sinnvoll: Jeder Huf 1-mal von vorn, von der (Außen)Seite und aus der Sohlenansicht. Eine Anleitung zum richtigen Fotografieren der Hufe finden Sie im Anhang.*

Leider ist es noch immer weit verbreitet, bei Problemen am Huf zu einem Beschlag zu raten. Das ist in meinen Augen eine traditionelle Unsitte. Hufe in ihrer Form und Funktionsfähigkeit zu verbessern gelingt viel leichter und sicherer ohne einen Beschlag. Aber das ist ein Wissen, welches sich ganz offenbar erst noch durchsetzen muss.

Wenn Sie die Hufprobleme ansprechen und Ihr Hufbearbeiter als Lösungsvorschlag das Eisen anbietet, dann machen Sie sich klar, dass er Ihrem Pferd damit zu einer Art Gehhilfe rät.[25]

Das ist letztlich aber etwas anderes, als eine Huftherapie in Angriff zu nehmen und den Hufzustand selbst zu verbessern. Geht Ihr Pferd beispielsweise auf steinigen Böden fühlig, weil die Hufwände verbogen sind, dann kann man die Hufe tüchtig machen, indem man die Wände so bearbeitet, dass sie in Zukunft unverbogen nachwachsen können. Mit dem Eisen schlägt man diese Möglichkeit aus und setzt stattdessen darauf, die Fühligkeit durch das Eindämmen der Hufmechanik auszuschalten.

Das wird dann allerdings leicht zu einer Daueraufgabe. In jedem Fall, in dem eine Hufsanierung mit dem Beschlag gelingt, kann nach Abschluss der Sanierung (nicht nur theoretisch sondern auch praktisch) wieder auf den Beschlag verzichtet werden und das Pferd kann Barhuf gehen. Wenn das nicht der Fall ist, so muss festgehalten werden, dass der Beschlag in diesen Fällen den Huf eben nicht therapiert, sondern lediglich eine, auch in Zukunft für ihn unverzichtbar bleibende Gehhilfe darstellt.

Diese Vorgehensweise – Hufproblem? dann eben Eisen – ist allerdings so häufig, dass man dies in der Gesellschaft quasi als Normalität empfindet. Dabei sind die Nachteile des Eisenbeschlages an und für sich unübersehbar.

Bekommt ein Pferd einen Eisenbeschlag, so wird durch das starre Material

- die Biomechanik der Hufe eingeschränkt,[26]
- daraus folgt eine verschlechterte Durchblutungssituation im Huf,
- deswegen leidet nicht selten die Hornqualität der Hufe,
- das »Anschmiegen« der Hufe an den Boden wird verhindert,
- da die Hufe die Unebenheiten des Bodens so nicht mehr »schlucken« können, wirken diese Unebenheiten stärker auf die Gelenke ein,
- der Tastsinn wird insofern eingeschänkt, als das Pferd, über die Unebenheiten erst »informiert« wird, wenn diese weiter oben angekommen sind; das unwillkürliche Einstellen auf den Boden kommt später und verliert dadurch einen Teil seines Schutzcharakters,
- das eisenbeschlagene Pferd geht deshalb auch gern unvorsichtiger mit seinen Gliedmaßen um,
- durch den fehlenden Abrieb werden Stellungsfehler provoziert (Hyperextension),
- durch die fehlende Möglichkeit, Abrieb und Bodenhebel zu steuern, werden schiefe Hufe auf dem Beschlag gern noch schiefer,
- und man kommt nicht umhin, bei der Hufbearbeitung abrupte Stellungsveränderungen vorzunehmen, um diese sich immer wieder einstellenden Stellungsfehler zu beheben,
- diese abrupten Stellungsveränderungen haben ein hohes Schädigungspotential für die gesamte Gliedmaße,
- nicht selten müssen sich Pferde deshalb nach dem Umbeschlagen auch erst wieder einlaufen, sprich mit der neuen Situation zurechtkommen,
- nicht zuletzt bietet der Barhuf in rutschi-

25 Sinnvoll ist eine solche Gehhilfe (Beschlag, Hufschuh, Klebeschuh), wenn es darum geht, eine zu starke Abnutzung des Hufhornes zu vermeiden. Die Ursache (zu starke Abnutzung) wäre ansonsten nur abstellbar, wenn man die Nutzung seines Pferdes einschränkt. Das möchte man aber in den meisten Fällen nicht und es ist auch gerade in Anbetracht des für so viele Hufreheerkrankungen verantwortlichen Bewegungsmangels der Pferde nicht unbedingt erstrebenswert

26 siehe hierzu auch den Abschnitt »Die Hufbiomechanik« S.21 ff.

gem, glattem Gelände deutlich mehr Griff; mit dem Eisen erhöht sich die Rutschgefahr immens – weshalb dann mitunter Stollen und Griffe an den Eisen angebracht werden, die noch mal eine ganz eigene Schadwirkung auf den Huf und die Gliedmaße ausüben,

- auf hartem Gelände wie Asphalt und Beton leidet die eisenbeschlagene Gliedmaße zusätzlich unter dem Klirreffekt,
- schlussendlich erhöht sich mit dem Eisen die Verletzungsgefahr für andere Pferde, weshalb es immer heikel ist, eisenbeschlagene Pferde in einer Herde zu halten.[27]

Eine bessere Alternative zum starren Eisen oder Alu ist der Kunststoffbeschlag. Durch seine Flexibilität schränkt er die Hufbiomechanik des Hufes nicht ein und kann deshalb viele Nachteile des Eisenbeschlages ausschließen. Aber an dieser Stelle ist auch ein Kunststoffbeschlag nicht angebracht. Gerade wenn es darum geht, rehegefährdete Hufe aus der Gefahrenzone zu bringen und die Belastung des Hufbeinträgers zu verringern, ist ein Kunststoffbeschlag kontraproduktiv.
Ausgerechnet seine gegenüber dem Eisen so positive Eigenschaft, nämlich seine Flexibilität, verbietet es, den Kunststoffbeschlag auf Hufe mit schrägen, verbogenen Wänden aufzubringen. Tut man dies, so verschlechtert sich die Situation der Hufe, und die Rehegefährdung wächst, anstatt sich zu verringern. Hat man ein fühliges Pferd, dessen Hufe geschützt und gleichzeitig saniert werden sollen, so bietet sich die Verwendung von Hufschuhen an. Diese werden bei Bedarf für den Ausritt angezogen, ansonsten bleibt das Pferd barhuf. Der Huf kann so gezielt über Abriebsteuerung und Hebelkontrolle bearbeitet werden und sich in eine bessere Form laufen.
Was aber, wenn das Pferd bereits beschlagen ist? Dann nehmen Sie die Hufe bitte unter die Lupe: Weisen die Hufe Rillen, Verfärbungen, zu schräge Wände oder Zehenwandverbiegungen auf? Ist die Blättchenschicht aufgerissen und fäulnisbesetzt? Leidet Ihr Pferd unter untergeschobene Trachten, zu langen Zehen, schiefen Hufen, Hyperextension? Wenn Sie zu dem Ergebnis kommen, dass bei der bestehenden Hufsituation von einer Rehegefährdung ausgegangen werden muss, so sollten die Beschläge abgenommen und die Hufe saniert werden.

Zur Reheprophylaxe gehört es aber auch umgekehrt, auf einen Hufschutz zurückzugreifen, wenn dieser nötig ist.

Wird ein Pferd zu einem bestimmten Zeitpunkt sehr viel mehr genutzt als gewöhnlich, so dass sich das Horn schneller abreibt, als es nachwachsen kann, dann ist ein Abriebschutz nötig. Das passiert vor allem dann, wenn die Nutzungsintensität plötzlich und stark erhöht wird. Beispielsweise weil man einen mehrtägigen Wanderritt unternimmt oder ein anstrengendes Kurswochenende mit seinem Pferd absolviert. Hier geht mitunter in kurzer Zeit soviel Tragrand verloren, dass das Pferd eine fühlige Hufsohle entwickelt. Gestattet man seinem Pferd hiernach eine zweiwöchige Ruhepause auf weichen Böden, so besteht auch keine Gefahr. Das Horn wächst nach und damit lässt auch die Fühligkeit auf den härteren Böden wieder nach. Ist keine Ruhepause geplant, so sollte bei der weiteren Nutzung des Pferdes ein Hufschutz angebracht werden. Geschieht dies nicht, besteht die Gefahr, dass sich eine Sohlenlederhautentzündung entwickelt. Diese kann sich unter bestimmten Voraussetzungen zu einer Hufrehe auswachsen.
Die zur Verfügung stehenden Hufschutz-

27 *Viele Offenställe lehnen deshalb vernünftigerweise die Aufnahme von eisenbeschlagenen Pferden ab. Ein Pferd kann seine Artgenossen natürlich auch barhuf schwer verletzen, das setzt aber etwas mehr grimmige Entschlossenheit voraus. Beim eisenbeschlagenen Huf reicht mitunter eine auch unter freundlichen Pferden durchaus übliche Verwarnung aus, um einen größeren Schaden anzurichten.*

Alternativen sind Hufschuhe, Kunststoff-, Alu- oder Eisenbeschläge und Klebeschuhe.
Man sollte gemeinsam mit seinem Hufbearbeiter die Vor- und Nachteile der einzelnen Hufschutzvarianten abwägen und die für das eigene Pferd am besten passende Variante auswählen.

Wird ein Pferd nicht nur sporadisch, sondern kontinuierlich mehr genutzt, so profitieren die meisten Hufe von einem »Gewöhnungseffekt«. Der stärkere Abrieb wird in der Regel durch ein besseres Wachstum des Hornes ausgeglichen. Dafür sorgt die Massagewirkung des Bodens, die einen positiven Einfluss auf die Durchblutung des Hufes und der Gliedmaße hat. Kontinuierlich genutzte Hufe, die eine gute Beanspruchung durch unterschiedliche Böden erfahren, werden oft erstaunlich kräftig und unempfindlich und benötigen auch ohne Tragrandüberstand nur selten einen Hufschutz. Die abgebildeten Hufe gehören zu einem Pferd, welches täglich ins Gelände geritten wird.

Der Tragrand ist abgerieben und bildet mit der Sohle eine Fläche. Die Sohle ist kräftig entwickelt und ist den ständigen Bodenkontakt gewohnt.

Solange das Pferd mit diesen Hufen willig läuft besteht kein Grund zur Besorgnis. Wenn sich jedoch Empfindlichkeit einstellt und man die Nutzung des Pferdes nicht einschränken möchte, muss über einen Hufschutz nachgedacht werden.

2.4.2 Check up: Übergewicht und EMS

Ist Ihr Pferd ein durchtrainierter Sportler oder eher der gemütliche Freizeitkumpan, der dazu neigt, in die Breite zu gehen und der das Gras bloß anschauen muss, um wieder ein paar Kilo zuzunehmen? Wenn Ihr Pferd eher zu Zweiterem neigt, sollten Sie die Sache einmal näher in Augenschein nehmen. Lassen Sie Ihr Pferd wiegen oder bitten Sie einen Fachmann, den Body Condition Score (BCS) Ihres Pferdes festzustellen. Liegt das Gewicht oder der BCS über normal, so ist es höchste Zeit zu handeln.[28]

Abb. 81–82: So sehen gut trainierte, kurze Hufe aus (Foto mit freundlicher Genehmigung von Aline Ullsperger)

28 *Der BCS reicht von 1 (extrem ausgezehrt) bis 9 (stark verfettet, adipös). Ein BCS von 4 bis 5 ist optimal. Ab dem BCS von 7 hat das Pferd eindeutig ein paar Pfunde zuviel: Meist ist eine Rinne auf dem Rücken fühlbar, die Räume zwischen den (noch fühlbaren) Rippen sind mit Fett gefüllt, weiches Fett ist am Schweifansatz fühlbar, am Hals und dem Widerrist sowie hinter den Schultern sind Fettdepots sichtbar. (WINKELSETT; VERVUERT 2008: 109)*

Abb. 83–85: Kleine Petra gefährlich dick

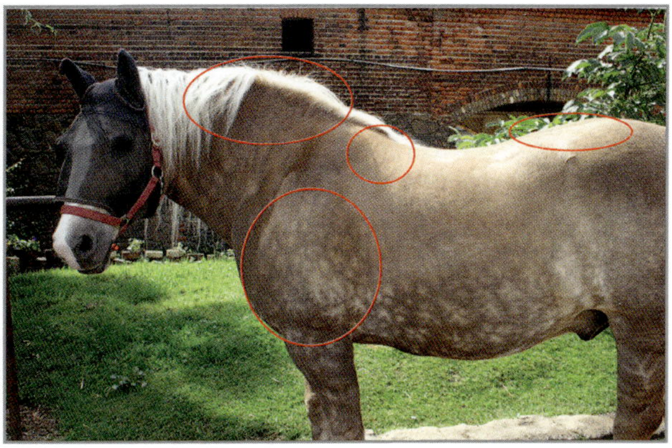

Hannes hat die typischen Problemzonen

Typisch für die Störung des Insulin-Metabolismus sind diese »verschwollenen« Augen.

An und für sich kann man sich bei der Frage, ob ein Pferd zu dick ist, ganz gut auf den äußeren Eindruck verlassen, den man beim Betrachten des Pferdes hat. Nur bei der Einschätzung des eigenen Lieblings ist das erfahrungsgemäß nicht ganz so einfach. Fragen Sie deshalb andere nach ihrer Meinung, wie sieht der Stallnachbar, der Reitlehrer, der Tierarzt, der Hufbearbeiter, die beste Freundin Ihr Pferd?

Ich erlebe immer wieder, wie schwer es den meisten Pferdebesitzern fällt, die Beurteilung ihres eigenen Pferdes durch Außenstehende gelten zu lassen.

Vor allem wenn sie so ausfällt, dass das Pferd letztlich als zu dick beurteilt wird. Machen Sie diesen Fehler nicht, sondern nehmen Sie sich solche Äußerungen sehr zu Herzen. Handeln Sie, bevor es zu spät ist und Ihr Pferd ein Equines Metabolisches Syndrom entwickelt. So vermeiden Sie auch die daraus erwachsende Rehegefahr. Handeln bedeutet in diesem Fall, das Pferd muss abspecken. Am besten geht dies über Arbeit und Bewegung. Wir werden uns im Kapitel »Schutzpatron Bewegung« intensiver damit auseinandersetzen.

Wenn Sie sich nun die Frage stellen, ist mein Pferd »nur« zu dick oder hat es bereits EMS entwickelt, so kann dies letztlich nur durch einschlägige labordiagnostische Untersuchungen abgeklärt werden. Besitzt Ihr Pferd die typischen Anzeichen, wie einen Speckhals, Fettansammlungen an den Schultern und am Schweifansatz, ödematös wirkende Schwellungen über den Augen und am Euter bzw. Schlauch?

Ist Ihr Pferd ständig hungrig und nimmt bereits vom Hinschauen und bei im Verhältnis zu anderen Pferden eher klein gehaltenen Futterrationen trotzdem stets zu? Selbst bei Reduzierung der Weidezeit und trotz aller Ihrer Bemühung purzeln einfach keine Pfunde? Bei manchen Pferden kommt ein auffallend häufiges Urinieren und gesteigerter Durst hinzu. Bei Stuten kommt es mitunter zu hormonellen Störungen, die sich durch zu häufige oder aber auch durch ausbleibende Rosse zeigen.

Auch in den Hufen schlägt sich die EMS-Stoffwechsellage nieder. Besonders in den Weidemonaten bzw. in den Zeiten mit „guter" Fütterung und ausbleibender Arbeit verändert sich zunächst die Blättchenschicht und im Zusammenhang damit auch häufig die Form der Hufe. Zeitgleich ist sehr oft eine leichte Fühligkeit bei den betroffenen Pferden zu beobachten. Die Veränderungen der Blättchenschicht reichen von einer Zunahme defekter Stellen im Horn, über Einfärbungen und vermehrte Fäulnisherde bis hin zu einer insgesamten Verbreiterung der Blättchenschicht.

Die Konsistenz der Blättchenschicht ist verändert, ich bezeichne sie in diesen Fällen als gatschig. Ursache für die genannten Veränderungen ist eine gesteigerte Hornbildungsrate im Bereich der Wandlederhaut. Diese wird durch den hohen Insulinspiegel verursacht, unter dem EMS-Pferde unter „guten" Fütterungsbedingungen leiden.[29] Auch die Form der Hufe ändert sich, da die Hornveränderungen im Bereich von Blättchenschicht und Hufbeinträger die Hornwände rotieren lassen. Die Zehenwand wird schräger und weicht vom Hufbein ab. Bei schrägwandigen Hufsituationen reicht die Wandrotation bis in die Seitenwände hinein, die Hufe werden glockenförmig. Manche Pferde erholen sich im Winter bei reiner Heufütterung und ausreichend Bewegung und Arbeit, sprich die Hufe normalisieren sich, um dann im Sommer auf der Weide wieder mit erhöhtem Insulinspiegel und veränderten Hufen zu reagieren.
Wenn Sie Ihr Pferd in diesen Beschreibungen wiedererkennen, liegt der Verdacht nahe, dass es bereits eine Insulinresistenz entwickelt hat. Hufbearbeiter und Tierarzt oder Tierheilpraktiker können helfen, sich hierüber Gewissheit zu verschaffen.

Am einfachsten ist die Erhebung der Nüchternwerte Glukose und Insulin. Der Blutabnahme sollte im Prinzip eine 12stündige Fastenperiode vorausgehen, so dass keine Einflüsse des Futters mehr zu erwarten sind. Die Blutentnahme erfolgt zwischen 8 und 10 Uhr morgens. Bei bereits bestehender Insulinresistenz ist der Insulinspiegel im Blut typischerweise stark erhöht. Nüchternwerte höher als 23 µU/ml gelten als verdächtig (BINGOLD). Hinzu kommen zum Teil gering- bis mittelgradige Erhöhungen des Blutglukosespiegels. Allerdings erlangt man mit einer einmaligen Messung keine wirkliche Gewissheit, da beide Parameter stark und schnell schwanken können. So kann sowohl der Glukose- als auch der Insulinwert unter Stress deutlich ansteigen. Der vorausgegangene Futterentzug im Zusammenhang mit einer veränderten Über-Nacht-Situation vor allem bei Offenstall- und Weidepferden – das Pferd wird über Nacht von der Herde separiert, aufgestallt etc. – kann Stress verursachen und zu einem Anstieg beider Werte führen. Aus diesem Grund gibt es mittlerweile Studien, die Referenzwerte für Insulin auch bei Heufütterung liefern, so dass

29 siehe hierzu auch HAMPSON (2017) und PAUL (2017)

Pferde auch ohne ein ausgesprochenes Futterverbot untersucht werden können. Kraftfutter darf dabei, wie auch bei der Bestimmung des Nüchternwertes, letztmalig 12 h zuvor verabreicht worden sein. Eine Insulinresistenz wird für wahrscheinlich gehalten, wenn die Nüchternwerte von Insulin hierbei über 30 µU/L liegen (DURHAM 2010 zit. nach AHLERS 2010: 7).
Aber auch die Blutentnahme durch den Tierarzt selbst kann bei einem Pferd Stress auslösen, und den Test fasch positiv ausfallen lassen. Um die Aussagekraft des Testes zu erhöhen, wird zur Wiederholung geraten. Nicht sinnvoll ist es, Pferde in der Phase der Hufrehe zu testen, da in dieser Situation schmerzbedingt ohnehin mit überhöhten Werten zu rechnen ist.

Ein Test der mehr Sicherheit bringt ist der orale Glukosetoleranztest, bei dem ebenfalls der Parameter Insulin mitbestimmt wird. Bei diesem Test folgt auf eine ebenfalls 12stündige relative Nüchterungsphase (ein wenig Heu wird mittlerweile erlaubt) die gezielte Zufuhr von Glukose. Die Messung der Werte Glukose und Insulin wird um 8 Uhr morgens nüchtern erhoben. Dann erfolgt die Fütterung einer definierten Glukosemenge. POLLITT empfiehlt hierfür 75g/kg KM Dextrosepulver mit 200g Kleie und 500ml Wasser zu mischen und zusammen mit 0,2% Luzernehäcksel/KM zu füttern (POLLITT 2017c: 119).
Eine Alternative ist die Verabreichung von 0,15ml/kg KM Karo Light Corn Sirup (BINGOLD). 90-120 Minuten (POLLITT) bzw. 60 und 90 Minuten (BINGOLD) nach der Glukosezufuhr wird mit einer erneuten Blutabnahme der Insulinspiegel erhoben. Je nach Form und Menge des verabreichten Futters unterscheiden sich die Referenzwerte. Bei Werten unter 50 µIU/mL (POLLITT) bzw. 45 µU/ml (BINGOLD) gelten die Pferde als gesund. Bewegt sich der Insulinspiegel zwischen 50 und 200 µIU/ml besteht eine mögliche Insulinresistenz und damit prinzipiell eine Hufrehegefährdung. Bei > 200 µIU/ml besteht ein hohes Hufreherisiko (POLLITT). Laut BINGOLD (bezogen auf Karo Light Corn Sirup) zeigt ein Insulinwert über 60 µU/ml eine vorliegende Insulinresistenz an; Werte zwischen 45 und 60 µU/ml sind unterdessen unklar und sollten nach seiner Empfehlung durch eine Testwiederholung oder durch einen Kombinierten Glukose-Insulin-Test (CGIT) überprüft werden.

Der CGIT-Test ist jedoch zum einen recht aufwendig, zum anderen scheint seine Aussagekraft durch die neuere Forschung in Frage gestellt zu sein, da diese die Bedeutsamkeit der entero-insulären Achse bei der Hyperinsulinämie des Pferdes betont. Man geht mittlerweile davon aus, dass der Schlüssel für die höhere Insulinantwort von EMS-Pferden im Magen-Darm-Trakt liegt („foregut-theory").
Entsprechende Untersuchungen zeigen, dass bei Ponys mit Insulinfehlregulation die Insulinreaktion auf die Glukosegabe höher ausfällt, wenn diese oral verabreicht und nicht intravenös infundiert wird. Die Forscher ziehen hieraus den Schluss, dass der orale Glukosetoleranz besser dazu geeignet ist, erkrankte Pferde sicher zu erkennen. Der intravenöse CGIT besitzt seine Nützlichkeit weiterhin in der genaueren Bewertung eines fortgeschrittenen Krankheitsstadiums. (de LAAT et al. 2016; POLLITT 2017c)
Abweichende Werte zeigen EMS-Pferde häufig auch bei den Blutfetten. Verursacht durch den veränderten Fettstoffwechsel kommt es häufig zu einer leichten Erhöhung der Triglyzeride (WLASCHITZ 2007: 12).

Letztlich ist der therapeutische Weg, der eingeschlagen werden muss, der gleiche: Ob es sich nun um ein zu dickes Pferd noch ohne eine ausgeprägte Insulinresistenz handelt oder um ein übergewichtiges Pferd mit Insulinresistenz – in beiden Fällen hilft nur ein handfestes Diät- und Bewegungsprogramm. Dieses greift natürlich um so leichter, um so früher man damit beginnt. Ist es erst einmal zu einem Reheschub gekommen, gestaltet sich die Sache meist wesentlich schwieriger. Die Hufe, die das Pferd dringend für sein Fitnessprogramm bräuchte, sind zumeist so in Mitleidenschaft gezogen, dass zunächst von Bewegung und Arbeit abgesehen werden muss. Das erschwert die Angelegenheit zweifelsohne sehr.

Die Leser, die ein Pferd ihr Eigen nennen, welches normalgewichtig ist oder einen BCS von maximal 6 besitzt, dürfen sich freuen. Sie sollten diese Zeilen aber dennoch nicht überlesen. Es ist auch hier gut, das Gewicht des Pferdes im Auge zu behalten und dafür zu sorgen, dass sich Energiezufuhr und körperliche Verausgabung die Waage halten. Gewicht halten ist allemal noch einfacher, als Gewicht gezielt zu verlieren.

Alle Besitzer von Kleinpferden und Ponys müssen sich hiervon besonders betroffen fühlen, sprich bei ihren Pferden eine ganz besondere Aufmerksamkeit walten lassen. Die Kleinpferde- und Ponyrassen sind aufgrund spezieller genetischer Voraussetzungen prinzipiell stärker gefährdet, eine Insulinresistenz zu entwickeln. Untersuchungen zeigen, dass Kleinpferde und Ponys auf den Anstieg der Blutglukose nach der Nahrungsaufnahme prinzipiell – also nicht nur wenn sie bereits adipös sind – mit einem schnelleren und höheren Anstieg des Insulins reagieren. (BOTHE 2001: 31f.)

2.4.2.1 Therapie bei Übergewicht

Dass es keine ganz leichte Aufgabe ist, ein zu dickes Pferd abspecken zu lassen, ist unbestritten. Dennoch sollten wir keinen Moment zögern, dieses Ziel ernsthaft zu verfolgen, wenn der Check up zum Ergebnis hat, dass unser Pferd zu dick ist.

Zunächst ist es sinnvoll, eine genaue Bestandsaufnahme zu machen:

A) Wie viel Übergewicht hat mein Pferd, d.h. wie viele Kilogramm müssen herunter?
B) Wie ist die Versorgungslage, d.h. welches Futter und wie viel davon bekommt mein Pferd täglich?
C) Wie viel arbeitet mein Pferd?

a) Status quo – Pferdegewicht

Wenn man ein Abspeckprogramm für sein Pferd starten möchte, dann ist dies nicht viel anders, wie wenn sich der Mensch selbst zum Abnehmen entschließt: Man braucht den Ist-Zustand, einen Plan, wie viele Kilos in welcher Zeit purzeln sollen, die Kontrolle, ob der Plan aufgeht, und, ganz wichtig, man braucht Erfolgserlebnisse.

Die beste Methode zur Feststellung des Pferdegewichts ist natürlich die Waage. Es gibt mobile Pferdewaagen, die man buchen und zum eigenen Stall bestellen kann. Organisieren Sie einen solchen Wiegetag am Stall und ermuntern Sie die anderen Pferdebesitzer, die Chance ebenfalls zu nutzen. Auf diese Weise ist der Kostenaufwand gering. Wenn Sie Ihr Pferd privat halten oder nur eine kleine Stallgemeinschaft sind, schauen Sie sich in den größeren Ställen Ihrer Umgebung um.

Vielleicht wird Ihre Idee dort dankend aufgenommen. Oder Sie informieren sich bei den Anbietern des Wiegedienstes selbst, ob und wann in Ihrer Nähe ein Wiegetag geplant ist. In ländlichen Gemeinden gibt es auch häufig noch große LKW-Waagen für die landwirtschaftliche Nutzung. Wenn Sie eine solche in der Nähe haben, können Sie auch diese Möglichkeit nutzen.

Haben Sie keinerlei Möglichkeit, mit Ihrem Pferd auf eine Waage zu gelangen, so gibt es Behelfsmöglichkeiten der Gewichtserfassung. Zum einen das Pferdemaßband. Dieses ist ein stabiles Bandmaß, auf welchem neben den Zentimetern zugleich das geschätzte Körpergewicht Ihres Pferdes angegeben wird. Gemessen wird der Brustumfang des Pferdes, wobei das Bandmaß mittig auf dem Widerrist angelegt und einmal um die Brust (Gurtlage) herumgeführt wird.

Es handelt sich bei dem Ergebnis lediglich um einen Näherungswert. Dieser kann aber hilfreich sein kann, die Gewichtsentwicklung des Pferdes im Verlauf des Diätprogramms zu kontrollieren.

Eine etwas genauere Schätzung des Körpergewichtes erhält man durch die Einbeziehung der Körperlänge des Pferdes und eine Berechnung des Gewichts mittels einer speziellen Formel. Im Laufe der Zeit wurden hierfür in eigens durchgeführten Untersuchungen verschiedene Formeln aufgestellt. Die gebräuchlichste Formel ist die 1988 von CARROL und HUNTINGTON aufgestellte Gewichtsberechnungsformel, die einen Divisor von 11.877 enthält.[30] Die komplette Formel lautet wie folgt:

Brustumfang^2 x Körperlänge / 11.877 =
Geschätztes Körpergewicht

Die Körperlänge des Pferdes wird dabei von der Schulter (mittig zwischen Brustbein und Schultergelenk angelegt) bis zum Sitzbeinhöcker gemessen.

Auch hierfür verwendet man am besten ein spezielles Pferdemaßband. Anleitungen und Hilfe findet man bei Fachleuten oder im Internet, wo die Handhabung von Maßband und Vermessung anschaulich in Videotapes demonstriert wird (siehe nützliche Adressen). Auch dieser Wert ist ein Schätzwert. Rassetypische und individuelle Unterschiede lassen das tatsächliche Gewicht mitunter deutlich abweichen.

Um herauszufinden, wie groß die möglichen Abweichungen sind, habe ich gemeinsam mit einigen netten Pferdebesitzern in meinem Kundenkreis eine kleine Messreihe durchgeführt.

Die höchste Abweichung betrug 50 kg. Damit ist die Gewichtsberechnung per Formel zwar keine ganz genaue Angelegenheit, bietet aber eine durchaus brauchbare Möglichkeit, um den Erfolg des Diätprogramms zu kontrollieren. Vor allem, wenn man dem Beispiel einer Kun-

	Mit Hilfe der Formel errechnetes Gewicht	Tatsächliches Gewicht auf der Waage	Differenz
Cochise (Deutsches Reitpony)	454 kg	418 kg	> 36 kg
Skadi (Fjordpferd)	425 kg	418 kg	> 7 kg
Dicke (Kaltblut)	853 kg	815 kg	> 38 kg
Sally (Tinker)	415 kg	465 kg	< 50 kg
Melina (Deutsches Warmblut)	586 kg	625 kg	< 39 kg
Hannes (Haflinger)	545 kg	578 kg	< 33 kg

30 Diesen Wert bestimmten die Forscher durch die Vermessung von 281 Pferden verschiedener Rassen. Das Gewicht der erfassten Tiere betrug dabei zwischen 160 kg und 680 kg. (CARROL; HUNTINGTON 1988)

din folgt, die den Dienst einer mobilen Pferdewaage in einem Nachbarstall genutzt hat und dann auf Basis des genauen Wiegeergebnisses den spezifischen Divisor für ihr eigenes Pferd errechnet hat. Mit Hilfe dieser individuellen Formel ist sie nun in der Lage, das Gewicht ihres Pferdes auch ohne Waage relativ genau zu erfassen und kontrollieren zu können.

Eine weitere Möglichkeit, sich über das Ausmaß der Übergewichtigkeit und den Erfolg des Programms Gewissheit zu verschaffen, ist die Messung des Kammfettgewebes. Auch das ist nicht schwer und mit den einfachsten Mitteln durchführbar. Hierzu veranlassen Sie Ihr Pferd, den Kopf auf den Boden zu senken, und messen dann etwa auf der Mitte des Halses den Abstand zwischen der Oberseite der Halsmuskulatur bis zur Oberseite des Mähnenkamms. Hier ist das Kammfett deponiert. Das Ergebnis sollte 5 cm nicht überschreiten. Auch hierzu finden Sie eine anschauliche Anleitung im Internet (siehe nützliche Adressen im Anhang).

Mit diesen Ausgangsdaten können wir uns nun Ziele setzen und ein entsprechendes Programm aufstellen. Der Erfolg kann jederzeit kontrolliert werden und so erhalten wir entweder die anspornende positive Bestätigung für unsere Bemühungen oder wir können das Programm nachbessern, falls der gewünschte Erfolg ausbleibt.

b) Status quo – Fütterung

Als nächstes überprüfen wir die aktuelle Versorgungslage unseres Pferdes. Wenn Sie die Fütterung selbst in der Hand haben, ist dies ein Leichtes. Wenn Sie Einsteller in einem großen Stall sind, suchen Sie das Gespräch mit dem Betreiber sowie mit dem Stallpersonal, welches ihr Pferd täglich versorgt. Was bekommt Ihr Pferd am Tag? Hat es Gras bzw. Heu zur freien Verfügung oder bekommt es dies in Portionen zugeteilt? Wie groß sind diese Portionen – werden sie gewogen oder nach Augenmaß verteilt? Bekommt Ihr Pferd neben dem Raufutter noch andere Futtermittel? Mit Hilfe von Futterwerttabellen oder noch besser mit Hilfe eines Fachmannes können Sie nun ausrechnen, wie viel Energie Ihr Pferd täglich übers Futter erhält. Entsprechende Tabellen oder Fachleute liefern Ihnen auch den genauen Wert für den Erhaltungsbedarf sowie das Idealgewicht Ihres Pferdes je nach Rasse und Größe. Vergleichen Sie den festgestellten Futtereintrag mit dem Erhaltungsbedarf.

Schwierig bis unmöglich ist dies natürlich in den Fällen, in denen Pferde auf der Weide sind. Hier kann nicht festgestellt werden, wie groß die tatsächliche Futtermenge ist, die ein Pferd aufnimmt. Es gibt zwar Näherungswerte, wie viel Gras ein Pferd auf der Weide pro Stunde aufnimmt, aber das sind letztlich nur mehr oder weniger ungenaue Schätzungen.

Je nach Dauer des Weideaufenthaltes, Art des Pflanzenbestandes und individueller Fressschnelligkeit können die Werte weit nach oben oder unten abweichen. Pferde, deren Weidezeiten begrenzt werden, fressen beispielsweise auf die Stunde berechnet deutlich mehr als Pferde, die dauerhaft auf der Weide sind. Auch von Pferd zu Pferd gibt es himmelweite Unterschiede. Bei einem übergewichtigen Pferd sollte man davon ausgehen, dass es eher in die Gruppe der Schnellfresser gehört. Genießt Ihr Pferd Weidegang steht also erst einmal lediglich fest, dass die Grasmenge verringert werden muss, ohne dass man von vornherein genau weiß, um wie viel dies zu geschehen hat. Es gibt hierfür unterschiedliche Möglichkeiten: So kann die tägliche Grasmenge über die Begrenzung der Weidezeit, durch einen Wechsel auf magerere Standorte und/oder durch das Tragen eines Weide-Maulkorbes verringert werden. Unter diesen Möglichkeiten muss jeder die für sein Pferd und die gegebenen Haltungsbedingungen beste Variante finden.

Prinzipiell realisieren Pferde, die ganztägig auf der Weide gehalten werden oder Heu zur freien Verfügung erhalten, eine bedarfsübersteigende Energiezufuhr. Wenn diese dann nicht durch entsprechende Bewegung und Arbeit mit dem Pferd verbraucht wird, besteht die handfeste Gefahr einer Adipositas. (VERVUERT 2008a: 18)

c) Status quo – Arbeitsleistung

Wann saßen Sie zum letzten Mal auf Ihrem Pferd? Und davor? Wie viele Tage lagen dazwischen? War es ein einstündiger Bummelritt ins Gelände oder eine kräftezehrende Trainingsstunde auf dem Reitplatz? Ziehen Sie Bilanz, wie viel arbeitet Ihr Pferd?!

Wichtig ist dabei einmal ernstlich festzuhalten, wie viele Stunden ihr Pferd tatsächlich geritten, gefahren, gearbeitet wird. Nicht wie viel Sie gern hätten, dass Sie reiten, fahren und mit Ihrem Pferd arbeiten. Ich erlebe es immer wieder, wenn ich meine Neukunden danach befrage, wie viel Ihr Pferd tut. Es ist eine Standardfrage, auch bei schlanken Pferden, weil es für meine Arbeit an den Hufen relevant ist, wie viel Abrieb die Hufe durch die Nutzung des Pferdes erfahren. Und dabei mache ich immer wieder die Erfahrung, dass die Pferdebesitzer mir ihre Wunschvorstellung als gelebte Praxis präsentieren. »Och, der arbeitet mindestens 4-mal die Woche.« Das ist dabei gar nicht unbedingt nur die pure Angeberei, sondern zumeist einfach eine Art kleiner Selbstbetrug. Man hätte es gern und nimmt es sich auch immer wieder vor, aber man kam nur eben nicht wirklich dazu, grad, im Moment ... Das Selbstbild wird häufig schon lange mit sich herumgetragen. Wenn Sie wollen, dass Ihr Pferd abnimmt und gesünder wird, dann dürfen Sie nicht in diese Falle tappen. Ziehen Sie Bilanz! Am besten schriftlich! Notieren Sie, was Sie mit Ihrem Pferd in den letzten 14 Tagen getan haben. Und führen Sie Buch, was Sie ab dieser Woche tun. Anhand von speziellen Tabellen (beispielsweise in MEYER 1995: 40ff.) können Sie eine annähernd realistische Berechnung des täglichen Energieverbrauchs Ihres Pferdes vornehmen. So verbraucht ein Pferd im leichten Trab etwa 4-mal so viel Energie wie im gemächlichen Schritt. Im mittleren Ga-

Arbeitsleistung	Energieverbrauch in kJ verdauliche Energie pro kg Gesamtgewicht[1)] pro Stunde
Langsamer Schritt	7
Schneller Schritt	10
Leichter Trab	27
Mittlerer Trab	40
Schneller Trab/Verhaltener Galopp	57
Mittlerer Galopp	81

Quelle: MEYER 1995: 43
1) Pferdegewicht plus Reitergewicht

lopp verdoppelt sich der Energieverbrauch im Verhältnis zum Trab.
Auf Basis der aktuellen Bestandsaufnahme können Sie nun einen konkreten Plan aufstellen, mit dem Sie den übermäßigen Pfunden Ihres Pferdes zu Leibe rücken.

A) Ziel – Idealgewicht

Als erstes halten Sie das Zielgewicht fest. Wenn Sie keine Vorstellung davon haben was das eigentliche Normalgewicht Ihres Pferdes ist, ziehen Sie einen Fachmann zu Rate. Wenn Sie den Dienst einer mobilen Pferdewaage genutzt haben, sind Sie ohnehin bereits informiert.

Sie wissen nun, wie viel Ihr Pferd abnehmen muss. Um die Gesundheit Ihres Pferdes nicht zu gefährden, ist es sinnvoll, dass der Fettabbau langsam vorangeht. Auf keinen Fall darf ein radikaler Futterentzug vorgenommen werden. Es geht nicht um eine Crash-Diät, sondern um eine langfristige Umstellung der Fütterung mit dem Ziel, in einer angemessenen Zeit ein Normalgewicht zu erreichen und dieses dann auch zu halten. Ein Prozent Gewichtsverlust pro Woche bezogen auf das angestrebte Zielgewicht bzw. ein Grad BCS innerhalb von vier bis sechs Wochen kann als Ziel gelten. (GEOR 2003: 63) Soll Ihr Pferd, das 450 Kilogramm wiegt, also 50 Kilogramm abspecken, so kann es sein Zielgewicht nach etwas mehr als drei Monaten erreichen.[31]

B) Mit Futterplan zum schlankeren Pferd

Für eine erfolgreiche Diät muss die Futtermenge so gestaltet sein, dass die Energiebilanz negativ ist, dem Pferd also täglich weniger Energie über das Futter zugeführt wird, als es selbst verausgabt. Ein Pferd, welches nichts arbeitet, befindet sich im so genannten Erhaltungsstoffwechsel. Um die Fettdepots zu reduzieren, muss die Futtermenge so berechnet sein, dass sie unter dem Erhaltungsbedarf liegt. Keinesfalls darf man ein Pferd jedoch einfach hungern lassen. Auch muss die Umstellung schonend vorgenommen werden. Besonders für Kleinpferde und

Zielgewicht des Pferdes	Tagesration der Heumenge in kg (entspricht 70 % des Erhaltungsfutters)
100 kg	1,8
200 kg	3,0
300 kg	4,1
400 kg	5,0
500 kg	6,0
600 kg	6,9
700 kg	7,7
800 kg	8,5
900 kg	9,3
1000 kg	10,1

Berechnet auf Grundlage der Angaben von MEYER (1995: 117)

31 *Das Zielgewicht ist 400 kg, der anzustrebende Gewichtsverlust ist also in etwa 4 kg pro Woche.*

Ponys besteht bei einer zu plötzlich vorgenommenen starken Futterreduktion die Gefahr einer Hyperlipämie. Hierbei kommt es zu einem zu schnellen Abbau der Fettreserven, der Fettstoffwechsel entgleist. Die Folge sind schwere Schäden an Leber, Niere und Herz. Eine Hyperlipämie führt auch nicht selten zum Tod der Tiere. Für ein sicheres und gefahrloses Abspecken beim Pferd schlagen Ernährungsexperten deshalb eine Futtermenge vor, die noch 70 Prozent des Erhaltungsbedarfs abdeckt (VERVUERT 2008a: 18). Da das Pferd anders als unser Hund oder unsere Katze als Dauerfresser konzipiert ist und sein Verdauungssystem auf die kontinuierliche Aufnahme von Futter eingerichtet ist, ist die Beschränkung der Futtermenge immer eine heikle Angelegenheit.

Es ist deshalb wichtig, ein möglichst energiearmes, langsam verdauliches, voluminöses Futter bereitzustellen, damit der Verdauungstrakt und die Psyche des Pferdes nicht leiden. Und es ist unbedingt nötig, dieses reduzierte Futter über den Tag (und die Nacht) zu verteilen. Minimum sind dabei drei Fütterungen pro 24 Stunden.

Durch die Verwendung von engmaschigen Heunetzen (siehe nützliche Adressen im Anhang) können die Fresszeiten etwas verlängert werden, die Hungerpausen werden dadurch ein wenig verkleinert. Das Futtermittel der Wahl ist ein älteres, strukturreiches Heu oder während der Weidezeit überständiges, rohfaserreiches Gras.[32] Jegliche energiereichen Zusatzfutter wie Getreide, Müsli, Pellets sind vom Futterplan zu streichen. Die untenstehende Tabelle zeigt, welche Futtermenge an Heu ein übergewichtiges Pferd pro Tag erhalten sollte, damit es gefahrlos Gewicht verlieren kann. Maßstab der Berechnung ist dabei das angezielte Idealgewicht des Pferdes, nicht sein momentanes Übergewicht. Das übergewichtige 450-Kilogramm-Kleinpferd, welches in Zukunft besser 400 Kilogramm wiegen soll, erhält also pro Tag fünf Kilogramm möglichst energiearmes Heu. Das funktioniert allerdings nur, wenn das Pferd nicht in einer Stroheinstreu steht. Steht es auf Stroh, so wird es mit ziemlicher Sicherheit seinen Hunger durch vermehrtes Strohfressen stillen, was dazu führt, dass die berechnete negative Energiebilanz nicht zustande kommt. Der Erfolg beim Abnehmen bleibt aus.

In der Konsequenz müsste der Strohkonsum in die Energiebilanz mit einbezogen und kontrolliert und die Heumenge noch stärker reduziert werden. Für das Pferd ist diese Futterrestriktion sehr hart. Sie werden unter Umständen ein hochgradig unzufriedenes und unleidliches Pferd haben. Deshalb: Tun Sie sich und Ihrem Pferd einen Gefallen und holen Sie es aus dem Erhaltungsstoffwechsel heraus! Sie schlagen damit zwei Fliegen mit einer Klappe: Erstens darf derjenige, der arbeitet, auch etwas mehr fressen, und zweitens bekommt der Tag Abwechslung und dreht sich eben nicht mehr nur um die Fütterung.

C) Ein Fitnessprogramm zum Abnehmen

Raus aus der bloßen Erhaltung und rein in die Arbeit: Stellen Sie einen aktiven Fitnessplan für Ihr Pferd auf! Legen Sie dazu in einem konkreten Wochenplan fest, was Ihr Pferd von montags bis sonntags täglich zu tun bekommen soll.

32 *Da die Grasaufnahme auf der Weide nicht wirklich exakt berechnet werden kann, hilft hier nur die prinzipielle Beschränkung der Futteraufnahme durch Reduzierung der Weidezeit, Verbringung auf magerere Standorte oder/und Verwendung von Fressmaulkörben und die Kontrolle des Erfolgs der Maßnahmen durch die Gewichtserfassung bzw. Einschätzung des BCS.*

Sie können und sollen dabei ruhig erst einmal klein anfangen – Ihr Pferd ist nicht fit und Sie wollen es weder überstrapazieren, geschweige denn schädigen, noch sauer machen. Also beginnen Sie beispielsweise mit einem einstündigen Spaziergang, den Sie jeden Tag ein wenig ausdehnen und beenden Sie die Woche mit einem einstündigen Ausritt, bei dem Sie auch ein- bis zweimal traben.[33] In der nächsten Woche steigern Sie die Länge der Ausritte und/oder die Anzahl und Länge der Trabstrecken. Und so weiter ...

Ich höre Sie schon sagen: »Ja, aber wie soll ich das denn machen ... Ich hab doch soviel zu tun ... Die Arbeit ... Und meine Familie will ja auch noch mal was von mir haben ... Und es ist doch jetzt immer schon so früh dunkel ...« Ich weiß, ich weiß. Glauben Sie mir, ich kenne die Probleme. Aber, finden Sie eine Lösung! Ihrem Pferd zuliebe. Die Alternative ist nämlich: Ihr Pferd bleibt zu dick und ist damit explizit rehegefährdet. Und die Gefährdung wächst mit den Jahren, in denen der übergewichtige Zustand anhält. Nur mit guten Vorsätzen allein ist das Programm zum Scheitern verurteilt.

Deshalb: Halten Sie sich an Ihren aufgestellten Plan. Keine Ausreden, keine Ausnahmen. Wenn Sie sich diese Aufgabe nicht zutrauen, dann suchen Sie für sich und Ihr Pferd kompetente Hilfe. Halten Sie sich immer vor Augen: Wenn der Zeitpunkt verpasst wird und die Übergewichtigkeit Ihres Pferdes zur Insulinresistenz führt, das Pferd also dann an EMS leidet, gestaltet sich die Aufgabe für Sie als Pferdebesitzer noch um einiges schwieriger.

2.4.2.2 Therapie bei EMS

Prinzipiell sind alle Maßnahmen durchzuführen, wie sie im vorhergehenden Kapitel zum Kampf gegen das Übergewicht beschrieben wurden. Die Schwierigkeit ist allerdings, dass der gestörte Insulinstoffwechsel zum einen das Abspecken deutlich erschwert und zum zweiten auch dafür sorgt, dass leichtverdauliche Kohlenhydrate (NSC) selbst in geringen Mengen bereits Rehe auslösen können. Zumeist haben diagnostizierte EMS-Pferde schon den ersten, mitunter auch schon mehrere Reheschübe hinter sich. Oft wird die Diagnose EMS überhaupt erst auf Suche nach der Ursache der Reheanfälligkeit gestellt.

Pferde in diesem empfindlichen Zustand vertragen unter Umständen nicht einmal die im Heu enthaltenen NSCs. In diesen Fällen wird häufig empfohlen, das Heu vor der Fütterung zu waschen. Nach Angaben von POLLITT reduziert das einstündige Einweichen in Wasser und das anschließende gründliche Abtropfen zumindest die wasserlöslichen Kohlenhydrate wie Fruktan um nahezu ein Drittel (POLLITT 2008b: 14). HARRIS et al. halten nach ihren Untersuchungen die Methode der Heuwässerung für sehr unsicher, da die Auswaschung der NSCs sehr unzuverlässig und unstet erfolgt.

In diesen Untersuchungen wurde, der üblichen Praxis entsprechend, langgeschnittenes Heu in geringen Wassermengen eingeweicht. Die verschiedenen Heuproben verloren auf diese Weise deutlich weniger NSCs als in den früheren Versuchsanordnungen, wo stets gehäckseltes Heu in großen Wassermengen ausgewaschen wurde. Nur wenige Pro-

33 Wenn Sie mit Ihrem Pferd eine Schrittrunde ins Gelände gehen, verbraucht es dabei gerade einmal 7 kJ verdauliche Energie pro transportiertem Kilogramm Gesamtgewicht (Pferdegewicht + Reitergewicht). Das heißt, ein 440 kg schweres Kleinpferd mit 60 kg schwerem Reiter verbraucht bei einer einstündigen Geländebummelrunde insgesamt 3,5 MJ (berechnet nach MEYER 1995: Tab.27, S.43). Es verdient sich also auf diesem Spaziergang in etwa ein halbes Kilo älteres, energiearmes Heu hinzu.

ben erreichten in dieser Studie trotz ausgedehnter Wässerung eine Reduktion von 10%. Die Autoren warnen davor, sich auf den Effekt der Heuwässerung zu verlassen und raten zur Futteranalyse und sicheren Auswahl von Futterheu, welches reich an Gerüstsubstanz und arm an NSCs ist. Sie verweisen zudem darauf, dass beim Einweichen des Heus auch wichtige Nährstoffe wie Vitamine und Minerale verloren gehen, die gerade bei einem stoffwechselbelasteten Pferd dringend nötig sind. (HARRIS et al. 2009) Das Heu sollte spät geerntet sein (nach der Blüte) und von Wiesen mit eher fruktanarmen Grassorten stammen. Es versteht sich darüber hinaus von selbst, dass für EMS-Pferde alle Futtermittel mit hohem glykämischem Index tabu sind.

Das gilt für frisches Gras wie für getreide- und zuckerreiche Zusatzfuttermittel aller Art und das gilt auch für Saftfutter wie Äpfel, Karotten und Rüben. Problematisch ist auch die Fütterung von Silage (BRADE et al. 2011: 175) und Heulage (CARSLAKE et al. 2018).
Prinzipiell muss man bei dieser auf das Heu reduzierten Fütterung den Vitamin- und Mineralstoffhaushalt im Auge behalten, ganz besonders wenn das Heu ausgewaschen wird. Aber bitte nicht blind ein Rundumschlag-Vitamin-Mineralstoff-Präparat zufüttern. Das schadet mitunter mehr als es nutzt, und zwar nicht nur dem Geldbeutel. Konzentrierte Mineralstoffmischungen und Vitaminkomplexpräparate überfrachten unsere Pferde nicht nur mit unnötigen Stoffen, sie können unter Umständen auch negativ in das Stoffwechselgeschehen eingreifen, wie die weiter oben bereits zitierten Ergebnisse aus der Ernährungsforschung für den Menschen bereits belegen.[34]
Suchen Sie sich kompetente Hilfe und Beratung bei Personen oder Institutionen, die Sie (unabhängig von gewerblichen Eigeninteressen)[35] in dieser Frage beraten. Bei Heu, das nicht ausgewaschen werden muss, stellt eine gute Heuqualität von artenreichen, gesunden Wiesen in der Regel die ausreichende Versorgung mit allem sicher, was das Pferd braucht. Eine Nährstoffanalyse verschafft die nötige Gewissheit. Nach Erfahrung von Prof. Manfred Coenen, Leiter des Institutes für Tierernährung, Diätetik und Ernährungsschäden der Veterinärmedizinischen Fakultät der Universität Leipzig besteht bei raufutterbasierter Fütterung mit Heu von guter Qualität kaum die Gefahr eines Mangels bezüglich der Versorgung des Pferdes mit Mineralstoffen und Vitaminen. Sinnvoll kann in einzelnen Fällen die Zulage der Spurenelemente Zink, Kupfer oder Selen, sowie von Vitamin E sein. Aber auch hier sollten entsprechende Laboruntersuchungen von Futter und Pferd vorausgehen.[36] Die Insulinresistenz kann durch Gewichtsabnahme und Bewegung rückgängig gemacht werden.

Solange die Insulinresistenz jedoch besteht, erschwert sie die Gewichtsabnahme erheblich. Der erhöhte Insulinspiegel im Blut hemmt die Lipolyse im Fettgewebe und somit auch den Abbau der Fettdepots. Diese werden also bei gleicher Schmal-Kost langsamer abgebaut, als das beim einfach nur übergewichtigen Pferd mit intaktem Insulinstoffwechsel der Fall ist. Das Pferd braucht sozusagen nur eine »Blümchentapete« in der Box und nimmt trotzdem nicht ab. Hier hilft nur Bewegung und Ar-

34 *Eine Studie aus dem Jahr 2009 weist nach, dass Vitaminpräparate (untersucht wurden Vitamin C und E) beim Menschen die Entstehung von Insulinresistenz fördern. (siehe Seite 55)*
35 *Verquickungen zwischen Beratern und Herstellern von Zusatzfuttermitteln bzw. Gesundheits-Präparaten fürs Pferd sind an dieser Stelle ungut, da sie eine gewisse Parteilichkeit in der Beratung nicht ausschließen.*
36 *Vortrag auf einer Fortbildungsveranstaltung »Gesunderhaltung des Bewegungsapparates« der Sächsischen Landesanstalt für Landwirtschaft im Landgestüt Moritzburg am 11. Oktober 2008. (COENEN 2008)*

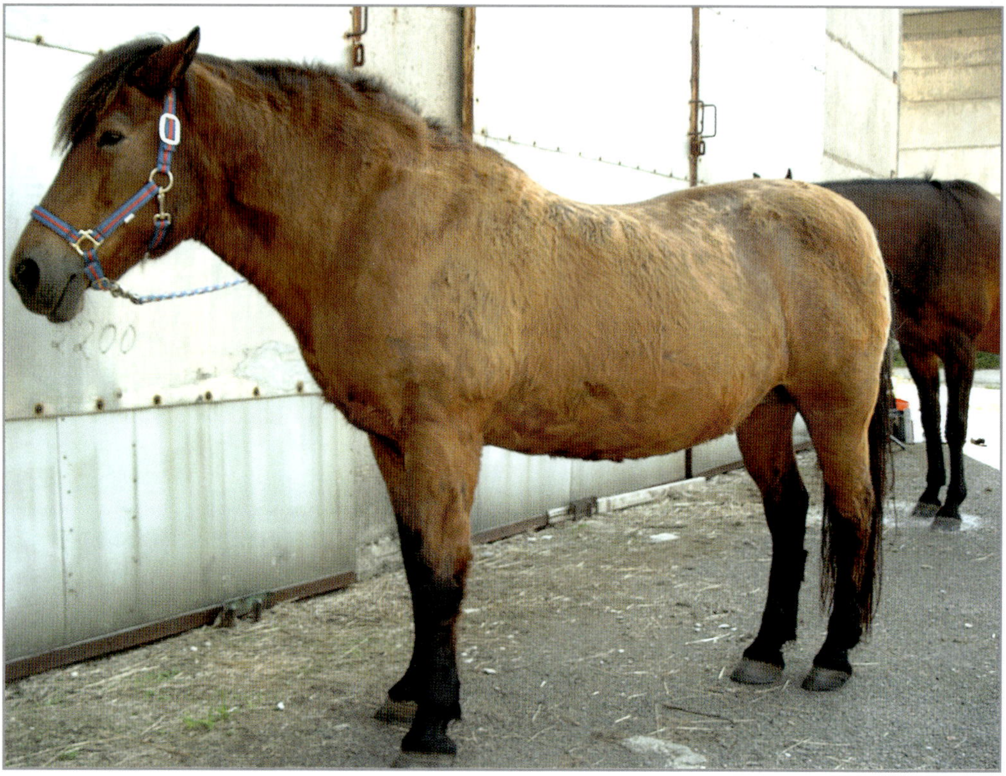

Abb. 86: Wenn ein Pferd im Sommer ein solch langes Haarkleid aufweist, so kann dies ein Indiz für PPID sein. Dieses Bild wurde im August aufgenommen und zeigt im Hintergrund ein Warmblut mit normalem Sommerfell. Weitere Indizien für eine PPID-Erkrankung des Ponies sind die typischen Fettpolster bei insgesamt eher schlanker Statur und sichtbarem Muskelabbau.

beit. Noch dringender als beim einfach zu dicken Pferd ist beim insulinresistenten Pferd ein Bewegungs- und Fitnessprogramm nötig, um abzuspecken und die Insulinsensitivität der Zellen wieder herzustellen.

Das heißt es so früh wie nur möglich zu erkennen, damit das nötige Bewegungsmanagement nicht an den schon rehegeschädigten Hufen scheitert.

Es ist leider häufig so, dass die medizinische Dringlichkeit, dass das Pferd abnehmen muss, erst dann einleuchtet, wenn das Pferd bereits zum Rehekandidaten geworden ist. Dann hat man es als Pferdebesitzer und auch als Therapeut aber mit einer zusätzlichen Schwierigkeit zu tun. Die gegen die Insulinresistenz verordnete Bewegung und Arbeit widerspricht sich dann zunächst mit der Bewegungseinschränkung und Schonung, die für den Hufbeinträger überlebensnotwendig ist. Der Weg zurück zum gesunden Pferd wird länger und schwerer. Deshalb ist es wichtig, möglichst früh die nötige Initiative zu ergreifen und sein Pferd »gesund zu bewegen«.

Die Insulinresistenz verschwindet in dem Maße, in dem das Pferd an Übergewicht verliert. Dies belegt beispielsweise

eine belgische Studie an übergewichtigen Shetland-Ponys. Die Ponys wurden über 17 Wochen sehr restriktiv gefüttert, so dass sie im Durchschnitt 16 Prozent ihres Gewichtes verloren. Die zu Beginn, Mitte (nach zehn Wochen) und Ende der Diät durchgeführten Laboruntersuchungen zeigten, dass die Insulinsensitivität mit steigendem Gewichtsverlust wieder verbessert wurde. (van WEYENBERG et. al 2008)
Der Gewichtsverlust von etwa einem Prozent pro Woche wurde in der vorgenannten Studie allein durch eine sehr restriktive Fütterung der Shetland-Ponys erreicht. Zum Teil erhielten die Pferde lediglich 35 Prozent ihres Erhaltungsbedarfs (bezogen auf das Idealgewicht).

Das sind für ein übergewichtiges Pony mit einem Idealgewicht von 300 Kilogramm gerade einmal zwei Kilogramm Heu pro Tag! Bei einer derart radikalen Futterbeschränkung besteht die Gefahr massiver gesundheitlicher Störungen wie z.B. das Auftreten von Hyperlipämie oder Koliken, aber auch das Auftreten von Kotfressen und anderen Verhaltensstörungen. (VERVUERT 2008a: 18)
Deshalb sollte die Futtermenge 70 Prozent des benötigten Erhaltungsbedarfs (bezogen auf das Zielgewicht) nicht unterschreiten. Damit die Tiere trotzdem abnehmen, muss das Diätprogramm also immer durch ein Bewegungsprogramm ergänzt werden.[37]
Zusätzlich scheint das Spurenelement Chrom eine positive Wirkung bei der Therapie der Insulinresistenz zu besitzen. Eine am Institut für Tierernährung, Diätetik und Ernährungsschäden an der Universität Leipzig durchgeführte Untersuchung zur Wirkung von Chrom auf den Insulinstoffwechsel adipöser (übergewichtiger) Pferde belegt bei den untersuchten Tieren einen positiven Effekt. Laut Aussagen der Forscher empfiehlt sich bei bereits an EMS erkrankten Pferden eine tägliche Chromzugabe von 25 µg Chrom pro Kilogramm Körpergewicht. Es wird aber auch darauf hingewiesen, dass sich die Gabe von Chrom nicht als prophylaktische Maßnahme bei gesunden Pferden eignet. (VERVUERT 2008a: 18) Ein neues Medikament, welches kürzlich für den Einsatz bei EMS und zur Vorbeugung von Hufrehe untersucht wurde, ist Velagliflozin. Das aus der Humanmedizin stammende Antidiabetikum wurde in einer australischen Studie erfolgreich an EMS-Ponys getestet. Das Mittel setzt am hormonellen Inkretinsystem des Darms an und drosselt so die überschießende Insulinantwort auf die Fütterung von leichtverdaulichen Kohlehydraten. Die Forschern zogen aus den Ergebnissen ihrer Untersuchung den Schluss, dass Velagliflozin sicher und effektiv zur der Behandlung von Insulinstoffwechselstörungen und zur Vermeidung von Hufrehe eingesetzt werden kann. (MEIER et al. 2018) Darüber hinaus erwies sich das Medikament auch als wirksam bei PPID-Pferden, die Gegenstand des folgenden Abschnittes sind.

2.4.3 Check up: PPID (früher Cushing)

Die Gefahr, dass sich aus der bestehenden Insulinresistenz eine PPID-Erkrankung entwickelt, wurde im Abschnitt 2.1.2 bereits erläutert. Pferde, die unter dieser Erkrankung leiden, tragen ein stark erhöhtes Risiko, an Hufrehe zu erkranken. Bei einem Verdacht auf PPID (siehe Abschnitt 2.2.2, S. 50ff.) sollten deshalb entsprechende Tests durchgeführt werden, damit es möglichst gar nicht erst zu einem ersten Reheschub kommt. Hierzu dienen in erster Linie folgende labordiagnostische Untersuchungen:

37 mehr dazu im Abschnitt »Schutzpatron Bewegung« siehe S. 98

Labortests zur Diagnose des PPID

Bestimmung des ACTH-Spiegels	TRH-Stimulationstest (ACTH)	»Über-Nacht«-Dexamethason-Suppressionstest
Durchführung: Die Blutprobe wird zu einer beliebigen, bei Folgeuntersuchung jedoch identischen Tageszeit entnommen. Vorheriges Fasten ist nicht nötig. EDTA-Röhrchen, durchgehende Kühlung der Proben, Zentrifugieren innerhalb 4 bis 6 Stunden Versand über Nacht gefroren bzw. gekühlt, kein Zusatz von Protease-Inhibitoren erforderlich, Einfrieren nur nach Zentrifugieren.	*Durchführung:* Kein Fasten nötig, Tageszeit beliebig. 1) Basalprobe (EDTA-Blut). 2) Intravenöse Injektion von TRH (TRH = Thyreotropin-Releasing-Hormon). 3) Bestimmung des ACTH-Wertes 10 Min. und 30 Min. nach TRH-Injektion.	*Durchführung:* 1) gegen 17 Uhr Blutentnahme zur Bestimmung des Basis-Kortisolwertes. 2) Anschließend intramuskuläre Dexamethason-Injektion von 0,04mg/kg KGW. 3) Bestimmung des Kortisolwertes nach 15 und nach 19 Stunden (8 und 12 Uhr des Folgetages).
Testinterpretation: *PPID = ACTH-Spiegel ist erhöht.*	*Testinterpretation:* PPID = starker ACTH-Anstieg. 10 min nach TRH-Applikation am höchsten (> 110 pg/ml, nach 30min noch > 75 pg/ml).	*Testinterpretation:* ECS = der Kortisolwert wird nicht oder nur wenig supprimiert.
Aussagekraft: Gilt als relativ zuverlässig. Allerdings gibt es auch andere Gründe für erhöhte ACTH-Werte. Ein erhöhter Wert sollte nur im Zusammenhang mit dem klinischen Erscheinungsbild interpretiert werden.[38]	*Aussagekraft:* Gilt als sehr zuverlässig.	*Aussagekraft:* Gilt als sehr zuverlässig.
Vorteile Risikoarm, einmalige Blutentnahme.	*Vorteile:* Risikoarm.	*Vorteile:* Hohe diagnostische Aussagekraft.
Nachteile: 1) ACTH wird im Blut und Plasma sehr schnell enzymatisch abgebaut. Notwendigkeiten: Schnelligkeit, gekühlter Transport, Einfrieren. 2) Falsch positive (Stress) [39] und falsch negative (instabiles ACTH) Ergebnisse sind möglich.	*Nachteile:* 1) siehe Probenhandling ACTH 2) für die Monate Juli bis November gibt es noch keine Referenzwerte	*Nachteile:* 1) Es besteht das recht hohe Risiko, mit der Dexamethason-Injektion eine Hufrehe anzustoßen![40] 2) Besonders in der Anfangsphase der Erkrankung sind falsch negative Ergebnisse möglich.

Quellen: BRÜNS 2001, SOMMER 2003, NEUBERT 2009, SYNLAB 2009, DIAVET 2009, SCHWARZ 2009, RECKNAGEL 2017

Führen die Tests zu dem Ergebnis, dass das untersuchte Pferd an PPID erkrankt ist, so muss unverzüglich gehandelt werden.

Der mit der Erkrankung einhergehende – zwischenzeitlich bestrittene, nach neuerer Forschung aber wieder wahrscheinliche – Hyperkortisolismus führt ansonsten rasch zur Insulinresistenz. Während wir im Kapitel 2.2.2 den umgekehrten Mechanismus ins Auge gefasst hatten – Insulinresistenz befördert die Entstehung des PPID – soll hier darauf hingewiesen werden, dass das PPID selbst wiederum eine Insulinresistenz hervorruft.

Ein wahrer circulus vitiosus, der, wenn man nicht aufpasst, um den Faktor Hufrehe noch erweitert wird. Kommt es nämlich zum Ausbruch einer Hufreheerkrankung, so heizt diese die endokrinen Stoffwechselentgleisungen um ein Zusätzliches an, was die Gefahr neuerlicher Reheschübe wiederum erhöht ...

2.4.3.1 Therapie bei PPID

Prinzipiell wird das PPID als eine bisher nicht heilbare, im Krankheitsverlauf fortschreitende Erkrankung beschrieben. Ganz wichtig für das erkrankte Pferd sind begleitende kurative und das Immunsystem stimulierende **Maßnahmen wie**

- das Scheren des überlangen Haarkleides im Sommer,
- ein speziell abgestimmtes Futter,
- die Eindämmung des allgemeinen Infektionsrisikos,
- die regelmäßigen Kontrolle der Zähne,
- die Reduzierung des Parasitenbefalls durch Weide- und Stallhygiene (tägliches Abäppeln auch der Weide erspart dem PPID-Patienten risikoreiche Wurmkuren),
- die prinzipielle Vermeidung von Stresssituationen[41] und die regelmäßige Blutuntersuchung zur Erhebung des Allgemeinzustandes sowie des aktuellen ACTH-, Glukose- und Insulin-Spiegels.

38 *Achtung:*
1) Nicht immer handelt es sich bei erhöhten ACTH-Konzentrationen wirklich um eine PPID-Erkrankung. 20% der erhöht getesteten ACTH-Werte sind falsch erhöht (LABOKLIN 2019). Die Gründe hierfür sind unterschiedlich. Insbesondere Stress und Schmerz erhöhen den ACTH-Spiegel auch beim gesunden Pferd. Es muss bei der Blutentnahme also dringend auf Stressfreiheit geachtet werden. Die ACTH-Werte sollten auch nicht im Zusammenhang mit einem Reheschub erhoben werden, da hier allein bedingt durch die Schmerzsituation bereits erhöhte Werte vorliegen. Weitere Faktoren, die den ACTH-Spiegel ansteigen lassen, sind eine stärkereiche Fütterung sowie das Alter des Pferdes (JACOB et al. 2018). Proportional zum Alter steigt der ACTH-Spiegel - man vermutet hier ein physiologisches Altersphänomen (PICHON; GEHLEN 2017: 559). Prinzipiell gilt bei der ACTH-Bestimmung, Wiederholungsuntersuchung sind sehr sinnvoll und deutlich aussagekräftiger als eine Einzeluntersuchung.
2) Der ACTH-Spiegel im Blut unterliegt starken saisonalen Schwankungen, so sind auch bei gesunden Pferden die Werte im Herbst erhöht. Allerdings fällt der herbstliche Anstieg der ACTH-Werte bei PPID-Pferden sehr viel deutlicher aus, so dass man heutzutage dazu rät, bevorzugt in diesen betreffenden Monaten (August bis Oktober) zu testen (RECKNAGEL 2017).
3) Auch ist beim sehr seltenen adrenalen Equinen Cushing Syndrom (ursächlich ist hier ein Tumor der Nebennierenrinde) der ACTH-Spiegel nicht erhöht. Hier könnte nur der (recht risikoreiche) Dexamethason-Suppressionstest Klarheit schaffen. (BRÜNS 2001: 26)

39 *Höhere ACTH-Spiegel können ebenso durch andere Grunderkrankungen verursacht sein und werden darüber hinaus beschrieben bei übergewichtigen Pferden, bei ausgehungerten oder anderweitig geschwächten Pferden sowie bei Shetland-Ponys und bei Schimmeln. Warum der ACTH-Wert bei dieser Rasse bzw. bei dieser Fellfarbe höher ist, ist ungeklärt. (Laboklin 2019 und Equineendogroup 2017)*

40 *Bei zwei der in diesem Buch beschriebenen Rehepferde, ist genau dies geschehen (siehe Fall 4 – Romina und Fall 6 – Usanda)*

41 *Das geschwächte Immunsystem von PPID-Patienten verträgt keinen zusätzlichen Stress. Zudem können physischer und psychischer Stress immer zu einer relevanten Kortisolerhöhung führen.*

Medikamentös kann sich der Besitzer eines PPID-Pferdes zwischen einer schulmedizinischen Behandlung mit Prascend® (Pergolidmesilat) oder einer alternativmedizinischen Behandlung mit Phytotherapie, Homöopathie und Akupunktur entscheiden. Natürlich können die Möglichkeiten der Alternativmedizin auch ergänzend zur konventionellen Therapie genutzt werden, vor allem wenn es darum geht, die allgemeine Konstitution zu stärken, Sekundärerkrankungen zu therapieren und das physische und psychische Wohlbefinden zu erhöhen.

Schulmedizinisch wird fast immer auf das Medikament Prascend® zurückgegriffen.[42] Meist gelingt es mit diesem Medikament, die Symptome deutlich zu mildern oder sogar vollständig zum Verschwinden zu bringen. Zumeist ist bereits vier Wochen nach Behandlungsbeginn ein Erfolg sichtbar.

Allerdings unterdrückt das Medikament lediglich die Auswirkungen der Hypophysenstörung, was nicht gleichbedeutend ist mit einer Heilung der Erkrankung. Pferde, die seit mehreren Jahren mit Prascend® therapiert werden, weisen deshalb bei noch gutem klinischem Erscheinungsbild in der Regel doch schlechtere Ergebnisse in den Wiederholungstests (ACTH-Spiegel, Kortisol-Suppression) auf.
Dies weist darauf hin, dass die Erkrankung der Hypophyse auch unter der Pergolid-Behandlung fortschreitet. (BRÜNS 2001: 59)

Prascend® muss dem PPID-Pferd dauerhaft, das heißt lebenslang ein Mal täglich oral verabreicht werden. Es entsteht also ein entsprechender organisatorischer Aufwand und eine beträchtliche Kostenbelastung, da Prascend® ein hochpreisiges Medikament ist.[43]
Um die Nebenwirkungen möglichst gering zu halten, darf die empfohlene Tageshöchstdosis[44] auf keinen Fall überschritten werden. Dennoch bleibt die Einnahme von Prascend® oft nicht nebenwirkungsfrei.
Als häufigste Nebenwirkung werden angegeben:

- Anorexie, gefolgt von
- Apathie,
- Kotwasser,
- Leistungsabfall,
- Diarrhoe,
- aggressivem Verhalten gegenüber Artgenossen und Menschen
- und in einem Fall trat eine leichte Kolik auf. (BRADARIĆ 2012: 114)

Die häufigsten Meldungen betreffen insofern das Verhalten und Auswirkungen auf das gastrointestinale Organsystem. Die Ergebnisse von BRADARIĆ decken sich mit denen anderer Autoren. PONGRATZ et al. finden im Rahmen ihrer Untersuchung eine Häufigkeit von 29% vor. Bei 11 der in ihre Untersuchung eingeschlossenen 38 Cushingpatienten, traten Nebenwirkungen in der oben genannten Form auf. Was die Autoren angesichts des recht hohen Anteils an Nebenwirkungen dann zu der Aussage

42 Prascend® (Pergolid) ist ursprünglichein Präparat aus dem Humanbereich, wo es zu Behandlung von Parkinson eingesetzt wird. Seine Wirkungsweise bei PPID beruht darauf, dass es die Dopaminempfindlichkeit des veränderten Gewebes der pars intermedia erhöht. Pergolid bindet dabei an die Dopaminrezeptoren der pars intermedia an und gleicht so das Defizit an Dopamin aus. Der Botenstoff Dopamin steuert die ACTH-Produktion der Hypophyse.

43 Hilfreiche Tipps und Hinweise zur Verabreichung, dem richtigen Vergabezeitpunkt und zur notwendigen Kontrolle der Wirkung von Prascend® geben BUSSANG und VAN DAMSEN. (BUSSANG; VAN DAMSEN 2012: 112f.)

44 Die Dosis muss für jedes Pferd individuell eingestellt werden.

verleitet, dass »Nebenwirkungen selten« auftraten (PONGRATZ et al. 2010: 598) bleibt ihr Geheimnis. BRADARIĆ findet neben den häufiger auftretenden typischen Nebenwirkungen noch in Einzelfällen auftretende Auswirkungen wie poröse Zähne, Ausfall des Mähnenhaars und Lymphstau in den unteren Gliedmaßen sowie Auswirkungen der Pergolidbehandlung auf die Atmung bis zu hochgradiger Atemnot. (BRADARIĆ 2012: 115)
Auch beim Menschen werden als Nebenwirkungen der Einnahme von Pergolid Auswirkungen auf den Magen-Darm-Trakt, wie Übelkeit, Erbrechen, verzögerte Magenentleerung, Ulcusneigung und orthostatische Regulationsstörungen angegeben. Bekannt sind auch in Folge der Pergolid-Einnahme auftretende Halluzinationen, Delirium und Wut- und Angstzustände. Für Aufregung sorgte die Entdeckung, dass das Parkinson-Medikament Pergolid beim Menschen häufig zu Herzklappenschäden und nachfolgend zu Herzinsuffizienz führt. Den betroffenen Patienten bleibt als einzige Therapiemöglichkeit derzeit der chirurgische Ersatz der geschädigten Herzklappen durch künstliche Herzklappen. (KEKEWSKA 2013: 106; MEDKNOWLEDE 2004; CLINIPHARM)

Alternativ zu Pergolid steht noch das Medikament Bromocriptin (ebenfalls ein Dopaminagonist) zur Verfügung, welches sich allerdings durch eine schlechtere orale Bioverfügbarkeit auszeichnet. Das heißt, man benötigt höhere Einnahmedosen, wodurch die Nebenwirkungen deutlich zunehmen. Ein Medikament zur intramuskulären Injektion, welches den Vorteil bot, dass es nur alle vier bis sechs Wochen verabreicht werden musste, ist nicht mehr im Handel. (BRÜNS 2001: 30)
Weitere Medikamente, die mit unterschiedlichem Erfolg eingesetzt werden, sind das deutlich preisgünstigere Cyproheptadine (ein Serotoninantagonist) und Trilostan, welches die Bildung von Kortisol in der Nebennierenrinde hemmt und bei Cushing-Hunden sehr erfolgreich eingesetzt wird. Da beim Pferd aber im Unterschied zum Hund ein nebennierenabhängiges Cushing (adrenales oder primäres Cushing) weitaus seltener ist, kommt das Medikament nicht oft wirkungsvoll zum Einsatz. Laut SOMMER ist das Medikament beim Pferd ineffektiv (SOMMER 2003: 37), während Mc GOWAN/NEIGER aus ihrer Studie mit 20 Pferden den Schluss ziehen, dass der Einsatz von Trilostan eine nützliche Therapie darstellt (Mc GOWAN; NEIGER 2003).

Zu Cyproheptadine gibt es ebenfalls sehr widersprüchliche Angaben, was die Wirksamkeit betrifft. Die Wirksamkeit des Medikaments im Humanbereich beruht auf der Hemmung der ACTH-Produktion in der pars distalis der Adenohypophyse. Da beim Pferd jedoch in der Regel die pars intermedia betroffen ist, scheint ein erfolgreicher Einsatz beim Pferd unwahrscheinlich. (BRÜNS 2001: 29f.) Nichtsdestotrotz gibt es Berichte über Behandlungserfolge (ebenda).

Die Alternativmedizin setzt auf die Behandlung des PPID-Syndroms mit pflanzlichen und homöopathischen Mitteln. Phytotherapeutisch wird vor allem Mönchspfeffer (Vitex agnus castus) eingesetzt. Aus der Humanmedizin ist bekannt, dass Mönchspfeffer (ein anderer Name für diese Pflanze ist Keuschlamm) eine dopaminerge Wirkung besitzt, weshalb es erfolgreich bei entsprechenden Störungen des Hormonstoffwechsels Anwendung findet. Über die Anwendung beim PPID gibt es hinsichtlich der Wirksamkeit widersprüchliche Aussagen.

Auch eigens durchgeführte klinische Studien kommen zu unterschiedlichen Ergebnissen – so berichtet eine englische Studie aus den Jahren 2001 bis 2004 über eine deutliche Besserung der Symptome (EUSTACE; EMERY 2009). Auch zwei amerikanische Studien kommen zu ähnlichen Aussagen. Die untersuchten Pferde zeigen unter der Therapie mit Mönchspfefferpräparaten ein deutlich verbessertes Krankheitsbild bezogen auf Vitalität und Fütterungskondition, Hirsutismus, übermäßiges Schwitzen, Zyklusstörungen und Laktationsprobleme. (KELLON 2000; SELF zit. nach MOLL 2009) Eine andere amerikanische Studie, die Mönchspfeffer und Pergolid hinsichtlich ihrer Wirksamkeit vergleicht, kommt jedoch zum Ergebnis, dass Mönchspfeffer im Unterschied zum Pergolid keine positive Auswirkung beim PPID-Pferd zeigt (BEECH et. al 2002).

SCHRÖER und ALBER werfen 2012 die Frage auf, ob der Wirkstoffgehalt oder die Dosierung des in der Studie verwendeten Mönchspfeffer-Präparats zu gering war oder ob evtl. auch die Wirkung des Mönchspfeffers als Einzelmittel nicht ausreicht, um eine nachhaltige Verbesserung beim vielschichtigen Symptomenkomplex des PPID zu erreichen. (SCHRÖER; ALBER 2012: 130)

Eine neuere Studie, die die Wirksamkeit eines mönchspfefferhaltigen Ergänzungsfuttermittels (Corticosal®) bei PPID-Patienten mit der Wirksamkeit von Pergolid vergleicht, kommt nämlich zu der Aussage, dass mit der Gabe des Mönchspfeffer-Kombinationspräparates in jedem Fall ein vergleichbarer positiver Effekt auf die klinische Symptomatik der untersuchten PPID-Pferde erreicht wird, wie unter Pergolid. (BRADARIĆ 2012) Mönchspfeffer ist in dem zur Untersuchung eingesetzten Ergänzungsfuttermittel Corticosal ergänzt um weitere wichtige Heilkräuter, wie Artischockenblätter und Ginseng, sowie um spezielle Zusatzstoffe in Form von Vitaminen und Spurenelementen. (ebenda; BRADARIĆ et al. 2013) Neben dem großen Lebermittel Artischocke ist vor allem der Ginseng mit seinen adaptogenen Wirkstoffen ein hervorragendes Mittel zur Therapie von PPID.

Neben seiner bekannten abwehrkraftsteigernden Wirkung wirkt Ginseng positiv regulierend auf das Hypothalamus-Hypophysen-Nebennieren-System ein und fördert zudem die Glukoseverwertung, hilft also auch eine bestehende Insulinresistenz zu bekämpfen. (BÄUMLER 2007) Leider enthält Corticosal® aktuell kein Ginseng mehr, denn dieser wurde in der Zwischenzeit durch Ginko ersetzt. Ginko bietet durch seine durchblutungsfördernden Wirkstoffe zwar ebenfalls Hilfestellung, insbesondere im Zusammenhang mit bereits vorliegenden Hufreheerkrankungen, er kann aber das Wirkspektrum von Ginseng nicht ersetzen. Eine neue Studie mit größerer Fallzahl bestätigt die Wirksamkeit von Corticosal®. Die PPID-Patienten profitierten von der Zufütterung von Corticosal®, sowohl was ihr klinisches Erscheinungsbild als auch was den ACTH-Spiegel betrifft (SCHRAMM et al.2018).

Erfreulicherweise bietet der Markt mitwirksamer, auf den genannten Heilkräutern basierter Ergänzungsfuttermittel (siehe nützliche Adressen).

Eine gute Möglichkeit für den Besitzer eines PPID-Pferdes ist auch die Zusammenstellung einer individuellen Kräutermischung fürs eigene Pferd mit Hilfe eines erfahrenen Veterinär-Phytotherapeuten.[45]

Das Pferd ist als klassischer Gras- und Kräuterfresser wie geschaffen für die Therapie mit Heilkräutern. Anders als die isoliert vorliegenden oder synthetisch nachgestellten Wirkstoffe, wie sie in vielen Medikamenten und Futtermitteln zum Einsatz kommen, liegen die heilsamen Wirkstoffe in den Kräutern in biologisch sinnvoll gebundener Form vor, d.h. sie schöpfen ihre Potenz aus dem Wechselspiel ihrer vielfältigen Bestandteile. Gerade auch die lange Zeit für unwichtig erachteten sekundären Pflanzenstoffe haben nach dem heutigen Stand des Wissens einen sehr großen Anteil an den heilsamen Effekten der Therapie mit Heilkräutern.

Während hierzulande das Wissen um die Kraft der Heilkräuter erst neu wiederentdeckt werden muss und sowohl Spezialisten als auch Forschung noch ein Randdasein fristen, hat die Phytotherapie in Russland und vor allem in China sich nicht nur durchgängig eine lebende Tradition bewahrt, sondern sie ist auch eingebettet in einen entsprechenden wissenschaftlichen backround. Es bleibt zu wünschen, dass diese Erkenntnisse zukünftig auch mehr und mehr in der deutschen Veterinärheilkunde Fuß fassen.
In den letzten Jahren mehrt sich in jedem Fall das Angebot an Veterinären, die eine TCM-Ausbildung abgeschlossen haben. Die traditionelle chinesische Medizin bietet neben einer fundierten Kräuterkunde auch ein ganzheitlich ausgerichtetes Behandlungskonzept, welches aus meiner Sicht gut geeignet scheint, dem PPID-Patienten effektiv zu helfen.

Die Phytotherapie lässt sich gut ergänzen durch die Homöopathie. Homöopathisch wird häufig das potenzierte Organpräparat Hypophysis suis-Injeel bzw. Hypophysis suis-Injeel forte der Firma Heel eingesetzt.

Im Jahr 2003 berichtete Dr. Heinz-Joachim Schwierczena von einem Behandlungsversuch bei einer PPID-Symptomatik. Die Behandlung erbrachte in den meisten Fällen eine Verbesserung der Symptome und eine Erhöhung der Lebensqualität der betroffenen Pferde. (SCHWIERCZENA 2003)
Auch Dr. Franz Kosak, Fachtierarzt für Pferde und Mitglied des Vereins Energetisch arbeitender Tier-Therapeuten e.V. (VETT e.V.), arbeitet vorwiegend mit diesen Präparaten, setzt zudem aber auch erfolgreich die beiden homöopathischen Mittel ACTH C30 und Quercus robur C30 ein. Je nach aktueller Befindlichkeit des Patienten kommen auch Osteopathie, Akupunktur und Bioresonanztherapie zum Einsatz, wobei es hierfür keine allgemeingültigen Rezepte gibt, sondern individuelle Behandlungspläne erstellt werden müssen. Der Einsatz von ACTH C30 und Quercus robur C30 wurde in einer englischen Studie aus dem Jahr 2001 un-

45 *Die Hilfe eines versierten Therapeuten ist hierfür unerlässlich, da auch Heilkräuter unerwünschte Wirkungen entfalten können, wenn sie überdosiert oder falsch angewendet werden. Dosierempfehlungen aus dem Internet (zitiert und damit transportiert leider auch in manchen Pferdefachbüchern) sind nicht verlässlich und können die erhofften positiven Wirkungen einer Heilpflanze in ihr Gegenteil verkehren. Bspw. findet sich für Ginseng im Internet die Empfehlung einem PPID-Pferd 30 g am Tag zu zu füttern. (PFERDEWIKI) Abgesehen von den verheerenden Folgen für den Geldbeutel des Besitzers wird das Pferd eine solche Dosis womöglich mit Durchfall oder Schlimmerem quittieren. Angemessen sind 2 g Ginseng pro Tag pro Pferd.*

tersucht. Behandelt wurden neben Pferden auch Hunde, die am Cushing Syndrom leiden.
Die Probanden erhielten zwei Mal täglich eine Kombination der beiden homöopathischen Mittel. Von den insgesamt 23 in die Untersuchung einbezogenen Pferden kam es bei 21 Pferden zum völligen Verschwinden der klinischen Symptomatik, ein weiteres Pferd reagierte ebenfalls positiv, wurde jedoch nicht gänzlich symptomfrei. Ein einziges Pferd sprach auf die Behandlung nicht an (ELLIOTT 2001).

Angesichts dieser Ergebnisse kann man sich der Ansicht des Autors der Studie nur anschließen, dass man mit dieser homöopathischen Behandlung eine exzellente Alternative zur konventionellen PPID-Behandlung mit Pergolid zur Verfügung hat.[46]

2.5 Schutzpatron Bewegung

Während das Motto beim Futter zumeist lauten sollte »weniger ist mehr«, so kann man bei Arbeit und Bewegung fast immer die gegenteilige Forderung aufstellen. Ich bin immer froh, wenn ich von einem Kundenpferd weiß, dass es regelmäßig gearbeitet wird. Dies wirkt sich in der Regel nicht nur positiv auf die Hufe aus, sondern bekommt auch dem Stoffwechsel des Pferdes. Nur selten treten Reheprobleme bei arbeitenden Pferden auf.

Die gezielte Bewegung des Pferdes hat nicht nur eine hervorragende Schutzfunktion, sondern sie stellt auch die bedeutendste therapeutische Maßnahme bei der Behandlung der Insulinresistenz beim EMS-Pferd dar. Regelmäßige Bewegung erhöht nachweislich die Insulinsensitivität der Zellen und macht es möglich, eine bereits eingetretene Insulinresistenz wieder verschwinden zu lassen.

Das belegen die Ergebnisse verschiedener Untersuchungen. Selbst kurzzeitige Trainingseinheiten besitzen dabei schon eine recht hohe Wirksamkeit. Adipöse Ponys mit Insulinresistenz, die lediglich zehn Minuten tägliche Bewegung auf dem Laufband erhielten – je eine Minute Schritt, eine Minute Trab, acht Minuten leichter Galopp – zeigten bereits nach zwei Wochen eine signifikant verringerte Insulinresistenz. Nach Beendigung der insgesamt sechs Trainingswochen blieb der Effekt der verbesserten Insulinsensitivität noch mindestens sechs weitere (trainingslose) Wochen erhalten. (FREESTONE et. al 1992; WALSH 2007: 3f.)

In einer anderen Untersuchung wurden längere Trainingseinheiten zu Grunde gelegt (täglich 45 Minuten Laufbandtraining). Hier konnte bereits nach einer Woche ein positiver Effekt auf den Insulinstoffwechsel gemessen werden. Auch hier blieb der Effekt in der nachfolgenden fünftägigen Arbeitspause erhalten. (STEWART-HUNT et. al 2006)[47]

Bewegung ist eine billige Medizin, frei von schädlichen Nebenwirkungen (solange der Hufbeinträger nicht erkrankt ist!). Diese Bewegung muss man seinem Pferd ermöglichen. Manche Pferdebesitzer meinen, dass es hierzu

46 Bei Nathan (Fall 3) dessen Geschichte im letzten Kapitel des Buches nachzulesen ist, wurden die genannten homöopathischen Mitteln im Jahr 2012 bspw. erfolgreich eingesetzt.

47 Eine neuere Studie, die 2011/12 an der Universität Leipzig durchgeführt wurde, bestätigt diesen Zusammenhang erneut. 16 adipöse Ponies wurden über 14 Wochen restriktiv gefüttert (täglich 1–1,2 kg Heu//100kg Körpergewicht) und absolvierten während dieser Zeit ein Bewegungsprogtramm (sechs Tage/Woche je 25min Schritt und 15min Trab). Alle Ponies zeigten im Ergebnis eine signifikante Verbesserung ihrer Insulinsensitivität. (SCHMENGLER 2013)

ausreicht, wenn man sein Pferd auf große Koppeln oder Ausläufe stellt. Dem ist nicht so. Pferde – und die Dickeren unter ihnen ganz besonders – verhalten sich im Allgemeinen doch eher sehr ökonomisch und sparsam in ihren täglichen Bewegungen. Für sich selbst bewegt sich ein Pferd nicht viel mehr als es muss. Um einen Hengst, der seine Stuten zusammen halten muss oder um Jungpferde, die beim Toben und Spielen ihre Kräfte messen, brauchen wir uns kaum Sorgen zu machen. Aber alle anderen Pferde bewegen sich ohne zusätzlichen Anreiz und Motivation eher spärlich. Kein Pferd muss hierzulande mehr kilometerweit laufen, um ausreichend Futter oder Wasser zu finden. Es gibt in den letzten Jahren einige Bestrebungen, durch die Art der Pferdehaltung selbst mehr Bewegungsanreize zu schaffen. Mit »Bewegungsställen« versucht man, durch die überlegte Anordnung der Anlagen zusätzliche Bewegung zu initiieren und den Pferden auch auf kleinen Flächen mehr Anlass zur Bewegung zu geben. Prinzipiell ist das eine lobenswerte Sache. Man muss allerdings prüfen, ob die konkrete Ausführung der Stallhaltung den Pferden wirklich in jedem Fall gut bekommt. In einigen Fällen gibt es entschieden zuviel (pflegeleichten) Beton, was ein gut genutztes Reitpferd unter Umständen um sein bislang ausgewogenes Verhältnis von Hornwachstum und Abrieb bringen kann. Auch die Umstellung der Fütterung auf chipgesteuerte Automatik, wie sie in diesen modernen Stallanlagen häufig anzutreffen ist, bringt bei weitem nicht immer das ersehnte stressfreie Futterklima. Unbedingt abzuraten ist von einem Umzug in einen solchen Bewegungsstall, wenn das Pferd gerade eine Hufrehe erlitten hat. So gut und wichtig Bewegung für ein Pferd ist, so gefährlich ist sie für einen erkrankten Hufbeinträger.

Während der Rehe und solange der Hufbeinträger massiv geschädigt ist, ist die Schutzfunktion der Bewegung außer Kraft gesetzt, da sie die mechanische Zerstörung des Hufbeinträgers forciert. Wir werden uns im nächsten Kapitel noch genauer mit dieser Problematik beschäftigen.

Zuletzt sei noch folgendes zur »Medizin Bewegung« bemerkt: Es ist ziemlich unerquicklich, ein unzufriedenes, mürrisches Pferd zu besitzen. Das wird ein Pferd aber in jedem Fall, wenn es hungern muss. Wenn also die Notwendigkeit besteht, dass unser Pferd abspeckt, sei es als Vorbeugung gegen die Entstehung einer Insulinresistenz oder zur Therapierung eines bereits eingetretenen Metabolischen Syndroms, dann macht es die Angelegenheit für alle Seiten deutlich leichter, wenn man die Diät mit einem Bewegungsprogramm kombiniert. Das bessert die Laune – wer mehr arbeitet, darf auch (etwas) mehr essen – und es führt in jedem Fall zu schnelleren Erfolgen.

3 Erste Hilfe

Was ist zu tun, wenn der gefürchtete Fall eintritt und unser Pferd doch an einer Hufrehe erkrankt? Wir erinnern uns: Der für uns sichtbare und offensichtliche Beginn der Rehe, also das Auftreten der Symptome (Schmerz!), ist gar nicht der tatsächliche Beginn! Der tatsächliche Beginn liegt immer bereits einige Zeit vorher (siehe auch Abschnitt »Der unsichtbare Anfang«, S. 24). Das heißt in der Konsequenz, dass in dem Moment, in dem wir die Rehe bemerken, bereits erste Schäden am Hufbeinträger eingesetzt haben und dringendster Handlungsbedarf besteht. Es ist also wichtig, die Erkrankung so früh wie möglich zu erkennen und schnell zu handeln. Woran merken wir aber, dass unser Pferd eine Hufrehe hat?

3.1 Hat mein Pferd Rehe?

Ein heftiger Reheschub ist unübersehbar. Die starken Schmerzen in den Hufen bannen das Rehepferd an Ort und Stelle. Es steht wie festgenagelt und bewegt sich freiwillig keinen Schritt mehr vorwärts. Dabei befindet es sich in der typischen Rehestellung, wenn es sich nicht überhaupt niederlegt und an Ort und Stelle liegen bleibt.

Mit Hilfe dieser Rehestellung versucht das Pferd sein Gewicht weg von den schmerzhaften Zehen und hin zu den weniger schmerzhaften Trachten zu verlagern. Da in den meisten Fällen zudem die Vorderhufe stärker vom Rehegeschehen betroffen sind als die Hinterhufe, wird das Gewicht auch vermehrt auf die Hinterhand verlagert. Die Vorderbeine werden dadurch, so gut es eben geht, entlastet.

Schwieriger zu erkennen ist eine Hufrehe unter Umständen, wenn es sich um einen zunächst leichteren Reheschub handelt oder wenn, was allerdings sehr selten der Fall ist, vor allem die Hinterbeine von der Reheerkrankung betroffen sind. In letzterem Fall wird das Pferd versuchen, die Hinterfüße zu entlasten, indem es Kopf und Hals als Gegengewicht nutzend, die Vorderbeine weit unter den Körper stellt. Die Hinterbeine werden abwechselnd entlastet.

Manchmal wird behauptet, dass es möglich sei, den Beginn einer Hufrehe über eine Erwärmung der Hufe zu erkennen. Das ist jedoch nicht möglich, da die Wärmeentwicklung erst zusammen mit der Lahmheit auftritt. Vorher sind

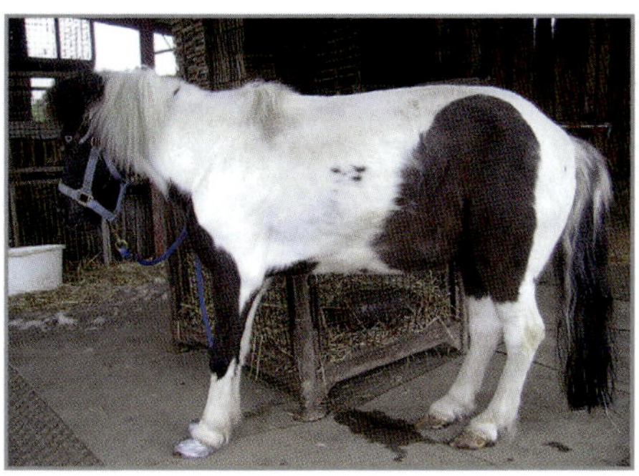

Pferde in Rehestellung – die Vorderbeine werden nach vorn, die Hinterbeine weit unter den Bauch gestellt. Seppel, Foto Birgit Höllmer (links) Simon, Foto Carmen Daum (rechts)

die Hufe dagegen eher unterkühlt (SCHULZE 2003: 97). Auch ohne Hufreheerkrankung wechselt die Temperatur der Hufe in Abhängigkeit von der Außentemperatur und der Stoffwechselaktivität. Vergleichen Sie einmal die Temperatur des Hufes auf der Sonnenseite, mit der des Hufes, der im Schatten steht! Oder die Untertemperatur von eisenbeschlagenen Hufen mit der Huftemperatur von Barhufen! Es ist darüber hinaus aber auch sehr schwer, mit den Händen eine objektive Messung der Huftemperatur unabhängig von der eigenen Körperwärme und Wärmeempfindung vorzunehmen. Die per Hand überprüfte Huftemperatur ist insofern alles in allem kein verlässliches Datum für die Früherkennung einer Hufrehe.

Vor allem der leichtere Reheschub bleibt nicht selten unerkannt und wird erst dann als solcher wahrgenommen, wenn die Schäden am Hufbeinträger voranschreiten und die Rehesymptome immer offensichtlicher werden. Damit dies nicht passiert, hilft nur eines, nämlich sofort achtsam zu sein, wenn sich das unbeschwerte Laufbild Ihres Pferdes verändert. Sie kennen Ihr Pferd, wissen wie willig oder unwillig es hinter Ihnen herläuft, wenn Sie es von der Koppel holen, wie fleißig oder faul es unterm Sattel oder an der Longe geht, wie unbedacht und mutig hintretend oder eben eher zögerlich tastend und fühlig es auf den verschiedenen Böden geht. Natürlich gibt es bei jedem Pferd auch Tagesform- und Stimmungsschwankungen und Sie sollten keinesfalls in Hysterie verfallen, wenn Ihr ansonsten munteres Pferdchen einmal brav und träge hinter Ihnen hertrottet, anstatt Sie ständig zu überholen. Vielleicht haben Sie es gerade bei seiner Siesta gestört oder das warme Wetter veranlasst es einfach zur sparsameren Bewegung. Es ist weder Ihnen noch Ihrem Pferd geholfen, wenn Sie nach der Lektüre dieses Buches anfangen, Gespenster zu sehen. Was ich Ihnen nahe legen möchte, ist nicht mit Argusaugen zu wachen, sondern mit offenen Augen die Wahrnehmung für die Befindlichkeiten Ihres Pferdes zu schulen. Letzteres ganz ohne Dramatik und Besorgnis. Sie werden auf diese Weise lernen, die Unterschiede in Laufwillen und Bewegungsfreude objektiv und nüchtern einschätzen zu können. Dann sind Sie auch gewappnet und können erkennen, wenn wirklich etwas im Argen liegt. Pferde sind robuste und starke Tiere und es tut ihnen nicht gut, wenn sie stets mit der Überbesorgnis ihres Pferdebesitzers konfrontiert sind. Auch wenn es nur gut gemeint ist ...

Kommt Ihnen etwas Spanisch vor, dann verschaffen Sie sich einfach Klarheit, indem Sie das Gangbild Ihres Pferdes systematisch prüfen. Hierfür sind folgende »Tests« sehr hilfreich:

- Führen Sie Ihr Pferd im Schritt über harte Böden – glatter Asphalt oder Beton, steiniges Gelände, Kopfsteinpflaster! Läuft es hier so wie immer oder geht es mühsamer, fühliger oder gar mit Schmerzen? Der Unterschied zum sonst üblichen Gangbild ist entscheidend![48]
- Führen Sie Ihr Pferd auf einem harten Boden im Schritt bergab! Geht es genauso flüssig wie sonst oder wird es sobald es bergab geht vorsichtiger und geht mit klammen Schritten?
- Führen Sie Ihr Pferd ebenfalls auf

48 Sollte Ihr Pferd immer sehr fühlig oder schmerzhaft auf diesen härteren Böden sein, so lassen Sie bitte die Hufsituation daraufhin überprüfen, ob diese optimiert werden kann. Manche Pferde fühlen sich auf unebenem, harten Boden wie Kopfsteinpflaster oder auch auf steinigem Boden nie ganz wohl, was zum einen an der aktuellen Hufsituation, aber auch prinzipieller an der individuellen, anatomisch vorgegebenen Hufform liegen kann. Darüber hinaus spielt auch die Gewohnheit eine nicht zu unterschätzende Rolle. Nicht zuletzt sorgen die Feuchtigkeit des Hufhornes (aufgeweichte Hufe fühlen mehr) und die individuelle Schmerzempfindlichkeit des Pferdes für Unterschiede.

hartem, am besten glattem Boden im Schritt in eine enge Wendung! Wiederholen Sie das Ganze nach der anderen Seite! Setzt Ihr Pferd beim Wenden seine Vorderhufe mühsamer als sonst oder zeigt es gar Wendeschmerz?

- Lassen Sie Ihr Pferd traben! Je nachdem, wie gut Ihr Pferd prinzipiell auf hartem Boden zurechtkommt, gehen Sie dazu auf weichen oder harten Boden. Ist das Gangbild im Trab ein anderes als sonst? Geht Ihr Pferd staksig, unrhythmisch, unwillig oder lahmt es gar?

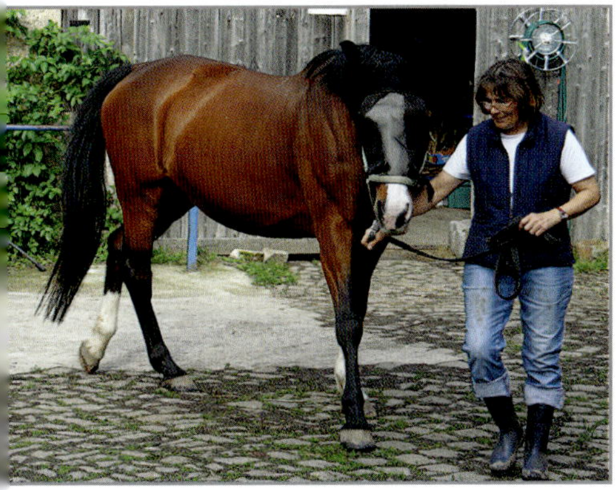

Abb. 88: Pferdebesitzer führt Pferd in Wendung

Ist das Ergebnis aller Überprüfungen positiv, also stellen Sie in allen Fällen eine Verschlechterung fest, so sollte das in Hinsicht auf Hufrehe ernst genommen werden. Vor allem dann, wenn Ihr Pferd bereits als rehegefährdet eingeschätzt werden muss (zur Einschätzung der individuellen Rehegefährdung siehe Abschnitt 2.4, S. 72ff.). Natürlich kann die Verschlechterung des Laufbildes in den beschriebenen Tests auch auf etwas anderem als einer angehenden Hufrehe basieren. Beispielsweise kann eine am Vortag vorgenommene Hufbearbeitung dafür verantwortlich sein. Wenn dem so ist, dann zeigen Sie Ihrem Hufbearbeiter die gelbe Karte! Ein Pferd sollte nach der Hufbearbeitung nicht schlechter laufen als vorher. Oder Sie kommen gerade erst aus dem Urlaub zurück und die fällige Hufbearbeitung hatten Sie im Vorurlaubsstress nicht mehr hinbekommen – nun schmerzen die überlangen Wandhebel am Huf. Oder Ihr Pferd brütet ein Hufgeschwür aus. Im letzteren Fall lokalisiert sich die Beschwerde zwar auf einen Fuß, aber solange der vom Hufgeschwür ausgehende Schmerz nicht massiv ist, kann das gesamte Bewegungsbild so beeinträchtigt sein, dass es Ihnen nicht gelingt, die schmerzende Gliedmaße zu identifizieren. So kann der Wendeschmerz zwar nach der linken Seite hin deutlicher ausfallen, aber auch nach rechts geht Ihr Pferd zäher und mühsamer als sonst.

Ein solches Bild kann sich auch bei einer Hufrehe zeigen, da es durchaus vorkommt, dass eine Gliedmaße vom Rehegeschehen stärker betroffen ist als die übrigen Gliedmaßen. Letzteres steht ganz häufig im Zusammenhang mit unterschiedlich steil gestellten und verschieden geformten Vorderhufen. Hier kann der Hufbeinträger des überlasteten flacheren Hufes so gestresst sein, dass sich die Hufrehe dort stärker auswirkt. Oder der ursprünglich steilere Huf wurde so bearbeitet, dass der Hufbeinträger durch den Zug der Zehenwand eine derartige Belastung erfährt, dass die Rehe in diesem Huf stärker zuschlägt (siehe dazu ausführlicher im Abschnitt 2.3.2, S. 63ff.).

Auch wenn es Ihnen nicht gelingen sollte, mit Gewissheit herauszufinden, was Ihrem Pferd fehlt, so können Sie doch feststellen, dass etwas nicht stimmt. Wenn Ihr Pferd prinzipiell zu den rehegefährdeten Genossen gehört (rehefórderliche Hufsituation, EMS, PPID, bereits eine Hufrehe erlitten), dann ist die Möglichkeit einer Hufrehe sehr ernsthaft ins Auge zu fassen. Wenn Ihr Pferd nicht als rehefährdet eingeschätzt werden kann, verschaffen Sie sich dennoch einen Überblick über die Umstände und Ereignisse der letzten Tage: Gibt es etwas, was bei Ihrem Pferd eine Reheerkrankung ausgelöst haben könnte? (Siehe auch Kapitel 2, S. 35ff.)

Wenn Sie also bei Ihrer systematischen Überprüfung feststellen, dass die Bewegung Ihres Pferdes so beeinträchtigt ist, dass es sich vor allem auf härterem Boden schwerer tut als üblich, dass es schlechter bergab laufen kann, dass es schlechter wenden kann und dass es im Trab nicht sauber läuft, dann lassen Sie bitte unbedingt von einem Fachmann abklären, was Ihrem Pferd fehlt.
Ein weiteres ernstzunehmendes Indiz für einen möglichen Reheschub ist eine verstärkte Pulsation der Zehenarterien. Bei einem heftigen Reheschub ist diese Pulsation auch für den Ungeübten sehr leicht zu finden, wenn man nur weiß, wo man suchen muss.

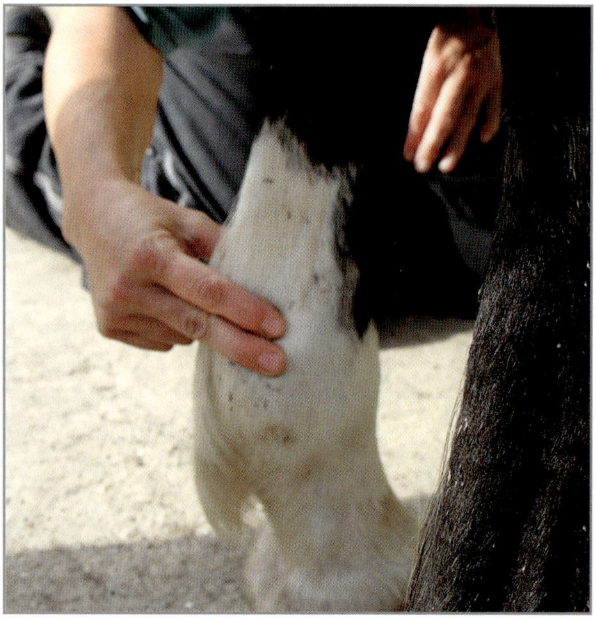

Abb. 89: Pulsation prüfen am Vorderbein

Schwieriger wird die Prüfung auf Pulsation bei einer leichten Rehe, die, wie oben beschrieben, erst einmal nur durch eine Verschlechterung des Gangbildes in bestimmten Situationen auffällt. Hier benötigt man etwas Übung, um den leicht verstärkten Puls wahrzunehmen. Bei manchen Pferden zeigt sich dieser stärkere Pulsschlag auch adspektorisch, d.h. man kann sehen, wie sich die Haut über dem Gefäß rhythmisch bewegt. Wichtig ist auch hierbei das Verhältnis zur Normalsituation. Manche Pferde, auch gerade Pferde, die bereits eine Hufrehe erlitten haben, besitzen stets einen deutlich spürbaren Puls. Bei anderen Pferden findet man ihn dagegen kaum. Während bei ersteren dieser spürbare Puls den Normalzustand widerspiegelt und keinen Anlass zur Sorge gibt, gäbe es bei den letzteren eindeutig Grund zur Besorgnis. Das bedeutet, Sie müssen wissen, wie die Normalsituation Ihres Pferdes ist. Vergleichen Sie die Situation Ihres Pferdes mit der bei anderen Pferden. Sie bekommen mit der Zeit Übung und es fällt Ihnen schließlich leicht, auch kleinere Unterschiede und Veränderungen festzustellen. Ein verstärkter Puls oder auch eine deutliche Pulsation ist kein ausschließlicher Verweis auf eine Hufrehe. Im Zusammenhang mit den oben beschriebenen Gangtests und erst recht bei deutlicheren Rehesymptomen kann sie jedoch zur Rehediagnose beitragen.
Diese leichten Reheschübe – man spricht in dem Zusammenhang auch gern von einer »schleichenden« Rehe – findet man besonders bei den Pferden, die durch Übergewichtigkeit, Insulinresistenz oder unphysiologische Hufsituationen in die Gruppe der Rehegefährdeten fallen.
Nicht selten werden die leichten Schübe übersehen, bis sich die Rehe eines Tages

deutlicher manifestiert. Das Pferd, das früher immer mal wieder ein bisschen klamm und verspannt lief und ab und zu auch mal Wendeschmerz zeigte, steht plötzlich auf der Koppel oder in der Box und verlagert das Gewicht von einem Bein auf das andere. Wenn es sich noch dazu überreden lässt, sich vorwärts zu bewegen, dann tut es dies mit starker Trachtenfußung und staksigen kurzen Schritten. Rückwärts richten ist unmöglich. Will man die Hufe anschauen, um die Situation zu eruieren, und versucht man dazu, die Beine aufzuheben, so ist dies nur mit sehr viel Mühe und Überredungskunst möglich. Man sieht, dass das Pferd starke Schmerzen hat und sein Allgemeinbefinden deutlich gestört ist (Schwitzen, Zittern, beschleunigte Atmung, beschleunigter Puls, Fieber).

Man kann so viel gewinnen, wenn man es nicht erst dazu kommen lässt; eben weil man die »schleichenden« Reheschübe bereits vorher bemerkt und mit der Therapie der Hufrehe frühzeitig beginnt. Im Zweifel ist es in jedem Fall sicherer, von einer Hufrehe auszugehen, als eine solche zu »übersehen«. Wenn man sich also nicht sicher ist, ob das verschlechterte Laufbild auf eine Hufreheerkrankung zurückzuführen ist oder nicht, sollte man sich immer dafür entscheiden, die nötigen Maßnahmen gegen eine Hufrehe zu ergreifen. Das bedeutet zunächst einmal, den Tierarzt oder Tierheilpraktiker zu rufen und den Hufbearbeiter zu verständigen. Letzterer kennt die Hufe Ihres Pferdes – neben Ihnen – am besten. Sollten auch die hinzugerufenen Fachleute sich nicht wirklich klar werden, ob es sich um eine Hufrehe oder um eine andere Ursache handelt, dann gehen Sie auf Nummer sicher und nehmen Sie die entsprechenden Schutzmaßnahmen für den Hufbeinträger vor, wie sie im nächsten Kapitel beschrieben sind. Im schlimmsten Fall haben Sie einen unnötigen Aufwand betrieben, der Ihrem Pferd nicht schadet, im besten Fall aber die Hufgesundheit erhalten, falls es sich doch um eine Rehe handelt. Ungünstig wäre es in diesem Fall, das schmerzhafte Gehen mit Schmerzmitteln zu maskieren. Auf das Pro und Contra der Schmerzmittel bei Hufrehe werde ich im nächsten Kapitel noch detaillierter eingehen. Selbstredend muss der Zustand Ihres Pferdes überwacht und auf weitere Ursachen hin untersucht werden, damit durch den Hufreheverdacht nicht andere Krankheitsursachen übersehen werden und unbehandelt bleiben.

Besonders bei unphysiologischen Hufzuständen und bei Sohlenlederhautentzündungen kann das Bild sehr dem einer Hufrehe ähneln. Beides ist auch überaus ernst zu nehmen. Wie im Abschnitt »Risikofaktor Huf« bereits ausgeführt wurde, sind Hufe mit hebelnden Wänden und belastetem Hufbeinträger für Hufrehe prädisponiert. Will man es nicht soweit kommen lassen, sollte man die Zeichen ernst nehmen und dafür sorgen, dass die Rehegefährdung durch eine regelmäßige und vernünftige Hufbearbeitung abgestellt wird.

Zu einer Sohlenlederhautentzündung kann es kommen, wenn die Hufsohle zu stark beansprucht wird. Das kann beispielsweise dann passieren, wenn die Hufe bei der Hufbearbeitung zu stark gekürzt werden. Es gibt Hufbearbeiter, die den Hufen regelmäßig ihren Tragrand rauben, so dass die Pferde gezwungen sind, auf der Sohle zu laufen. Kommen dann noch ungünstige Umstände hinzu – gefrorener Matschauslauf, Einzug in einen neuen Stall mit viel Zwangsbewegung durch die neue Herde, längere Ritte – kann die Sohlenlederhaut durch den ständigen Bodenkontakt so gereizt werden, dass es zu einer Entzündung der Lederhaut kommt. Das Pferd zeigt die drohende Gefahr zwar deutlich durch entsprechende Fühligkeit der Füße an, wenn darauf jedoch keine Rücksicht genommen wird, kann in der Folge eine Sohlenlederhautentzündung entstehen. Das Gleiche kann passieren, wenn die Hufsohle durch den Hufbearbeiter zu stark bearbeitet wird. Das Sohlenhorn besitzt einen Schutzcharakter und sollte deshalb mit Bedacht bearbeitet werden. Pferde mit empfindlichen dünnen Sohlen sind prinzipiell deutlich mehr gefährdet, an einer Lederhautentzündung der Sohle zu erkranken als Pferde mit stabilen, dickeren Hufsohlen.

Auch eine ungewohnte starke Nutzung des Pferdes kann eine Lederhautentzündung hervorrufen. Begibt man sich beispielsweise auf einen Wanderritt oder spannt sein Pferd für eine Mehrtagesfahrt vor die Kutsche, so kann es ohne entsprechende Vorbereitung und entsprechendes Training leicht dazu kommen, dass das Pferd fühlig wird, weil sich das Horn zu schnell abreibt. Ignoriert man die Fühligkeit und setzt seinen Ritt oder seine Fahrt ungerührt fort, ist es möglich, dass sich die Lederhäute der Sohle entzünden. Trainierte Hufe, die durch die ständige Arbeit auf unterschiedlichen Böden hartes, abriebresistenteres Horn besitzen, können längere Ritte oder Fahrten ohne Probleme überstehen. Will man sich mit untrainierten Hufen auf den Weg machen, so sollte man vorher die zur Verfügung stehenden Hufschutzmöglichkeiten prüfen und, wenn es nötig wird, auch ergreifen.

Die Lederhautentzündung ist auch eine relativ häufige Komplikation bei der Umstellung von Eisenbeschlag auf Barhuf. Man kann sie vermeiden, wenn man zwei Dinge beachtet. Erstens sind die manchmal bereits sehr baufälligen Hufe (Wandhebel, Risse, Nagellöcher, durch Fäulnisprozesse unterminierte Wände) so schonend und klug zu bearbeiten, dass möglichst viel Hornmaterial erhalten bleibt.

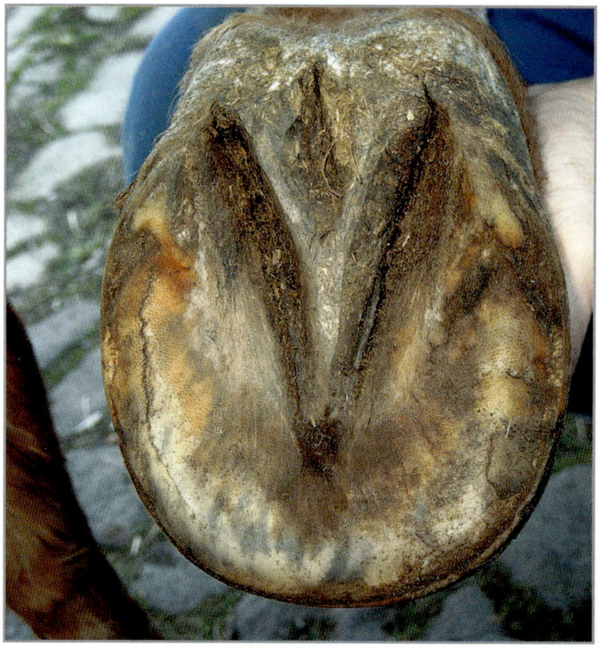

Abb. 90: So nicht! Dem Huf wurde mit der Raspel der gesamte Tragrand geraubt, die Stute lahmte auf allen vier Beinen.

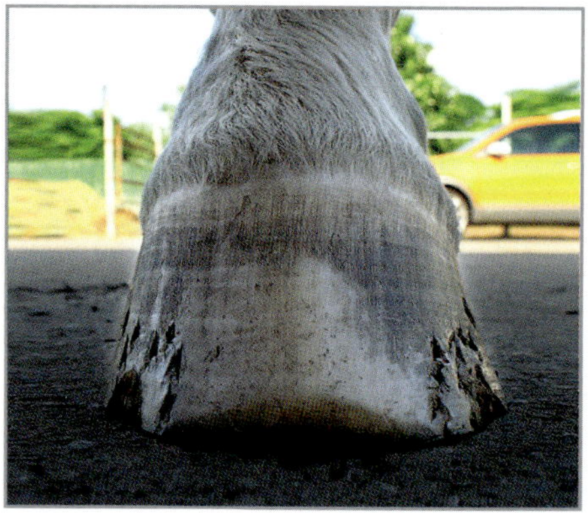

Abb. 91: Bei diesem Huf wurden die Eisen gerade abgenommen, nun heißt es, den Huf klug zu bearbeiten, damit so wenig wie möglich ausbricht und ausreichend Horn zum Tragen erhalten bleibt.

Das bedeutet nicht, das Eisen einfach zu entfernen und die Hufe so zu belassen wie sie sind – dann nämlich brechen die Tragränder schneller aus, als man sich versieht und es geht Hornmaterial verloren, welches das Pferd gerade in dieser Umstellungssituation dringend benötigt.

Auch das Gegenteil ist keine gute Lösung. Wenn der Huf ringsum möglichst kurz geschnitten wird, damit nichts ausbricht, sind Schmerzen beim Laufen vorprogrammiert. Es gibt zwar »Indianer« unter den Pferden, die auch das wegstecken, aber für die meisten ist mit einem solchen Vorgehen fühliges Laufen vorprogrammiert. Ganz häufig ist das dann schon das traurige Ende der Barhufumstellung. »Ich habe es schon versucht, aber mein Pferd kann einfach nicht ohne Eisen laufen«, ist der häufigste Satz, den ich in diesem Zusammenhang gehört habe. Im Übrigen ist es nicht die beste Therapie, in einem solchen Fall einer Nach-Eisen-Fühligkeit und einer sich möglicherweise daraus entwickelnden Lederhautentzündung wieder ein Eisen aufzubringen. Weit besser ist es, den Hufen Ruhe und Schonung auf weichen Böden zu gönnen, so dass die Entzündung abklingen und das Horn nachwachsen kann.

Soll die Barhufumstellung erfolgreich sein und die Reizung der Sohlenlederhaut vermieden werden, muss man viel Sorgfalt bei der Hufbearbeitung walten lassen. Damit hat man einen wichtigen Grundstein für den Erfolg gelegt. Den zweiten Grundstein bilden die Einsicht und das Engagement des Pferdebesitzers. Ein Pferd, welchem die Eisen abgenommen werden und welches in Zukunft Barhuf laufen soll, benötigt zumeist eine Schonzeit für seine Hufe.[49] Prinzipiell sollte das Pferd nach der Eisenabnahme nicht **MEHR** laufen müssen, als es dies selbst möchte. Das gilt für die Arbeit, wie auch für das Herdenleben. Zwangsbewegung durch andere Pferde oder die Form der Haltung (Bewegungsstall mit Betonböden) sollte also auch ausgeschlossen werden. Wie lange diese Schonzeit nötig ist, ist sehr unterschiedlich und hängt stark vom konkreten Hufzustand ab.

Eine Sohlenlederhautentzündung ist sehr ernst zu nehmen und es ist alles dafür zu unternehmen, sie schnellstmöglich abklingen zu lassen. Die beste Behandlung sind Ruhe und weicher Boden.

Die Lederhautentzündung ist nicht nur äußerst schmerzhaft fürs Pferd, sie kann auch durchaus in eine Hufrehe münden, wenn sie unbeachtet bleibt. Man kann sie insofern auch als »Entwicklungsstadium zur ‚Hufrehe'« betrachten (D'ARPE 2008).

3.2 Was tun?

Was können wir tun, um den Reheschub zu stoppen und dabei die Schäden auf die Hufbeinaufhängung so gering wie möglich zu halten? Die besten Chancen bestehen, wenn die Rehe so frühzeitig wie möglich erkannt wird und eine schnelle Behandlung erfolgt. Die sichtbare Rehe ist jedoch wie gesagt bereits eine fortgeschrittene Hufrehe. Am Effektivsten behandeln könnte man die Rehe in ihrem unsichtbaren Stadium, also in der symptomlosen Initialphase. In den seltenen Fälle, in denen man voraussehen kann, dass die Umstände zu einer Hufrehe führen werden oder die Wahrscheinlichkeit für die Entwicklung einer Hufrehe hoch ist, ist es klug, jegliche Vorsorgemaßnahmen zu ergreifen, die sich bieten. So sollte an der Partnergliedmaße vorbeugend ein Sohlen-Strahl-Polster angebracht werden, wenn die andere Gliedmaße aufgrund einer Erkrankung vom

49 Zur Problematik der Barhufumstellung siehe RASCH 2013

Pferd dauerhaft geschont wird. Es sind zum einen alle Maßnahmen zu ergreifen, die eine Rehe noch verhindern könnten, beispielsweise durch das Abfangen und Ausleiten der Toxine bei einer Überfütterung (Gabe von Paraffinöl per Nasenschlundsonde bzw. Gabe von Carbo medicinalis) oder das Einleiten von entsprechenden Gegenmaßnahmen bei Schock- oder Vergiftungszuständen. Zum anderen sollten sofort aber auch zusätzlich Schutzmaßnahmen für den Hufbeinträger ergriffen werden. Die erste Wahl und den höchsten Schutz stellt in dieser Phase nach den neuesten Erkenntnissen die Kryotherapie (Kältetherapie) dar.

3.2.1 Kryotherapie

Seit mehr als 10 Jahren weiß man, dass die Anwendung der Kryotherapie in der Initialphase der Hufrehe die Schädigung des Hufbeinträgers drastisch reduziert und die so behandelten Gliedmaßen eine Hufrehe nahezu unbeschadet überstehen. (van EPS et. al 2004) Vor sechs Jahren wurde dieser positive therapeutische Effekt der Eiswassertherapie auch für die bereits in das akute Stadium übergegangene Hufrehe nachgewiesen.[50]

Leider hinkt die therapeutische Praxis den Fortschritten der Theorie erheblich nach. Die Kryotherapie gehört bislang bedauernswerter Weise nicht zum Standardprogramm der Hufrehetherapie. Deshalb ist es momentan leider noch immer nicht ganz leicht, eine solche Kälteanwendung im Fall der Fälle vornehmen zu lassen. Aber es gibt doch schon einige Kliniken und Tierärzte, die heute Kryotherapie für Hufrehepatienten anbieten. Eine Liste dieser Fachleute und Einrichtungen findet sich bspw. auf der homepage der Soft-Ride Corporation (siehe nützliche Adressen). Die Firma aus Texas hat einen Kühlstiefel entwickelt, der für den Einsatz bei Hufrehe hervorragend geeignet ist. Diese Therapie-Stiefel werden weltweit unter dem Namen Ice Spa Boots vertrieben und können auch vom Pferdebesitzer selbst erworben und angewendet werden.

Um den therapeutischen Nutzen der Kühltherapie sicherzustellen, ist es erforderlich, die Gliedmaßen bis zur oberen Mitte der Röhrbeine für 72 Stunden in sehr kaltes Wasser zu stellen. Entscheidend ist, dass die gesamte untere Gliedmaße und nicht nur der Huf vom Eiswasser bedeckt ist. Die Temperatur sollte konstant zwischen 0-5° Celsius gehalten werden. Erreicht wird dies am besten durch die Mischung von Crash-Eis und kaltem Wasser. Es ist dabei darauf zu achten, dass das Eis im Wasser schwimmt, so dass das Eis selbst keinen längeren direkten Kontakt mit der Haut hat. (POLLITT 2017c)

Auch mit Eiswasser bestückte Hufwannen können für die Kältetherapie zum Einsatz kommen. Allerdings sind hierbei sehr große Mengen an Eiswürfeln nötig. Eine Möglichkeit, die benötigten Eismengen zu reduzieren, besteht in der Verwendung von Dry Bags – die Form und Robustheit dieser wasserdichten Rucksäcke machen es möglich, diese kurzfristig als flexible Kryotherapie-Stiefel einzusetzen. Selbstredend muss während der Gesamtzeit der Kühltherapie eine Rund-um-die-Uhr-Betreuung des Rehepatienten gesichert sein.

50 Auf dem 12. Kongress für Pferdemedizin und -chirurgie in Genf berichtete der australische Hufreheforscher Andrew VAN EPS von einer jüngst abgeschlossenen Studie, in welcher der Effekt der Kryotherapie bei akut erkrankten Hufrehepferden erforscht wurde. Die untersuchten Pferde wurden diesmal erst nach dem Einsetzen der Lahmheit mit Kryotherapie behandelt. Über einen Zeitraum von 36 Stunden wurde jeweils eine der Vordergliedmaßen gekühlt, die andere wurde unbehandelt gelassen. Während die Gliedmaßen, die unbehandelt gebliebenen waren, erwartungsgemäß starke mechanische Schäden aufwiesen, zeigten die mit der Kryotherapie behandelten Hufe – sehr zum Erstaunen der Forscher – kaum Schäden. Der Unterschied zwischen behandelten und unbehandelten Hufen war signifikant und führte die Forschergruppe zu der Schlussfolgerung, dass

Die bisher im Handel erhältlichen Kühlgamaschen bringen leider nicht den gewünschten Kühleffekt. Mit ihnen gelingt es nicht, die nötigen tiefen Temperaturen herzustellen und diese über einen längeren Zeitraum zu halten.

Die Wirkung der frühzeitig eingesetzten Kryotherapie ist beeindruckend. Es gibt keine andere vergleichbar wirksame Maßnahme zur Therapie von Hufrehe (ebenda). Die durch die Kälte bewirkte lokale Stoffwechselreduktion führt zu einer erfolgreichen Begrenzung der Schäden im Hufbeinträger. Wird ein Rehepferd bereits von Beginn an kryotherapeutisch behandelt, nimmt der Hufbeinträger keinerlei Schaden. Aber auch der spätere Einsatz der Kühltherapie ist durchaus noch sinnvoll. Zwar werden in diesem Fall die bereits eingetretenen Schäden nicht rückgängig gemacht, aber ihr Fortschreiten wird gestoppt und die Hufrehe wird zum Abklingen gebracht. Stoffwechselrate und Sauerstoffverbrauch des Gewebes werden durch die Kälteanwendung gedrosselt, was die Enzymaktivität vermindert und so die Lösung der Zellverbindungen verhindert. Ebenso kommt es zu einer reduzierte Produktion und Aktivität von Entzündungs-Zytokinen und Leukozyten. [51]

Glücklich ist, wer mit seinen Pferden in einer schneereichen Gegend lebt und den Schnee zur Eiswasserbereitung nutzen kann. Das gilt aber nur in den Fällen, in denen die Hufrehe nicht durch die frostigen Temperaturen selbst ausgelöst wurde.[52] Auch ein kalter Bach kann gute Dienste tun. Auch wenn uns der Aufwand zunächst sehr hoch erscheint, es ist ja nicht unbedingt so ganz einfach, sein Pferd für 2 bis 3 Tage in einem Bachlauf zu parken. Letztlich muss man aber festhalten, dass sich der Aufwand im Falle eines Reheschubs doppelt und dreifach lohnt. Man erspart sich nicht nur das Vielfache an zeitlichem und finanziellem Aufwand, wie er dann mit einer ungenügend behandelten Hufrehe einhergeht, man erspart seinem Pferd auch viel Schmerz und Leid und rettet ihm mitunter auch wirklich das Leben. Natürlich muss hier die eventuell bereits eingetretene Schädigung der Hufe und die damit einhergehende Schmerzhaftigkeit berücksichtigt werden.
Es ist immer gründlich abzuwägen, ob ein Pferd mit bereits deutlicher Hufrehesymptomatik, welches sich am liebsten niederlegen möchte, tatsächlich in einen Bach gestellt wird, wo ihm das Hinlegen dann verunmöglicht wird.

Prinzipiell wird die Kühlung von hufrehekranken Hufen bei der Hufrehe schon seit Jahrhunderten praktiziert. Allerdings konnte man erst in den letzten Jahren nachweisen, dass es die **dauerhafte** Kälteanwendung **bei entsprechend niedrigen Temperaturen** ist, die bewiesenermaßen einen tatsächlichen therapeutischen Nutzen bringt. Das Abspritzen der Hufe mit dem Schlauch, das mehrmals täglich Aufstellen der Hufe im Wassereimer oder auch das Einpacken in feuchtkalte Wickel, wie es häufig bei akuter Rehe praktiziert wird, hat diesen Effekt der lokalen Stoffwechselreduktion nicht. Hier ist eher der gegenteilige Effekt zu erwarten und die Stoffwechselprozesse und die Durchblu-

51 *Sinkt die Gewebetemperatur um 10° C, so bewirkt dies eine Absenkung der Aktivität metabolischer Enzyme um ca. 50%. Die Kälteanwendung wird von den Pferden dabei sehr gut vertragen. Es treten weder Kälteschmerz noch Kälteschäden auf. (POLITT; van EPS 2008) Maßnahme zur Verhinderung bzw. Eindämmung von Hufreheschäden darstellt.*

52 *Ein Phänomen, das bisher noch nicht geklärt ist, ist das zwar eher seltene, wenn dann aber bei den betroffenen Patienten sehr zielsichere Auftreten von Hufrehe bei aufkommendem Frost. Es handelt sich hierbei stets um chronische Hufrehepatienten, deren Hufe bereits starke Veränderungen aufweisen.*

tung der Hufe werden nicht gedrosselt, sondern angeregt. Angesichts der oben vorgestellten Ergebnisse zum rehereduzierenden Effekt der Kryotherapie spricht jedoch nichts für einen Nutzen der Anregung des Stoffwechsels im akuten Rehehuf, wie es durch ein sporadisches, nichtdauerhaftes Kühlen erfolgen würde.

3.2.2 Anlegen eines Sohlen-Strahl-Polsters

Eine weitere sehr gute prophylaktische wie auch therapeutische Maßnahme bei Hufrehe stellt das Anlegen eines Sohlen-Strahl-Polsters dar. Besteht die Gefahr der Entwicklung einer Hufrehe und gibt es keine Möglichkeit, die Kryotherapie anzuwenden, so sollten die Hufe des betroffenen Pferdes mit einem Sohlen-Strahl-Polster versehen werden. Dieses Polster entlastet den Hufbeinträger und kann so die mechanischen Schädigungen begrenzen, im besten Fall sogar weitgehend verhindern. Auch nach dem Auftreten erster Reheanzeichen, also wenn offensichtlich wird, dass unser Pferd an einer Hufrehe leidet, kann dieses Polster sehr wirkungsvoll eingesetzt werden.

Benötigt wird ein Polstermaterial, welches die Last des Pferdegewichts möglichst weich auffängt und das unter der Belastung annähernd elastisch bleibt. Die von manchen Tierärzten benutzten Styrodur-Platten sind für diesen Zweck nicht geeignet, da sich das Material eindrückt und dann eine sehr feste, unnachgiebige Unterlage bildet. Das wird vom Pferd nicht nur als recht unangenehm empfunden, es komprimiert auch in unguter Weise die Sohlenlederhaut. Besser geeignet für das Anlegen eines Sohlen-Strahl-Polsters ist da noch Polsterwatte. Auch diese ist nicht optimal, da sie sich durch die dauerhafte Gewichtsbelastung ebenfalls verfestigt. Allerdings ist sie ein Material, das im Notfall schnell zur Hand ist und so helfen kann, die erste Zeit zu überbrücken. Für das Anlegen eines solchen Erste-Hilfe-Polsters benötigt man neben Polsterwatte lediglich eine festes Gewebeklebeband (Klauenband, Panzertape oder ähnliches) und wenn möglich eine zweite Person, die einem durch Aufhalten oder Zureichen etc. behilflich ist.
Noch besser als Polsterwatte eignet sich Schafwolle, die ihre Elastizität auch unter dem dauerhaften Gewicht besser beibehält. Wer also die Möglichkeit hat, an Schafwolle zu kommen, sollte dieser den Vorzug geben. Das Polster wird so angebracht, dass es der einfallenden Gewichtslast weiche Unterstützung bietet und die Last vom Tragrand nimmt. Selbiger sollte schweben. Die Hufbeinaufhängung erfährt hierdurch eine deutliche Entlastung, was der mechanischen Zerstörung entgegenwirkt. Da sich die Polstermaterialien mit der Zeit etwas zusammendrücken, muss in der Regel nach einigen Stunden noch einmal nachgepolstert werden. Die Haltbarkeit des Polsters ist – gerade auch aufgrund der eingeschränkten Beweglichkeit des Rehepferdes – sehr gut.
Gegen ein Durchfeuchten des Verbandes bei Aufenthalt des Pferdes im Freien, kann man als Schutz eine zusätzliche äußere Lage geteertes Klauen- oder Hufklebeband verwenden (Hoof-Tape, Certoplast, etc.), welches wasserabweisend wirkt.

1+2 **Vorbereitung einer Platte aus Gewebeband**
3+4 **Ausstopfen der Strahlfurchen**
5+6 **Polster aufbringen**
7+8 **Tapen (Achtung: Nicht über den Kronsaum hinaus tapen!) Bein absetzen lassen**
9 **Nachpolstern, Aufpolstern**
10+11 **Nach-Tapen**
12 **Prüfen, ob der Tragrand schwebt**

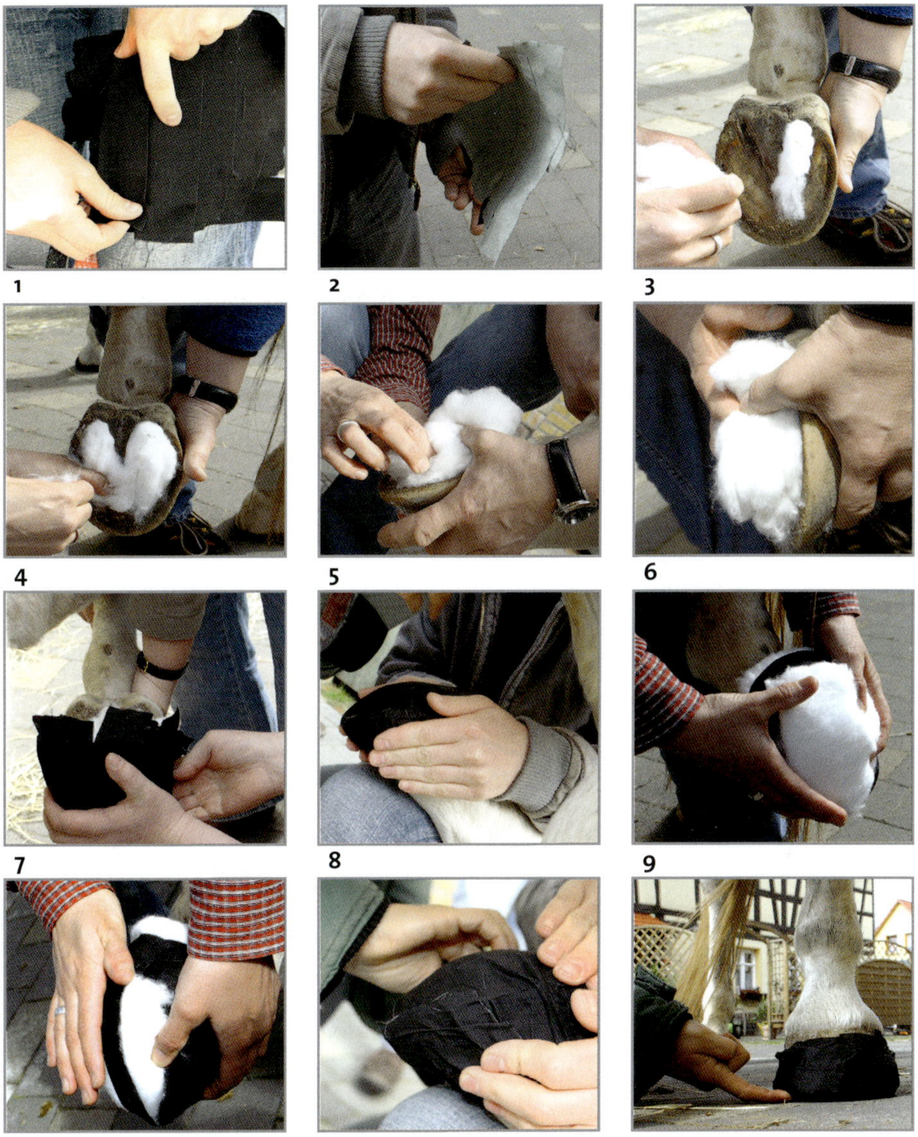

1 2 3 4 5 6 7 8 9 10 11 12

Abb. 92: Anleitung zum Anlegen eines Sohlen-Strahl-Polsters

Im Falle eines Pferdes mit sehr niedrigen Trachten ist es manchmal etwas schwieriger, den Hufverband zu befestigen, ohne dabei mit dem Tape über die Ballen zu gehen. In einem solchen Fall muss ein zusätzlicher Ballenschutz (Watte) angelegt werden, damit es nicht zu Schäden an der empfindlichen Ballenhaut kommt. Ein sehr gutes Polstermaterial bieten Komprex® Schaumgummi-Kompressen der Firma Lohmannn/Rauscher, die im humanmedizinischen Bereich u.a. zur Verhinderung von Drucknekrosen angewendet werden. Der Syntheselatex ist luft- und wasserdampfdurchlässig, bleibend elastisch und dadurch, anders als die Polsterwatte, reversibel verformbar. Das heißt, das Pferd kann seine Stellung auf dem Polster jederzeit verändern, da das Polster auch nach andauernder und starker Druckbelastung stets wieder in den Ausgangszustand zurückkehrt. Vorteilhaft ist auch die sehr leichte Handhabung. Die Polstereinlagen können durch Zuschneiden schnell und einfach hergestellt und an die individuelle Hufgröße angepasst werden. Bei kleineren Hufen und Pferden mit geringem Gewicht ist eine Lage ausreichend. Bei größeren Hufen und Pferden mit höherem Gewicht benötigt man in der Regel zwei Lagen, die man mit handelsüblichem Klebstoff kurzerhand zusammenkleben kann. Die Befestigung der Komprex-Polster am Huf selbst erfolgt wieder mittels geeignetem Klebeband, wie oben für den Watte-Polsterverband ausgeführt.

Die hier beschriebene Erste-Hilfe-Maßnahme zeichnet sich dadurch aus, dass sie gleichermaßen wirkungsvoll wie auch sehr einfach durchzuführen ist. Durch das Polstern wird die Gewichtslast vorübergehend vermehrt auf Hufsohle und Strahl verteilt, der erkrankte Hufbeinträger wird so effektiv entlastet, was die Schäden der Hufrehe begrenzen hilft. Von den meisten Hufrehepferden wird das Polstern sofort als angenehm empfunden, es gibt aber auch Pferde, die unmissverständlich anzeigen, dass sie die Polsterung als unkomfortabel empfinden. Hier muss das Polster entweder solange entsprechend abgeändert werden, bspw. durch das Freilassen des Bereiches vor der Strahlspitze, bis der Patient das Stehen auf dem Polster als bequem empfindet oder, so das nicht gelingt, also kein Komfort für das Pferd hergestellt werden kann, sollte das Polster wieder entfernt werden. In einem solchen Fall muss allein die tiefe, weiche Einstreu den schützenden Polstereffekt übernehmen. In jedem Fall ist die »Aussage« des Pferdes maßgeblich. Dabei ist darauf zu achten, dass diese »Aussage« des Pferdes nicht durch die Gabe von Schmerzmitteln überdeckt ist.

3.2.3 Medikation – Schmerzmittel pro und contra

Es gibt bislang keinerlei spezifische Medikamente, die in der Lage wären, die zerstörerischen Vorgänge einer Hufrehe innerhalb des Hufbeinträgers zu stoppen. Alle bei der Hufrehe zum Einsatz kommenden Medikamente sind – so sie nicht auf die Therapie einer Primärerkrankung zielen – rein palliativer Natur, das heißt sie dienen der Linderung der Symptome und dem Erträglichmachen der Situation. Die Ausschaltung der Reheursache hat deshalb oberste Priorität. Je besser es gelingt, die Ursache auszuschalten bzw. die Primärerkrankung erfolgreich zu therapieren, desto mehr begrenzt man die zerstörerischen Reheprozesse.

Das Hauptleitsymptom der Rehe selbst ist der Schmerz. Je nach Schwere der Reheerkrankung leiden die Pferde unter deutlichen bis hochgradigen Schmerzen. Deshalb kommen zur Linderung der Symptome in der Regel vor allem schmerzlindernde Medikamente zum Einsatz.

Allerdings herrscht heutzutage keine Einigkeit (mehr) darüber, ob in dieser Situation überhaupt Schmerzmittel eingesetzt werden sollten oder nicht. Die Befürworter einer Schmerzmedikation argumentieren neben der ethischen Verantwortung für das unter den Schmerzen leidende Tier mit einem positiven Rückkoppelungseffekt, den die Schmerzen auf das Rehegeschehen haben und den es auszuschalten gilt. Die anhaltenden Schmerzen stimulieren in der Tat eine erhöhte Ausschüttung von Katecholaminen (Adrenalin, Noradrenalin) sowie eine erhöhte Kortisolausschüttung. Beides bewirkt eine Erhöhung des systemischen Blutdrucks bei gleichzeitiger Verengung der Blutgefäße (Vasokonstriktion Seite 26) im Huf. Außerdem kommt es zu einer Erhöhung der Blutgerinnungsfaktoren sowie zu einem erhöhten Blutzuckerspiegel.

Früher, als der Vasokonstriktion noch **DIE** negative Rolle bei der Auslösung und Forcierung des Rehegeschehens zugeschrieben wurde (siehe zur Vasokonstriktionstheorie Seite 26), machte es unter Umständen Sinn, diesem Prozess medikamentös entgegenzusteuern.
Nach den neuesten Erkenntnissen der Hufreheforschung jedoch, nach denen der Vasokonstriktion in der frühen Phase der Hufrehe nun eher eine protektive Wirkung beigemessen wird, könnte dieser vasokonstriktive Effekt der Schmerzen auch als berechtigte Schutzmaßnahme des Körpers gewertet werden. Allerdings setzt die schmerzhafte Stresssituation, die eine Hufrehe für das Pferd darstellt, im Organismus auch noch weitere biochemische Vorgänge in Gang, welche im Verdacht stehen, einen positiven Rückkoppelungseffekt auszulösen. So wird durch die heraufgesetzte Gerinnungsfähigkeit des Blutes die Bildung von Mikrothromben befürchtet, die in den Blutgefäßen der Wandlederhaut eine zusätzliche negative Wirkung entfalten.[53]

Auch das Fehlen von lebensnotwendiger Glukose kann sich auf den Hufbeinträger nachteilig auswirken. Zwar erhöht sich bei einem aufgrund von Schmerzen in Alarmbereitschaft versetzten Organismus der Blutzuckerspiegel, dies geschieht allerdings auf Kosten der peripheren Organe. Glukose wird für Hirn, Herz und Lunge zur Verfügung gestellt, die Gliedmaßen bleiben in dieser Situation unterversorgt. Es galt deshalb auch eine Zeitlang als opportun, bei einem wegen Hufrehe vorgenommenen Aderlass den Flüssigkeitsentzug mit einer Glukoseinfusion auszugleichen. Angesichts der Relevanz von Störungen des Insulinstoffwechsels für die Entstehung von Reheerkrankungen (siehe die Abschnitte zu EMS und PPID Seite 45ff.) ist letzteres allerdings kritisch zu sehen.
Als Schmerzmittel kommen bei der Hufrehe bevorzugt nichtsteroidale Antiphlogistica (NSAID) zum Einsatz.[54] Der gebräuchlichste Wirkstoff ist dabei das Phenylbutazon (beispielsweise Equipalazone®).

Neben dem Effekt der Schmerzminderung besitzt Phenylbutazon auch eine entzündungshemmende Wirkung, weshalb es ebenfalls bewusst bei Hufrehe eingesetzt wird. Da jede Hufrehe mit einer Entzündungsreaktion des Körpers einhergeht, kommt es im Organismus zur Ausschüttung körpereigener Botenstoffe. Einigen dieser Entzündungsmediatoren wird eine reheverstärkende Wirkung zugeschrieben.
Man geht heute prinzipiell davon aus, dass die Zytokine Tumornekrosefaktor (TNF-) und Interleukin 1 (IL-1) eine vermehrte Aktivierung der Matrix-Metalloproteinasen (MMP 2 und 9) bewirken und somit die Auflösung des Zusammenhangs der Zellen im Hufbeinträger stimulieren. Allerdings ließ sich ein sol-

53 *Früher wurde auch der Thrombosierung und in deren Folge entstehenden Ödemen zwischen Lederhaut und Hornkapsel eine ursächliche Rolle bei der Entstehung einer Hufrehe zugeschrieben (siehe Thrombose- bzw. Exsudat-Theorie Seite 25ff.). Der australische Hufreheforscher POLLITT verweist allerdings darauf, dass er in keinem Präparat im frühen Rehestadium je Mikrothromben oder Ödeme gefunden hat. (POLLITT Chapter 5 o. J.: 46)*

54 *Steroidale Antiphlogistica (Glukokortikoide) lösen mitunter selbst bei gesunden Pferden Hufrehe aus und sind von daher bei der Rehebehandlung kontraindiziert.*

cher MMP-Aktivierungsprozess im Experiment bisher nicht wirklich nachweisen.[55]

Während die Notwendigkeit schmerzstillender und entzündungshemmender Medikamente früher unbestritten war, mehren sich in der heutigen Zeit die Stimmen, die sich gegen eine solche Medikation aussprechen. Hingewiesen wird in diesem Zusammenhang auf die Gefahr, die davon ausgeht, dass mit der Schmerzminderung ein wichtiger Schutzmechanismus ausgeschaltet wird, der das Pferd doch im eigentlichen veranlasst, sich und seine Hufe vernünftigerweise zu schonen. Der Schmerz, mit dem eine Hufrehe einhergeht, legt dem Pferd nahe, sich niederzulegen oder sich zumindest nur noch sparsam zu bewegen. Ein erfolgreich wirkendes Schmerzmittel wirkt diesem Selbstschutz entgegen und lässt das Pferd trotz der brisanten Hufbeinträgersituation auf den Beinen und womöglich unterwegs sein.

Schmerzforscher aus der Humanmedizin weisen darüber hinaus auch auf einen besonderen Effekt entzündungshemmender Medikamente hin, der sich bei Schmerzen kontraproduktiv auswirkt. Die Entzündung selbst bewirkt eine eigene, vom Körper selbst hervorgerufene Schmerzminderung durch Opiate. Diese wird allerdings durch die Gabe entzündungshemmender Mittel außer Kraft gesetzt, da die Medikamente die entsprechenden Botenstoffe der Entzündungszellen blockieren. Man rät in der Humanmedizin deshalb bei hochgradigen Schmerzen zu einem sehr vorsichtigen Einsatz von Entzündungshemmern. Es ist meines Erachtens nicht auszuschließen, dass ähnliches auch beim Pferd gilt. Das würde aber bedeuten, dass

Übersicht über die häufigsten momentan bei Hufrehe zum Einsatz kommenden Medikamente

Wirkstoff/Medikament	Wirkung	!!!
Phenylbutazon/ (bspw. Equipalazone®) Meloxicam (Metacam ®) Flunixin (bspw. Finadyne®) Ketoprofen	NSAID = schmerzstillend und entzündungshemmend	• Schutzmechanismen des Körpers werden z.T. außer Kraft gesetzt, • in Einzelfällen reheauslösend/ reheverstärkend • in vitro leichte MMP-Aktivierung • Schädigung der Schleimhäute von Magen und Darm • Nierenschädigend, in Einzelfällen akutes Nierenversagen
DMSO (Dimethylsulfoxid)	Entzündungshemmend und antioxidativ	• eine positive Wirkung ist nicht belegt (MOYER et al. 2008)
Acetylsalicylsäure/ (bspw. Aspirin®)	Schmerzstillend und antithrombotisch	• mögliche Schädigung der Magenschleimhaut
Heparin	Antithrombotisch	• zur Wirkung existieren widersprüchliche Studienergebnisse (MOYER et al.) 2008
Acepromazin/-(bspw. Vetranquil®)	Vasodilatativ und beruhigend	• es gibt keinen Nachweis, dass auch nur eines der vasodilatatorischen Medikamente zur Behandlung von Hufrehe eine positive Wirkung entfaltet (POLLITT 2017c: 114)
Isoxsuprin	Vasodilatativ	
Pentoxifyllin	Vasodilatativ, antithrombotisch	

55 *Laut POLLITT zeigt sich die Wandlederhaut im Modellversuch resistent gegen praktisch alle bekannten Zytokine, Blutgerinnungsfaktoren und Prostaglandine. Aber auch Endotoxine oder der Extrakt der Schwarznuss, die in der Praxis zielsicher eine Hufrehe beim Pferd auslösen, setzen im Modellversuch (in vitro) keine signifikante MMP-Aktivierung in Gang. Allein der Streptococcus bovis bewirkte im Versuch die MMP-2 Aktivierung und bewirkte eine Auflösung des Zellzusammenhanges im Hufbeinträger. (POLLITT Chapter 5 o.J.: 50f.) Das Bakterium Streptococcus bovis spielt die Hauptrolle bei der klassischen Überfütterungsrehe (siehe im Abschnitt »Overload«, Seite 38ff.).*

der entzündungshemmende Effekt der eingesetzten Medikamente die Analgesie-Fähigkeit des Organismus herabsetzt und das Pferd stattdessen auf den schmerzstillenden Effekt des Mittels angewiesen wird.
Für das gebräuchlichste Mittel Phenylbutazon besteht darüber hinaus der Verdacht, dass es selbst Reheprozesse auslösen kann. (KÖRNER; HERTSCH 2008: 288) Dabei können offensichtlich sowohl einmalige Überdosierungen als auch längerfristige Gaben normaler Dosen zu Hufrehe führen. Hierfür verantwortlich gemacht wird in erster Linie die darmschleimhautschädigende Wirkung, wie sie alle NSAIDs teilen. (GERHARDS 2012: 40) Willem BACK berichtete auf dem 2008 in Berlin stattfindenden Internationalen Hufrehesymposium, dass in den Niederlanden über ein Verbot des Einsatzes von Phenylbutazon bei Hufrehe diskutiert wird. (BACK 2008)

Auch bei In-vitro-Experimenten zeigte sich zur Beunruhigung der Forscher eine leicht erhöhte MMP-Aktivierung unter dem Einfluss von NSAIDs (POLLITT Chapter 9 o. J.: 80). Der Einsatz von NSAIDs bei Hufrehe ist also durchaus auch kritisch zu sehen. In der Klinik für Pferde der TU Berlin hält man den Einsatz von NSAIDs zur Schmerzminderung bei Hufrehe nur im Falle des Auftretens von Zusatzkomplikationen, unter klinischer Kontrolle und bei kurzfristigem Einsatz für vertretbar. Ihren Einsatz als entzündungshemmendes Mittel hält man beim Rehepatienten gänzlich für überflüssig. (HÖPPNER; HERTSCH 2005: 2)
Auch MOYER et al. kommen nach Sichtung des aktuellen Forschungsstandes zu dem Urteil, dass es aus wissenschaftlicher Sicht keinen Beleg dafür gibt, dass NSAIDs Rehe verhindern oder in ihrem Verlauf auch nur positiv beeinflussen können. (MOYER et al. 2008: 238)

Medikamente, die sich ebenfalls maßgeblich auf die älteren Theorien zur Hufrehe stützen und die nach neueren Gesichtspunkten eher weniger sinnvoll erscheinen, sind die Mittel zur Gefäßweitstellung und Durchblutungsförderung (Vasodilatatoren). Da im Anfangsstadium der Hufrehe keine Minderdurchblutung vorliegt, ist ihr Einsatz in dieser Situation nicht sinnvoll. Die Tabelle auf Seite 114 gibt einen Überblick über die momentan gebräuchlichsten Hufrehe-Medikamente und ihre angezielten Wirkungen.

Entsprechend der früheren Annahme, dass das Rehegeschehen durch eine übermäßige Aktivierung der Enzyme MMP-2 und MMP-9 ausgelöst wird, untersuchte man auch die Wirksamkeit synthetischer MMP-Hemmer (POLLITT et. al 1998). Hierfür wurde die MMP-Aktivität während der Entwicklung von Hufrehe mittels MMP-Inhibitoren erfolgreich blockiert. Die Pathologie der Hufrehe entwickelte sich jedoch ungehindert, sowohl in der behandelten Gruppe als auch in der unbehandelten Kontrollgruppe der Pferde. Die Forscher zogen hieraus den Schluss, dass die Aktivierung der MMP nicht Ursache, sondern Folge einer schon vorausgegangenen Schädigung ist. (POLLITT 2017b: 70)

Auf molekularer Ebene geht der MMP-Aktivierung nach heutiger Überzeugung bereits eine Down-Regulation von Zytolink- und Membranproteinen voraus. Da dieser Abbau der Proteinbestandteile der Zelladhäsionskomplexe große Ähnlichkeiten

56 *Die Enzyme MMP 2 und MMP 9, die bei der Hufrehe des Pferdes den Zellzusammenhang im Hufbeinträger auflösen, werden beim Menschen für die Metastasierung von Tumoren verantwortlich gemacht. In der humanmedizinischen Forschung wurde Batimastat deshalb im Kampf gegen den Krebs erforscht. Allerdings erwies es sich als nicht ausreichend effektiv und mit starken Nebenwirkungen behaftet.*

mit den Veränderungen aufweist, die man bei der Entstehung von Hautkrebs beobachten kann, wird aktuell in neuen Studien der Einsatz von Krebsmedikamenten aus der Humanmedizin zum therapeutischen Einsatz bei Hufrehe geprüft. (ebenda: 73)

Fazit: Es gibt bislang kein Medikament, welches in der Lage wäre, die Zerstörung des Hufbeinträgers wirksam und sicher zu stoppen. Liegt der Hufrehe eine Primärerkrankung zugrunde, so kann jedoch ein erfolgreicher, gegen diese primäre Erkrankung erfolgender Medikamenteneinsatz das Ausmaß der Reheerkrankung reduzieren. Ob eine medikamentöse Schmerzbekämpfung erfolgen soll, ist umstritten.
Zurück bleibt der Pferdebesitzer in einem Dilemma. Der verantwortungsbewusste Tierarzt ist hiervon nicht weniger betroffen.

Gemeinsam steht man vor der Frage, soll man weiter auf Altbewährtes setzen und die neuesten Erkenntnisse und Einwendungen ignorieren oder muss man sich nicht stattdessen fragen, worin sich das Alte überhaupt bewährt hat? Wer an dieser Stelle eine Auflösung von mir erhofft, den muss ich leider enttäuschen. Ich kann vom bisherigen Stand des Wissens weder mit gutem Gewissen zuraten noch abraten, eines der oben genannten gängigen »Hufrehemedikamente« einzusetzen.

Wer sich gegen den Einsatz der schulmedizinischen Medikamente bei seinem Rehepferd entschieden hat oder seine Pferde ohnehin bereits von einem Tierheilpraktiker behandeln lässt, sollte im Falle einer Hufrehe unbedingt die Möglichkeiten der alternativen Heilkunde prüfen. Gerade die Homöopathie, aber auch die Phytotherapie und die Akupunktur bieten sehr gute Mittel und Wege, die Auswirkungen der Hufrehe zu mindern und das Befinden des Hufrehepatienten während der akuten Hufrehe zu verbessern. Da es sich anders als bei schulmedizinischen Medikamenten nicht um Allgemeinverordnungen handelt, sondern die Mittel individuell und fallbezogen eingesetzt werden, kann an dieser Stelle kein vergleichbarer Überblick über die zur Verfügung stehenden homöopathischen oder phytotherapeutischen Mittel gegeben werden.

Beispielhaft benannt werden sollen lediglich die Homöopathika Ginko Biloba, Belladonna, Aconitum oder auch Nux vomica, die im Falle von Hufrehe oft zur Anwendung kommen. Phytotherapeutisch setzt der Tierheilpraktiker oder auch der Tierarzt recht häufig Weidenrinde ein. Empfehlenswert ist auch die Gabe von Kräutern oder Kräuterpräparaten, die eine beruhigende Wirkung haben, wie Baldrian oder Melisse. Auch wenn die akute Hufrehe durchaus der Ort für sanfte Medizin ist, sie ist keinesfalls der richtige Zeitpunkt, um sich in Sachen Kräuterküche selbst auszuprobieren oder via Internetberatung und Shopkultur mit Pülverchen, Tinkturen oder Globuli zu experimentieren. Ein guter und erfahrener Therapeut ist vonnöten, damit dem Rehepatienten schnell und sicher geholfen werden kann. Ebenso wie in der Schulmedizin ist es auch in der Tierheilpraxis unerlässlich, dass der behandelnde Therapeut in Sachen Hufrehe auf dem neuesten Stand des Wissens ist. Zu häufig wird hier noch mit überkommenen Vorstellungen und veralteten Hufrehetheorien gearbeitet. So hält sich in den Reihen der Tierheilpraktiker beispielsweise recht hartnäckig die Vorstellung, dass es dem

Heilungsprozess dienen würde, wenn das Rehepferd bewegt wird. Wir werden im Abschnitt »Ruheraum« auf diese Thematik noch näher eingehen. Es sei aber an dieser Stelle bereits angemerkt, dass es sich um einen schwerwiegenden Fehler handelt, wenn man ein Pferd mit Hufrehe zur Bewegung ermuntert oder gar zwingt.

Wer die Fallbeispiele im letzten Kapitel dieses Buches liest, wird dort einige Pferde finden, die dank einer alternativen tierheilpraktischen Behandlung wieder auf die Beine gekommen sind. Für die »sanfte« Medikation im Unterschied zur Standardbehandlung mit NSAIDs spricht in meinen Augen neben der vergleichbar hohen Wirksamkeit ein weiterer Fakt. Dieser Fakt ist die bessere Verträglichkeit der sanften Medizin mit der Blutegeltherapie, die sich bei der Behandlung der Hufrehe als sehr effektiv erwiesen hat. Der medizinische Blutegel, der bei dieser Therapie zum Einsatz kommt, versagt seinen nützlichen Dienst nämlich mitunter, wenn zuvor beim Rehepatienten eine starke schulmedizinische Medikation erfolgt ist.

3.2.4 Blutegeltherapie und Aderlass

Als eine überaus effektive Maßnahme bei der akuten Hufrehe hat sich das Ansetzen von Blutegeln an den betroffenen Gliedmaßen erwiesen. Blutegel sind kleine Helfer mit einem enormen therapeutischen Potential. Nachdem dieses bekannte Heilmittel des Altertums und Mittelalters im vergangenen Jahrhundert mehr oder weniger in Vergessenheit geraten war, erlebt der Hirudo medicinalis seit den 80er Jahren des 20. Jahrhunderts nun wieder eine kleine, aber deutliche Renaissance.

Abb. 93: Blutegel am Rehepferd

Abb. 94: Blutegel haben eine sehr schöne Zeichnung.

Vor allem in der Humanmedizin besinnt man sich nach und nach wieder auf die positive Wirkung der Blutegeltherapie bei zahlreichen medizinischen Indikationen. Aber auch in der Tiermedizin gewinnt der Blutegel nach und nach Anhänger, wobei hier die Tierheilpraktiker eindeutig eine Vorreiterrolle übernehmen. Die Zahl der Tierärzte, die auch Blutegel zur Behandlung ihrer tierischen Patienten einsetzen, ist noch vergleichsweise gering. Blutegel sind »lebende Apotheken«, die durch ihren Biss nicht nur einen sanften Aderlass vornehmen, sondern dem Organismus des Patienten gleichzeitig auch einen Wirkstoffcocktail verschiedener Substanzen zuführen. Nur ein Teil der Wirkstoffe ist bislang identifiziert. Die Wirkungsweise dieser bisher bekannten Stoffe wird mit gerinnungsshemmend, antibiotisch, entzündungshemmend und schmerzlindernd beschrieben.

Um das Potential dieser Therapie für die Hufrehe auszuloten, hat die Deutsche Huforthopädische Gesellschaft e.V. (DHG e.V.) in den Jahren 2008/09 ein Forschungsprojekt durchgeführt. Unterstützt wurde dieses Projekt von der Biebertaler Blutegelzucht GmbH und dem Fachverband Niedergelassener Tierheilpraktiker e.V. (FNT e.V.). Bundesweit wurden insgesamt 112 Fälle erfasst und ausgewertet, bei denen Blutegel an einem Hufrehepatienten angewendet wurden. Das Ergebnis war beeindruckend

Abb. 95:

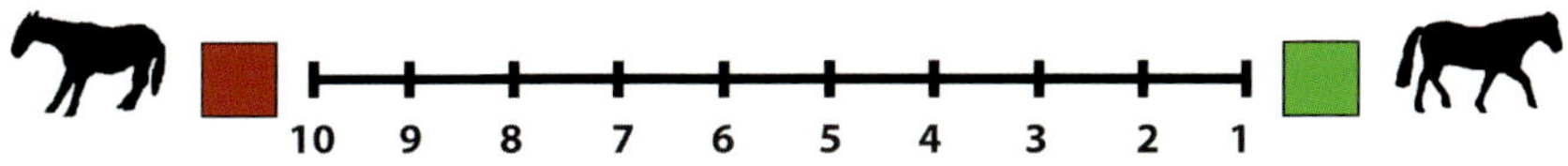

10	8	8
8	7	7
7	5	5
5	5	5
4	3	3
3	3	2

Die Gruppe der 18 Pferde vor der Blutegelbehandlung

7	4	3
2	5	3
2	3	3
3	2	1
1	1	1
1	1	1

und nach der Blutegelbehandlung

Erläuterung zur Lesbarkeit: Das erste Pferd besserte seinen Zustand von 10 auf 7, das zweite von 8 auf 4, das dritte von 8 auf 3 ...

und spricht für die Blutegeltherapie als **DIE** wirksame Erste-Hilfe- Maßnahme bei Hufrehe.

Es zeigte sich, dass die Blutegeltherapie vor allem im akuten Stadium der Hufrehe eine außerordentlich hilfreiche Maßnahme darstellt. Bei allen Pferden der Studie, bei denen die Anwendung der Blutegel innerhalb von 72 Stunden nach dem Auftreten der ersten Rehesymptome erfolgte, setzte eine schnelle Besserung der Symptome ein. In der Regel war die Verbesserung bereits nach 24 Stunden zu sehen.

Im oben gezeigten Farbdiagramm ist dieses Ergebnis der Untersuchung anschaulich gemacht. Das Diagramm stellt diejenigen 18 Pferde heraus, die im akuten Stadium der Hufrehe (also binnen 72 Stunden) mit Blutegeln behandelt worden sind. Der linke Block zeigt die Gruppe der Pferde vor Beginn der Blutegelbehandlung, der rechte Block zeigt den Zustand der gleichen Pferde 48 Stunden nach der Applizierung der Blutegel. Die Schwere der Rehesymptome ist durch Farben von rot (Wert 10 = extrem krank) bis grün (Wert 1 = gesund) kenntlich gemacht.

Aber auch dann, wenn der Einsatz der Blutegel erst zu einem späteren Zeitpunkt erfolgte, war in den meisten Fällen eine positive Wirkung sichtbar. Diese trat dann allerdings nicht mit derselben Zuverlässigkeit ein, wie dies bei einem frühzeitigen Einsatz der Blutegel der Fall war (RASCH 2010). Ob die positive Wirkung der Blutegel bei der Hufrehe dabei auf den bereits bekannt gewordenen Wirkstoffen des Blutegelspeichels (Saliva) beruht oder ob sie den noch unbekannten zu verdanken ist, ist derzeit nicht bekannt und bleibt, wie so vieles bei der Hufrehe, noch zu erforschen.

Angesichts des dokumentierten Erfolgs der Blutegeltherapie bei Hufrehe ist es nahe liegend, die kleinen Helfer in den Erste-Hilfe-Katalog aufzunehmen.
Je früher die Blutegel angesetzt werden können, umso größer sind die Aussichten, den Hufreheschub abzufangen und zu verhindern, dass es zu Schädigungen der Hufbeinaufhängung kommt. Die Blutegel scheinen, anders als die bislang zur Verfügung stehenden schmerz- und entzündungshemmenden Medikamente, tatsächlich in der Lage zu sein, die Hufrehe eines Pferdes zu stoppen.

Sehr häufig herrscht eine von Scheu oder sogar Ekel getragene ablehnende Haltung gegenüber dem Blutegel und seiner medizinischen Anwendung. Das ist schade und angesichts des enormen Hilfepotentials der Egel auch sehr unvernünftig. Darüber hinaus sind Blutegel bei genauer Betrachtung auch wirklich sehr schöne und beeindruckende Tiere.

Für den Pferdebesitzer ist es wichtig, einen Therapeuten zu finden, der im Umgang mit den Blutegeln und in ihrer Anwendung bei Hufrehe vertraut ist. Die Blutegeltherapie kann dabei durchaus parallel zu den anderen beschriebenen Maßnahmen erfolgen. Einzige Ausnahme ist die Kryotherapie, die nicht zeitgleich erfolgen kann.
Mitunter kommt es allerdings vor, dass die Blutegel ihren Dienst versagen und nicht anbeißen, wenn der Hufrehepatient vorab bereits große Mengen an Medikamenten bekommen hat.
Die Pferde akzeptieren die Blutegelbehandlung in der Regel sehr gut. Sie sind evtl. leicht irritiert durch die suchenden Bewegungen der Tierchen und zumeist spüren sie auch das erste Einschießen der Saliva und reagieren darauf, wie sie auch auf Insektenstiche reagieren. Ein paar beruhigende oder auch ermahnende Worte reichen zumeist aus, den kurzen, unangenehmen Moment zu überstehen. Haben die Blutegel ihr Werk getan, was zwischen 20 Minuten und 1,5 Stunden dauern kann, lassen sie sich abfallen und können wieder eingesammelt werden.

Sie sollten niemals während des Saugens entfernt werden, da sonst die Gefahr besteht, dass sie sich in die Wunde erbrechen und diese infizieren.

Nachdem die Blutegel abgefallen sind, kommt es zu einem mehrstündigen Nachbluten der Wunde. Das ist erwünscht, da es den Effekt des sanften Aderlasses erhöht und gleichzeitig dafür sorgt, dass sich die Wunde nicht durch Sekundärkeime infiziert.

Die Blutegeltherapie ist keine ganz unblutige Angelegenheit. Alles in allem fällt sie jedoch wesentlich weniger martialisch aus als ein echter Aderlass, bei welchem dem Hufrehepatienten zwischen einem und zwei Litern Blut pro 100 Kilogramm Körpergewicht entlassen werden. Gegenwärtig erlebt auch diese Maßnahme bei der Hufrehebehandlung eine gewisse Renaissance. Wichtig ist, dass das dem Körper entzogene Blut durch die entsprechende Menge eines Plasmaersatzmittels wieder aufgefüllt wird. Dies geschieht durch die gleichzeitige oder anschließende Infusion einer NaCl-

oder Elektrolytlösung. Ziel ist die Senkung des Hämatokrits auf einen Wert unter 25 Prozent. (HÖPPNER 2007: 175) Der Hämatokrit bezeichnet den Anteil der zellulären Bestandteile am Volumen des Blutes und ist ein Maß für die Zähigkeit des Blutes. Der Normalwert beim Pferd beträgt je nach Rasse 32 bis 45 Prozent (KRZYWANEK 2006: 43). Der Aderlass erfolgt unter ständiger Kontrolle des Kreislaufs des Patienten und dient der Blutverdünnung sowie der Reduzierung der im Blut befindlichen Entzündungsmediatoren und Toxine. In der Klinik für Pferde der FU Berlin, wo der Aderlass in dieser Form bei Hufrehe angewendet wird, verzeichnet man eine positive Wirkung, die sich durch verbessertes Allgemeinbefinden, geringere Schmerzhaftigkeit und verminderte Pulsation der Digitalarterien zeigt (HÖPPNER 2007: 175).

3.2.5 Ein »Ruheraum« für den Patienten

So gesund und lebenswichtig reichliche Bewegung für das Pferd ist, im Falle einer Hufrehe ist Bewegung und vor allem Zwangsbewegung – sei es durch den Menschen oder die Herdenmitglieder – absolut tabu. Ein Pferd, welches ohnehin eine Box sein eigen nennt, ist hierbei im Vorteil. Für alle anderen Pferde, die sonst im normalen Leben bevorteilt sind und das Herdenleben genießen dürfen, heißt es nun einen »Ruheraum« zu schaffen. Das ist mitunter nicht leicht zu bewerkstelligen und scheint manchmal sogar unmöglich, wenn die Gegebenheiten der Haltung nicht auf eine mögliche Trennung der Herdenmitglieder und Separierung in einzelnen Räumen ausgerichtet sind. Aber es gibt immer einen Weg. Man muss sich wirklich klar machen, dass der Erfolg bei der Eindämmung der Reheschäden in starkem Maße von dieser Maßnahme abhängig ist.

Der »Ruheraum« muss so beschaffen sein, dass unser Hufrehepferd wirklich zur Ruhe kommt und sich so häufig als möglich niederlegt. Weicher Boden, nachgiebige Einstreu (Sand, Späne, Torf) laden zum Liegen ein und vermindern Schäden, die durch langes Liegen entstehen können. Überdies sorgen sie beim Stehen für eine Entlastung der schmerzhaften Füße. Wenn keine Box zur Verfügung steht oder sich eine Box nicht anbietet, weil das Pferd hierüber in Aufregung geraten würde, dann kann ein abgeteilter Bereich im Offenstall oder auf der Weide (bei vertretbaren Witterungs- und Insektenverhältnissen!) den gleichen Zweck erfüllen.

Da manches herdengewohnte Pferd sich mehr oder weniger stark erregt, wenn es von seiner Herde getrennt wird, sollte man Bedingungen schaffen, die diesen Fakt berücksichtigen. Meist reicht es, wenn die anderen in Sichtweite bleiben. Das sollte man dann aber auch sicherstellen. Pferde sind bei weitem nicht einfach vernünftig und schonen sich und ihre erkrankten Hufe. Gerade wenn sie erregt sind, werden Schmerzen ignoriert und wir haben nichts gewonnen, wenn unser Rehepferd im Paddock hin- und hergaloppiert, weil der Letzte der Herde gerade um die Ecke und aus der Sichtweite verschwindet.

In manchen Fällen ist es besser, wenn man dem Patienten einen gesunden Kumpan hinzugesellt. Es sollte natürlich ein Pferd sein, welches diese Situation nicht nur selbst tapfer und gelassen erträgt, sondern welches sich auch noch gut mit dem Patienten verträgt. Bleiben Artgenossen in Sicht- oder Tastweite, so sollten diese das Re-

Abb. 96:

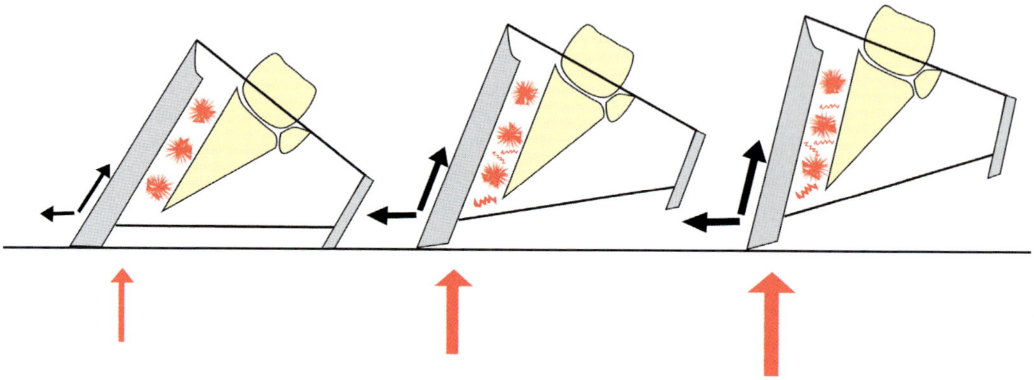

Der erkrankte Hufbeinträger wird bereits im Stand belastet

Durch Bewegung wird die Belastung auf Zehenwand und Hufbeinträger erhöht und es kommt zu zusätzlichen Schäden durch Zerreißungen

hepferd jedenfalls nicht dazu verleiten, sich zu bewegen.
Explizit widersprochen werden muss Theorien, die die Bewegung des Hufrehepatienten als therapeutische Maßnahme während der Erkrankung vorschreiben. Begründet wird eine solche »Bewegungstherapie« mit der Notwendigkeit, die Durchblutung der Gliedmaßen anregen zu müssen. Hierdurch soll die Minderdurchblutung der Huflederhäute aufgehoben werden, Giftstoffe aus den Lederhäuten geschwemmt werden und die Reparatur der geschädigten Bereiche angeregt werden. Nach den neueren Erkenntnissen der Hufreheforschung muss der positive Effekt einer Mehrdurchblutung in der frühen Rehephase ohnehin prinzipiell in Frage gestellt werden. Aber selbst wenn dem nicht so wäre, würde der nachteilige Effekt der mechanischen Zerstörung des Hufbeinträgers, der durch die Bewegung passiert, das gute Ansinnen konterkarieren. Ein wie auch immer gearteter therapeutischer Erfolg wird nicht nur zunichte gemacht, es werden überhaupt erst Schäden gesetzt, die vermeidbar gewesen wären. Bewegung während der Hufrehe hat kein heilendes, sondern ein zerstörerisches Potential für die Hufbeinaufhängung und vergrößert die Schäden am Huf.

Auch wenn die akute Hufrehe am Abklingen ist, ist weiterhin Vorsicht geboten. Eine zu frühe Belastung des mehr oder weniger geschädigten Hufbeinträgers kann den vorhandenen Schaden noch weiter vergrößern. Im schlimmsten Fall kann hierdurch auch ein Rückfall ausgelöst werden. Vorsicht ist ganz besonders dann geboten, wenn der Patient Schmerzmittel erhält. Da diese Mittel den Schmerz maskieren, fühlt Mensch wie Pferd sich mitunter zu früh auf sicherem Terrain und lässt es an der

noch nötigen Rücksicht auf die labile Hufsituation fehlen.
Natürlich benötigt das übergewichtige EMS-Pferd zur Verhinderung weiterer Reheschübe neben einem durchdachten Diätprogramm auch ein gezieltes Bewegungsprogramm. Dieses ist aber erst dann möglich, wenn die Situation des Hufbeinträgers es erlaubt.

So wichtig viel Bewegung gerade bei »wohlstandskranken« Rehepferden ist, so fatal ist ihre Wirkung während des akuten Rehegeschehens. Sicher ist zur Heilung und Wiederherstellung von zerstörtem Gewebe eine gute Durchblutung der erkrankten Bereiche hilfreich, es macht aber wenig Sinn, diese zu einem Zeitpunkt zu forcieren, wo hierdurch zunächst weitere Zerstörung angerichtet wird. Auch wir würden mit einer schmerzenden Fuß- oder Beinwunde nicht mehr laufen als nötig, nicht nur wegen der Schmerzen, sondern auch vor allem deshalb, weil die Bewegung die Wundränder ständig wieder aufreißen lässt und die Wunde so nicht zur Ruhe kommt.

3.2.6 Trachten hoch oder Trachten runter?

Häufig wird versucht, über eine Veränderung der Hufwinkel einen positiven Einfluss auf das akute Rehegeschehen zu nehmen. Hierzu gibt es zwei völlig gegensätzliche Vorgehensweisen und zum Teil heftige Diskussionen zwischen deren Verfechtern um die Richtigkeit der einen und die Schädlichkeit der anderen Maßnahme. Das eine Lager schwört auf die Verkürzung der Trachten, also die Verringerung der Hufhöhe im hinteren Hufbereich. Das andere Lager setzt auf das genaue Gegenteil, nämlich die Erhöhung der Trachten bei akuter Hufrehe. Beide verfolgen mit der jeweiligen Maßnahme das Ziel, die Belastung von den erkrankten vorderen Bereichen des Hufes auf die weniger betroffenen hinteren Hufbereiche zu verlagern. Beide sprechen dabei dem jeweils anderen den Erfolg seiner Maßnahme ab und kritisieren diese gegensätzliche Maßnahme als schädlich für den erkrankten Hufbeinträger. In meinen Augen bringt keine der beiden Vorgehensweisen – weder das Kürzen noch das Erhöhen der hinteren Hufbereiche – einen Nutzen bzw. eine sichere Entlastung der geschädigten Hufbereiche. Zudem bergen beide Maßnahmen ein nicht geringes Risiko.

Betrachten wir zunächst das Vorgehen beim Kürzen der Trachten. Problematisch ist hierbei in allererster Linie die erhöhte Spannung der Tiefen Beugesehne, die durch das Kürzen des Hufes im Trachtenbereich hergestellt wird. Ein verstärkter Zug der Tiefen Beugesehne ist ein großes Risiko, gerade bei einer Hufrehe. Reicht doch schon in manchen Fällen bei gesunden Hufen eine solche Korrektur aus, um beim Pferd einen Hufreheschub auszulösen (siehe Abschnitt 2.3.2, S. 63ff.).

Hinzu kommt, dass durch eine Verkürzung der hinteren Hufabschnitte der gesamte Huf nach hinten gekippt wird, wodurch die ohnehin schon durch die Hufrehe belastete Zehenwand noch schräger auf den Boden gebracht wird. Wie wir aus den Abschnitten Hufbiomechanik und Belastungsrehe wissen, verstärkt sich hierdurch die Hebelwirkung der Zehenwand und damit steigt die Belastung des Hufbeinträgers.

Da dies im Rehefall natürlich nicht erwünscht ist, wird als ergänzende Maßnahme zum Trachtenkürzen oft eine starke Bearbeitung der Zehenwand vor-

Abb. 97:

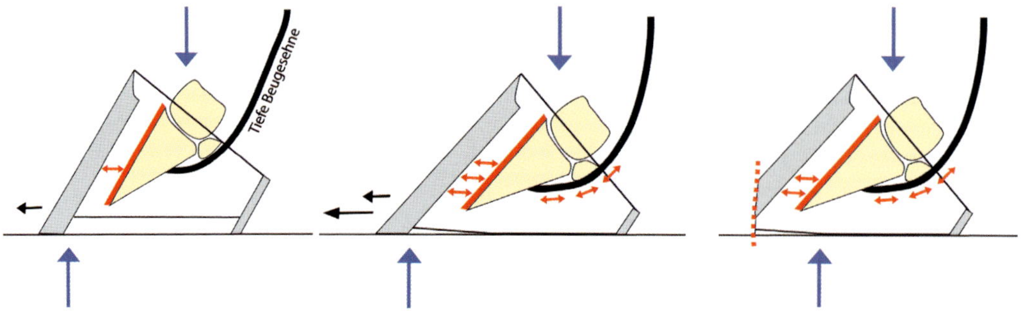

Normal- bzw. Ausgangssituation

Das Kürzen der Trachten führt zu einer erhöhten Spannung der Tiefen Beugesehne und zu einer stärkeren Belastung des Hufbeinträgers

Um dann die verstärkte Hebelkraft der Zehenwand wieder zu minimieren, wird die Zehe stark zurückgenommen

genommen. (siehe Abb. 97) Das ist ein massiver Eingriff in die Hufstatik und die Huffunktion, der sich nachhaltig negativ auf den Huf auswirkt und dabei seine Notwendigkeit lediglich aus der vorhergehenden unnötigen Maßnahme schöpft. Während die Vertreter des Trachtenkürzens das Argument der erhöhten Spannung der Tiefen Beugesehne ignorieren, verweisen die Befürworter einer Trachtenerhöhung explizit auf die Gefahr, die bei der Hufrehe vom Zug der Tiefen Beugesehne ausgeht. Diese Gefahr sehen sie im Falle einer Rehe allerdings schon bei den normalen Hufverhältnissen – also am unmanipulierten, nicht gekürzten Huf – als gegeben an. Man geht im Grunde davon aus, dass die Tiefe Beugesehne durch ihre Spannung dazu in der Lage ist, den Hufbeinknochen bei beschädigtem Hufbeinträger aus seiner Lage heraus nach hinten zu ziehen, also das Hufbein rotieren zu lassen.

Hierdurch würde sich die Belastung des Hufbeinträgers erhöhen und die Schäden potenzieren.

Durch ein Aufkeilen im Trachtenbereich (beispielsweise mit Gipsverband, Kunststoffkeilen, Holzkeilen, Styrodur/Styrofoam) soll die Spannung der Tiefen Beugesehne minimiert werden. (siehe Abb. 98)

Das Hufbein wird also absichtlich in eine steilere Stellung gebracht und im Hufgelenk wird eine Flexion hergestellt. Wir werden dieses Thema in Kapitel 4 (»Exkurs: Hufbeinrotation und Hufbeinsenkung«) noch einmal aufnehmen.

Neben einem positiven Effekt durch die verminderte Zugwirkung der Tiefen Beugesehne verspricht man sich von der Erhöhung des Trachtenbereiches eine Verlagerung der Gewichtsbelastung in die hinteren Hufbereiche, wodurch eine Entlastung der Hufbeinaufhängung herbeigeführt werden soll.

Abb. 98:

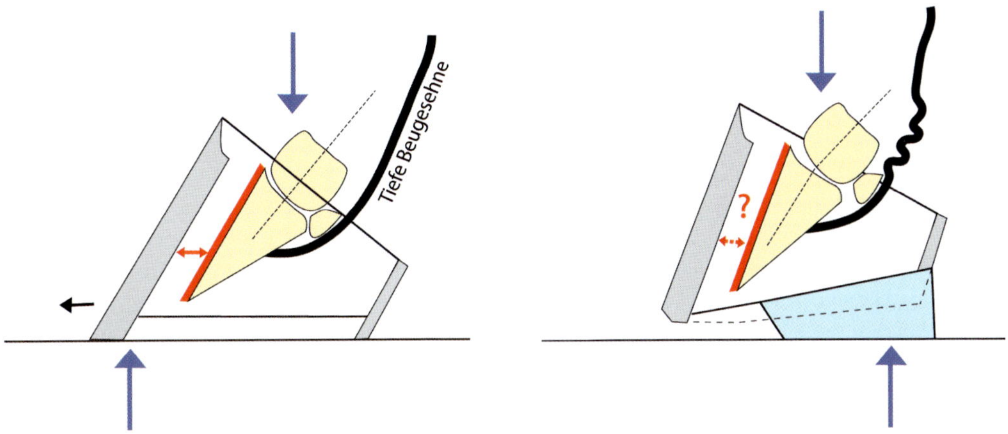

Normal- bzw. Ausgangssituation

Das Aufkeilen der Trachten verringert die Spannung der Tiefen Beugesehne und soll den Hufbeinträger entlasten

In der Regel wird die Erhöhung so angebracht, dass der Zehentragrand sowie die Hufsohle vor der Strahlspitze schwebt und diese Bereiche keinen Druck von unten erhalten. Letzteres bietet für das hufrehekranke Pferd zumeist eine deutliche Schmerzentlastung.

Diese Entlastung kann allerdings auch ohne eine Erhöhung der Trachten erreicht werden, wenn ein Sohlen-Strahl-Polster angelegt wird.

Ich halte ein Hochstellen und Unterkeilen des hinteren Hufbereichs bei einem Hufrehehuf prinzipiell für ein Wagnis. Besonders steile Hufe laufen meines Erachtens Gefahr durch ein solches Aufkeilen in ihrer Hufbeinaufhängung stärker, statt wie beabsichtigt weniger belastet zu werden.[57]

In der Klinik für Pferde an der FU Berlin, wo man akute Rehefälle seit einiger Zeit auf diese Weise behandelt, berichtet man von Erfolgen. Die Hufe werden dabei so aufgekeilt, dass die Zehenwand der Hufe annähernd senkrecht zum Boden steht. Man geht davon aus, dass sich hierdurch die einfallende Last im Bereich der Hufvorderwand verringert (HÖPPNER 2007). Leider sind die Erfolge dieser orthopädischen Maßnahme bislang nicht dokumentiert oder als Fallberichte öffentlich gemacht.

Möglicherweise beruht der Erfolg hier auch in erster Linie auf dem Moment, dass die behandelten Pferde vermehrt liegen, wodurch sie einerseits durch die Gabe von Beruhigungsmittel vernünftigerweise angehalten werden, wozu sie sich andererseits aber vielleicht auch – so die Vermutung einer befreundeten Tierärztin – durch die Steilstellung der Hufe genötigt sehen.

57 *Diese Gefahr sehen auch Adams und Stashak, nach deren Ansicht eine Trachtenerhöhung im Zuge der Hufrehetherapie eine »weitere Loslösung des Hufbeines aus seiner Aufhängung« bedingt. (STASHAK 1989: 495f.) Auch Christopher Pollitt spricht sich auf der 11. Huftagung der DHG e.V. im Jahr 2017 deutlich gegen eine Trachtenerhöhung zur Therapie der Hufrehe aus.*

In mehreren biokinetischen Untersuchungen wurden Messungen zur Auswirkung von Keilen auf die Lastverteilung am Huf durchgeführt. Sie führten allerdings zu ganz widersprüchlichen Ergebnissen (DOHNE 1991, KLUNDER 2000, BUCHNER 2008). Auch berücksichtigt keine dieser Untersuchungen bisher die Auswirkung der konkreten Hufsituation auf den Effekt des Aufkeilens.
Dies könnte unter Umständen auch zu den widersprüchlichen Ergebnissen beigetragen haben und ein Stück weit erklären, weshalb die Lastverteilung und Krafteinwirkung im einen Fall so und im anderen Fall ganz anders ausfällt.

Mit Ausnahme von Hufen, die sich in einer sehr ungünstigen Verfassung befinden, also flachen Hufen mit liegenden Trachten und einer Hyperextension im Hufgelenk, ist der therapeutische Nutzen des Aufkeilens bei der Therapie der akuten Rehe meines Erachtens in Zweifel zu ziehen. In jedem Fall muss darauf geachtet werden, dass eine Erhöhung des Trachtenbereiches nicht so ausfällt, dass sie statt der geplanten Entlastung eine Belastung Hufbeinaufhängung im Zehenbereich bewirkt.

Beide Lager – die Befürworter der Trachtenkürzung wie der Trachtenerhöhung – argumentieren stets mit der verbesserten Schmerzsituation des Pferdes, die die Richtigkeit ihrer Maßnahme bestätigen würde.

Aber Achtung, häufig werden gleichzeitig Schmerzmittel verordnet, so dass nicht sicher zu sagen ist, ob sich die im Anschluss an die orthopädische Maßnahme beobachtete Besserung der Symptome wirklich der Hufkorrektur oder ausschließlich der medikamentös herabgesetzten Schmerzempfindung verdankt.

Die Frage, ob man durch die Bearbeitung und durch eine absichtliche Stellungsveränderung der Hufe während der akuten Hufreheerkrankung eine Entlastung des Hufbeinträgers bewirken kann, möchte ich vorsichtig mit NEIN beantworten: Jede während der akuten Hufrehe vorgenommene Stellungsveränderung birgt aus meiner Sicht ein großes Risiko!

Überhaupt ist jede Bearbeitung der Hufe auf das Notwendigste zu beschränken. Die größtmöglichste Entlastung in der akuten Phase der Rehe gegen die mechanische Zerstörung des Hufbeinträgers bietet das Sohlen-Strahl-Polster.

3.2.7 Erste-Hilfe-Plan

Da die akute Phase so entscheidend ist für die Prognose – vollständige Gesundung vs. ein lebenslanges Krüppeldasein oder gar früher Tod des Pferdes –, muss hier und jetzt wirklich alles Menschenmögliche dafür getan werden, die Schädigung des Aufhängeapparates so gering wie möglich zu halten.
Diesem Ziel ist alles andere unterzuordnen! Der im nachfolgenden aufgestellte Erste-Hilfe-Plan soll Hilfestellung und Orientierung bieten, um die prekäre Situation zu meistern und möglichst viele positive Weichen zu stellen:

Erste-Hilfe-Plan bei akuter Hufrehe

1	**Kompetente Helfer rufen**	• sofort Tierarzt, Tierheilpraktiker, Hufbearbeiter informieren • Bekannte und Freunde um Unterstützung beim Handling der Situation bitten
2	**Ursache abstellen**	• Überfütterung • Vergiftung • Kolik • Stress • … } Tierarzt bzw. Tierheilpraktiker ergreift konkrete Gegenmaßnahmen
3	**Ruheraum schaffen**	• keine Bewegung • hinlegen lassen • weiche Böden • Aufregung vermeiden
4	**Kältetherapie oder Blutegel**	• Je nach Möglichkeiten und fortgeschrittenem Zeitpunkt kann die Kältetherapie (früher Zeitpunkt, Kühlmöglichkeit vorhanden) oder die Blutegeltherapie (zu jedem Zeitpunkt, Blutegeltherapeut vor Ort) sofortige Hilfe leisten.
5	**Sohlen-Strahl-Polster anlegen**	• Zur Entlastung des Hufbeinträgers sollten die Hufe so gepolstert werden, dass der Sohlen- und Strahlbereich die hauptsächliche Gewichtslast übernimmt.

4 Nach der Rehe – Was nun?

Nach der Rehe hat man nun die Muße, sich die Frage zu stellen, weswegen das Pferd eine Rehe erlitten hat. Nicht immer ist dies nämlich im Nachhinein ganz klar und offensichtlich. Relativ viele Besitzer von Rehepferden berichten, dass sie nichts an der Fütterung und Haltung geändert hätten und dass es auch sonst keine Ereignisse gab, die die Entstehung der Reheerkrankung bei ihrem Tier erklären könnten. In diesen Fällen sollten vor allem das endokrinologische (EMS, PPID, Insulinresistenz) und das huforthopädische Ursachenspektrum (Rehefährdung durch die Hufsituation) ins Auge gefasst werden. Es hat höchste Priorität, die Ursachen der Reheerkrankung herauszufinden und abzustellen. Geschieht dies nicht, ist es zumeist nur eine Frage der Zeit, bis der nächste Reheschub erfolgt.

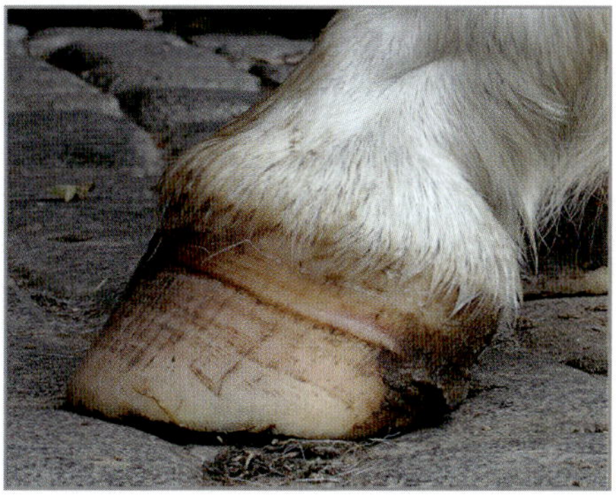

Abb. 99: Bei diesem Pferd wurde ein Sohlen-Strahl-Polster angelegt. Es entstand während des Reheschubs zweieinhalb Monate zuvor lediglich eine leichte Hornrille.

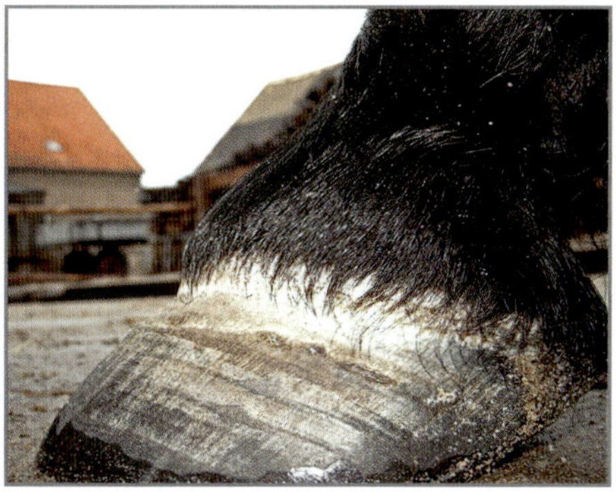

Abb. 100: Dieser Huf wurde drei Monate zuvor während der akuten Rehe mit einem Gipsverband versehen und in den Trachten etwas höher gestellt. Der starke Knick in der Zehenwand zeigt, dass sich Zehenwand und Hufbein deutlich voneinander entfernt haben.

Wenn die Hufrehe Ihres Pferdes frühzeitig erkannt wurde und sofort entsprechende therapeutische Maßnahmen ergriffen wurden, so sind Sie und Ihr Pferd vielleicht noch einmal mit einem blauen Auge davon gekommen und die Schäden am Hufbeinträger und den Hufen sind gering oder konnten völlig verhindert werden.
In den meisten Fällen ist das Pferd jedoch nach einer durchlittenen Reheerkrankung in mehr oder weniger starkem Maße hufgeschädigt. Das kann von einer mäßigen Zusammenhangstrennung im Hufbeinträger mit mehr oder weniger starker Abweichung der Zehenwand vom Hufbeinrücken bis hin zu schweren Schäden an den Lederhäuten, dem Hufbein und der Hornkapsel reichen. Die eingetretenen Schäden am Huf müssen das Pferd jedoch nicht zu einem lebenslangen Krüppeldasein verdammen. Schließlich wächst das Hufhorn des Pferdes ja beständig nach und

die Hornkapsel erneuert sich innerhalb eines knappen bis reichlichen Jahres. Wenn man sich in ausreichendem Maße darum kümmert, dass das nachwachsende Horn nach der Rehe in eine gesunde Form wachsen kann, hat man in den meisten Fällen nach Ablauf dieses Jahres ein in seiner Funktionsfähigkeit völlig wiederhergestelltes Pferd.

Ein Fehler ist es in meinen Augen, in dieser Situation einen Beschlag aufzubringen. Tut man dies, so verschlechtert man die Aussichten, steuernd in die Hornwachstumsprozesse eingreifen zu können.

Mitunter wird eine schnelle Wiederherstellung der Gebrauchsfähigkeit des Pferdes angestrebt und aus diesem Grund beschlagen. Oftmals geschieht dies aber auch rein aus Tradition und Mangel an Wissen – es war eben einfach schon immer so, dass ein Rehehuf ein (orthopädisches) Eisen braucht. Man versucht, mit dem Anbringen einer (eisernen) Prothese die Unzulänglichkeiten der rehegeschädigten Hornkapsel auszugleichen. Das bringt jedoch im Hinblick auf die Hufgesundung zwei große Nachteile mit sich.
Von Nachteil ist zum einen, dass mit dem Aufbringen eines Beschlages die Wiederherstellung einer gesunden Hufsituation erschwert, wenn nicht gar gänzlich verbaut wird. Das zweite Problem ist, dass mit dem Beschlag häufig eine zu frühe Wiederaufnahme der Arbeitstätigkeit erfolgt. Durch das Anbringen eines starren Beschlages wird eine Reduzierung der Hufmechanik erreicht, was die Schmerzempfindung im Huf ein Stück weit herabsetzt.
Dem Pferd wird hierdurch nahegelegt, sich ohne die gebührende Rücksicht auf seine prekäre Hufsituation zu bewegen; häufig zum Schaden der noch labilen Hufbeinaufhängung. Vernünftiger wäre es, wenn das Pferd seine Hufe der Situation angemessen belasten würde. Das Schmerzsignal hilft ihm, sich nicht zu übernehmen und die Belastung der geschädigten Hufbeinaufhängung durch sparsame Bewegung zunächst gering zu halten. Weiche Böden und stressfreie Haltungsbedingungen helfen ihm dabei durch die Rekonvaleszenzzeit.

Natürlich ist für ein Pferd mit Insulinresistenz eine zukünftig vermehrte Bewegung wichtig, um die Gefahr neuer Reheschübe zu bannen. Aber so positiv, wie eine schnelle Wiederaufnahme der Arbeit für übergewichtige Pferde ist, so negativ kann sie sich auf den geschädigten Hufbeinträger auswirken.
Deshalb ist es wichtig, die Situation der Hufe hinsichtlich ihrer Belastbarkeit realistisch einzuschätzen, und dabei ist das Schmerzempfinden des Rehepferdes ein wichtiger Indikator.

Ein Rehebeschlag ist letztlich etwas für Leute, die ihr Pferd möglichst sofort wieder nutzen wollen – ein Plan der keineswegs immer aufgeht.

4.1 Baustelle Huf – Der chronische Rehehuf

In vielen Fällen geht die Hufrehe an den Hufen nicht spurlos vorüber. Sei es, weil die Erkrankung zu spät bemerkt wurde, sei es, weil im Anschluss an die Diagnose der Hufreheerkrankung die falschen Dinge getan wurden. In manchen Fällen erfolgt die Erkrankung auch so heftig und plötzlich, dass die Handlungsmöglichkeiten von vornherein stark begrenzt sind und man mit Hilfe der oben genannten Maßnahmen lediglich das Ausmaß der Schäden begrenzen kann.
Es stellt sich die Frage, ob diese mit der Rehe eingetretenen Schäden am Huf re-

parabel sind? Kann man diese zum Teil recht massiven Schäden am Huf nach dem Abklingen der Rehe wieder beseitigen? So gern ich die Frage uneingeschränkt mit JA beantworten würde, es gibt Hufreheschäden, die auch mit der besten Pflege und Hufbearbeitung nicht mehr vollständig zu beheben sind. Diese stellen jedoch bei weitem die Ausnahme und nicht die Regel dar und ihre Zahl könnte sogar noch deutlich zurückgedrängt werden, wenn man nach einer Hufrehe stets ausreichende Sorgfalt darauf verwenden würde, die Hufe wiederherzustellen. Das wird leider viel zu häufig versäumt. Insofern ist die Antwort auf die obige Frage ein eingeschränktes JA. Natürlich ist es möglich, die Schäden am Huf zu beseitigen. Die in Kapitel 5 aufgeführten Beispiele legen beredtes Zeugnis hiervon ab. Das Nachwachsen des Horns ermöglicht es dem Pferdehuf, sich vollständig zu sanieren. Man muss ihm dabei allerdings etwas unter die Arme greifen. Eine regelmäßige und kluge Bearbeitung des Rehehufes ermöglicht fast immer eine vollständige Wiederherstellung seiner früheren Funktionstüchtigkeit. Dies gelingt auch bei den sogenannten chronischen Rehehufen, also bei den Hufen, die schon wiederholt Reheschübe durchlitten haben und/oder bei denen man es verpasst hat, die Reheschäden durch regelmäßige Hufbearbeitung zu beseitigen. Die Chancen schwinden allerdings mit jedem Reheschub und mit dem Andauern der schlechten Hufsituation, da früher oder später irreparable Schäden an Lederhäuten und Hufbein provoziert werden.

Mit welchen Schäden haben wir am Huf nach dem Abklingen der Rehe zu rechnen?
Je nach Heftigkeit der Erkrankung, sowie je nach Zügigkeit und Erfolg der eingeleiteten Gegenmaßnahmen, ist der Hufbeinträger des Hufes nach der Hufrehe geringfügig bis schwer geschädigt. Ein guter Indikator hierfür ist die Blättchenschicht: Ist diese nur leicht verbreitert und wenig eingefärbt oder reicht die Verbreiterung über zwei, drei oder mehr Zentimeter und enthält Entzündungsexsudat sowie Bluteinschlüsse?

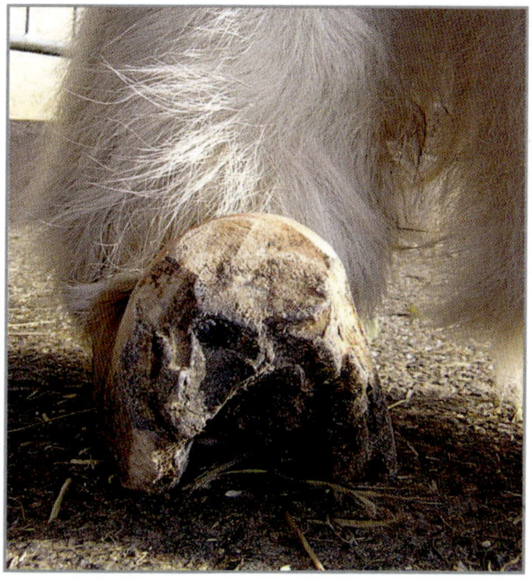

Abb. 101: Diese Hufe lassen sich mit Sicherheit nicht völlig wiederherstellen, aber doch sehr entscheidend verbessern.

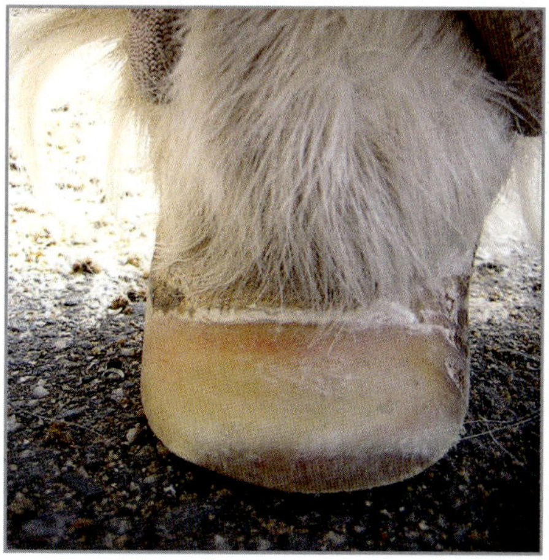

Abb. 102: Derselbe Huf vier Monate später. (Fotos mit freundlicher Genehmigung von Maria Scudino und Frank Vicent)

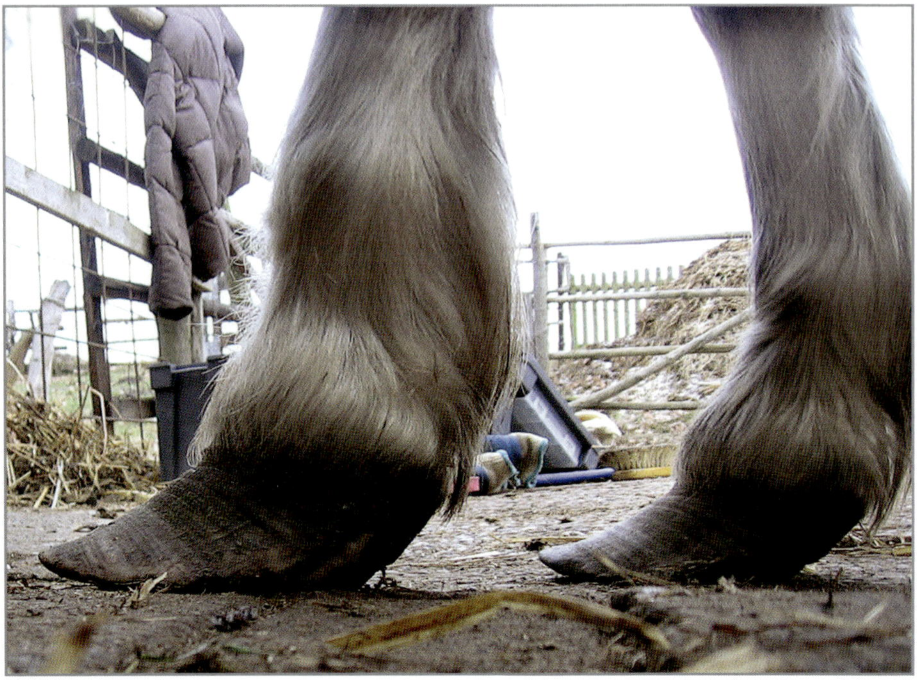

Abb. 103: Für diese chronischen Rehhufe stehen die Chancen gut.

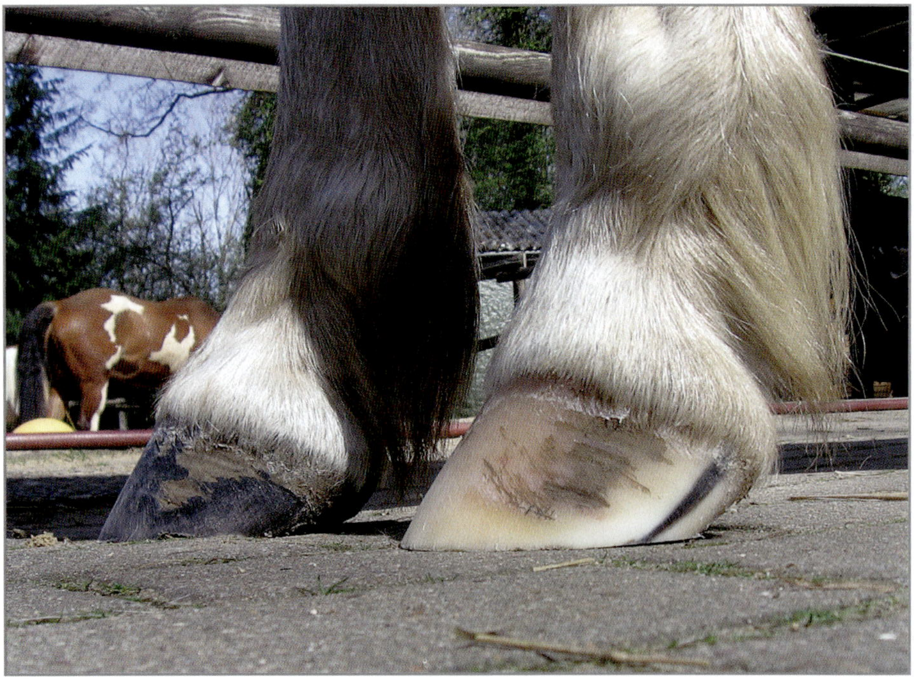

Abb. 104: 14 Monate später haben die Hufe wieder eine normale Form.
(Fotos mit freundlicher Genehmigung von Dorle Jürgensen)

Abb. 105: *Stark veränderte Blättchenschicht ...*

Abb. 106: *derselbe Huf eineinhalb Jahre später.*

Im ersten Fall sind die Hufe noch einmal glimpflich davon gekommen, im zweiten Fall muss man sich darauf einstellen, dass die Hufe für eine gewisse Zeit eine Baustelle darstellen werden. Prinzipiell kann man die Hufe nach dem Ausmaß ihrer Schädigung in vier Gruppen einteilen: 1. geringfügig, 2. mittelgradig, 3. hochgradig und 4. hochgradig und langanhaltend geschädigte (chronische) Rehehufe.

4.1.1 Noch mal Glück gehabt

Äußerlich zeigt sich drei bis vier Wochen nach dem Beginn der Hufreheerkrankung unterhalb des Kronsaumes in den meisten Fällen eine leichte Hornrille, die rund um den Huf reicht und die bei gleichmäßig belasteten Hufen rundum annähernd gleich stark ausgebildet ist. Bei Hufen mit langen hebelnden Zehenwänden oder verbogenen Seitenwänden ist die Rille in den betreffenden Abschnitten in der Regel etwas stärker ausgeprägt.

Das ist ein Zeichen dafür, dass die Hufsituation prinzipiell optimiert werden könnte. Die Blättchenschicht ist oft gelblich bis rötlich eingefärbt und mitunter auch leicht verbreitert.

Die Hufe bleiben zumeist auch nach dem vollständigen Abklingen des Reheschubs noch für einige Zeit empfindlich, d.h. harte, unebene, steinige Böden werden vom Pferd zunächst schlechter vertragen als vor dem Reheschub. Auf weichem Boden laufen die Pferde in der Regel jedoch schnell wieder ohne Probleme und können auch genutzt werden. Und das ist auch gut so. Denn es sind sehr häufig übergewichtige Pferde, welche zunächst – nämlich beim ersten Mal! – eine solche leichte Form der Rehe mit noch geringem Schaden ereilt. Nimmt man diesen Warnschuss ernst und unternimmt etwas gegen das Übergewicht und die Insulinresistenz, dann kann alles wieder ins Lot kommen. Ignoriert man jedoch den Ernst der Lage, dann lässt der nächste Reheschub in der

Abb. 107: Rötlich einfärbte Blättchenschicht nach einem einige Wochen zurückliegenden Reheschub.

Regel kaum länger als ein Jahr auf sich warten.

Da die Hufbeinaufhängung in diesen Fällen nur leicht beschädigt wurde, ist es relativ einfach, die Hufe wieder in ihre ursprüngliche tüchtige Form zu bringen: Gesetzt den Fall, der Stoffwechsel des Pferdes wird durch Diät und Bewegung in Schwung gebracht und die »Entzündung« der Wandlederhaut klingt vollständig ab. Es gibt andererseits Pferde, die aufgrund der unverändert bleibenden oder auch einfach nicht ausreichend abgeänderten Haltung und Fütterung und vor allem auch wegen des weiterhin bestehenden Bewegungsmangels aus dieser Situation einfach nicht herauskommen.

Sie zeigen dies durch wechselnd starke Fühligkeit – mal besser, dann wieder schlechter – und durch charakteristische Veränderungen an ihren Hufen. Die Blättchenschicht zeigt sich permanent quappschig und aufgerissen und ist beständig von zahlreichen kleineren Fäulnisherden besetzt. Die Wände tendieren dazu, schräg zu werden, und auch ein guter Hufbearbeiter hat einige Mühe, die Wandhebel im Griff und die Hufe in einer vernünftigen Form zu halten. Wird die gefährliche Stoffwechselsituation nicht therapiert, landen diese Hufe früher oder später unweigerlich in den Gruppen der stärker geschädigten Rehehufe.

4.1.2 Mittelgradig geschädigte Rehehufe

Bleiben leichtere Reheschübe unbehandelt oder werden sie falsch therapiert, so kann sich der Schaden am Hufbeinträger vergrößern und es kommt zu sehr deutlichen negativen Auswirkungen auf die Hufsituation. Diese Hufe zeigen dann ganz typische Veränderungen, wie eine verbreiterte, aufgerissene, eingeblutete Blättchenschicht und stark verformte Zehen- und mitunter auch Seitenwände. Die Hornwände sind fast immer in Rillen und Falten gelegt.

Die äußere Hornwand ist oft borkig und mit zahlreichen Einblutungen übersät. Solche Hufe finden wir im Kapitel 5 beispielsweise bei Rocky (S. 162ff.) und Chrissie (S. 198ff.) vor. Derart geschä-

Abb. 108:

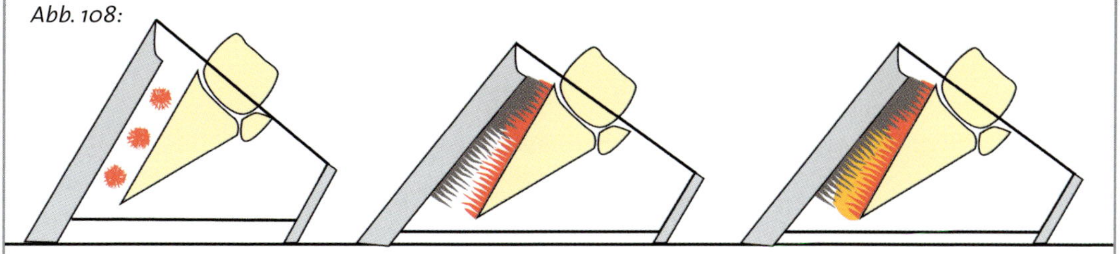

Akute Hufrehe | *Hufbeinträger ist teilweise zerrissen* | *Verbindung wird durch Narbenhorn wiederhergestellt*

digte Hufe sind potentiell chronische Rehehufe. Das heißt, wenn man hier nicht Mühe und Sorgfalt darauf verwendet, diese Hufe zu sanieren, wird der momentane Schaden zu einem chronischen Zustand. Man muss in erster Linie dafür Sorge tragen, dass das nachwachsende Horn nicht durch den Narbenhornkeil abgedrängt wird. Dieser Narbenhornkeil bildet sich stets dann, wenn der akute Reheschub zu Zerreißungen im Hufbeinträger geführt hat. Es handelt sich um eine Reparaturmaßnahme des Körpers, die dazu dient, die verloren gegangene Verbindung zwischen Wandlederhaut und Hornblättchen der Hornwand wiederherzustellen. Die Basalzellschicht der Wandlederhaut sorgt durch eine beschleunigte Bildung von Hornzellen für eine schnelle Auffüllung der entstandenen Lücken.

Diese Hufe können durch sorgfältige Hufbearbeitung vollständig wiederhergestellt werden. Das heißt, der Narbenhornkeil wächst heraus und die Hufbeinaufhängung erhält ihre volle Funktionsfähigkeit zurück.

Dies zeigt sich an dem normalisierten Verlauf der Zehenwand und der betroffenen Seitenwände sowie an einer geschlossenen Blättchenschicht von normaler Breite.

Erreichen kann man das dadurch, dass man die zu schräg gewordenen Wandbereiche so bearbeitet, dass das von oben herab schiebende, neu gebildete Wandhorn in geraderer Ausrichtung zum Boden nachwachsen kann. Man verhindert durch die Gestaltung der Wandhebel und durch die Forcierung des Hornabriebs in den betreffenden Hufbereichen, dass die nachwachsenden Hornröhrchen des Wandhornes durch den Narbenhornkeil aufgestaucht und in ihrer Wachstumsrichtung (vom Hufbein weg) abgelenkt werden.

Es ist bei diesen Hufen nicht unbedingt nötig, zu röntgen. Möchte man aber das Ausmaß der Abweichung (Rotation) der Zehenwand vom Hufbein sichtbar machen und den Erfolg der Wiederherstellung der Hufbeinaufhängung dokumentieren, so macht es Sinn, Röntgenaufnahmen der geschädigten Hufe anfertigen zu lassen. Am besten geeignet sind hierfür 90°-Aufnahmen der Gliedmaße im Stand.

Zwar kann auch bei unbelasteter Gliedmaße die Schere zwischen Hufbein und Zehenwand sichtbar gemacht werden, es bleibt dann allerdings offen, in welcher Stellung sich das Hufbein zum Boden befindet. Es lässt sich dann nicht beurteilen, ob eine Flexion im Hufgelenk besteht und ob sich die Stellung der Knochen im Laufe der Wiederherstellung der Hufe verändert.

Exkurs:

Hufbeinrotation und Hufbeinsenkung

Wer das Kapitel zur Anatomie aufmerksam gelesen hat, weiß, dass die Zehengliedmaße aus drei übereinander angeordneten Knochen – Hufbein (mit Strahlbein), Kronbein und Fesselbein – besteht. Diese Zehenknochen weisen idealerweise eine ungebrochene Achse auf, also Hufbein, Kronbein und Fesselbein stehen in gerader Linie übereinander.

Abweichungen von dieser physiologischen Situation sind die Hyperextension und die Flexion im Hufgelenk, bei denen eine Brechung der Knochenachse nach hinten bzw. nach vorn vorliegt.

Wer den Abschnitt 2.3.12 nicht übersprungen hat, weiß jedoch auch, dass es immer wieder vorkommt, dass Pferde von Fohlenbeinen an bereits mit einem sehnenbedingten Bockhuf ausgestattet sind, der sich dann als steilerer Huf an einer Vordergliedmaße (mitunter auch an beiden) manifestiert hat und beim erwachsenen Pferd als solcher akzeptiert und gepflegt werden muss.

Versucht man, einen solchen Huf mit eingerichteter Hufgelenksflexion in eine flachere Stellung zu zwingen, beispielsweise weil man ihn dem anderen, normal gewinkelten Vorderhuf anpassen will, so provoziert man eine Verbiegung der Zehenwand und erhöht die Gefahr einer Hufreheerkrankung.
Hat sich die Zehenwand eines sehnenbedingten Bockhufes aufgrund der falschen Hufbearbeitung vom Hufbein

Abb. 109:

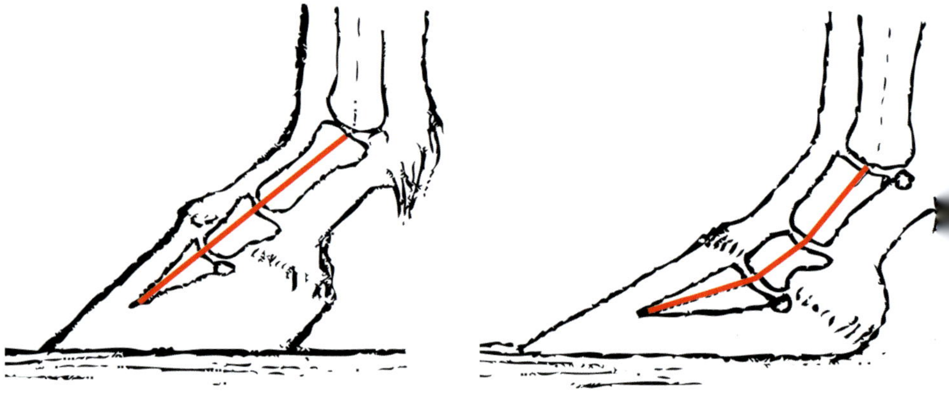

Ungebrochene Knochensäule — *Hyperextension*

Abb. 110:

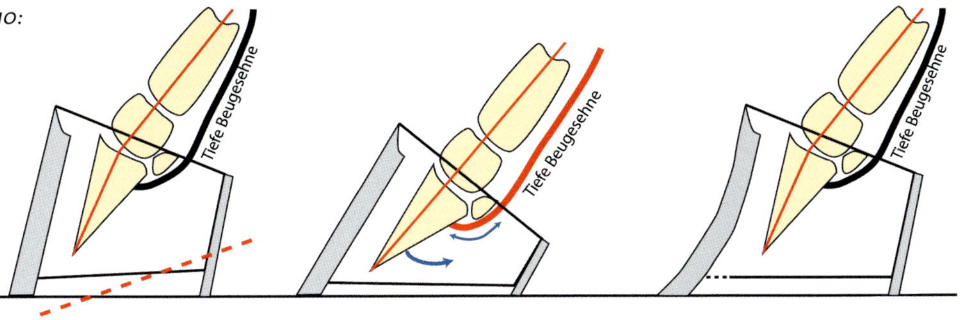

Ein sehnenbedingter Bockhuf wird in den Trachten gekürzt.

Die erhöhte Spannung der Tiefen Beugesehne zieht das Hufbein unweigerlich wieder zurück.

Die Hufgelenksflexion stellt sich wieder ein und aufgrund der starken Belastung der Zehe verbiegt die Zehenwand und hebelt vom Hufbein weg.

entfernt und verbogen, so ähnelt das Röntgenbild eines solchen Hufes sehr dem eines Hufes, welcher bereits eine Hufrehe erlitten hat. In beiden Fällen besteht eine Schere zwischen Hufbeinrücken und Zehenwand und in beiden Fällen liegt eine Hufgelenksflexion vor.

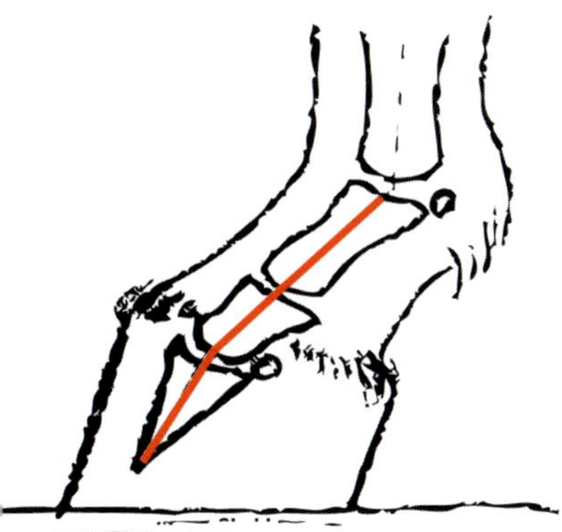

Flexion im Hufgelenk

Häufig wird im Zusammenhang mit einer Hufrehe auf den angefertigten Röntgenbildern eine Rotation des Hufbeines diagnostiziert. Man geht davon aus, dass durch den Zug der Tiefen Beugesehne beim rehegeschädigten Hufbeinträger das Hufbein aus seiner gelösten Verankerung nach hinten gezogen wird, die Spannung der Tiefen Beugesehne es sozusagen rotieren lässt.

Allerdings lässt ein zu einem Zeitpunkt X aufgenommenes Röntgenbild keine Aussage darüber zu, ob im Zuge der Hufreheerkrankung wirklich eine Hufbeinrotation stattgefunden hat oder nicht. Wie die abgebildeten Beispiele (Abb. 111 und 112) zeigen, liefert ein sehnenbedingter Bockhuf unter bestimmten Umständen das gleiche Bild.
Es ist bei der Interpretation der Röntgenbilder immer zu berücksichtigen, wie die Ausgangssituation der Hufe vor der Hufreheerkrankung war. Wenn keine früheren Röntgenbilder existieren, die die ur-

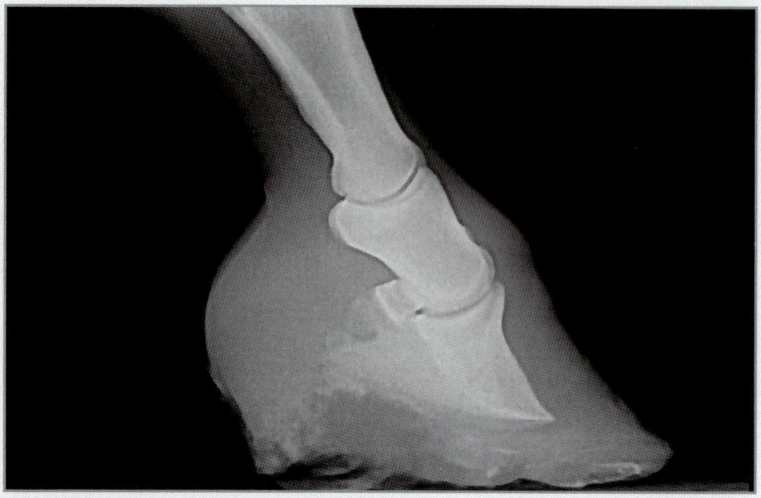

Abb. 111: Sehnenbedingter Bockhuf eines jungen Pferdes, mit schnabelnder Zehenwand und Schere zwischen Hufbein und Zehenrücken. Durch die jahrelangen Bemühungen, den Bockhuf zu »normalisieren«, sprich flach zu halten, wurde auch das Hufbein bereits etwas verformt und weist eine ähnliche Biegung auf, wie die Zehenwand. Das Pferd hatte bisher noch keine Hufrehe erlitten.

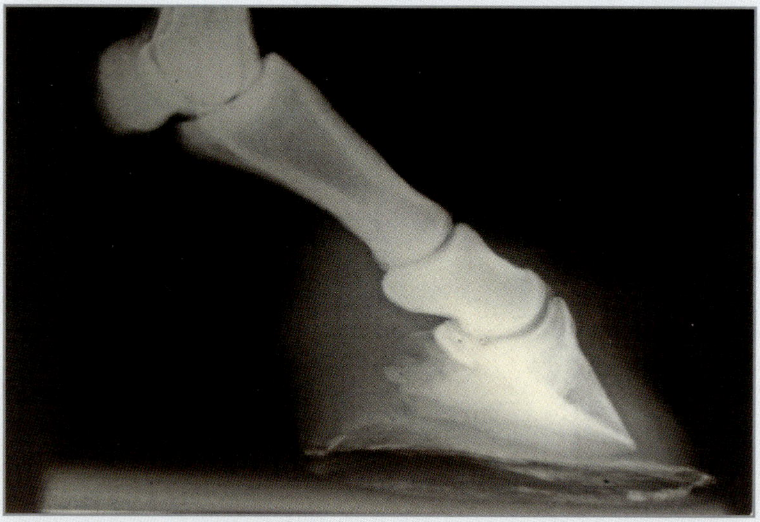

Abb. 112: Dieses 9-jährige Pferd hatte einen Monat zuvor seinen ersten Hufreheschub erlitten. Der sehnenbedingte Bockhuf bestand bei diesem Wallach schon von Fohlenzeiten an. Der Huf wurde in den vergangenen sechs Monaten, bedingt durch einen Wechsel des Hufbearbeiters, verstärkt in den Trachten gekürzt. Ob die Schere (Rotation) bereits durch diese trachtenkürzende Hufbearbeitung oder aber erst durch die Hufrehe ausgelöst wurde, kann man nicht mit Bestimmtheit sagen. Sicher ist nur, dass die Hufbearbeitung zur Entstehung der Hufreheerkrankung beigetragen hat.

sprüngliche Hufbeinstellung zeigen, können die Beobachtungen und Aussagen des Pferdebesitzer bzw. des Hufbearbeiters weiteren Aufschluss geben.
Ich erlebe allerdings recht häufig, dass diese Tatsachen in der Praxis keinerlei Berücksichtigung erfahren. In der Folge werden Hufbeinrotationen diagnostiziert, obwohl sich nicht das Hufbein, sondern vielmehr die Zehenwand in ihrer Stellung zum Boden verändert hat. Die Schere zwischen Zehenwand und Hufbeinrücken und die Flexion im Hufgelenk sind ein so häufiges Bild auf Röntgenaufnahmen von Rehehufen, weil diese Situation für sich so enorm reheträchtig ist. Hufe, die sich in einer solchen Situation befinden, besitzen ein besonders hohes Gefährdungspotential und finden sich deshalb sehr häufig unter den radiologisch erfassten Rehefällen. Ist dann die Hufbeinaufhängung durch den Hufreheschub noch zusätzlich und verstärkt in Mitleidenschaft gezogen, kann sich diese Schere vergrößern.
Aufgrund der Lösung der Verbindung im Hufbeinträger kommt es zu einem mehr oder weniger starken Auseinanderstreben von Hornwand und Hufbein. Ob sich hierbei hauptsächlich die Hornwand oder, wie bislang allgemein angenommen, tatsächlich das Hufbein bewegt, kann letztlich nur durch Verlaufsröntgenbilder geklärt werden.[58] Das heißt, es werden im Verlauf der Hufreheerkrankungen weitere Röntgenaufnahmen angefertigt (gleiche Aufnahmeposition und -technik, gleiche Belastungssituation der Gliedmaße!), welche die Veränderungen dokumentieren. Mit diesen Aufnahmen können die sich verändernden Winkel von

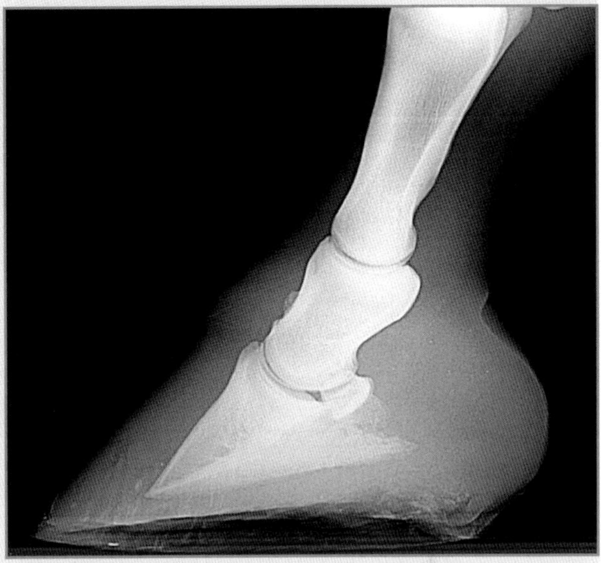

Abb. 113: Dieser Rehehuf zeigt eine Schere zwischen Hufbeinrücken und Zehenwand, wobei sich das Hufbein offenkundig nicht nach hinten bewegt hat (keinerlei Flexion im Hufgelenk), sondern die Zehenwand rotiert ist.

Zehenwand und Hufbein genau erfasst werden.
Etwas eindeutiger ist die Lage bei Rehehufen, die im Röntgenbild eine ungebrochene Knochensäule aufweisen. Die Schere zwischen Zehenwand und Hufbein verdankt sich in diesen Fällen ziemlich sicher der Rotation der Zehenwand, da das Hufbein seine korrekte Position überhaupt nicht verlassen hat.

Viele Tierärzte sprechen aber auch in diesen Fällen von einer Hufbeinrotation, ungerührt der Tatsache, dass das Hufbein offensichtlich gar nicht rotiert ist, sondern sich noch immer in der normalen, unflexierten Position befindet. Dass dies gar kein nur praktischer Lapsus ist, sondern

58 *Bislang wird immer und geradezu selbstverständlich angenommen, dass es das Hufbein ist, welches sich (nach hinten) bewegt. Kaum beachtet und ernst genommen wird die Bewegung, die die Hornwand in der Folge einer Hufrehe vollführt. Die Zehenwand weicht indes tatsächlich immer weg, wenn der Hufbeinträger in seiner Funktion beschädigt wird. Sie tut dies auch in den Fällen, in denen sich das Hufbein nachweislich keinen Millimeter bewegt hat.*

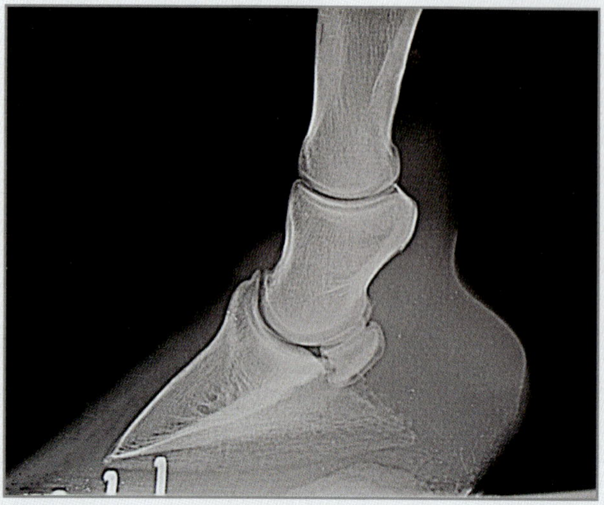

Abb. 114: Hufbeinrotation? Nein, es handelt sich hier »lediglich« um einen (beschlagenen) Huf mit Hyperextension und langer, schnabelnder Zehenwand. Das Pferd litt nicht unter Hufrehe! (siehe auch Abschnitt 2.3.1)

auch in den theoretischen Abhandlungen über Hufrehe begrifflich niedergelegt ist, zeigt folgende gängige Definition der Hufbeinrotation: »Die Rotation des Hufbeins ist durch den Verlust der Parallelität der dorsalen Hufwand und der Dorsalfläche des Hufbeines gekennzeichnet« (GLÖCKNER 2002: 17).

Um die Hufbeinrotation zu bestimmen, wird der Winkel der Zehenwand und der Winkel des Hufbeinrückens zur Bodenfläche gemessen; die Differenz zwischen beiden ergibt den Grad der Hufbeinrotation (ebenda).

Wenn sich eine Hufbeinrotation allein aus der Schere zwischen Zehenwand und Huf-

Abb. 115:

Welcher der beiden Hufe zeigt eine Hufbeinrotation?

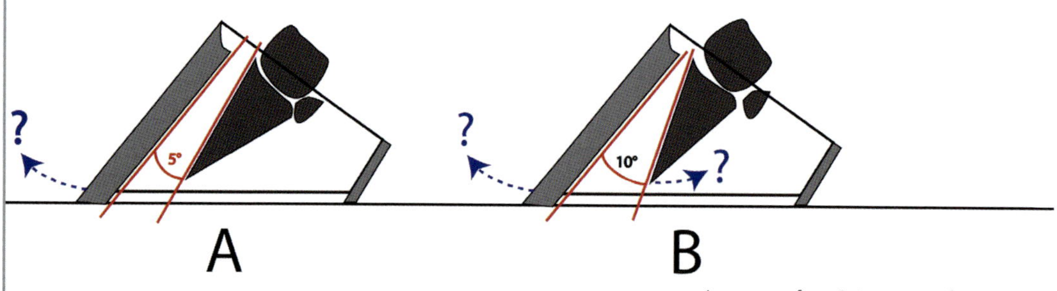

A: Die Knochenachse ist ungebrochen, das Hufbein ist nicht nach hinten rotiert. Es besteht allerdings eine Schere zwischen Hufwand und Hufbein. Diese Schere kann im Zuge der Hufrehe entstanden sein oder sie kann schon vor dem Reheschub bestanden und zum Ausbruch der Hufrehe beigetragen haben (= keine Hufbeinrotation).

B: Die Knochenachse ist nach vorn gebrochen, d.h. das Hufbein steht steiler, als das Kron- und Fesselbein (Hufgelenksflexion).
Es exisitiert eine Schere zwischen Hufwand und Hufbein. Ob diese im Zuge der Hufrehe entstanden ist oder schon vorher bestanden und dadurch noch zum Ausbruch der Hufrehe beigetragen hat, ist völlig offen.
1. Möglichkeit: Die Flexion bestand bereits vor der Rehe, genauso wie die zu schräge Zehenwand.
2. Möglichkeit: Es bestand bereits vor der Rehe eine Flexion; durch die Hufrehe und die Beeinträchtigung des Hufbeinträgers hat sich die Zehenwand vom Hufbein weg bewegt.
3. Möglichkeit: Durch die Hufrehe wurde der Hufbeinträger beeinträchtigt und das Hufbein wurde aus seiner normalen Position heraus nach hinten gezogen. (B1 und B2 = keine Hufbeinrotation, B3 = Hufbeinrotation)

beinrücken bestimmen würde, dann litten aber auch recht viele Pferde schon ohne eine Hufrehe an einer solchen Hufbeinrotation. Das ist unsinnig.
Eine solche Begriffsbestimmung von Hufbeinrotation ist überhaupt nicht hilfreich. Um Licht ins Dunkel zu bringen und wirklich zu erfassen, was infolge der Hufrehe im und mit dem Huf passiert, muss geprüft werden, wie sich die Stellung von Horn und Knochen verändern. Wenn stets bei einem Verlust der Parallelität zwischen Horn und Knochen eine Hufbeinrotation diagnostiziert wird, wird fraglos angenommen, dass es immer das Hufbein ist, welches sich im Ergebnis der Rehe bewegt. Die Unterstellung, dass die tiefe Beugesehne das Hufbein aus seiner Verankerung nach hinten zieht, wird auf diese Weise ungeprüft fortgeschrieben. Die daraus abgeleiteten Therapiemaßnahmen, namentlich das Hochstellen der Trachten, haben unter dieser falschen Annahme dann aber ohne jegliche Berechtigung therapeutischen Bestand. Wenn man nicht prüft, was sich beim Funktionsverlust des Hufbeinträgers im und mit dem Huf ereignet, wie also das Auseinanderstreben von Hufbein und Hufwand tatsächlich vonstatten geht, kann man diesem Auseinanderdriften allerdings keine erfolgreiche Therapie entgegensetzen.

Meines Erachtens setzt man aufs falsche Pferd, wenn man der Spannung der Tiefen Beugesehne die pathogene Rolle beim Verlust der Parallelität von Zehenwand und Hufbeinrücken zuschreibt. Die Rolle der Tiefen Beugesehne wird erheblich überschätzt, wenn Rehehufe in den Trachten hochgestellt werden. Die Eigenbeweglichkeit der Hornwände wird dagegen deutlich unterschätzt, weshalb es oft nicht ausreichend gelingt, die Auswirkungen der Hufrehe einzudämmen.
Das im »Hilfekapitel« vorgestellte Sohlen-Strahl-Polster entlastet nicht nur den Hufbeinträger, es vermindert auch die Hebelwirkung des Bodens auf Zehen- und Seitenwände. So wird das Auseinanderdriften von Hufwand und Hufbein am effektivsten aufgehalten.

Auch einer Senkung des Hufbeins kann man so am effektivsten entgegenwirken. Es gibt aktuell keine orthopädische Maßnahme am Huf, die besser geeignet ist, den Hufbeinträger während einer Hufrehe zu entlasten. Zu einer Hufbeinsenkung kommt es zumeist dann, wenn eine Hufreheerkrankung sehr heftig ist und es sehr schnell zu einer umfassenden Zerstörung der Hufbeinaufhängung kommt.
Das Hufbein sinkt in diesem Fall in die Hornkapsel ein. Das heißt, durch den plötzlichen und großflächigen Funktionsverlust des Hufbeinträgers sinkt das Hufbein nach unten in Richtung Boden und durchbricht unter Umständen dabei auch die Hufsohle. Auch ohne die Perforation der Hufsohle sind die Auswirkung einer solchen Hufbeinsenkung natürlich immens.
Nicht nur die Wandlederhaut und der gesamte Hufbeinträger werden in starkem Maße beschädigt, auch die Kronlederhaut wird hierbei in Mitleidenschaft gezogen.

Durch den Druck des auf der Hornsohle aufsitzenden Hufbeinrandes kommt es darüber hinaus leicht zu Schäden an der Sohlenlederhaut und dem Hufbeinrand. Röntgenologisch ist eine Hufbeinsenkung im akuten Stadium der Hufrehe nicht ganz leicht zu diagnostizieren, da die Parallelität zwischen Hufbein und Hornwand zunächst erhalten bleibt. Als Referenzpunkte können die Wanddicke (Abstand zwischen äuße-

Abb. 116:

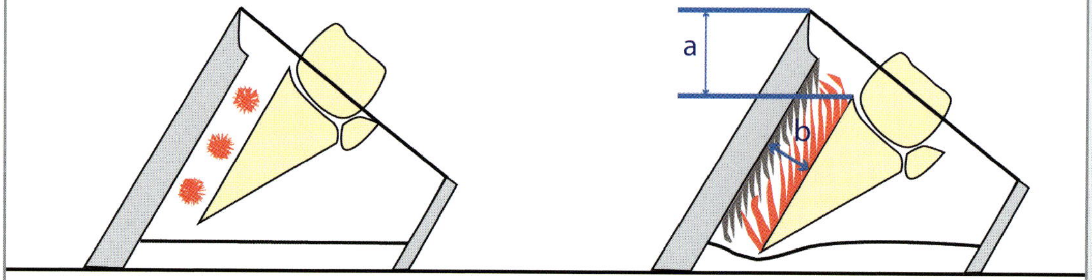

Akute Rehe

Hufbeinsenkung
(a) Grad der Senkung/Rehestrecke
(b) Wanddicke

rem Umriss der Zehenwand und Hufbeinrücken) und das Verhältnis zwischen dem obersten Rand der Zehenwand (röntgendichte Markierung) und dem obersten Punkt des Hufbeines (processus extensorius) dienen. Allerdings sind diese Maße auch rassetypisch durchaus verschieden und eine sichere Auskunft kann nur durch wiederholte Aufnahmen erlangt werden. Äußerlich zeigen sich die Auswirkungen einer Hufbeinsenkung sehr schnell in einem Einsinken des Kronsaumes und einem Vorwölben der Sohle im Bereich der Hufbeinspitze.

Sowohl die Rotation der Zehenwand und des Hufbeines als auch die Hufbeinsenkung sind Befunde, die sich beim Übergang in ein chronisches Hufrehestadium verstärken.
Möchte man die Veränderungen im Blick behalten und die Tendenz zur Verbesserung bzw. Verschlechterung der Situation einschätzen können, so sollte man in bestimmten zeitlichen Abständen Wiederholungsaufnahmen anfertigen. Wichtig ist dabei, dass man vergleichbare Aufnahmen erhält, also Aufnahmewinkel und -technik beibehält. Gerade wenn es darum geht, die Winkel des Hufbeins und der Zehenwand zur Bodenfläche zu erfassen, muss man streng auf die Einhaltung des korrekten Aufnahmewinkels achten.
Überprüfen lässt sich dies unter anderem an der Vermessung des Hufbeinknochens selbst. Man erfasst hierzu jeweils den Winkel zwischen Hufbeinrücken und Hufbeinsohle auf den verschiedenen Aufnahmen. Diese müssen identisch sein, da sich das Hufbein selbst in seinem Verhältnis Sohlenfläche zu Rückenfläche nicht ändert.

Fallen diese Hufbeinwinkel auf den Aufnahmen unterschiedlich aus, so heißt dies, dass unerwünschte Aufnahmeeffekte vorliegen, die sich dann aber auch auf die anderen Parameter (Zehenwandwinkel, Stellung des Hufbeins zum Boden) auswirken.
Noch ein paar Hinweise zum Anfertigen von Röntgenbildern: Will man die Stellung des Hufbeins zum Boden einschätzen und die Entwicklung verfolgen können, macht es keinen Sinn, den Rehehuf im unbelaste-

ten Zustand (beispielsweise im Oxspring-Block) oder mit hochgestellten Trachten zu röntgen.
Es ist unter diesen Umständen nicht einschätzbar, ob eine Hufgelenksflexion, eine ungebrochene Knochensäule oder eine Hyperextension vorliegt.
Will man die Parallelität zwischen Hufbeinrücken und Zehenwand überprüfen, so ist es unsinnig, die Markierung zur Kennzeichnung des Verlaufes der Zehenwand auf dem Hufverband aufzubringen.
Genauso unsinnig ist es, das Röntgenbild eines Rehehufes mit Zehenwandresektion (Entfernung der Zehenwand) so zu interpretieren, als ob die verloren gegangene Parallelität von Zehenwand und Hufbein nun wiederhergestellt sei.

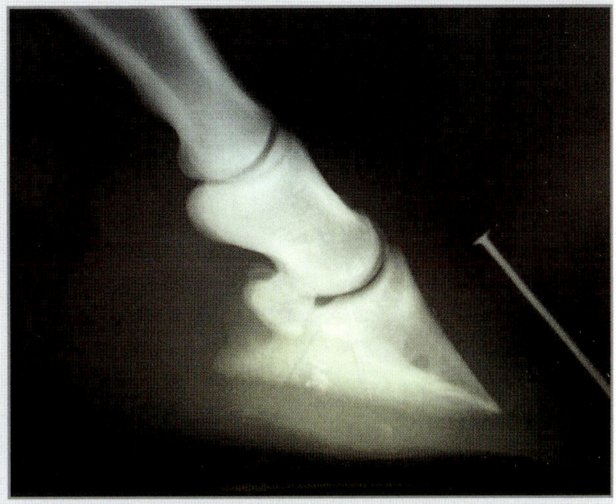

Abb. 118: Hier lag der Nagel auf dem Verband auf. Bleibt die Frage, ist die Schere nun echt oder nicht?

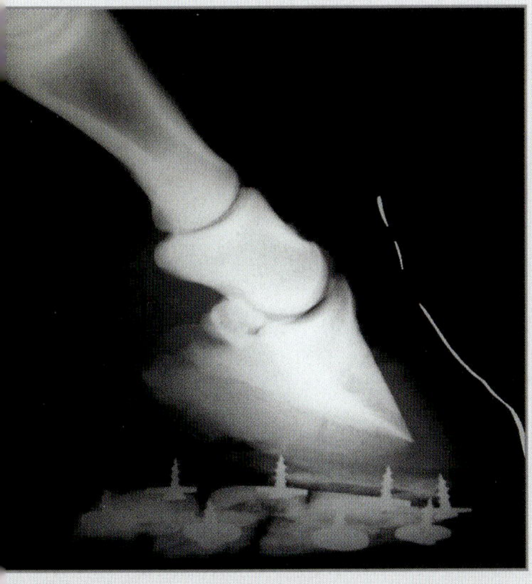

Abb. 117: Dieser Huf war mit einem Klebeschuh versehen und in den Trachten hochgestellt. Es kann nicht beurteilt werden, ob das Hufbein seine Stellung zum Boden im Laufe der Rehe verändert. Die Drahtmarkierung zur Kennzeichnung des Wandverlaufes lag im unteren Wandbereich auf dem Klebeschuh auf – man kann also auch nicht beurteilen, ob die Parallelität zwischen Hufbein und Zehenwand verloren gegangen ist.

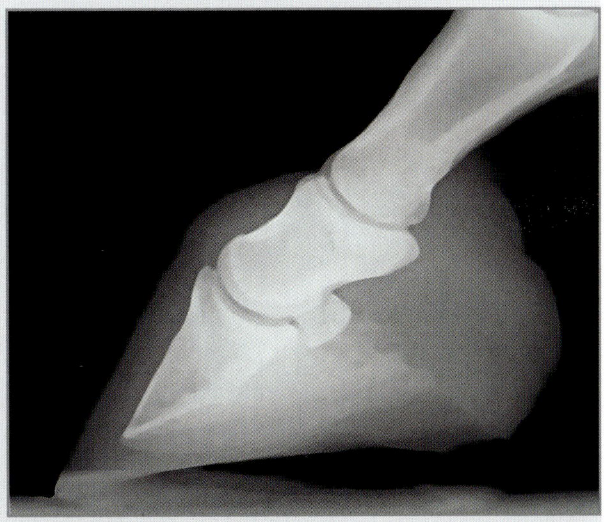

Abb. 119: Rotation aufgehoben durch Zehenwandresektion?

Durch das starke Beraspeln der Zehenwand (bzw. die Zehenwandresektion) wird optisch der Eindruck einer wieder hergestellten Parallelität zwischen Hufbeinrücken und Zehenwand erweckt. Die Zehenwand ist aber in dem Fall nicht parallel, sondern entfernt.

Die Resektion der Zehenwand beim Rehehuf ist eine recht häufig vorgenommene Maßnahme (und damit kehren wir an dieser Stelle von unserem Exkurs zurück zu den Rehehufen, die aus der Hufrehe mit einer mittelgradig schweren Schädigung hervorgegangen waren).

Bei diesen Hufen, bei denen sich die Zehenwand oft deutlich vom Hufbein entfernt hat, greifen viele Therapeuten letztlich zu dieser orthopädischen Maßnahme. Man zielt damit unter anderem auf die Wiederherstellung der normalen Hufform; die Abweichung der Zehenwand vom normalen Verlauf wird beseitigt, indem die Wand sehr dünn geraspelt und dabei auch teilweise entfernt wird. Maßstab ist die Herstellung eines möglichst parallelen Verlaufs der neu gestalteten Zehenkontur zum Hufbeinrücken.
Durch die Wegnahme der Wand und eines Teils des Narbenhornkeiles soll das gerade Nachwachsen der neu gebildeten Hornröhrchen ermöglicht werden und die Ausbildung eines Reheknollhufes verhindert werden. Zudem verspricht man sich von dieser orthopädischen Maßnahme eine Schmerzentlastung fürs Pferd. Deshalb wird die Resektion in einigen Fällen auch schon im akuten Stadium der Hufrehe vorgenommen.
Hierdurch soll Druck vom »entzündeten« Gewebe genommen werden und mögliche Ödeme sollen zum Abfließen gebracht werden.[59]

Leider hat diese Behandlung des Rehehufs weitreichende negative Konsequenzen. Durch die Entfernung der Zehenwand wird der verhornte Teil des Hufbeinträgers in größeren Bereichen freigelegt. Das bedeutet, dass dieser Bereich ungeschützt ist, was sich vor allem auf den Feuchtigkeitshaushalt des Blättchenhornes nachteilig auswirkt. Das Blättchenhorn ist von der Natur so konstruiert (schwammartige Hornzellen), dass es sehr viel Feuchtigkeit aufnehmen kann, wodurch es weich und flexibel ist.

Die Feuchtigkeitsversorgung der Hornblättchen geschieht über den körpereigenen Wasserhaushalt. Durch die Nähe der Hornblättchen zu den durchblute-

Abb. 120:

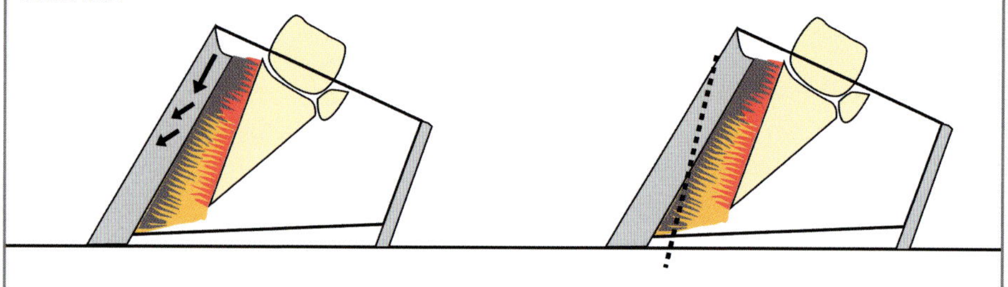

Der Narbenhornkeil drängt die nachwachsenden Hornröhrchen der Zehenwand nach außen ab.

Die Zehenwandresektion soll die normale Hufform wieder herstellen.

59 *Das Vorgehen stützt sich auf die Vorstellung, dass Schwellungen und Ödeme ursächlich am Rehegeschehen beteiligt sind und dass sie darüber hinaus maßgeblich für die bei der Hufrehe auftretenden Schmerzen verantwortlich seien. Diese Annahmen gelten mittlerweile als überholt. (siehe im Kapitel 1 zur Exsudat-Theorie S. 25ff.)*

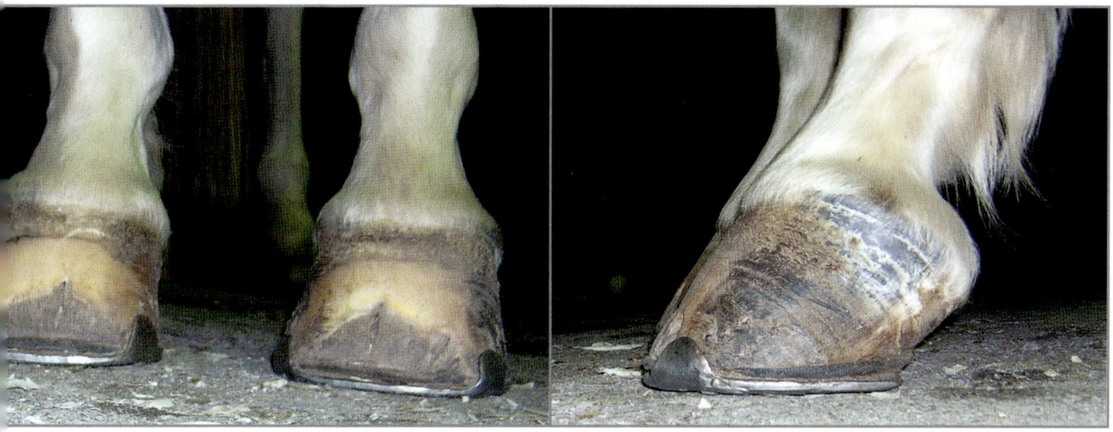

Abb. 121: Zehenwandresektion bei Rehehufen – das freigelegte und ausgetrocknete Blättchen- und Narbenhorn zerrt schmerzhaft an der Wandlederhaut und führt zu neuen Zerreißungen. Die Seitenwände werden überlastet, deutlich zu sehen am hochgestauchten Kronsaum. (Fotos mit freundlicher Genehmigung von Eileen Penzel)

ten Wandlederhautblättchen werden die Hornzellen beständig feucht gehalten, so dass sie eine elastische Funktionsfähigkeit im Hufbeinträger besitzen.
Die innige Verbindung mit den sensiblen Wandlederhautblättchen macht es nötig, dass die Hornblättchen selbst ebenfalls eine sehr weiche und flexible Konsistenz aufweisen.
Wenn nun im Rahmen einer Zehenwandresektion die äußere Schutzwand entfernt wird, verlieren die Hornzellen des Blättchenhornes in sehr kurzer Zeit ihre Feuchtigkeit. Neben ihrer hohen Wasseraufnahmefähigkeit zeichnen sie sich nämlich auch durch eine äußerst geringe Wasserbindungskapazität aus. Normalerweise sind sie ja durch die aus Hornröhrchen gebildete Schutzwand vor einem Feuchtigkeitsverlust geschützt.

Wird diese Schutzwand entfernt, trocknen die Blättchen in Kürze sehr stark aus und werden dadurch hart und unflexibel. Die starre und spröde Konsistenz der Hornblättchen und des Narbenhornes setzt den empfindlichen Wandlederhautblättchen stark zu.
Beide sind in den weitesten Teilen noch immer innig miteinander verbunden. Neben Schmerzen, die dies verursacht, wird eine mechanische Beschädigung an den feinen Blättchen der Wandlederhaut provoziert.

Problematisch ist weiterhin, dass eine Entfernung der Zehenwand die Hufstatik nachhaltig und negativ verändert.
Die Seitenwände, wie auch die Trachten, werden durch das Fehlen der Zehenwand überlastet. Je nach Ausgangshufform des Pferdes weichen die Seitenwände mehr oder weniger zur Seite aus oder sie runden sich und stauchen nach oben, was sich unter anderem in einem geschwungenen Verlauf des Kronsaums zeigt. Auch die Trachten entwickeln sich negativ; sie rollen sich ein oder schieben stark unter den Huf.
Um die Schmerzen beim Laufen zu minimieren und die überlasteten Seitenwände am Huf zu halten, werden diese Hufe sehr oft beschlagen, wobei in der

Regel die oben abgebildeten Beschläge (siehe Abb. 121) mit zwei Aufzügen zum Einsatz kommen. In bestimmten Fällen wirkt sich dieser starke Eingriff in die Hufstatik auch so aus, dass durch ihn ein neuer Reheschub ausgelöst wird.

Eine Resektion der Zehenwand bringt also, wie wir gesehen haben, eine ganze Reihe unerwünschter Nebenwirkungen mit sich, bis hin zu der Gefahr einer neuerlichen akuten Hufrehe. Es gibt damit gewichtige Gründe, diesen orthopädischen Eingriff abzulehnen. Hinzu kommt, dass es vollkommen unnötig ist, am Rehehuf so stark manipulativ einzugreifen. Um die Hornwand in korrekter Ausrichtung zum Boden nach- und den Narbenhornkeil herauswachsen zu lassen, gibt es deutlich sanftere Methoden der Hufbearbeitung. Es ist vollkommen ausreichend, das Weghebeln der Zehenwand zu verhindern.
Das erreicht man, indem die Zehe unter Erhaltung der Wand hoch ausschleichend beraspelt wird. Werden Rehehufe auf diese Weise bearbeitet, bleibt die feuchtigkeitshaltende Schutzschicht für den Hufbeinträger erhalten und die Hufstatik wird nicht nachteilig verändert.

Abb. 122:

Narbenhornkeil lenkt Hornröhrchen ab. — *Ausschaltung der Hebel durch hoch ausschleichendes Beraspeln.* — *Glattschneiden des aufgewulsteten Narbenhornkeils.* — *Gerades Nachwachsen der Zehenwand und Schließen des Hufbeinträgers.*

Abb. 123: Aufgewulstetes Narbenhorn

Das Raspelbild sorgt zum einen für eine Minimierung der Hebelwirkung der Zehenwand, zum anderen wird durch die korrekte Beraspelung dafür gesorgt, dass sich die Zehenwand in ausreichendem Maße abreiben kann. Das alles funktioniert natürlich nur am Barhuf, da nur hier der nötige Abrieb erfolgt. Das heißt, sollen Hufe nach einer Rehe saniert werden, ist es erforderlich, den Beschlag abzunehmen. Die erfolgreiche Ausschaltung der Wandhebel in der Zehe vermindert die Belastung des Hufbeinträgers enorm, was das Rehepferd mit einem verbesserten Laufbild quittiert. Die ausgeprägte Trachtenfußung wird geringer, die Schmerzhaftigkeit beim Laufen auf härteren Böden geht zurück. Da sich der Narbenhornkeil, bedingt durch seine spezielle Konsistenz, nur sehr schwer abreibt, kommt es sehr schnell zu einem bodenseitigen Aufwulsten dieses Narbenhornes. (siehe Abb. 123) Um sicherzustellen, dass dieses aufgewulstete Horn zum einen die Zehenwand nicht neuerlich nach außen abdrängt und zum anderen den Hornabrieb im Zehenbereich nicht aufhält, muss dieses Horn bei der Hufbearbeitung geglättet werden. (siehe Abb. 122)

Eine Komplikation, die sich bei Rehehufen sehr häufig einstellt, ist das Auftreten von Hufgeschwüren bzw. von Hufabszessen. Die Ursache hierfür liegt in erster Linie in der verbreiterten und aufgerissenen Blättchenschicht. Diese bietet den Bakterien zahlreiche Eintrittspforten.

Die Bakterien gelangen mit Erde und Mist leicht in die üppig vorhandenen Hohlräume und Nischen, die die rehegeschädigte Blättchenschicht bietet.

Einmal im Huf angelangt, finden die Bakterien beste Bedingungen für ihr Überleben und ihre Vermehrung vor – im Innern der Hornkapsel herrschen feuchte Wärme und ausreichender Sauerstoffabschluss. Da die Bakterien an der Stelle, an der sie sich befinden, das Horn zersetzen, entsteht Fäulnis; eine stinkige schwarze Schmiere, die sich mehr und mehr hinter der Hornwand ausbreitet.

Je weiter die Bakterien bei ihrem Hornzersetzungsprozess in das Hufinnere gelangen, um so wohler fühlen sie sich. Sie wandern hinter der Hornwand in der Blättchenschicht bzw. dem Narbenhornkeil nach oben, wo sie nach einiger Zeit die Kronlederhaut erreichen. Dort angekommen, öffnet sich die Hornkapsel und am Kronsaum wird eine waagerechte Zusammenhangstrennung sichtbar. Zumeist ist dieser Prozess des Durchbrechens kaum schmerzhaft. Schmerzen können allerdings vorher auftreten, solange sich die Fäulnis noch im Aufsteigen hinter der Wand befindet.

Abb. 124:

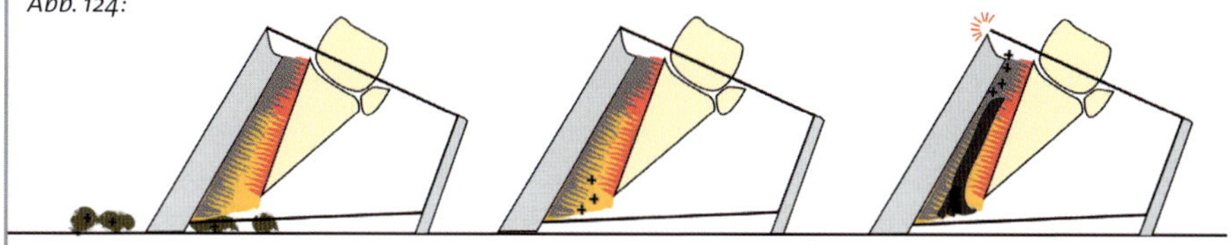

Mist und Erde tritt sich ein, damit gelangen Bakterien in den Huf.

Die Bakterien zersetzen das Blättchen- und Narbenhorn und gelangen dabei immer weiter ins Hufinnere.

Die Bakterien hinterlassen zersetztes Horn (Fäulnis). Gelingt es nicht, sie aufzuhalten, arbeiten sie sich bis zum Kronrand, wo sie letztlich »durchbrechen«.

Diese können von leichten Beschwerden (der Fuß wird weniger belastet, leichter Wendeschmerz, wechselnde Lahmheit) bis hin zu hochgradigem Schmerz (das Bein wird nicht mehr belastet) reichen. Im letzteren Fall leidet das Pferd sichtbar – man könnte meinen, es erleide einen neuerlichen Reheschub. Das Allgemeinbefinden ist stark beeinträchtigt, die betreffende Gliedmaße pulsiert.

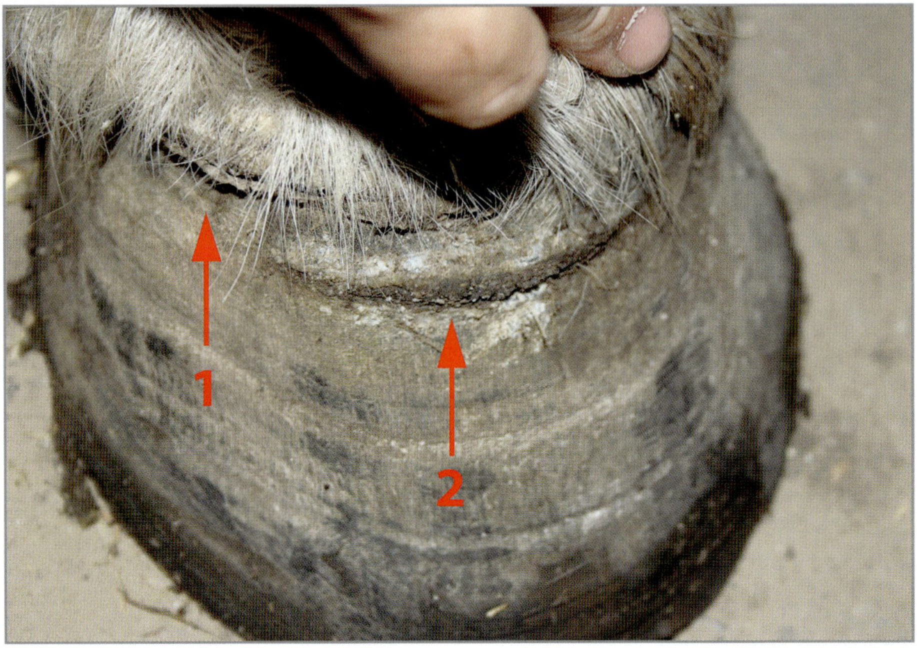

Abb. 125: Bei diesem Huf ist vor kurzem seitlich der Zehe ein Hufgeschwür durchgebrochen (1); ca. 4 Wochen zuvor war dies bereits schon einmal in der Zehenmitte der Fall (2). Die entstandenen Zusammenhangstrennungen im Horn wachsen mit der Zeit herunter.

Die Ursache für diesen massiven Schmerz ist der Druck, den das Fäulnisprodukt hinter der Hornwand auf die Wandlederhaut ausübt.[60]
Die beste Medizin stellt in diesem Fall das Aufweichen der Hornkapsel dar, indem man einen Angussverband anlegt. Durch den Zusatz von mild desinfizierenden und hornerweichenden Mitteln (beispielsweise Kernseife) bringt man das Horn dazu, dass es elastischer wird.
So kann das drückende, Schmerzen verursachende Fäulnisprodukt schließlich Wege finden, sich zu verteilen.
Sobald das geschieht, verschwindet der hochgradige Schmerz. Ein homöopathisches Mittel, was sich hierbei sehr gut bewährt, ist Myristica sebifera, auch das »homöopathische Messer« genannt.

Aus meiner Sicht ist es sehr zu empfehlen, bei einem solchen schmerzenden Hufgeschwür die Hilfe eines erfahrenen Tierheilpraktikers in Anspruch zu nehmen, da es mit der Phytotherapie und Homöopathie hier zahlreiche hilfreiche Angebote auch gerade hinsichtlich des Schmerzmanagements gibt.

Nicht immer gelingt es nämlich, schnelle Erleichterung zu schaffen. Ob das gelingt kommt ganz auf den Sitz und die Größe des Hufgeschwürs an. Deshalb muss auch unbedingt etwas gegen die Schmerzen unternommen werden. Anders als bei einem akuten Reheschub darf sich das Pferd jetzt durchaus bewegen (wenn es mag). Bewegung kann sogar helfen, den festsitzenden Druck zu lösen. Durch die Verwindungsfähigkeit

60 *Das ist vergleichbar mit dem hochschmerzhaften Zustand, den ein unterbluteter Fingernagel bereitet, wenn wir uns den Finger heftig angeschlagen oder eingeklemmt haben. Die Schmerzen sind höllisch und können nur dadurch behoben werden, dass man den Nagel in einer kleinen Operation aufbohrt und so vom Druck entlastet.*

der Hufwände besteht die Möglichkeit, dass sich die drückende Fäulnisansammlung schneller verteilen kann.
In manchen Fällen dauert es unter Umständen jedoch trotzdem mehrere Tage, bis sich der Schmerzzustand bessert, und die Lösung des Problems kommt wirklich erst mit dem Durchbrechen des Geschwürs an der Krone zustande.
In der Regel sind die Beschwerden damit erst einmal beendet. Man muss jedoch gewärtig sein, dass der Schaden hinter der Hornwand nicht einfach behoben ist. Die Bakterien haben bei ihrer aufsteigenden Wanderschaft hinter der Hornwand einen nicht unbeträchtlichen Schaden hinterlassen, der sich nun erst wieder durch nachwachsendes Horn schließen muss.
Es ist sehr wichtig, den Bakteriennachschub von unten so gut es geht zu unterbinden.
Spätestens an dieser Stelle sollte, wenn es nicht schon geschehen ist, der Hufbearbeiter auf den Plan gerufen werden.
Er muss durch seine Bearbeitung dafür sorgen, dass die Chancen für ein erneutes Eindringen von Schmutz und Bakterien so gering wie möglich gehalten werden.
Da der Rehehuf durch seine beschädigte Blättchenschicht zahlreiche Eintrittspforten bietet, ist dies für den Hufbearbeiter keine ganz leichte Aufgabe.

Durch größtmögliche Stallhygiene kann der Pferdebesitzer diese Bemühungen um die Hufgeschwürvorsorge wirkungsvoll unterstützen.

Bestehen einzelne größere Eintrittspforten, so können diese sauber freigeschnitten, sondiert und gereinigt werden und anschließend mit mild desinfizierenden, hornpflegenden Mitteln (siehe nützliche Adressen im Anhang) gepflegt werden. Damit sich hiernach kein neuer Schmutz hineinsetzen kann, werden diese Nischen austamponiert.

Brauchbar sind hierfür, je nach Größe und Sauberkeit der Löcher, Hanf, Schafwolle oder Mull.
Eine regelmäßige Kontrolle, Pflege und Tamponade durch den Pferdebesitzer hilft, die Fäulnisbakterien aus dem Huf zu verbannen und gesundes Horn unbeschädigt nachwachsen zu lassen.[61]

Abb. 126: Eine solche »zerstrubbelte« Struktur der Blättchenschicht lädt Schmutz und Bakterien geradezu ein.

Abb. 127: So fällt es Erde und Mist wesentlich schwerer, sich festzusetzen.

61 *Das hohe Risiko einer Infektion durch die aufgerissene Blättchenschicht bei Rehehufen macht es in meinen Augen recht gefährlich, auf diese Hufe Klebeschuhe aufzubringen.*

4.1.3 Hochgradig geschädigte Rehehufe

Hochgradig geschädigte Rehehufe sind in erster Linie solche, bei denen eine Hufbeinsenkung stattgefunden hat. Wie im Falle von Valente, dessen Fallgeschichte im nächsten Kapitel dargestellt ist, kommt es bei diesen Hufen sehr häufig zu einem Durchbruch des Hufbeins durch die Sohle. Die Hufe zeigen eine deutliche Einstülpung der Hornwand unterhalb des Kronsaumes, die rings um den Huf verläuft, aber in der Zehe zumeist stärker ausgeprägt ist. Die Hufsohle wölbt sich im Bereich vor der Strahlspitze vor, da das Hufbein in diesem Bereich auf die Sohle sinkt.
Die hierdurch entstehenden Zerreißungen und Beschädigungen des Sohlenhornes führen dazu, dass Keime eindringen können.

Es kommt deshalb bei diesen Hufen sehr leicht zu Hufgeschwüren und dann oft auch zu Hufabszessen in diesem Bereich der Sohle. Im Unterschied zum Hufgeschwür sind beim Hufabszess Keime am Wirken, die sich nicht auf die Zerstörung des Hornes beschränken, sondern das lebende Gewebe angreifen. Es entsteht Eiter. Hier besteht dringender medizinischer Handlungsbedarf, da die aggressiven Keime in kürzester Zeit einen sehr großen Schaden an Lederhaut und Knochen hinterlassen können. Der Tierarzt wird den Abszess freilegen und die infizierten Bereiche antibiotisch versorgen. Ein Schutzverband und ständige Kontrolle sind unerlässlich, bis die Infektion beseitigt und die Stelle wieder ausreichend verhornt ist.
Bei diesen hochgradig in Mitleidenschaft gezogenen Rehehufen ist es sinnvoll, Röntgenaufnahmen anfertigen zu lassen. Diese klären beispielsweise darüber auf, ob es im Bereich des stark belasteten Hufbeinrandes bereits zu Schäden gekommen ist.

Unsinnig ist es in meinen Augen, wenn Hufe in diesem Zustand beschlagen werden, um ein Durchbrechen des Hufbeines durch die Sohle zu verhindern. Keine noch so stabile Platte kann verhindern, dass das Horn zwischen Knochen und Untergrund zerquetscht wird. Zudem wird die durch das Aufsitzen des Hufbeins malträtierte Lederhaut durch den Druck sehr schnell nekrotisch und stirbt ab. Das Horn wird durchbrochen, der Gegendruck kann dies nicht verhindern.
Das einzige, was das Durchbrechen verhindern könnte, wäre die Erhaltung einer gewissen Funktionsfähigkeit des Hufbeinträgers durch die Entlastung desselben. Durch das Anbringen eines Beschlages wird allerdings eher das genaue Gegenteil erreicht. Denn das Gewicht wird durch den Beschlag vermehrt auf den Tragrand gebracht, was dem Hufbeinträger in dieser Situation arg zusetzt. Viel besser ist es, den Huf so zu unterpolstern, wie wir dies im »Hilfekapitel« gelernt haben. Eine kleine Variation ist allerdings nötig, um den Bereich um die Hufbeinspitze nicht unnötig mit Gegendruck zu belasten und dem Pferd keine zusätzlichen Schmerzen zuzufügen. Das Polster sollte in diesem Bereich der Sohle unter der Hufbeinspitze ausgespart werden.

So schlimm die Situation auch scheint: Wenn man ausgedehnte Infektionen verhindert und schnell und richtig handelt, stehen die Chancen gut, dass auch diese Hufe sich von den erlittenen Schäden wieder vollständig erholen. Die Hornkapsel ist wunderbarerweise ein nachwachsender Rohstoff und wenn man ihn in der richtigen Weise behandelt, stellt er nach einem angemessenen Genesungszeitraum auch wieder ein tüchtiges Fundament für die Pferdegliedmaße dar. (Valente, dessen Fall ab Seite 159 dargestellt ist, ist das lebende Beispiel dafür.)[62]

4.1.4 Hochgradig und langanhaltend geschädigte (chronische) Rehehufe

Etwas anders gelagert ist die Sache, wenn sich im Zuge der hochgradigen Schädigung der Hufe auch Schäden an den lebenden Strukturen eingestellt haben, beispielsweise wenn sich der Hufbeinrand in der Folge des auf ihm lastenden Druckes aufbiegt oder das Hufbein durch nachfolgende Infektionen beschädigt wird. Je nachdem, wie die Schäden im Detail beschaffen sind, wird die Form der Hornkapsel hiervon beeinflusst. So wird ein verbogener Hufbeinrand (Hutkrempe) dazu führen, dass sich der Zehenwandverlauf nicht mehr vollständig normalisieren lässt.

Die Blättchenschicht bleibt in diesem Fall zumeist ebenfalls dauerhaft etwas breiter, als dies vor der Hufrehe der Fall war. Durch die irreversiblen Veränderungen im Hufinneren bleiben die Hufe von der

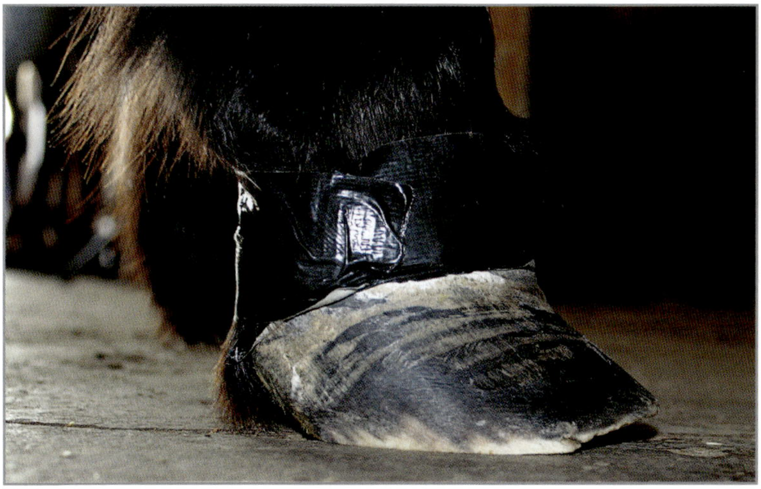

Abb. 128: Die chronischen Rehehufe von Mary († 2007): Trotz regelmäßiger Bearbeitung konnten die Zehenwände nicht mehr zum Boden gebracht werden.

Abb. 129: Die Hufbeine wie auch die Wandlederhäute hatten sich durch die lange Zeit in den stark verbogenen Hornschuhen bereits so verändert, dass ein gerades Nachwachsen der Zehenwand unmöglich wurde.

62 *siehe auch den Fall der Haflingerstute Arabella in RASCH (2013: 338ff)*

Hufrehe dauerhaft geschädigt. Durch eine gute Hufbearbeitung lässt sich aber fast immer ein Zustand ereichen, in dem das Pferd schmerzfrei auf weichen Böden leben kann. Inwieweit die Lauffreude auf härterem Geläuf eingeschränkt ist und ob eine Nutzbarkeit des Pferdes als Reit- oder Fahrpferd wiederherstellbar ist, kommt sehr auf die konkreten Schädigungen an. Röntgenaufnahmen verhelfen zu einer verlässlichen Prognose.

Weit häufiger trifft man in der Praxis allerdings auf eine andere Art von dauerhaft veränderten, chronischen Rehehufen: Die Rede ist von Hufen, die ihre hochgradige Schädigung in erster Linie einfach der Tatsache verdanken, dass sie bereits eine längere Zeit in der Nach-Rehe-Situation gefangen sind.

Bei diesen Hufen wurde es versäumt, die Reheschäden zu beseitigen und die Hornkapsel zu sanieren. Entweder resultiert dies aus einer Vernachlässigung der Hufpflege und -bearbeitung oder der unbefriedigende Zustand entsteht infolge der falschen Behandlung der rehegeschädigten Hornkapseln. Beispiele hierfür sind unter anderem die Fallgeschichten von Arabella und Stella im nächsten Kapitel (siehe Seite 214 und 220.).
Die nicht sanierte und deshalb dauerhaft deformierte Hufsituation sorgt mit der Zeit zunehmend für pathologische Schäden an Knochen und Lederhäuten. Auf diese Weise wird der Boden für neue Reheschübe bereitet, welche die Situation wiederum verschlechtern. Die Hufrehe wird zu einem chronischen Zustand. (siehe hierzu auch Abschnitt »Chronische Rehehufe« S. 71f.)
Sehr viele Ponys und Pferde leiden unter dem Versäumnis, dass ihre Hufe nach dem ersten Reheschub einfach nicht wieder saniert wurden. Ursache hierfür ist eine Mischung aus Sorglosigkeit (die Natur wird's schon richten), Hilflosigkeit (was soll man denn dagegen tun), Unwissen (dagegen kann man gar nichts machen) oder Unfähigkeit (unsachgemäße Behandlung und Bearbeitung der Rehehufe).

Es ist tragisch, wie viele Rehepferde aus diesen Gründen zu einem lebenslangen Krüppeldasein verdammt sind, um dann – gemessen an ihrer selbstgesetzten Le-

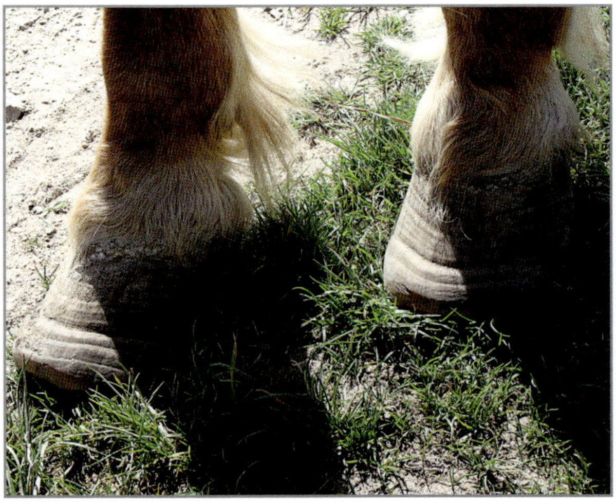
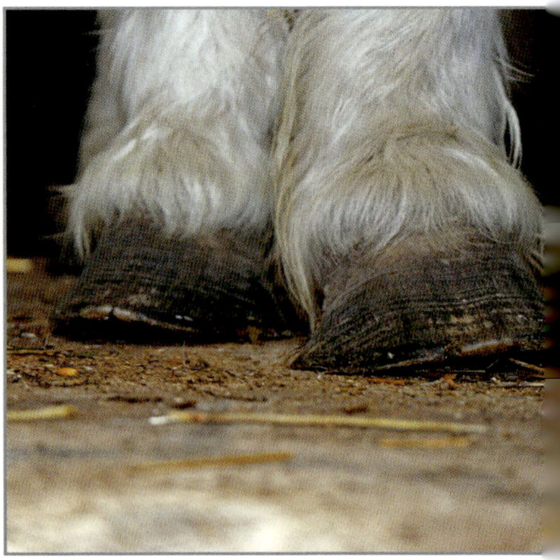

Abb. 130–132: Chronische Rehehufe

benserwartung oft viel zu früh – irgendwann endlich von ihrem Leiden erlöst zu werden.

Durch den Daueraufenthalt in den verbogenen Reheschuhen kommt es neben Aufbiegungen des Hufbeinrandes (Hutkrempe) zu Zubildungen an Hufbeinrand und Hufbeinrücken, zu Atrophien des Hufbeines, zur dauerhaften Längung und bleibenden Läsionen an den Wandlederhautblättchen, zur Verlagerung und Streckung der Kronlederhaut und des Kronkissens, um nur die häufigsten Schäden zu nennen. Diese pathologischen Veränderungen wirken nicht nur auf die Hufform zurück und bestimmen irgendwann auch die Grenzen der Wiederherstellbarkeit normaler Verhältnisse, sie verursachen in der Regel auch mehr oder weniger starke Schmerzen.

In allen diesen Fällen kann eine vernünftige Hufbearbeitung zwar wieder zu einer verbesserten Hufsituation führen, eine Rückkehr zu vollständiger Normalität ist jedoch nicht mehr möglich. Das bedeutet nicht selten, dass auch keine vollkommene Schmerzfreiheit mehr erreicht werden kann.

Harte Böden beispielsweise werden oft nicht gut vertragen und es bleibt trotz aller Erfolge zumeist ein fühliger, klammer Gang auf hartem Boden. Natürlich kann man in solchen Fällen versuchen, dem Pferd durch das Anbringen eines Hufschutzes Erleichterung zu verschaffen, wobei es hierbei nicht um die Abriebvermeidung geht, sondern um die Herstellung von »Bodenfreiheit« und um die Einschränkung der Hufmechanik. Man darf sich aber nicht darüber hinwegtäuschen, dass die Hufe selbst chronisch krank sind und damit gefährdet bleiben, einen neuen Reheschub zu erleiden. Die Belastung sollte deshalb gering gehalten werden.

Vor allem – auch das wird leider allzu häufig vergessen – muss man sicherstellen, dass der Hufschutz die ohnehin prekäre Hufsituation nicht verschlechtert. Das lässt sich oft nicht verhindern, weshalb die beste Medizin für den chronischen Rehehuf der Barhuf bleibt. Denn am Barhuf findet Abrieb statt. Und, dieser kann gezielt gesteuert werden. So behält man wesentlich leichter die Kon-

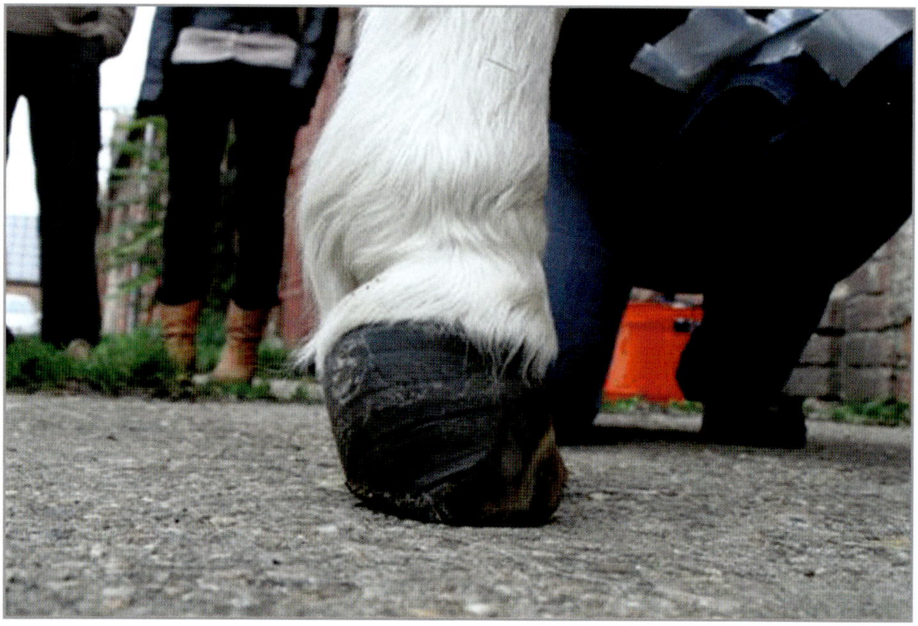

Abb. 133: Unnütz und hochgradig ungesund – Entfernung der Zehenwand. (Foto mit freundlicher Genehmigung von Solveig Schmidt)

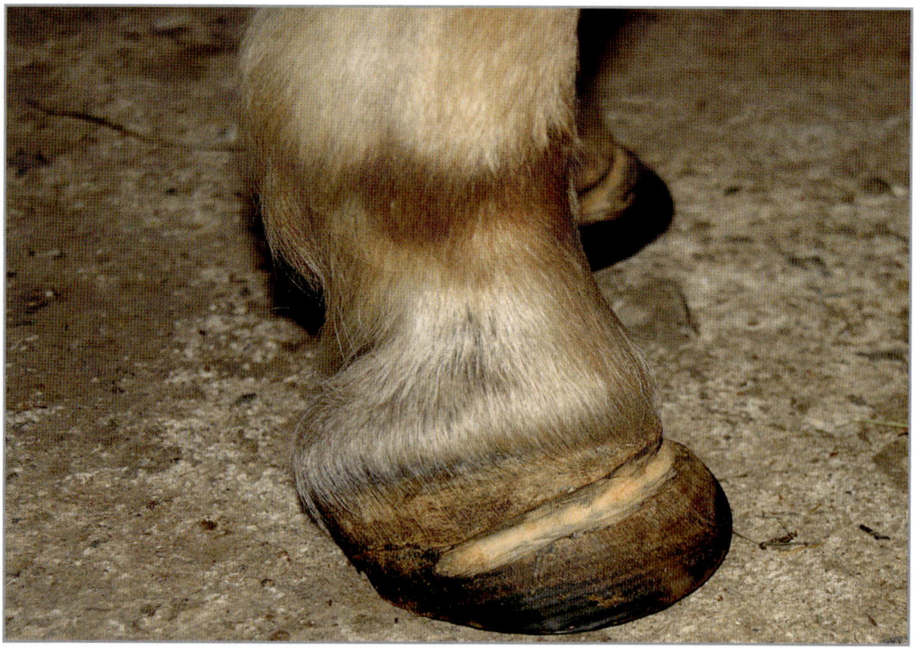

Abb. 134: Unnütz und hochgradig ungesund – Entlastungsrillen rund um den Huf. (Foto mit freundlicher Genehmigung von Aline Ullsperger)

trolle über die Richtung des nachwachsenden Horns. Fatal ist es, wenn man diese chronischen Rehehufe in eine »normale« Form pressen will. Das führt schon bei gesunden Hufen mit ihren individuellen Formen zu mitunter folgenreichen Fehlentwicklungen und Problemen. Bei diesen hochgradig geschädigten Rehehufen kann schon die kleinste Manipulation eine mittlere Katastrophe auslösen. Starke Eingriffe in Stellung und Statik der Hufe sind zu vermeiden.

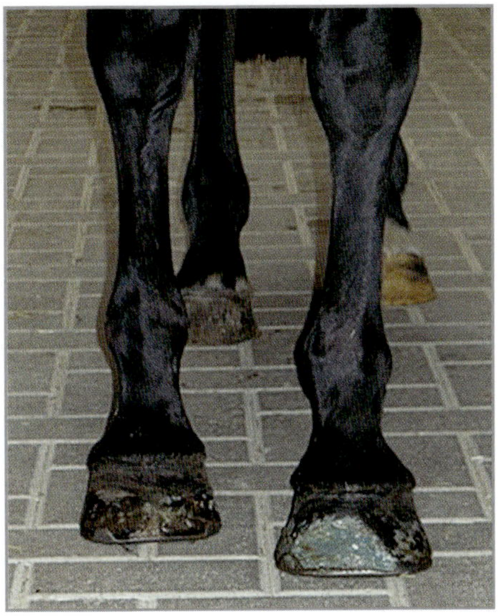

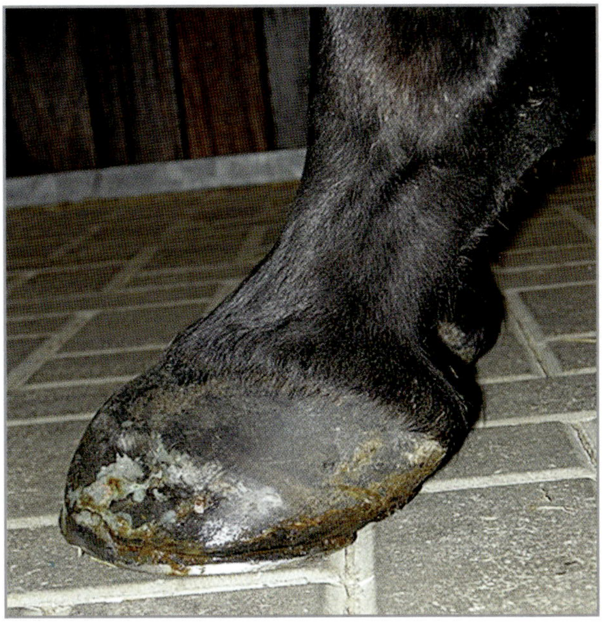

Abb. 135 und 136: Beschlagene Rehehufe mit Zehenwandresektion und Kunsthornreparatur – Nährboden für Hufgeschwüre und Hufabszesse (März 2008).

Wichtig ist eine konsequente regelmäßige Betreuung der Hufe und eine Bearbeitung in kleinen Schritten.
Fehlleistungen der Hufbearbeitung sind in meinen Augen ein Kürzen der (zu) hohen Trachten, ein zu starkes Bearbeiten der Zehenwand sowie das Anbringen von Entlastungsrillen in der Zehe bzw. rings um den Huf.
Letztlich halte ich auch das Anbringen eines orthopädischen Beschlages nicht für das geeignete Mittel, die chronischen Rehehufe in einer akzeptablen Form zu halten, geschweige denn, sie in eine bessere Form zu bringen.

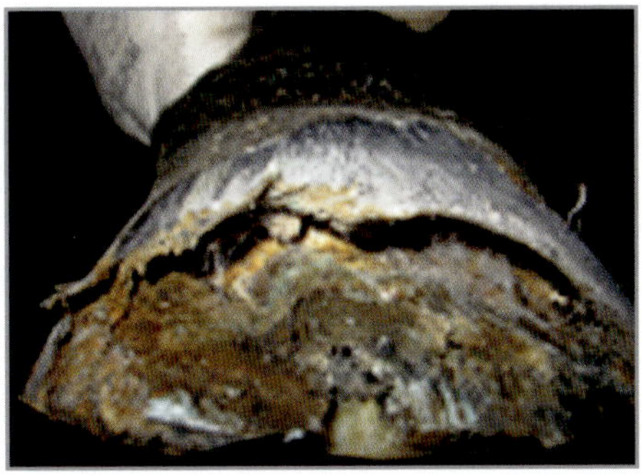

Abb. 137: Unter dem Kunsthorn konnte sich die Infektion in den Rehehufen ungehindert ausbreiten (März 2008).

Chronische Rehehufe weisen oft sehr hohe Trachten auf, was manch einen Hufbearbeiter dazu veranlasst, angeleitet von seiner Vorstellung von idealen Hufverhältnissen, die Trachten stark einzukürzen. Das bringt für das Rehepferd in den meisten Fällen eine Verschlechterung mit sich, was von einem schlechteren Laufverhalten bis hin zu

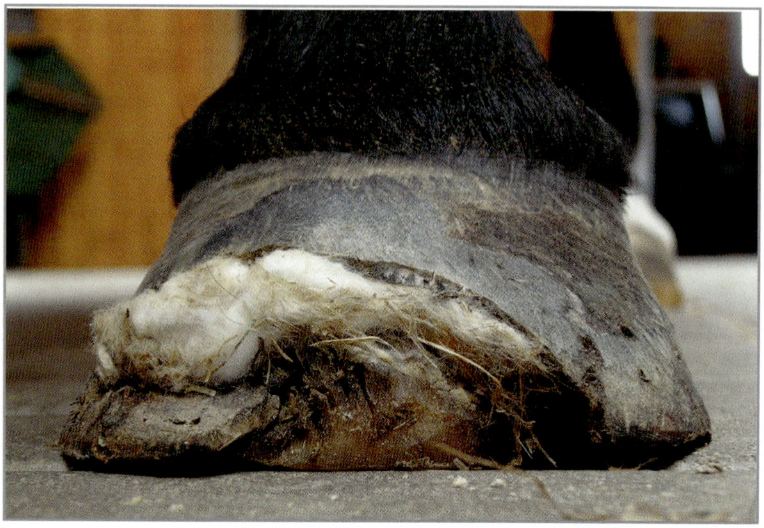

Abb. 138 Die Infektion hinterließ dort massive Schäden.

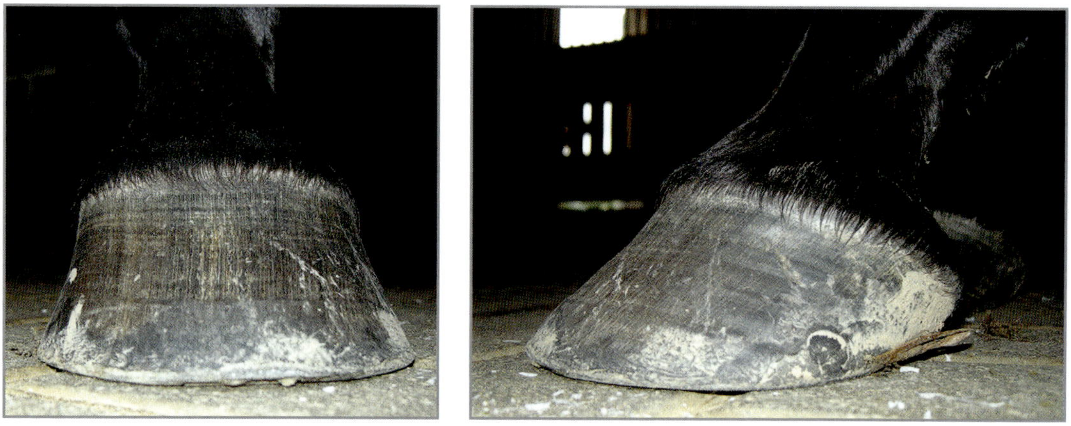

Abb. 139 und 140: Die Barhufsanierung sorgte für eine weitgehende Wiederherstellung der Hufform (Juli 2009).

einem neuen Reheschub reicht. Die hohen Trachten entstehen bei diesen Hufen zwar nicht aus gutem, aber aus berechtigtem Grund. Bedingt durch die anhaltenden Schmerzen und die damit verbundene verkrampfte Muskulatur bilden chronische Rehepferde eine Steilstellung ihrer Hufbeine (meist nur Vorderhufe) aus. Die Steilstellung der Zehe verstärkt sich mit dem Andauern der schmerzhaften Situation. Passend hierzu entwickeln sich im Laufe der Zeit hohe Trachten. Werden diese bei der Hufbearbeitung gekürzt, so bringt dies nicht nur neue Schmerzen und die Gefahr eines neuen Reheschubes mit sich, es lässt auch die Zehenwand aufs Neue davonstreben.

Mit der Dauer des Aufrechterhaltens einer solchen verformten Rehehufsituation vergrößert sich natürlich auch die allgemeine Gefahr der Infektion und Zerstörung des Hufes durch Hufgeschwüre oder Hufabszesse. Eine gute Hufbetreuung stellt sicher, dass diese Keiminvasio-

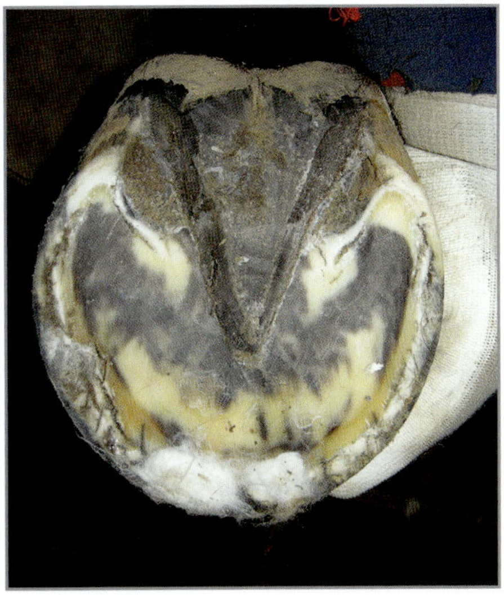

Abb. 141 und 142: Der linke Vorderhuf 16 Monate nach Beginn der huforthopädischen Bearbeitung vor (links) und nach (rechts) der Bearbeitung. Trotz recht schneller Genesung der Hufform, litt das Pferd noch geraume Zeit unter den durch die Abszesse verursachten Schäden. Die Barhufbearbeitung ermöglichte es nun aber, die Keiminvasion stets erfolgreich im Ansatz zu bekämpfen (Juli 2009).

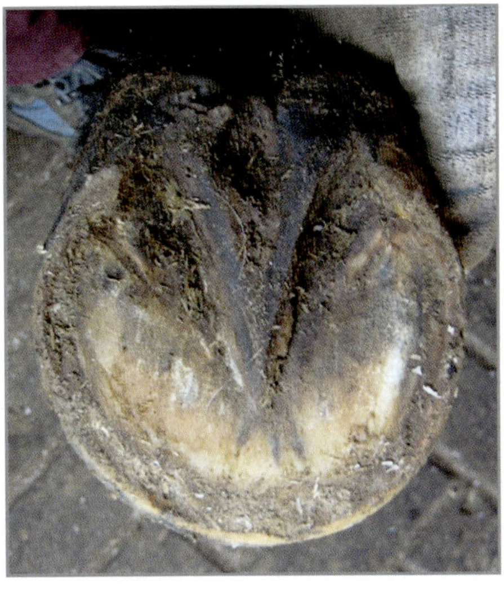

Abb. 143 u. 144: Dornroses linker Vorderhuf weitere viereinhalb Jahre später, vor (links) und nach (rechts) der Hufbearbeitung. (Februar 2014) (Alle Fotos mit freundlicher Genehmigung von Bianka Lücke)

nen zumindest im Ansatz erkannt und gestoppt werden, wenn sie nicht gänzlich verhindert werden können. Geschieht dies nicht, kann das enorme Schäden nach sich ziehen.Dass auch eine Wiederherstellung hochgradig geschädigter Rehehufe bei entsprechender Bearbeitung gelingt, zeigen die Fallgeschichten im nächsten Kapitel. Sie zeigen außerdem auf, welche Fehler im Einzelnen vermieden werden können und belegen, dass es durchaus möglich ist, den Rehehuf zu »besiegen«.

5 Wege aus der Hufrehe – 13 Fallbeispiele

1 VALENTE – HUFBEINDURCHBRUCH MITTEN IM ATLANTIK [63]

Valente, Portugiese, Wallach
Alter zum Zeitpunkt der Rehe: 3 Jahre
Reheschub: März 2003
Ursache: Frisches Gras und hohe Belastung des Hufbeinträgers durch mehrmaliges Kürzen der Trachten

Die Fallgeschichte von Valente ist eine der ungewöhnlichsten in diesem Buch und auch in meinem bisherigen Leben. Ungewöhnlich vor allem deshalb, weil Valente einige tausend Kilometer entfernt, auf einer Insel mitten im Atlantik lebt. Valente erkrankte, gerade einmal dreijährig, sehr heftig an Rehe und die Tierärzte vor Ort glaubten nicht, dass man ihm noch helfen könne.
Mit meiner Unterstützung via Internet schaffte Valentes Besitzerin das »Unmögliche«. Noch heute erfüllt mich jedes Mal eine echte und tiefe Freude, wenn ich die Fotos von Valentes mittlerweile gesunden Hufen betrachte.
Im Frühsommer 2003 bekam ich über das Kontaktformular der Homepage der Deutschen Huforthopädischen Gesellschaft e.V. folgende E-Mail:
»Bei meiner Suche nach Hilfe für mein Pferd bin ich auf Ihre Seite gestoßen und möchte Sie nun um einen Rat bitten.
Valente, mein dreijähriger Wallach, erkrankte vor fünf Wochen an fütterungsbedingter Hufrehe. Alle vier Hufe sind betroffen, die vorderen allerdings stärker. Von unserer Tierärztin wurde er mit Danilon behandelt. Leider hat er darauf überhaupt nicht angesprochen. Trotz häufigem Kühlen der Hufe, und entsprechender homöopathischer Behandlung ging es ihm sehr schlecht. Anfangs versuchte ich noch, ihn vorsichtig zu bewegen, gab es aber schnell wieder auf, da die Schmerzen für Valente einfach zu groß waren. Bei jedem Versuch, sich zu bewegen, musste man Angst haben, dass er einfach umfällt. Seine gesamte Muskulatur war verkrampft, und die Hinterhand und Kruppe zitterten heftig. Ein vorsichtiges Kürzen der Hufwände war erst möglich, als er lag. Ich habe dabei nur den Tragrand etwas gekürzt, und die Trachten ganz leicht tiefer gestellt. Natürlich bekam er von mir nur noch Heu und Wasser und außerdem ließ ich mir aus Deutschland noch ein gutes Mineralfutter, und eine Kräutermischung zur Blutreinigung schicken. Erst nach ca. drei Wochen war die Entzündung abgeklungen – keine Pulsation mehr zu fühlen, und auch die Hufe waren nicht mehr so warm.

63 *Alle Fotos mit freundlicher Genehmigung von Petra Harbich*

Trotzdem konnte er kaum besser laufen. Er steht im großen Auslauf mit Offenstall, zusammen mit seiner Mutter und einem Esel. Im Laufe des Tages bewegt er sich nur schrittweise und unter großen Schmerzen kaum ein paar Meter.
Vor zwei Wochen fiel mir auf, dass die gesamte Hufsohle flacher wurde, und nun hat sich das Hufbein so weit gesenkt, dass man seine halbmondförmige Kontur als Vorwölbung an der Hufsohle sehen kann. Ich befürchte nun einen Durchbruch.
Auch am Kronrand ist es feststellbar. Bis fast zum Trachtenteil ist rundum eine Einsenkung fühlbar.
Hier bei uns auf der Insel (São Miguel, Azoren) gibt es leider weder einen wirklich guten Tierarzt, noch einen auch nur einigermaßen erfahrenen Hufschmied – von dieser Seite kann ich leider keinerlei Hilfe erwarten und bin somit auf mich allein gestellt.
Darum meine Frage: Haben wir noch eine Chance, dass sich Valente eines Tages ohne Schmerzen bewegen kann oder ist ein Hufbeindurchbruch die für unsere Situation logische Konsequenz? Hier gibt es auch keine Möglichkeit, ein Röntgenbild zu machen.
Nun quält sich Valente schon seit 5 Wochen, und ich möchte ihm vor allen Dingen keine weiteren Schmerzen ohne die geringste Chance auf Heilung zumuten …!«

Die Situation war von höchster Dringlichkeit. Valentes Besitzerin hatte in dem Versuch, ihrem Pferd zu helfen, leider bereits einige Fehler gemacht, bspw. indem sie versuchte, ihn zu bewegen und vor allem, indem sie die Hufe noch einmal im hinteren Hufbereich kürzte. Ich wollte mein Möglichstes tun, um Valente und seiner Besitzerin zu helfen. Wenn dies Valentes einzige und letzte Chance war, dann wollte ich sie nicht ungenutzt verstreichen lassen. Es war offen, ob es tatsächlich gelingen würde, aber versuchen musste ich es.

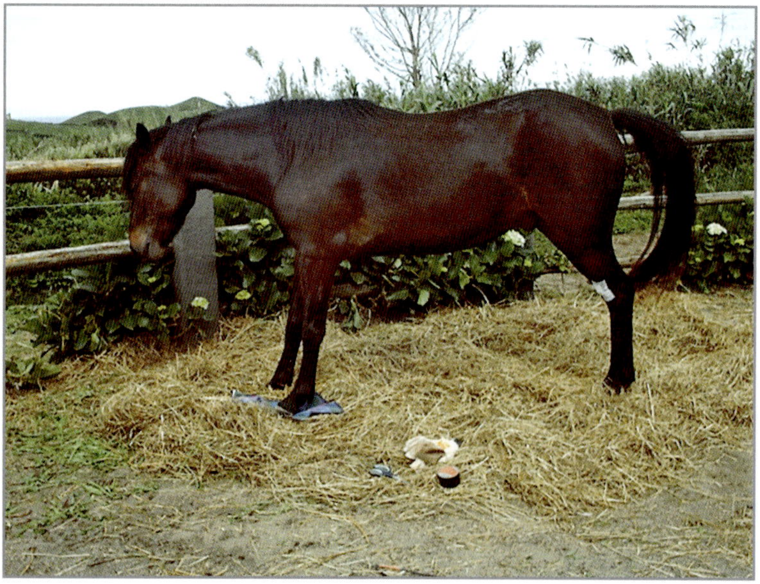

Valente hat starke Schmerzen, Frühjahr 2003

Von diesem Tag an gingen über mehrere Monate zum Teil täglich E-Mails über den Atlantik – bestückt mit Huffotos, ausführlichen Berichten über Valentes jeweiligen aktuellen Zustand, detaillierten Anweisungen, Ratschlägen und Zeichnungen. Valentes Besitzerin wurde nicht müde und fotografierte immer und immer wieder den Zustand der Hufe. Sie bemühte sich, die Anweisungen zum Polstern der Hufe und, sobald es Valentes Zustand zuließ, auch hinsichtlich der Hufbearbeitung, umzusetzen. Auch wenn das Ergebnis unserer gemeinsamen Mühe zunächst alles andere als perfekt war, rettete es Valente das Leben. Valente wurde wieder völlig gesund. Seinen Hufen ist die überstandene Rehe längst nicht mehr anzusehen.

30. April 2003

Die ersten Huffotos von Valente: Valentes linker Vorderhuf. Valente liegt dabei. Deutlich zu sehen sind die Vorwölbung der Hufsohle und die schrägen hebelnden Wandüberstände.

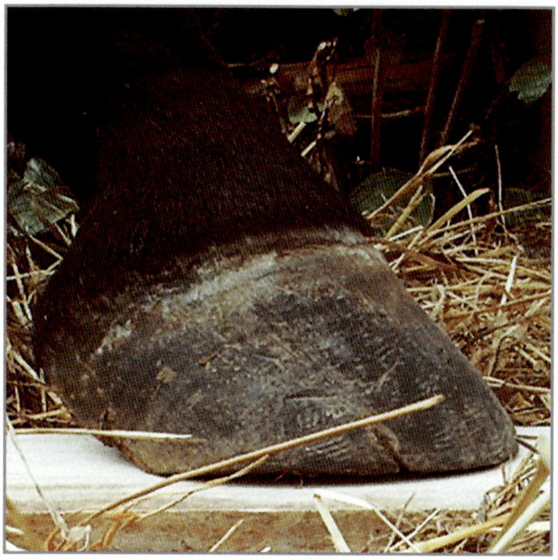

Mitte Mai ist die vorher bereits fühlbare Eindellung am Kronrand nun auch auf den Fotos zu sehen.

Durch die Hufbeinsenkung, die Valente erlitten hatte, und durch den Druck, den das Hufbein in der Folge auf die Sohle ausübte, entstanden direkt unter dem Hufbeinrand Abszesse, die sich ab Ende Mai zeigten. Vor dem Strahl ist die Hufsohle eröffnet und man kann den bereits mit jungem Horn überzogenen Rand des Hufbeines erkennen.

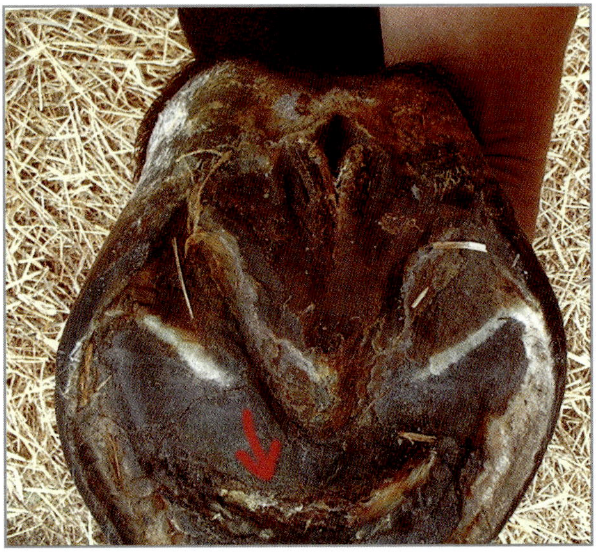

vorne links

vorne rechts

Die bei der Hufbeinsenkung im April entstandene Hornrille wächst nach unten und befindet sich Ende Juni ca. zwei Zentimeter unterhalb des Kronsaums:

Valente trägt Polsterverbände. Die Hornrille wächst langsam nach unten.

Ende Juli 2003

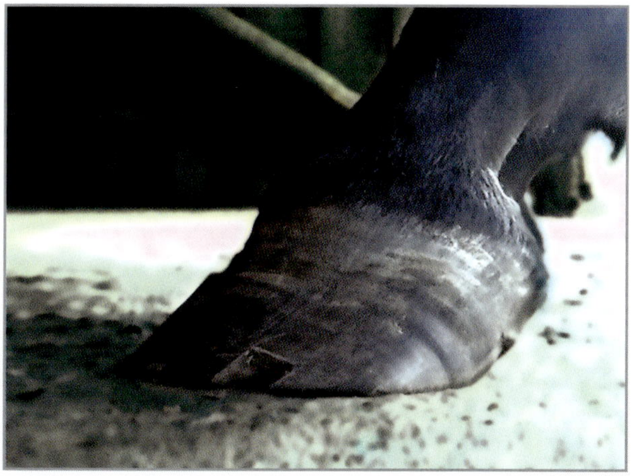

Ende August 2003

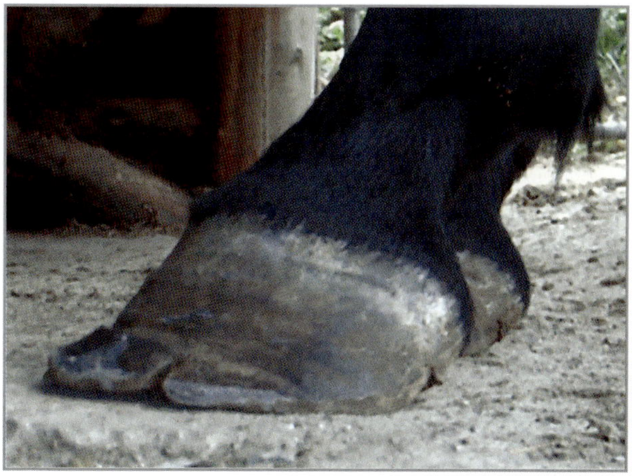

Ende Oktober 2003

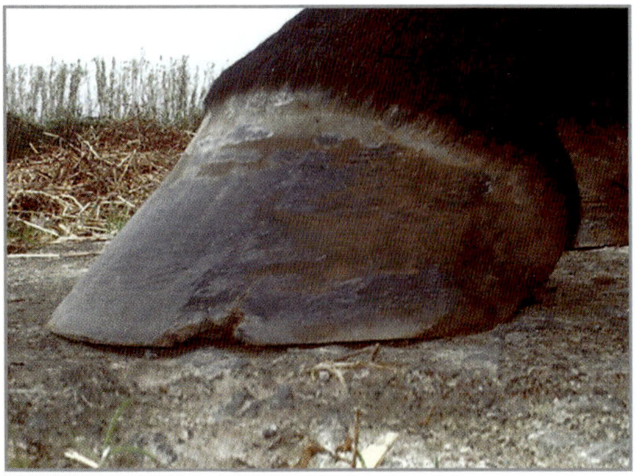

Valentes Hufe ohne Rille ein Jahr nach der Rehe am 6. April 2004.

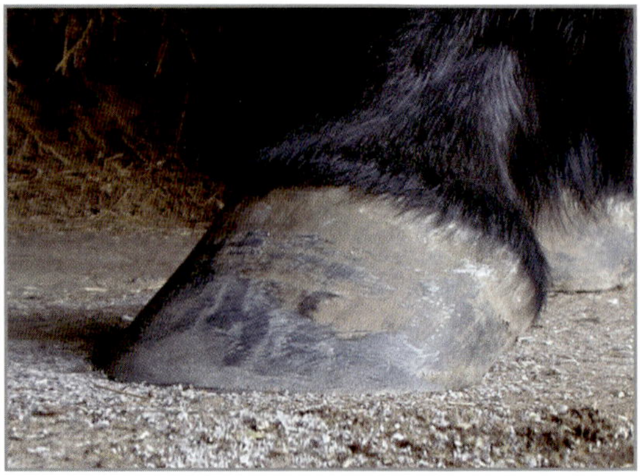

Und in noch besserer Form zwei Jahre nach der Rehe im März 2005.

Valentes Besitzerin ist es mit ihrer Bearbeitung der Hufe gelungen, die zerstörte Hufbeinaufhängung völlig wiederherzustellen. Die Zehenwand wächst parallel zum Hufbein, ohne sich zu verbiegen. Die Blättchenschicht ist intakt und schmal, als hätte nie eine Hufrehe stattgefunden. Einzig die Pigmentveränderung im Sohlenhorn zeigt an, wo die Hufbeine zwei Jahre zuvor die Sohle durchbrochen hatten. Das Horn an dieser Stelle ist vollkommen gesund und fest, nur eben unpigmentiert, so dass sich vor der Strahlspitze ein halbmondförmiger, weißer »Hufbeinabdruck« auf beiden Sohlen zeigt.

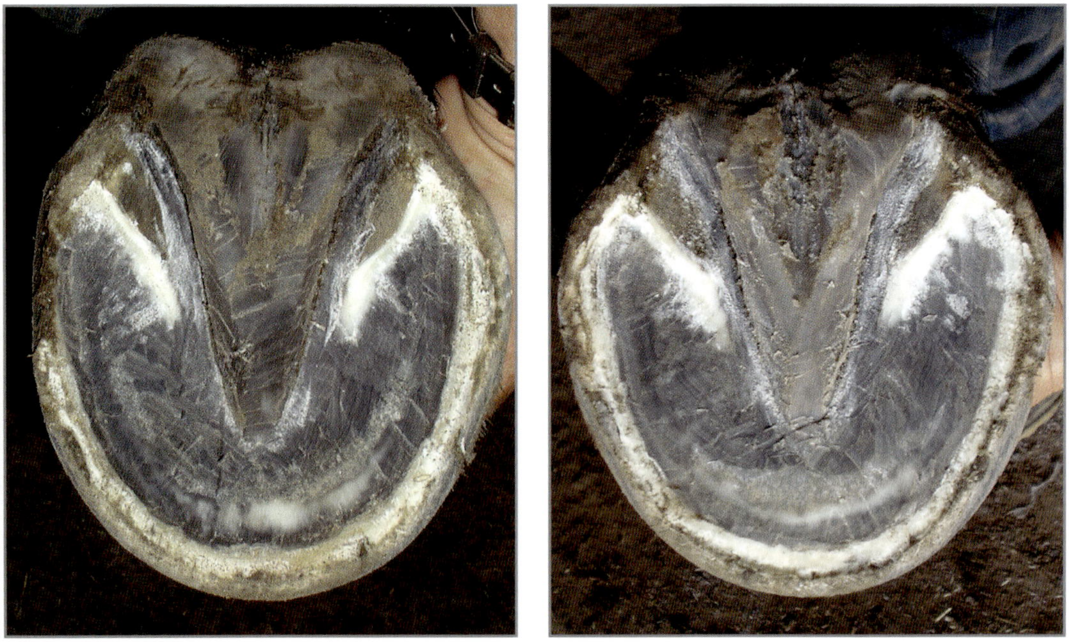

Gesunde Hufe mit unversehrter, schmaler Blättchenschicht

Im August 2005 besuchte ich Valente auf den Azoren und konnte mich mit eigenen Augen davon überzeugen, dass er sich von seiner Reheerkrankung vollkommen erholt hatte.

Valentes Besitzerin hatte wirklich ausgezeichnete Arbeit geleistet. Sie bearbeitete längst auch die Hufe der anderen Herdenmitglieder selber und dies zur Zufriedenheit aller.

Valente bei der Arbeit und auf der Weide. (August 2005)

Valente und Ayla

Valente und seine Mutter

UPDATE: STAND 2014

Valente ist mittlerweile 14 Jahre alt und es geht ihm sehr gut. Er genießt das Leben auf seinen gesunden Hufen. Die Hufbearbeitung meistert nach wie vor seine Besitzerin und es gab seit den schlimmen Ereignissen im Jahr 2003 nie

Valentes Hufe im Sommer 2009

vorne links

vorne rechts

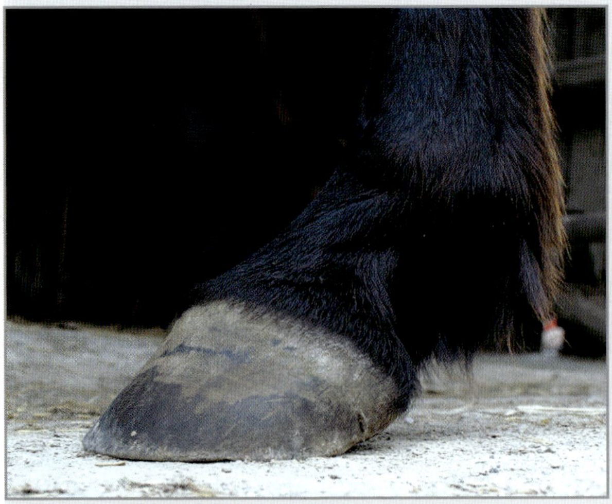

Seitenansicht des linken Hufes

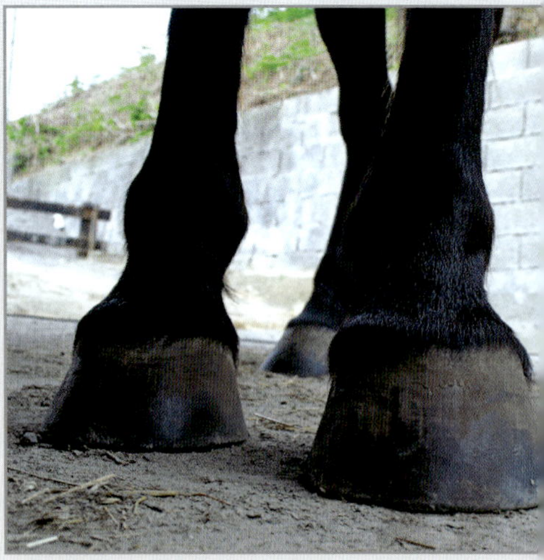

Beide Vorderhufe von vorne

wieder Hufprobleme mit Rehe oder Hufgeschwüren. Im August 2009 war ich wieder auf Besuch auf den Azoren und konnte mich noch einmal selbst von der anhaltend guten Hufsituation überzeugen.

... und im April 2014

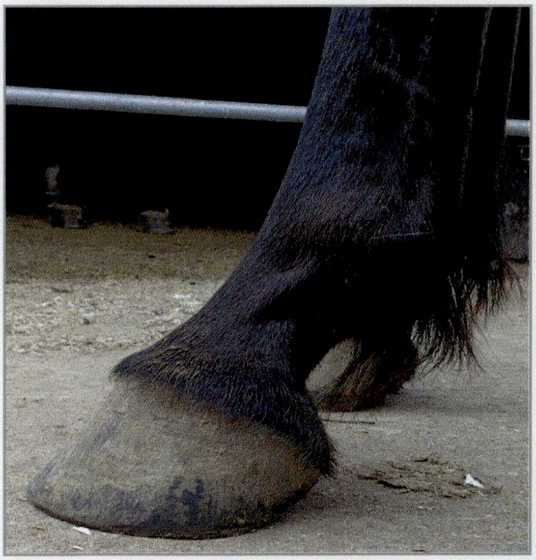

vorne links

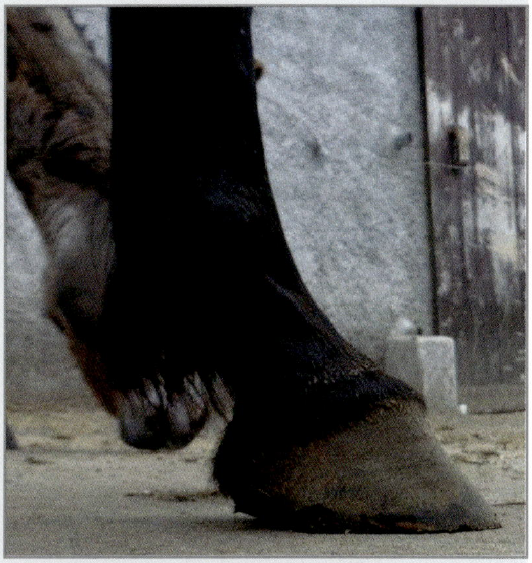

vorne rechts

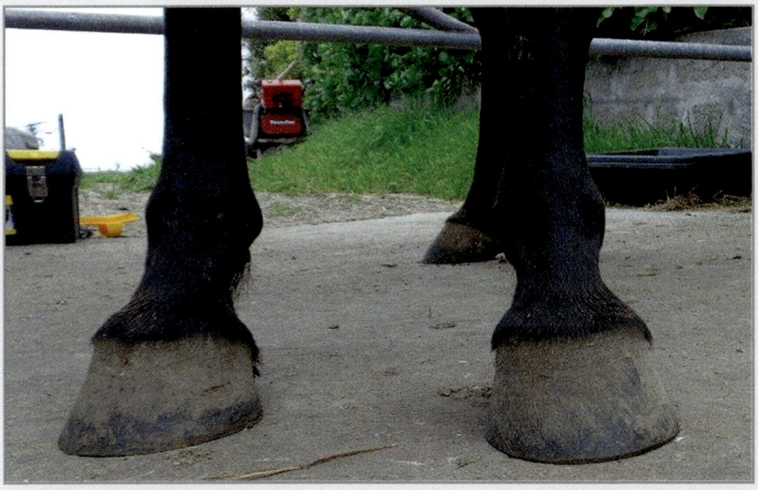

Beide Vorderhufe von vorne

Fotos mit freundlicher Genehmigung von Petra Lang

ROCKY – VERSCHIMMELTES BROT UND FALTENHUFE

2

Rocky, Norweger, Wallach

Alter zum Zeitpunkt der Rehe: 13 Jahre

Reheschub: Mai 2006

Ursache: Unbekannt. Vermutungen gingen in Richtung Vergiftung (vom Nachbarn über den Zaun geworfenes schimmliges Brot) oder Impfschaden. Rocky war allerdings auch deutlich zu dick! Außerdem hohe Belastung des Hufbeinträgers durch stark hebelnde Wände

Ich wurde im Herbst 2006 zu Rocky gerufen. Rocky hatte vier Monate zuvor im Mai einen Reheschub erlitten. Er hatte vom Tierarzt Equipalazone erhalten sowie Grasentzug verordnet bekommen. Die Besitzerin, die sich selbst in der Ausbildung zur Tierheilpraktikerin befand, behandelte zusätzlich mit Reiki und verschiedenen homöopathischen Mitteln. Rocky erholte sich, so dass er relativ bald wieder spazieren gehen konnte und dann auch wieder geritten wurde, bis er Ende Juli 2006 erneut anfing zu lahmen. Der Tierarzt schloss diesmal Hufrehe aus und vermutete eine Trittverletzung durch ein anderes Pferd, da eines der Vorderbeine leicht angelaufen war. In der Folge wechselten Phasen der Lahmheit mit lahmheitsfreien Phasen, ohne dass eine Ursache dafür gefunden wurde.

Im September, als ich Rocky zum ersten Mal sah, zeigten seine Hufe deutliche Spuren des überstandenen Reheschubs. Der Hufbeinträger hatte durch die Rehe einigen Schaden genommen. Röntgenbilder existierten keine, aber auch ohne diese war offensichtlich, dass sich die Hornwand der Zehe vom Hufbein entfernt hatte.

Die Blättchenschicht war durch das von der Wandlederhaut produzierte Narbenhorn verbreitert und über große Strecken aufgerissen.
Die Hufwände waren schräg, verbogen und zeigten dicht an dicht Rillen und Falten. Die deutliche Faltenbildung zog sich allerdings jeweils über die gesamte Hufwand und zeigte sich auch in Tragrandnähe. Das wies darauf hin, dass Rockys Hufe auch bereits vor dem erlittenen Reheschub stark hebelnde Wände aufwiesen. Diese hatten den Ausbruch der Rehe mit Sicherheit begünstigt.

Rockys Vorderhufe waren vom Rehegeschehen stärker betroffen als die Hinterhufe.
Bei allen vier Hufen war die Blättchenschicht verbreitert, an den Hinterhufen allerdings in geringerem Ausmaß als an den Vorderhufen. Als Folge der Schäden im Hufbeinträger hatten sich bei den beiden Vorderhufen hinter der Zehenwand und in den schrägen Seitenwänden Hufgeschwüre gebildet.
Diese Hufgeschwüre, wie auch die schlechte Gesamtsituation der Hufe waren die Ursache für Rockys immer wiederkehrende Lahmheit.

rechter Vorderhuf
Faltenhufe

linker Vorderhuf

rechter Vorderhuf

linker Vorderhuf

Die verbreiterte und aufgerissene Blättchenschicht bietet den Bakterien Unterschlupf – zahlreiche Hufgeschwüre sind die Folge.

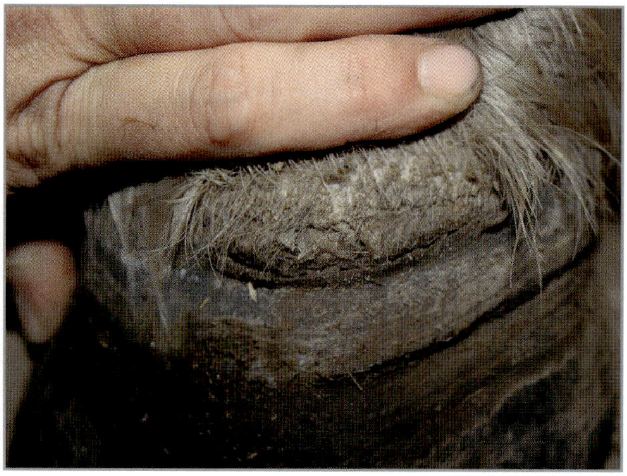

Am Kronsaum von Rockys linkem Vorderhuf öffnet sich noch einmal ein Hufgeschwür.

Die fäulnisbesetzte Blättchenschicht wurde so gut es ging gereinigt und von nun ab regelmäßig mit einem milden Hufpflegemittel behandelt. Um das Eindringen von neuem bakterienbesetzten Schmutz zu verhindern, wurden die Öffnungen mit Hanf gestopft. Rockys Hufe wurden von mir in vierwöchigen Abständen bearbeitet. Im Oktober machten sich die Hufgeschwüre noch ein weiteres Mal kurzzeitig schmerzhaft bemerkbar. Rocky lahmte plötzlich stark, auf der linken Gliedmaße. Er bekam Myristica sebifera und einen Angussverband und nach zwei Tagen öffnete sich das Hufgeschwür am Kronsaum des linken Vorderhufes.

Von nun an lief Rocky problemlos, so dass schon relativ kurze Zeit nach Beginn der Behandlung wieder mit leichter Arbeit (Bodenarbeit, Geländeritte) begonnen werden konnte. Zusätzlich zur huforthopädischen Sanierung der Hufe achtete Rockys Besitzerin jetzt auch ganz streng darauf, dass Rocky abspeckte. Mit Erfolg, wie die Fotos zeigen.

Die recht massive Schädigung der Hufbeinaufhängung, die bei Rocky durch Hufgeschwüre und Hufabszesse noch ausgeweitet wurde, konnte durch die Bearbeitung der Hufe innerhalb von zehn Monaten vollständig beseitigt werden. Die Rehe-Folgeschäden, namentlich die vielen Hufgeschwüre, Hufabszesse und die immer wiederkehrenden Lahm-

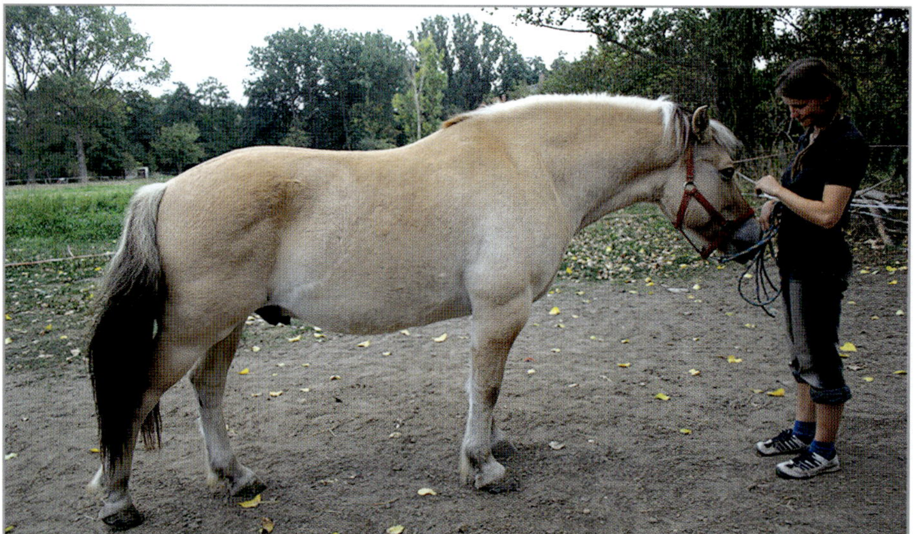

Rocky im September 2006

heiten, hätten durch eine zeitiger begonnene Bearbeitung mit großer Wahrscheinlichkeit vermieden werden können.

Das nachwachsende Horn schloss die durch den Reheschub verloren gegangene Verbindung zwischen Hufbein und Hornwand, so dass Rockys Hufe im Juli 2007 bereits wieder eine geschlossene Blättchenschicht von annähernd normaler Breite aufwiesen. Lediglich die leichten Verfärbungen in der Blättchenschicht künden noch von den überstandenen Problemen.

Tüchtige Hufe und ausreichend Bewegung bei reduziertem Futterangebot machten Rocky gegen einen neuen Reheschub gefeit.

Mittlerweile ist Rocky mit seiner Besitzerin und seinem Kumpel Pony Pedro nach Frankreich gezogen, wo sie in einer Gemeinschaft mit insgesamt 26 Pferden leben und es ihnen laut E-Mail der Besitzerin besser geht als je zuvor. Rocky ist kerngesund und hat durch die Berge ordentlich Muskeln bekommen. Er wird geritten, arbeitet zusätzlich noch im Gemüseacker und in der Forstwirtschaft, wird zum therapeutischen Reiten mit behinderten Jugendlichen eingesetzt und geht obendrein auch ab und an vor der Kutsche. Dies alles barhuf und mit gesunden Hufen.

Rocky im Juli 2007

... und deutlich schlanker im Juli 2007

linker Vorderhuf

rechter Vorderhuf

Geschlossene, schmale Blättchenschicht, Juli 2007

UPDATE: STAND 2014

Therapiepferd Rocky, 2011

Rocky geht es prima. Nach drei Jahren in Frankreich ist er nach Deutschland zurückgekehrt und lebt mit seiner Besitzerin in Brandenburg, wo er als Therapiepferd arbeitet.
Er hilft hauptsächlich Kindern, aber auch Jugendlichen und Erwachsenen, die Eigen- und Fremdwahrnehmung zu fördern, Stress abzubauen, das Körperbewusstsein zu entwickeln und das Selbstvertrauen zu steigern.

Rocky ist jetzt 20 Jahre alt und kerngesund. Mit den Hufen gab es nie wieder Probleme. Sie werden seit der Rückkehr nach Deutschland von einem Hufpfleger betreut. Rocky lebt inmitten seiner kleinen Herde, die sich in den letzten Jahren um zwei neue Herdenmitglieder vergrößert hat. In der Koppelsaison genießt er tagsüber Weidegang, nachts bekommt er Heu.

Rocky und Peggy, 2014

Fotos mit freundlicher Genehmigung von Peggy Schiese

NATHAN – THUJAHECKE UND STOFFWECHSELPROBLEME

3

Nathan, Pony, Wallach
Alter zum Zeitpunkt der Rehe: 10 Jahre
Reheschub: Winter/Frühjahr 2006
Ursache: Unbekannt. Vermutlich Vergiftung durch Thujahecke und in der Folge ein massiv gestörter Stoffwechsel.

Nathan bekam im Winter 2006 für seine Besitzer völlig überraschend eine Hufrehe. Der hinzu gerufene Tierarzt tippte aufgrund der Symptome (Langes Fell, Schwitzen, Hufrehe, Pony) auf eine Cushing-Erkrankung und riet den Besitzern dazu, Nathan einschläfern zu lassen.
Die verzweifelten Besitzer konnten und wollten sich dazu nicht durchringen und baten stattdessen eine Tierheilpraktikerin, sich Nathan anzusehen.

Nathan ging es zu diesem Zeitpunkt sehr schlecht. Aus den Aufzeichnungen der Tierheilpraktikerin: »6.3.06: Pferd ist hochgradig lahm, Ödeme über Augen, Bauch, Schlauch und Mähnenkamm; sehr langes Fell; schwitzt stark und zittert – Verordnet: Apis C30 7 Tage 3-mal 8 Globuli / Ginkgo biloba D4 2-mal 4 Globuli / Ubichinon + Coenzym comp. oral 3 Wochen 3-mal 8 Tropfen – Beratung des Besitzers in punkto Ernährung (Nathan bekam bisher zum Teil Küchenabfälle), Hufbearbeitung und Zahnkontrolle empfohlen.«

Auf Empfehlung der Tierheilpraktikerin wurde ich zu Nathans Hufen gerufen. Da offensichtlich war, dass es sich um einen Notfall handelt, war ich bereits zwei Tage später vor Ort.

Nathan ging es bereits ein klein bisschen besser. Das Laufen fiel ihm noch immer extrem schwer, er stand jedoch bereits nicht mehr in Rehestellung und war auch in der Lage, die Hufe aufzuheben.

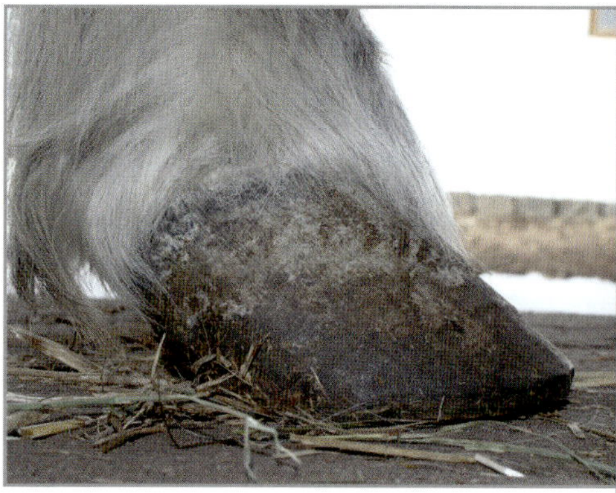

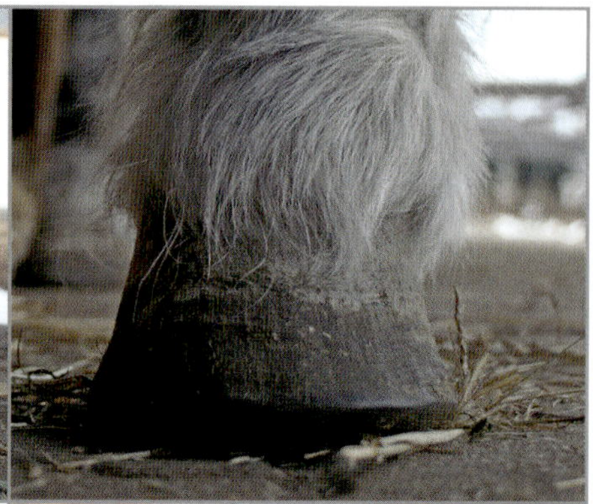

Nathans Hufe auf dieser und auf S. 169 zu Beginn der Behandlung im März 2006.

Da die Hufe bereits überlang waren und die schrägen, langen Wände den Hufbeinträger stark belasteten, entschloss ich mich, sofort mit der Bearbeitung zu beginnen, obwohl das in dieser subakuten Phase der Rehe immer eine heikle Angelegenheit ist. Aber es lohnte sich, Nathan ging es bald besser.

vorne rechts

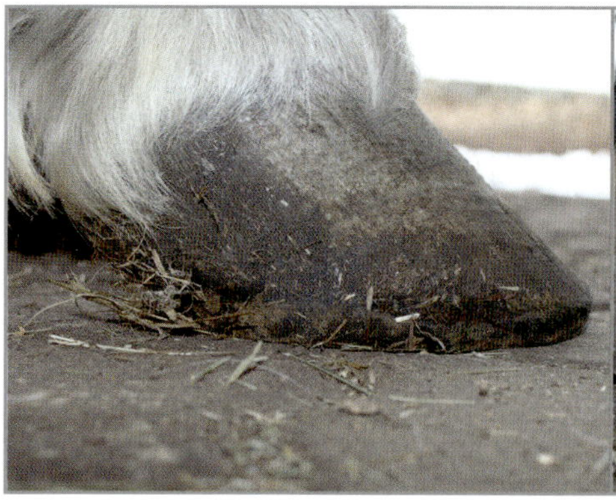

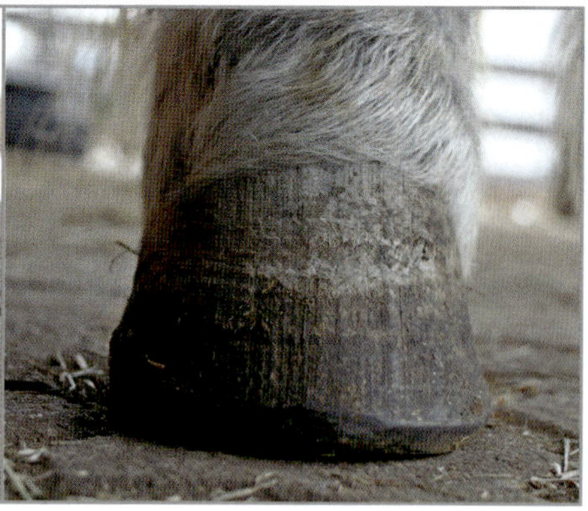

hinten rechts

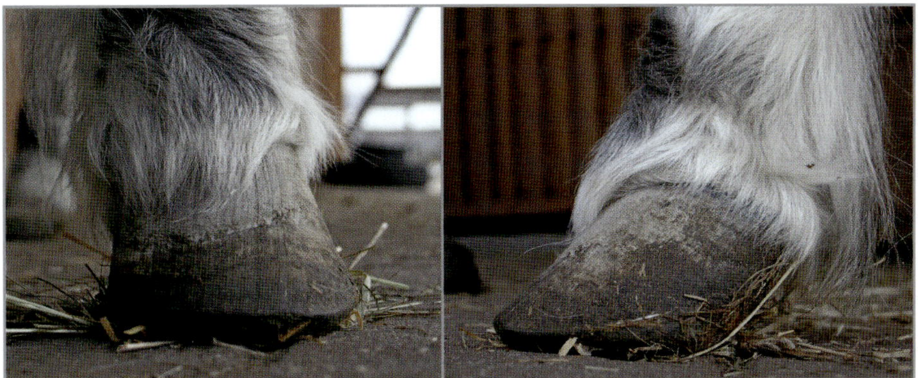

Die Hufe waren in einem schlechten Zustand. Die überlangen Wandhebel waren vom Schmied notdürftig durch bullnasiges Beraspeln gekürzt worden.

vorne links

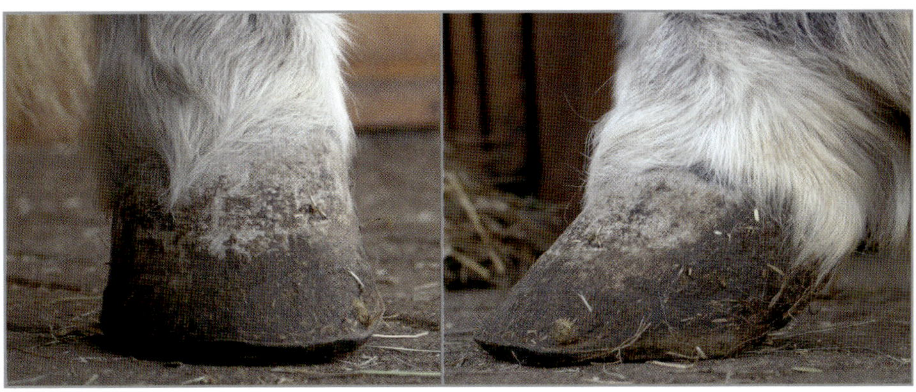

hinten links

Nathan war mir gegenüber unglaublich skeptisch, um nicht zu sagen ängstlich. Aber mit viel Ruhe und gutem Zureden ließ er sich die Hufe bearbeiten. Wenige Tage später telefonierte ich mit den Besitzern, die den Eindruck hatten, dass es Nathan seit der Hufbearbeitung deutlich besser ging. Nathan wurde zusätzlich mit Akupunktur behandelt und bekam als Konstitutionsmittel Aconitum C200 (drei Mal wöchentlich vier Wochen). Sechs Wochen später notierte die Tierheilpraktikerin »5.4.06: besseres Allgemeinbefinden sowie Lahmheit gebessert – Verordnet: Akupunktur / Ginkgo weiter aber nur 1-mal täglich / Aconitum C200 nur einmalig bei Bedarf geben.«

Auch ich konnte feststellen, dass es Nathan von Mal zu Mal besser ging. Er lief auf hartem Boden noch immer vorsichtig, war sonst aber deutlich munterer und bewegungsfreudiger. Die Freude über die Besserung ließ die Besitzer wieder etwas leichtfertig werden, so dass Nathan Ende Juni 2006 einen neuen Reheschub erlitt.

»28.6.06: Nach den letzten Behandlungen ging es Nathan weiterhin sehr gut; jetzt aber wieder starke Verschlimmerung; bekam vermutlich zu viel Grünes bzw. Verdacht, dass er an der Thujahecke geknabbert hat, Vergiftung, gelbe Schleimhäute, wieder Ödeme, schmerzhafte und heiße Hufe mit Pulsation – verordnet: Flor de Piedra D4 4 Wochen 2-mal 8 Globuli / Ginkgo auf 2-mal täglich erhöht / Akupunktur.«

Die Behandlung der Tierheilpraktikerin brachte schnell wieder Besserung, allerdings hatten die Hufe unter dem Reheschub erneut stark gelitten. Ich erfuhr leider erst beim nächsten Bearbeitungstermin von Nathans neuerlichem Einbruch. Die Hufe blieben deshalb während der Rehe ohne schützendes Sohlen-Strahl-Polster. Ende Juli 2006 ging es Nathan dank der Bemühungen der Tierheilpraktikerin wieder recht gut und ich bearbeitete Nathans Hufe weiter in regelmäßigem Abstand. Bis zum Frühjahr 2007 schien alles bestens, der Narbenhornkeil wurde immer schmaler. Nathan war nun auch in der Lage, auf hartem Bo-

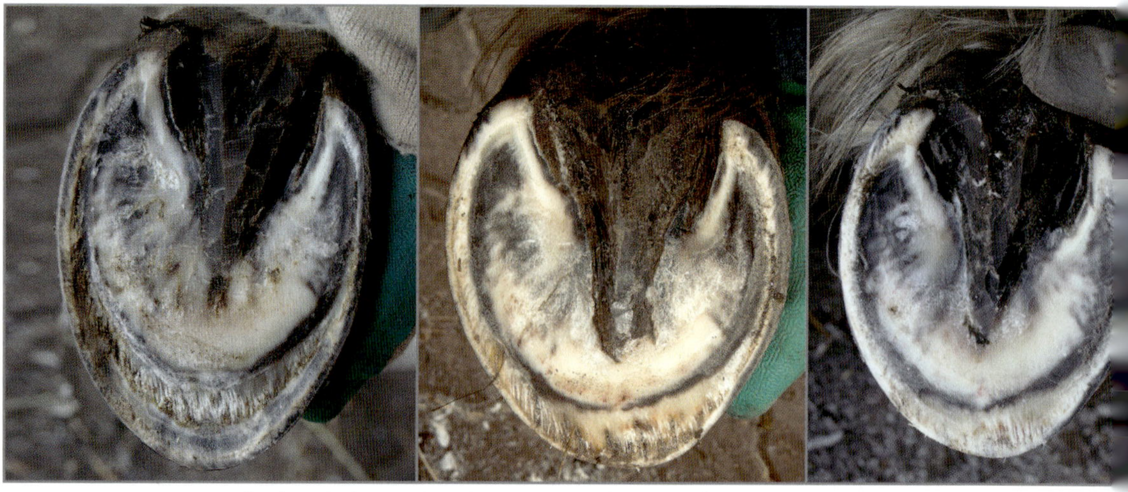

Der Narbenhornkeil wird schmaler: vorne links (linke Seite) vorne rechts (rechte Seite)

den problemlos zu stehen und zu laufen. Seine Ängstlichkeit Fremden gegenüber hatte sich zwar nie ganz gelegt, aber inzwischen konnte ich ihn problemlos alleine bearbeiten und auch die Praktikanten, die mich ab und zu begleiteten, versetzten ihn nicht mehr in Panik.

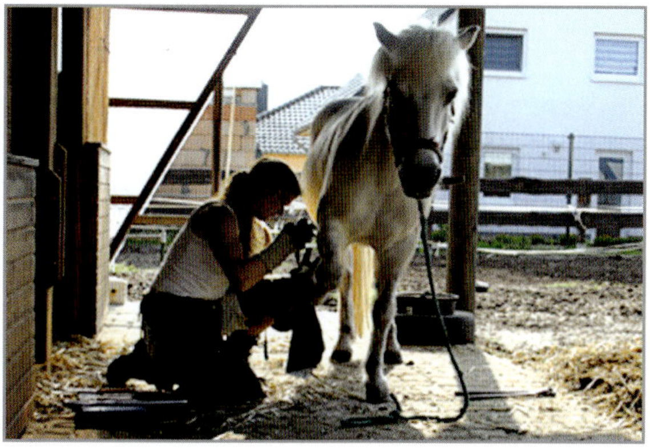

Mitte Februar begann Nathan wieder schlechter zu laufen. Ich bat die Besitzer darum, die Tierheilpraktikerin zu rufen. Es wurde wieder besser, dann wieder schlechter, wir suchten nach der Ursache. Die Thujahecken, die den Paddock umzäunten, hatte der Besitzer bereits entfernt, aber auf dem Durchgang zur Weide säumten Thujen noch den Weg. Wie sich später erst herausstellte, naschte Nathan gern im Vorübergehen an den Zweigen und klaubte wahrscheinlich auch die kleinen Zapfen vom Weg auf. Als mögliche Reheursache kam für die Tierheilpraktikerin aber auch auf der Weide ausgebrachter und noch zwischen den Gräsern liegender Blaudünger in Frage.

Auch wurde der Koppelgang nun prinzipiell als gefährlich eingestuft. Nathan kam mit seinem Kumpan Alf zwar immer nur während des Stallausmistens auf die Koppel, also maximal 30 Minuten, aber auch das konnte im Frühjahr auf gedüngtem kurzem Zierrasen schon zuviel sein. Das Auf und Ab des Frühjahrs 2007 gipfelte letztlich in einem neuen heftigen Reheschub Anfang Mai. Diesmal bekam Nathan Rehepolster angelegt, um den Hufbeinträger zu schützen. Von der Tierheilpraktikerin wurde Nathan homöopathisch und phytotherapeutisch behandelt. Den Besitzern wurde noch einmal strengste Futterkontrolle ans Herz gelegt. Ab Mitte Juni, als

Juli 06

Dezember 06

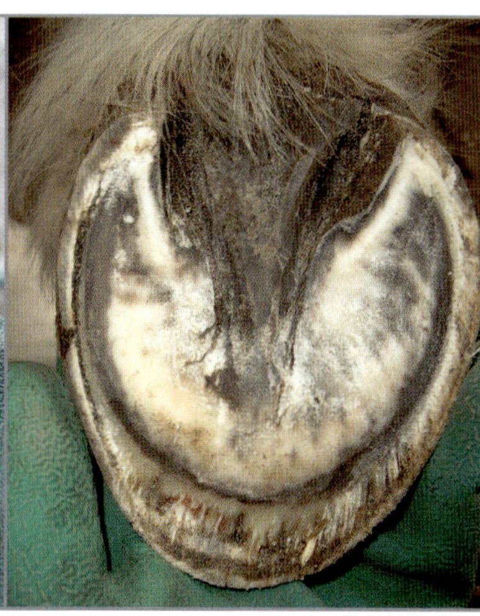

Februar 07

es Nathan wieder deutlich besser ging, bekamen er und sein Besitzer tägliche Spaziergänge verordnet und er durfte wieder aufs Grüne für maximal 20 Minuten, keine Minute mehr.

Am 20. Februar 2008 habe ich Nathan zum letzten Mal bearbeitet. Er läuft zu diesem Zeitpunkt schon richtig gut und tollt auch wieder übermütig mit Shetyhengst Alf herum. Der Narbenhornkeil ist nahezu herausgewachsen. Zwei Mal in der Woche gehen die Besitzer mit Nathan spazieren. Er darf jeden Tag 25 Minuten auf die kurzgefressene Koppel.

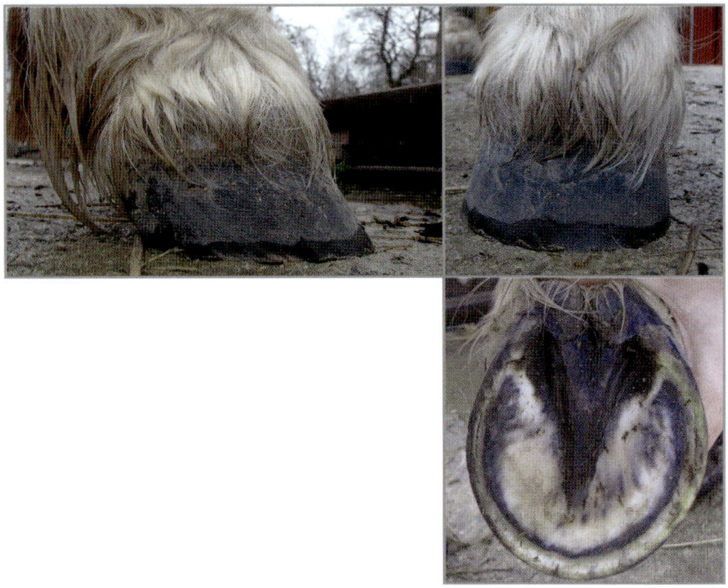

vorne rechts

Nathans gesunde Hufe im November 2008.

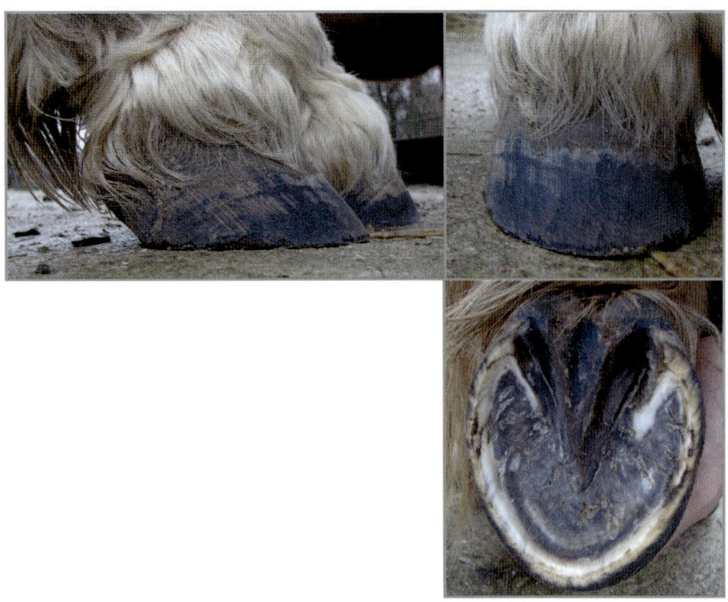

hinten rechts

Die Schwellungen über den Augen sind völlig verschwunden. Nathan wird ab diesem Zeitpunkt von einem jungen Kollegen weiter betreut. Es geht ihm durchgehend gut. Im November 2008 musste Nathan mit seinem Kumpel Alf leider sein Zuhause verlassen. Aufgrund von Insolvenz ist Nathans Familie gezwungen, Haus und Hof aufzugeben. Nathan und Alf konnten erfolgreich an eine nette neue Besitzerin vermittelt werden. Nathan hat den Umzug ohne neue Krise überstanden und seinen Hufen sieht man ihre Rehegeschichte mittlerweile nicht mehr an.

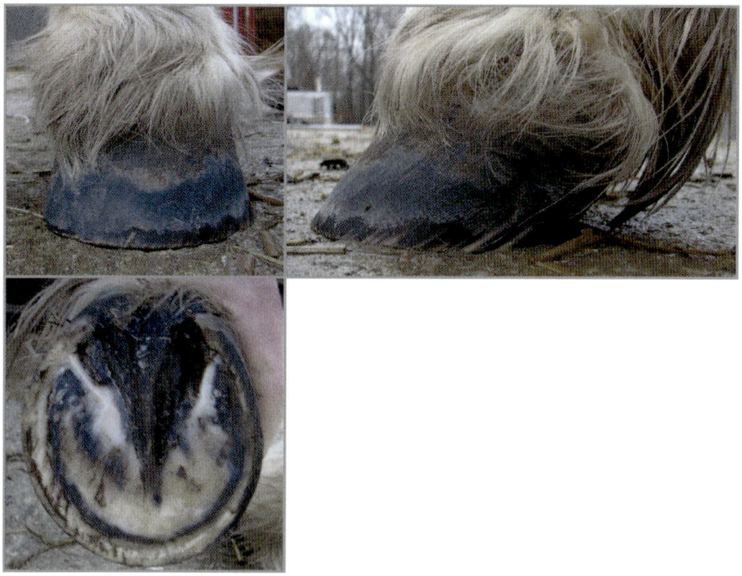

vorne links

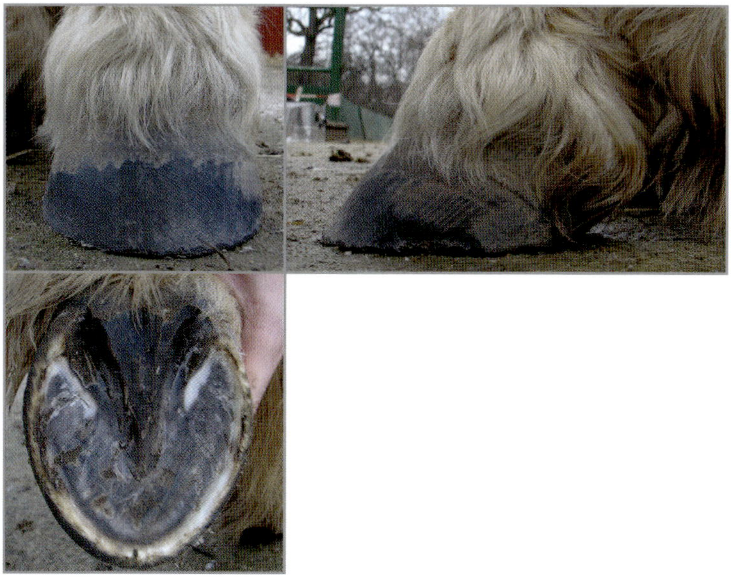

hinten links

Alle Fotos mit freundlicher Genehmigung von Ralf Kirschner.

UPDATE: STAND 2014

Sehr zu meinem Bedauern hörte ich im Frühjahr 2011, dass Nathan wieder eine Hufrehe erlitten hatte. Er war mit seiner neuen Besitzerin noch einmal umgezogen und ich hatte ihn zunächst ganz aus den Augen verloren.
Im neuen Heim stand Nathan dem Vernehmen nach auf Koppel, obwohl mein Kollege, der die Hufbearbeitung direkt nach mir übernommen hatte, die neue Besitzerin hiervor stets eindrücklich warnte. Er hatte bereits im Sommer 2009 bemerkt, dass sich das Laufbild verschlechterte, sobald Nathan auch nur in die Nähe von Gras kam. Mit dem Umzug verlor aber auch er Nathan aus den Augen.

In der Zwischenzeit hatte man bei Nathan wieder Cushing diagnostiziert und er bekam zu dieser Zeit bereits seit längerem Prascend® (Pergolidmesalat). Letzteres wurde Ende 2011 abgesetzt und Nathan erhielt zunächst eine Kur mit dem homöopathischen Komplexmittel Hypophysis suis-injeel (nach dem Behandlungsschema von SCHWIERCZENA 2003). Im Anschluss erhielt er einmal täglich die homöopathischen Mittel ACTH C30 und Quercus robur C30. Laut Angaben der behandelnden Tierärztin, die in dieser Zeit auch Nathans Hufe huforthopädisch betreute, war Nathan mit dieser Behandlung klinisch unauffällig. Ein Jahr lang blieb Nathan so von neuen Reheschüben verschont. Danach verliert sich seine Spur erneut, da Nathan Ende 2012 mit seiner Besitzerin nach Schleswig-Holstein verzog.

4

ROMINA – SPORTPFERD MIT INSULINRESISTENZ

Romina, Deutsches Reitpferd, Stute
Alter zum Zeitpunkt der Rehe: 12 Jahre
Reheschub: Ende August 2008
Ursache: Insulinresistenz

Romina – ein Dressurpferd Klasse L mit ca. 30 Starts im Jahr 2008 – lief auf einem Turnier Ende August plötzlich anders als gewohnt. Sie lahmte nicht wirklich, ging aber nach Aussage ihrer Besitzerin klamm. Als sich dies auch am Folgetag nicht besserte, sondern eher noch etwas verschlechterte, rief sie den Tierarzt.
Der Tierarzt diagnostizierte einen Reheschub und verordnete Boxenruhe. Die Eisen wurden abgenommen und die Hufe geröntgt. Die Röntgenbilder zeigten eine Schere zwischen Hufbein und Zehenwand, wobei der rechte Vorderhuf hiervon etwas stärker betroffen war. Die Abweichung der Zehenwand betrug rechts 7° und links 4° und war in diesem Fall eindeutig durch eine Rotation der Zehenwand verursacht. Die Knochenachse war ungebrochen bzw. in einer leichten Hyperextensionsstellung.
Das Hufbein war demzufolge nicht nach hinten rotiert, sondern die Zehenwand war zu schräg geworden und hatte sich vom Hufbein entfernt.

Romina erhielt das Medikament Metacam® und ihre Hufe wurden mit einem Rehegips versehen. Sechs Wochen später hatte sich noch immer keine wirkliche Besserung eingestellt.
Die Rehegipse waren mittlerweile entfernt worden und Romina war neu beschlagen worden. Eine offensichtlich recht unerfahrene Tierärztin – der eigentliche Tierarzt war im Urlaub – hatte die Idee, dass Romina vielleicht an Cushing erkrankt sein könnte und schlug vor, einen Dexamethason-Suppressionstest durchzuführen. Ein außerordentlich hohes Risiko bei einem bereits an Rehe erkrankten Pferd, welches zudem nicht im Mindesten die äußeren Symptome eines ECS-Pferdes zeigte! Die Tierärztin entnahm dennoch Blut zur Bestimmung des Basis-Kortisolwertes und injizierte anschließend Dexamethason. Die für die erfolgreiche Durchführung des Testes notwendige Blutentnahme am Folgetag unterblieb allerdings, da die Tierärztin schlicht und einfach vergaß, am nächsten Tag wieder zu kommen. Romina war also letzten Endes gänzlich unnötig

einem sehr hohen Risiko ausgesetzt worden. Was folgte, war eine heftiger neuer Reheschub. Waren bislang nur die Vorderhufe schmerzbehaftet gewesen, erfasste der durch die Kortisongabe ausgelöste Reheschub nun alle vier Hufe.

Rominas Besitzerin wendete sich jetzt an eine Tierheilpraktikerin, die Romina früher schon einige Male sehr erfolgreich behandelt hatte, u.a. wegen eines leichten Sommerekzems. Die Tierheilpraktikerin fand Romina in sehr schlechter Verfassung vor. Sie stand jetzt in typischer Rehestellung und bewegte sich lediglich noch unter Zwang. Es war nahezu unmöglich, ihre Hufe aufzuheben.

Romina wurde mit Blutegeln behandelt und erhielt zudem Homöopathika (Belladonna, Ginko Biloba). Die Blutegeltherapie zeigte jeweils eine schnelle positive Wirkung, die nach einigen Tagen jedoch wieder nachließ. Insgesamt wurde Romina deshalb noch weitere dreimal mit Blutegeln behandelt.

Zunächst in wöchentlichem Abstand, dann noch einmal Ende November. Die

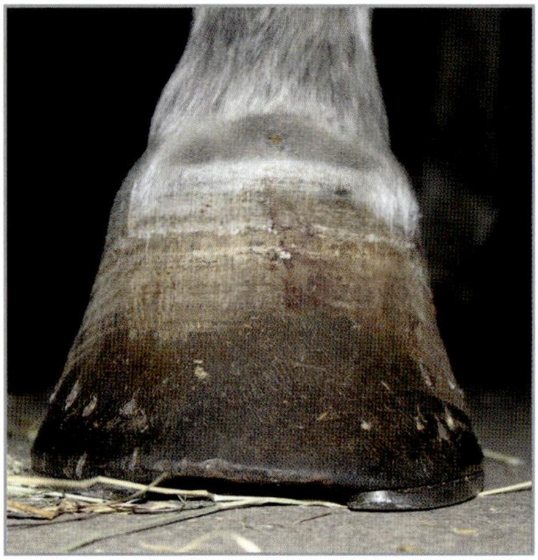

vorne rechts

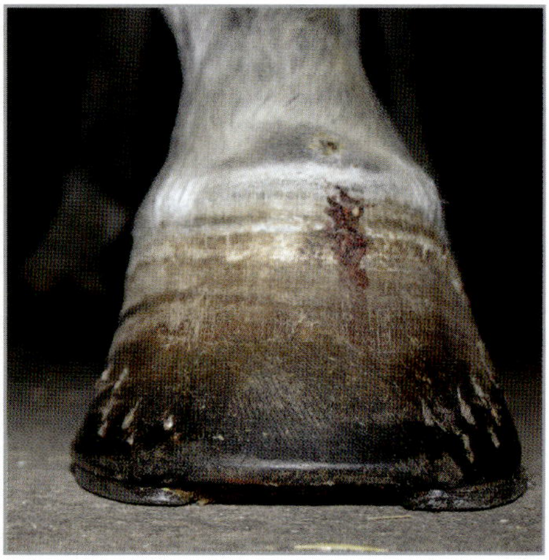

vorne links

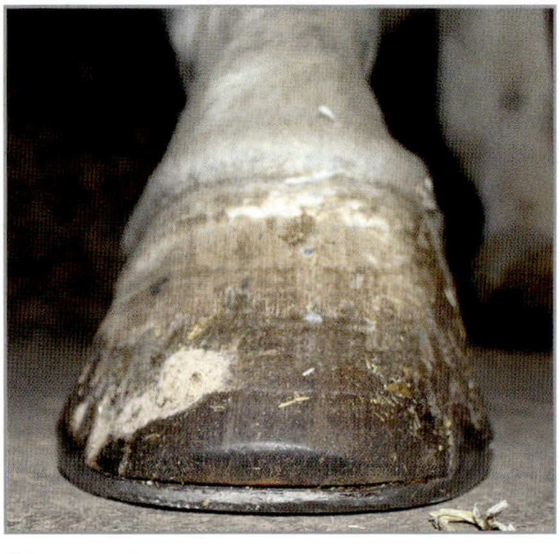

hinten rechts

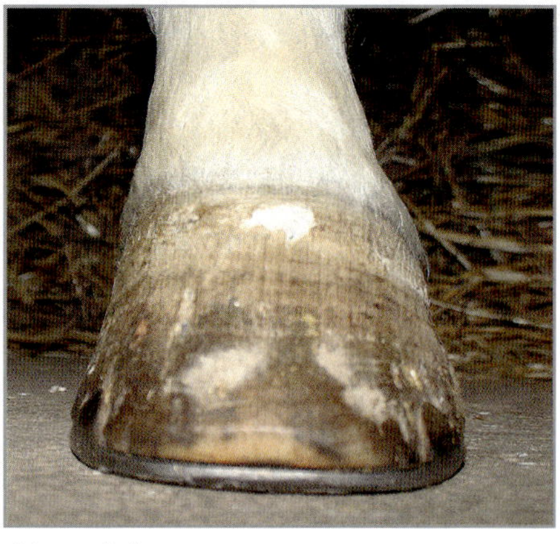

hinten links

Rominas Hufe im Dezember 2008.

Tierheilpraktikerin empfahl der Besitzerin, sich wegen der Hufe an mich zu wenden, damit die Reheschäden an den Hufen behoben werden können. Am 3. Dezember 2008 kam ich das erste Mal zu Romina. Sie lahmte noch immer recht stark, war aber in der Lage, ihre Hufe aufzuheben und bewegte sich mittlerweile auch wieder freiwillig in ihrer Box und in ihrem 5 x 5 m großen Paddock.
Die Hufe waren in keinem schönen Zustand. Sie waren überhoch und zum Teil sehr schief bzw. glockenförmig verbogen. Die Zehenwände waren verbogen und wichen, wie schon auf den Röntgenaufnahmen vom September zu sehen, deutlich vom Hufbeinrücken ab. Die Seitenwände waren unphysiologisch gerundet und stauchten den Kronsaum nach oben. Die Huf-Fesselachse der Vorderhufe war nach hinten gebrochen, so dass sich die Vordergliedmaßen trotz der hohen Trachten in einer Hyperextensionsstellung befanden. An den Hinterhufen hatten sich vor allem die Außenwände stark nach außen gebeult.

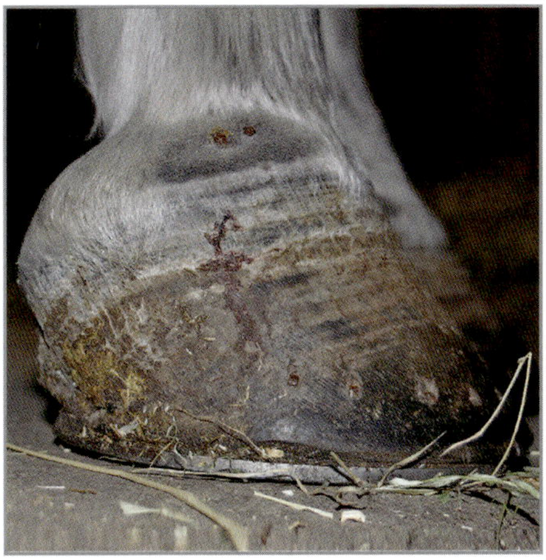

vorne rechts

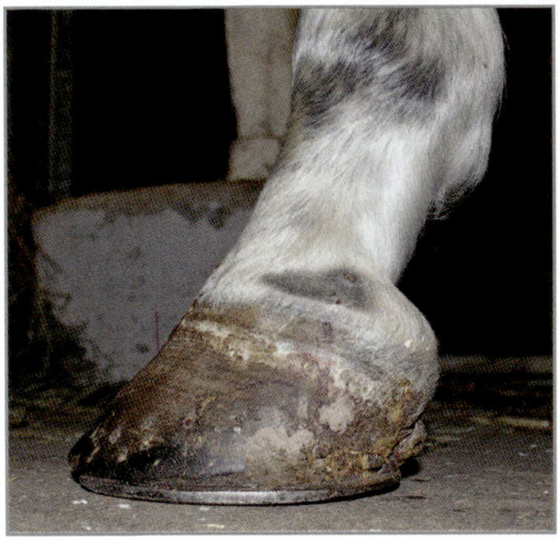

vorne links
Die Zehenwände sind verbogen, die Seitenwände sind überlastet.

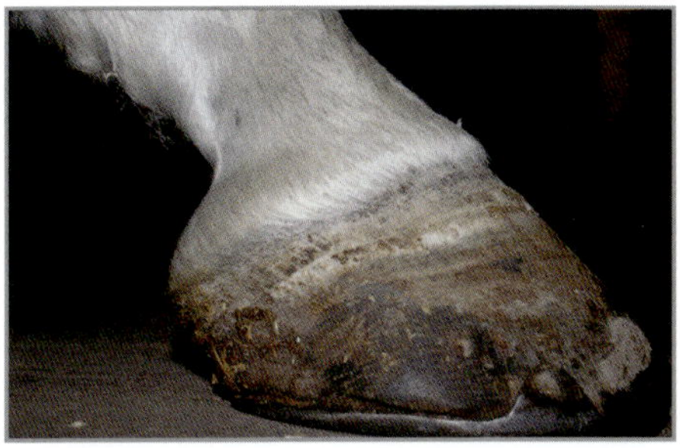

Rominas rechter Hinterhuf mit stark verbogenen Seitenwänden.

Rechter Vorderhuf noch mit Eisen

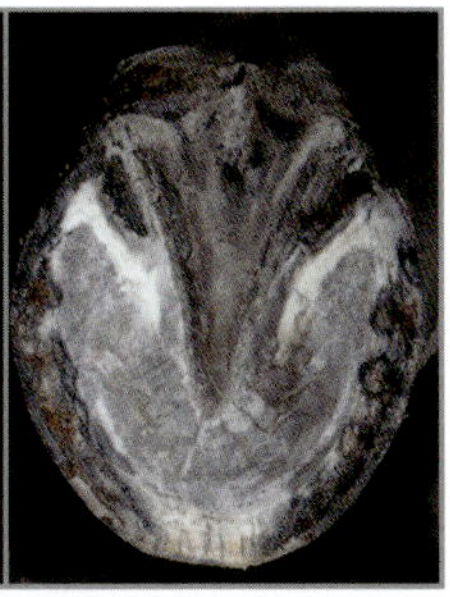

linker Vorderhuf schon ohne Eisen

Die verbreiterte Blättchenschicht.

Alle vier Hufe waren beschlagen. Vorn waren die Eisen, die zusätzlich mit Platte und Silikon versehen waren, umgekehrt aufgebracht worden, so dass die Zehenwand jeweils frei blieb.

Sowohl die Vorder- wie auch die Hinterhufe besaßen eine deutlich verbreiterte Blättchenschicht.
Auffällig fand ich bei Romina die starken Schwellungen um die Augen und die für ein Sportpferd eher unüblichen Speckdepots an Hals, Schulter und Kruppe. Natürlich war Romina ja auch seit drei Monaten ohne Training und hatte mangels Bewegung Gelegenheit, das eine oder andere Kilo zuzunehmen. Aber sie war auch vor der Hufrehe nicht die Schlankeste, wie ihre Besitzerin berichtete. Im Zusammenhang mit den ödematös verschwollenen Augen riet ich zu einer Überprüfung des Insulinstoffwechsels.

Metabolische »Augenringe«

Der Insulinresistenz-Test erfolgte per Blutentnahme nach einer zwölfstündigen Nüchterungsphase.
Es wurde zunächst lediglich der Insulinwert bestimmt. Da dieser bereits sehr aussagekräftig war – er betrug mehr als das Zehnfache des Normwertes (465 µU/ml bezogen auf einen Referenzbereich von 10–42 µU/ml) – konnte auf weitere Laboruntersuchungen verzichtet werden. Ein derart hoher Insulinwert bei einem nüchternen Pferd kann als eindeutiger Hinweis auf eine bestehende Insulinresistenz genommen werden.

Die Tierheilpraktikerin erstellte für Romina nun einen Diät-Futterplan.

Romina ging es nach der Eisenabnahme und Bearbeitung der Hufe recht schnell besser. Bereits bei der nächsten Bearbeitung, Anfang Januar, lief sie auf glattem Boden so gut, dass ich der Besitzerin grünes Licht für tägliche Spaziergänge geben konnte. Romina kam wieder auf den normalen Paddock und wurde von nun an jeden Tag eine Stunde spazieren geführt.
Im Februar konnte ihre Besitzerin damit beginnen, sie in der Halle zu longieren. Romina lief mittlerweile auf weichem wie auf hartem ebenem Boden völlig lahmfrei. Nur das Kopfsteinpflaster im Hof und harte, steinige Abschnitte auf den Wegen bereiteten ihr noch Probleme. Ende Februar begann Rominas Besitzerin, sie wieder zu reiten. Romina hatte schön abgenommen und erhielt mit der Wiederaufnahme des Trainings und mit der Steigerung des Arbeitspensums nun auch wieder energiereicheres Zusatzfutter. Im Hinblick auf Rominas Insulinstoffwechsel empfahl die Tierheilpraktikerin Leinöl und Leinkuchengranulat, da durch eine fettreiche Kost im Unterschied zur getreidereichen Kost (Hafer, Müsli) keine hohe Insulinantwort provoziert wird. Wie die Jahre zuvor kam Romina nun wieder tagsüber auf die Koppel, was sie auch ohne Probleme vertrug.
Die in vierwöchigem Abstand erfolgende Hufbearbeitung ermöglichte den Zehenwänden ein gerades Nachwachsen am Hufbein entlang.

Der Narbenhornkeil, der die Schere zwischen Hufbeinrücken und Zehenwandhorn ausgefüllt hatte, wuchs zielstrebig heraus und die Blättchenschicht wurde zusehends schmaler.

Im November 2009, ein knappes Jahr nach Beginn der Hufsanierung, zeigten alle vier Hufe eine unversehrte Blättchenschicht von normaler Breite und die Hufe besaßen einen belastbaren Tragrand. Zehen- und Seitenwände standen unverbogen zum Boden und die Aufhängung der Hufbeine war wiederhergestellt.

Romina wird heute wieder täglich gearbeitet, genauso wie vor ihrer Reheerkrankung. Neben Dressurarbeit der Klasse L, einigen M-Lektionen und etwas Cavaletti-Arbeit wird sie auch regelmäßig ins Gelände geritten. In diesem Jahr soll sie auch wieder an der Turniersaison teilhaben.

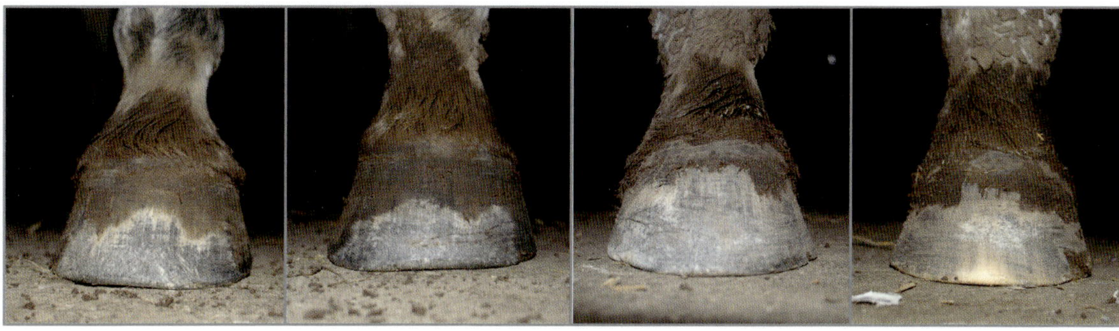

vorne rechts *vorne links* *hinten rechts* *hinten links*

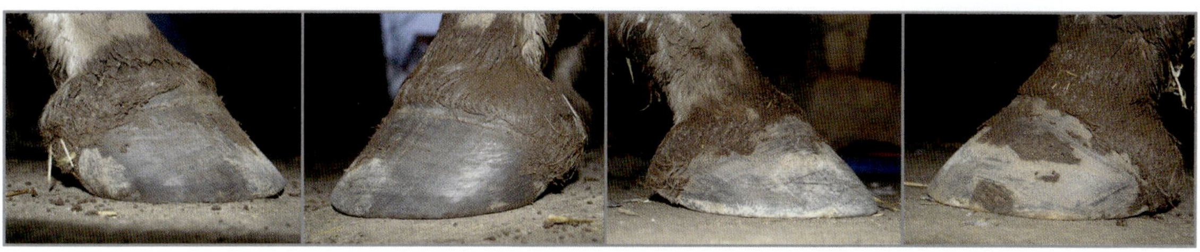

vorne rechts *vorne links* *hinten rechts* *hinten links*

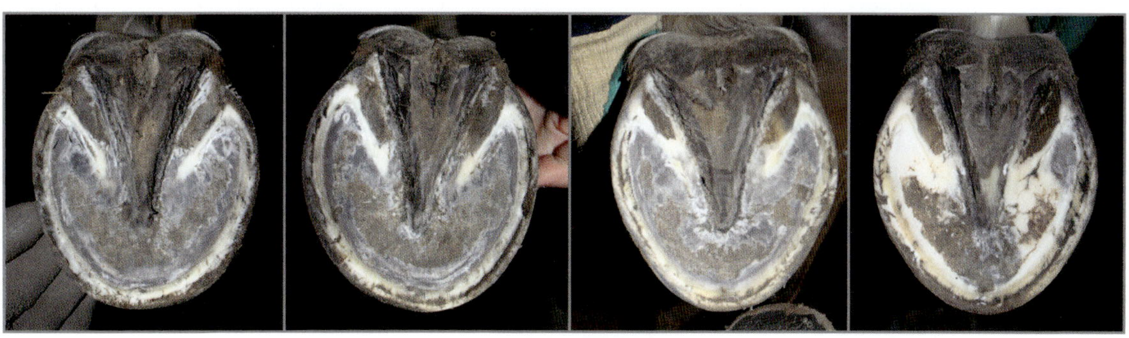

vorne rechts *vorne links* *hinten rechts* *hinten links*

Rominas Hufe ein Jahr nach Beginn der huforthopädischen Bearbeitung (November 2009). Die Sohlenansichten zeigen die Hufe nach der Bearbeitung, um den Zustand der Blättchenschicht besser sichtbar zu machen. Die übrigen Ansichten wurden vor der Hufbearbeitung aufgenommen.

UPDATE: STAND 2014

Am 28. Oktober 2010 erlitt Romina leider einen neuen Reheschub. Sie war im Sommer 2010 wieder beschlagen worden und ich hatte sie seitdem nicht gesehen. Die Besitzerin hatte sich für einen erneuten Beschlag entschieden, da Romina, die nun sehr viel stärker genutzt wurde, im Gelände fühlig lief. Für Hufschuhe als alternative Lösung des Problems konnte sie sich nicht so recht erwärmen.

Was den neuen Reheschub im Herbst 2010 ausgelöst hatte, blieb unklar. Die einzige Veränderung, die in den Tagen vorher erfolgt war, betraf die Zufütterung von Zuckerrüben. Romina hatte in den vergangenen fünf Tagen jeweils ein Viertel Zuckerrübe bekommen. Die Besitzerin vermutete hierin den Auslöser des Reheschubs. Romina bekam allerdings auch schon seit längerem wieder täglich zwei Kilo Hafer zugefüttert. Sie wurde dabei zwar auch täglich bewegt, dennoch ist es gut möglich, dass Rominas Stoffwechsel durch diese Energiemenge wieder über-

Rominas Hufe ein halbes Jahr nach der neuen Hufrehe (Juni 2011):

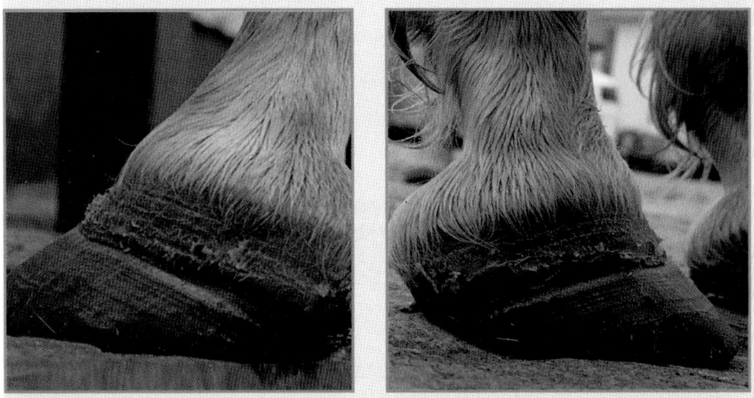

Seitenansicht der Hufe vor der Bearbeitung im Juni 2011: Die Reherille findet sich auf halber Hufhöhe. Unterhalb dieser Rille weicht die Hufwand vom Verlauf des Hufbeines ab. Die Hufbeinaufhängung ist in diesem unteren Bereich durch »Narbenhorn« repariert, welches den Raum zwischen der Hornwand und dem Hufbein ausfüllt.

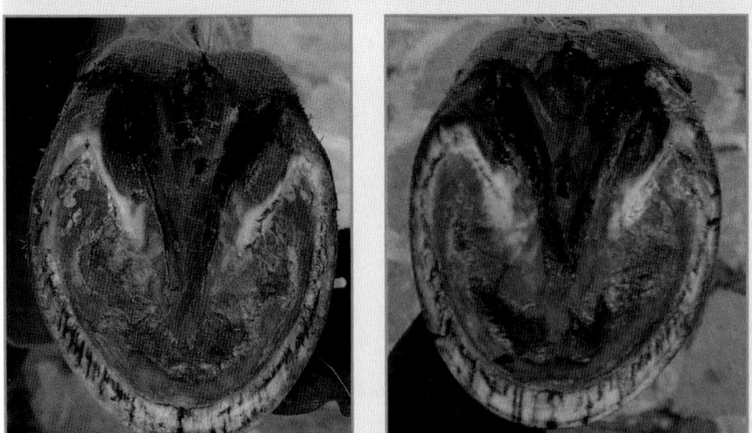

Sohlenansicht der Hufe nach der Bearbeitung im Juni 2011: Die Blättchenschicht ist dementsprechend noch immer verbreitert und wird in diesem Zustand stets sehr leicht durch Fäulnis beschädigt.

vorne links *vorne rechts*

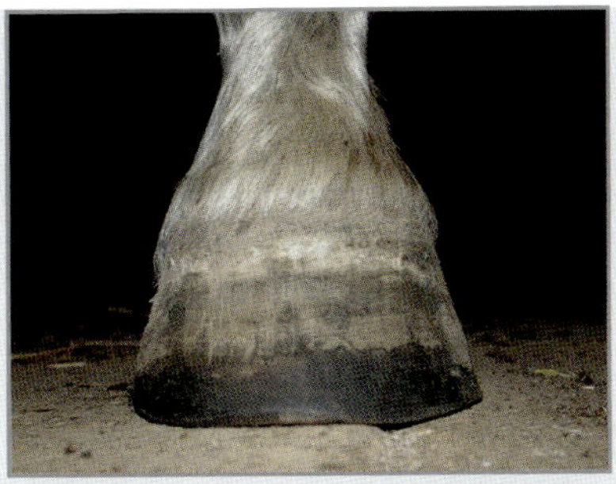

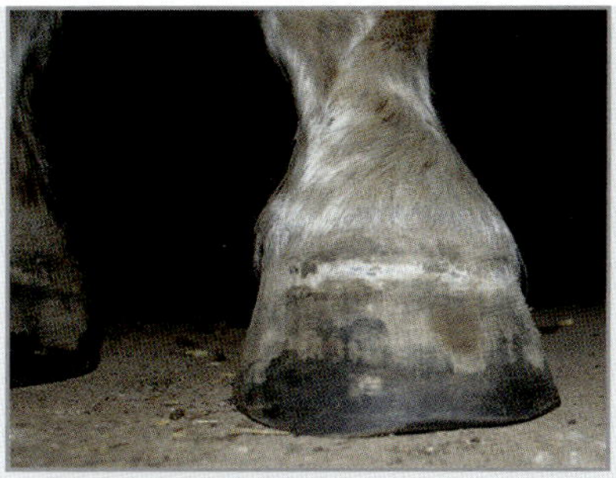

Rominas Hufe im Dezember 2011

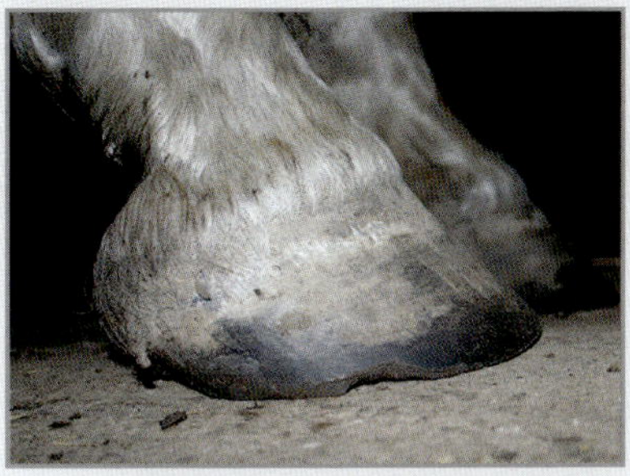

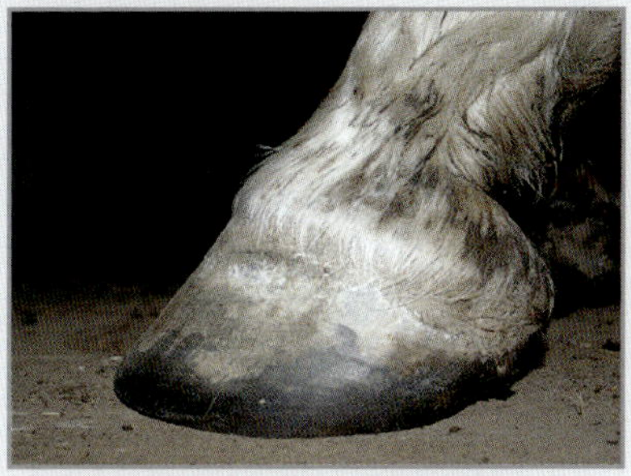

Rominas Hufe vor …

vorne rechts

vorne links

… und nach der Hufbearbeitung. Die Sohlenbilder zeigen die Hufe nach der Bearbeitung, da so der Zustand der wieder normalisierten Blättchenschicht besser erkennbar ist.

fordert war. Die Hufrehe wurde tierheilpraktisch behandelt. Romina erhielt zweimal eine Blutegeltherapie und es ging ihr bald darauf wieder besser. Drei Wochen später nahm ich ihr die Eisen ab und begann zum zweiten Mal mit der Sanierung der Hufreheschäden an Rominas Hufen.
Ein Jahr nach der Hufrehe und der Eisenabnahme sind die Schäden herausgewachsen, die Hufwände sind glatt und frei von Rillen und Ringen, die Blättchenschicht besitzt wieder ihre normale Breite und ist geschlossen und fäulnisfrei.
Im Frühjahr 2012 wurde Romina wieder beschlagen. Ihr geht es bis heute gut und es sind keine Rehe- oder Hufprobleme mehr aufgetreten. Sie ist fit und wird nahezu täglich geritten. Nach A-Dressur und E-Springen im letzten Jahr steht in diesem Jahr nach intensivem Training auch wieder eine Teilnahme an Turnierveranstaltungen in der L-Dressur an.

5

DAISY – NEUES GLÜCK AUF DEM PONYHOF

Daisy, Lewitzer Schecke, Stute
Alter: 13 Jahre
Mindestens einen, evtl. auch mehrere Reheschübe: Zeitpunkt ist unbekannt
Ursache: vermutlich Überfütterung, Vollweide

Daisy wurde mir wegen der Spalten in den Vorderhufen vorgestellt. Die Besitzer wollten wissen, ob man dagegen nicht etwas tun könne. Sie hatten Daisy vor kurzem erworben und wollten sie als Schulpferd für den Reitunterricht einsetzen. Allerdings lahmte sie immer wieder leicht auf der rechten Vordergliedmaße. Der bereits befragte Schmied hatte ihnen die wenig befriedigende Auskunft gegeben, dass man die Situation wohl akzeptieren müsse; er glaube nicht, dass man die Hufe wieder hinbekommen könne. Man solle doch lieber mit Daisy züchten.

Bei Daisys Hufen handelte es sich eindeutig um Rehehufe, die nach dem Reheschub nicht saniert worden waren. Die Spalten in den Zehen waren nur die Folge der ungünstigen Hufsituation – der Narbenhornkeil und die dazugehörigen verbogenen Zehenwände hatten die Zehenwand einreißen lassen.

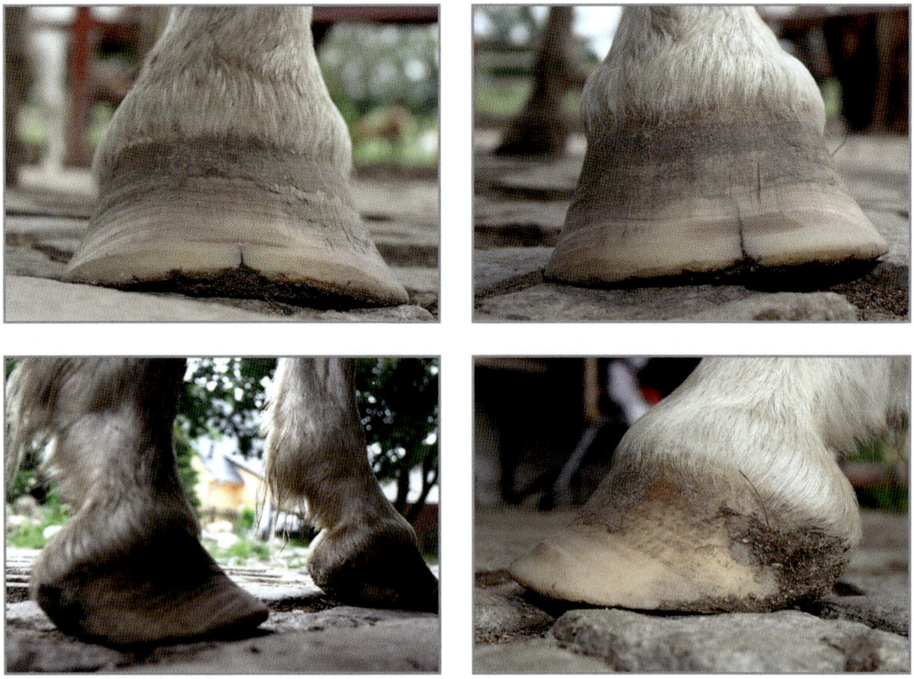

Daisys Hufe im Juni 2009 – der Narbenhornkeil hat die Zehenwände vom geraden Verlauf abgelenkt, die verbogenen Zehen sind eingerissen, die angeraspelten Querrillen sollen die Spalten stoppen.

Daisys Lahmen verschwand bereits nach der ersten Bearbeitung. Sie konnte nun ohne Probleme im Unterricht eingesetzt werden, was ihr gut tat. Die tägliche Arbeit und Bewegung schützte sie vor dem Ansetzen überflüssiger Pfunde und brachte ihren Stoffwechsel in Schwung. Gerade für ein Pony wie Daisy, welches schon einmal eine Rehe erlitten hat, ist tägliche Bewegung ungemein wichtig. Sie wurde zunächst nur auf weichen Böden geritten und ihre ungestörte Lauffreude zeigte, dass die Hufsituation stabil war.

Entwicklung der Blättchenschicht

Juni 09
Leider existieren von der ersten Bearbeitung im Juni 2006 nur Fotos der Hufe vor der Bearbeitung. Aber auch so ist der breite Narbenhornkeil deutlich zu sehen. Das aufgewulstete Blättchenhorn war stark eingerissen und von Fäulnis besetzt. Beim Ausschneiden der Hufe wurden im Zehenbereich beider Vorderhufe massive Einblutungen in der verbreiterten Blättchenschicht sichtbar.

Juli 09
Von diesen Einblutungen war bereits einen Monat später kaum noch etwas zu sehen. Lediglich gelborange Verfärbungen kündigen noch von dem vorhergehenden Zustand. Die Blättchenschicht ist bereits sichtbar schmaler geworden.

vorne links *vorne rechts*

September 09
Bereits im September wies die Blättchenschicht wieder ihre ganz normale Breite auf. Beim linken Vorderhuf war lediglich noch im Bereich des alten Zehenrisses eine kleine Schädigung in der Blättchenschicht zu erkennen. Der Zehenwandriss im rechten Vorderhuf hielt sich dagegen hartnäckig, ebenso wie die dazugehörige Zusammenhangstrennung in der Blättchenschicht (Pfeil).

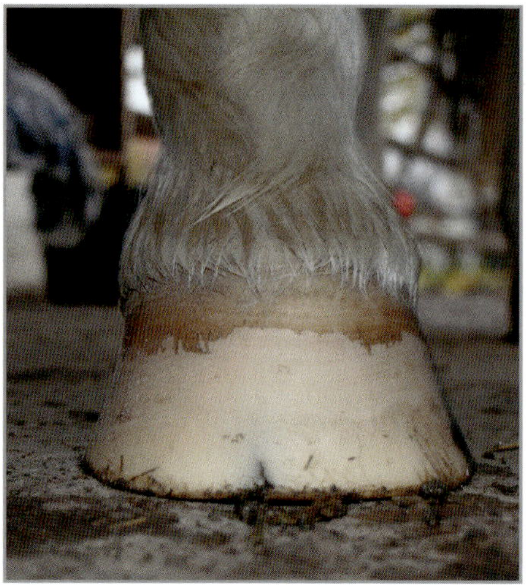

vorne rechts

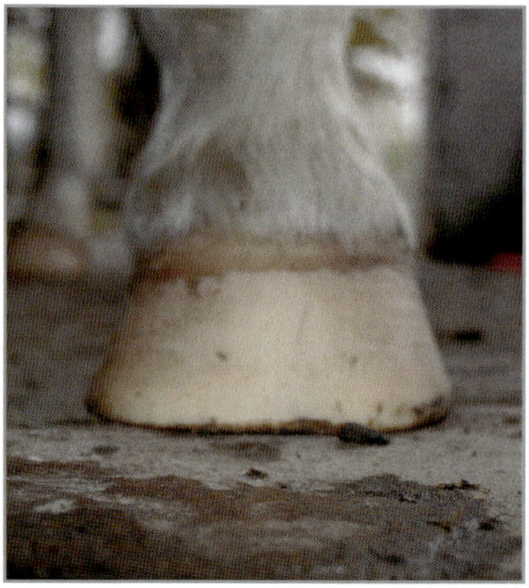

vorne links

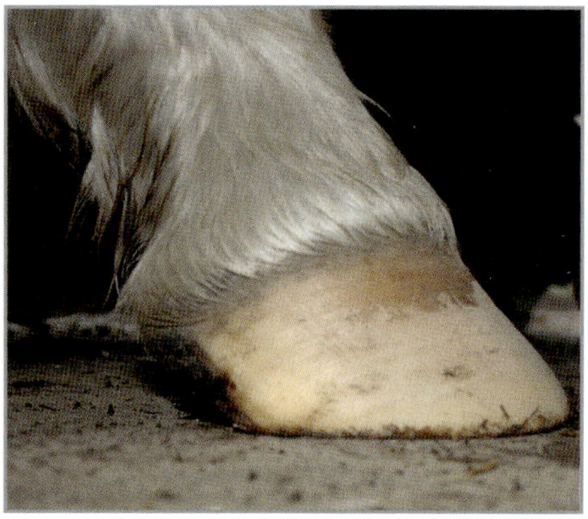

vorne rechts

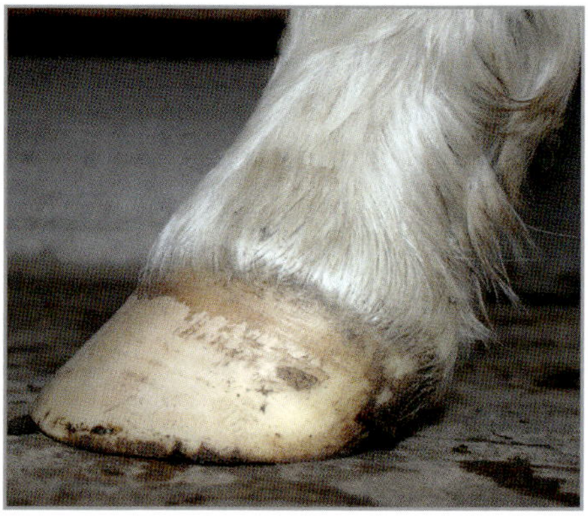

vorne links

Daisys Hufe im November 2009 – unverbogen und glatt, bis auf den hartnäckigen Riss im rechten Huf.

Im November 2009 waren Riss und Narbenhornkeil im linken Vorderhuf vollständig herausgewachsen. Im rechten Vorderhuf hielt sich der Riss dagegen trotz Normalisierung der Blättchenschicht hartnäckig, er wurde kleiner, verschwand jedoch nicht völlig. Ursache waren die Fäulnisprozesse hinter dem Riss und ein Nachlassen in den hufpflegerischen Bemühungen – die Fäulnisstellen wurden von den Besitzern anfänglich sehr regelmäßig, später dann jedoch nur noch etwas unregelmäßiger gepflegt (Propolis) und gestopft (Hanf bzw. Bienenwachs).

Im Januar 2010 machte sich die noch vorhandene Fäulnis hinter diesem Riss dann kurzzeitig schmerzhaft bemerkbar. Der Tierarzt befürchtete einen neuen Reheschub, die einseitige Lahmheit war aber eindeutig auf das schmerzende kleine Hufgeschwür im rechten Vorderhuf zurückzuführen.

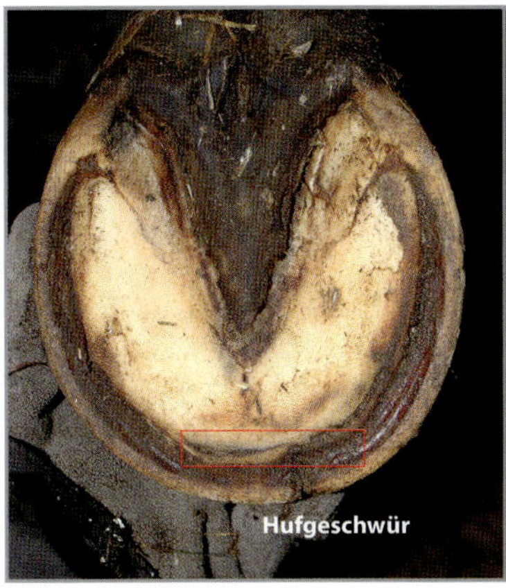

Aus der hartnäckigen Fäulnisstelle hat sich ein schmerzendes Hufgeschwür entwickelt.

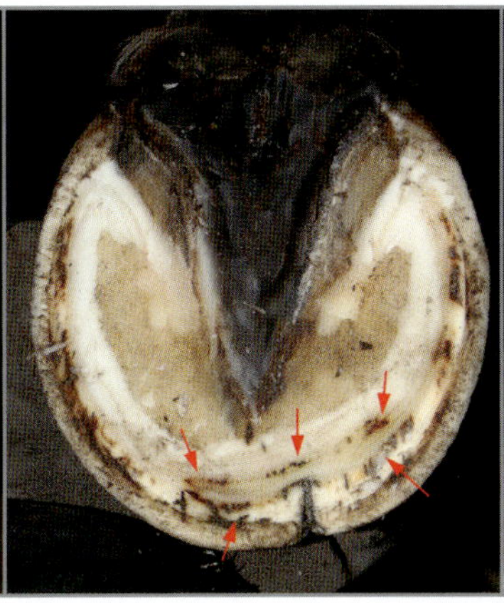

Nach der Bearbeitung – die Pfeile zeigen die Grenzen des freigeschnittenen Hufgeschwürs.

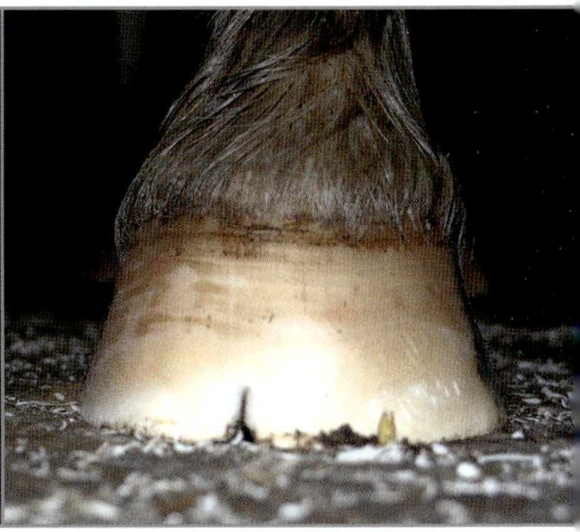

Durch die Fäulnis am Leben gehalten – Spalt im rechten Vorderhuf.

Erst durch die Intensivierung der Pflegebemühungen der Besitzer bei der Betreuung der hartnäckigen Fäulnisstelle konnte sich der Riss auch im rechten Huf letztlich schließen. Die verbogenen Zehenwände waren bereits seit einiger Zeit verschwunden und der durch die Hufrehe(n) verursachte Narbenhornkeil war ebenfalls bereits vollständig herausgewachsen, Daisys Hufe waren gleichmäßig geformt und wieder voll belastbar.

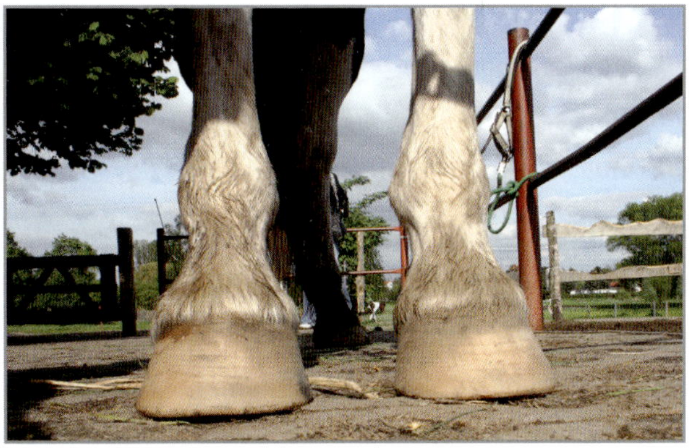

Daisys Hufe im Mai 2010

Januar 2010 – Daisy auf dem Reitplatz.

UPDATE: STAND 2014

Daisy beim DHG-Fortbildungstermin im Oktober 2012

Daisy ist jetzt 17 Jahre alt und es geht ihr unvermindert gut. Sie verdient sich ihre Brötchen als Schulpferd und wird täglich geritten. Sie hat keinen weiteren Reheschub erlitten und scheint diesbezüglich momentan auch nicht im Mindesten gefährdet. Daisy ist schlank, ihre Hufe sind in Schuss und sie hat ausreichend Arbeit und Bewegung.

Bearbeitet werden ihre Hufe in den letzten drei Jahren im Rahmen von Aus- und Fortbildungsterminen der DHG e.V. Diese Termine finden auf dem Ponyhof in ungleichmäßigen Abständen statt, da sie sich nach dem Schulplan sowie thematischen und organisatorischen Gesichtspunkten richten.

Daisys Hufe werden also nicht mehr so kontinuierlich betreut wie vorher. Dennoch halten sie gut ihre Form und bereiten ihr keine Probleme.

Daisy im Februar 2014

Daisys Hufe im Februar 2014. Die letzte Bearbeitung ist zu diesem Zeitpunkt 10 Wochen her. Die Hufe sind aufgrund des sehr milden Winters für die Jahreszeit ungewöhnlich stark gewachsen und dadurch etwas zu lang geworden. Außerdem hat der Strahl unter der durchgängig feuchten Witterung gelitten.

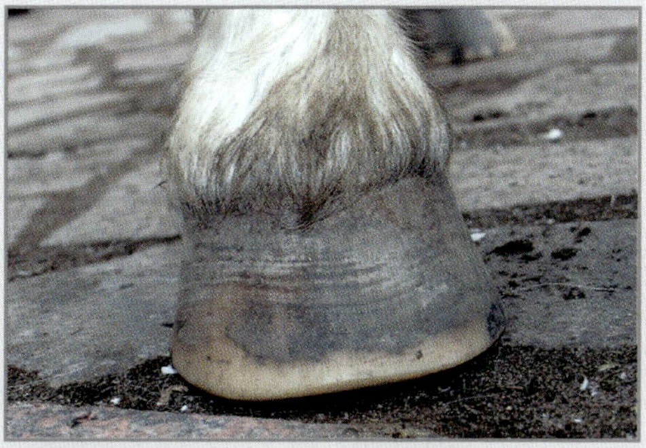

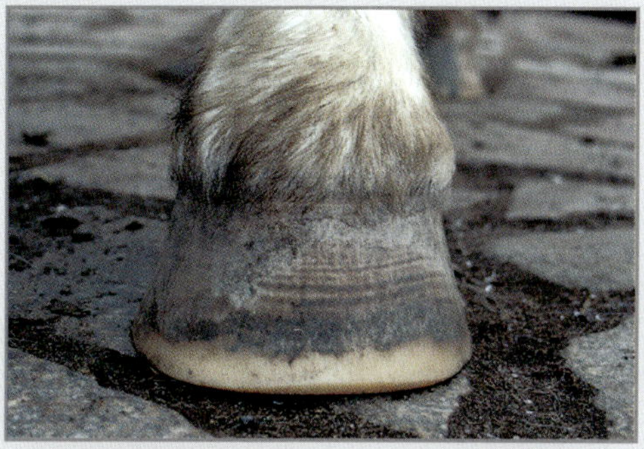

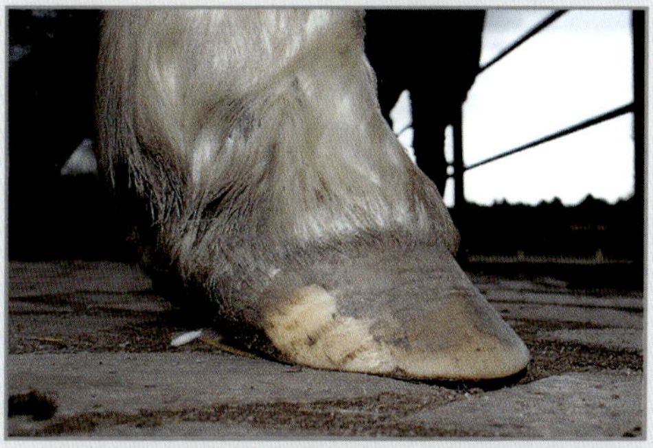

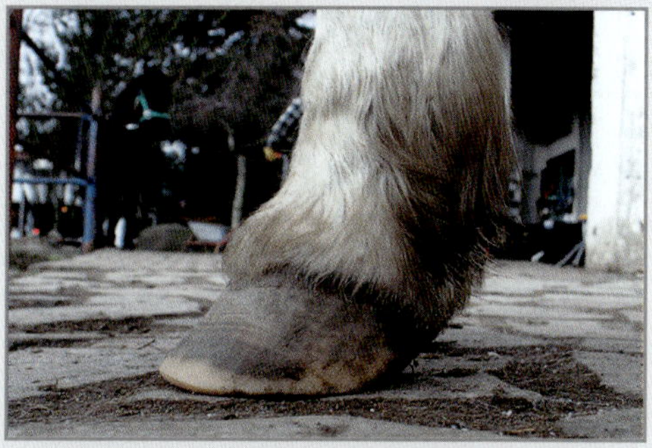

Rechter Vorderhuf

Linker Vorderhuf – Diese Sohlenansicht wurde erst nach der Hufbearbeitung aufgenommen und zeigt die noch nicht ganz perfekte Arbeit eines Azubis zu dessen viertem Ausbildungstermin.

6

USANDA – EQUINES METABOLISCHES SYNDROM UND ERFOLGREICHE DIÄT (EMS FALL 1) [64]

Usanda genannt »Püppi«, Arabo-Haflinger-Mix, Stute
Alter zum Zeitpunkt der Rehe: 15 Jahre
Reheschübe: ab Februar 2006
Ursache: EMS

Usanda, oder für Freunde Püppi, kenne ich seit nunmehr vierzehn Jahren. Damals, gerade einmal siebenjährig, hatte sie bereits eine zweijährige Lahmheitsodyssee hinter sich. Ihre Besitzerin war sehr engagiert und bemüht und hatte schon sehr viel unternommen, um das Lahmheitsproblem zu lösen. Sie hatte sich umfassend belesen und informiert, sie hatte Usanda zahlreichen Fachleuten vorgestellt, in die Klinik gebracht, verschiedene Spezialbeschläge versucht. Nichts half. Sie war mit ihrem Latein am Ende und überlegte ernsthaft, ob es nicht besser wäre, ihre Püppi einschläfern zu lassen. Die zur Verfügung stehenden Möglichkeiten schienen ausgeschöpft.

Dabei litt Püppi »lediglich« an einem einigermaßen schief gewordenen sehnenbedingten Bockhuf und einem sich aus dieser ungünstigen Belastungssituation entwickelnden Überbein knapp unterhalb des linken Vorderfußwurzelgelenks. Die vorangegangene Hufbearbeitung hatte Usandas Probleme verschärft, da man mittels mehr oder weniger starken Manipulationen – stärkeres Kürzen der Hufaußenseite, Kürzen der Trachten, spezielle Eisen – versuchte, den Huf in eine »normale« Form zu bringen. Die stetigen erzwungenen Stellungskorrekturen bereiteten Usanda starke Probleme.

Das Hufbein des linken Vorderhufes war deutlich steiler als das des rechten Vorderhufes und die Hufbearbeiter versuchten, die »zu« steile Stellung des Hufes immer und immer wieder zu korrigieren.[65] Ab November 1999 begann ich Püppis Hufe zu betreuen. Die schiefen Hufe verbesserten sich unter der neuen Bearbeitung, die Lahmheit verschwand gänzlich.

Das Überbein, welches ab diesem Zeitpunkt keine Probleme mehr bereitete, verschwand im Laufe der Zeit komplett.

Ab 2001 übernahm eine junge Kollegin, die vor Ort wohnte, die Betreuung von Püppis Hufen. Im Winter 2005/06 erfuhr ich bei einer gemeinsamen Fortbildung von meiner Kollegin, dass Püppi seit einiger Zeit Probleme hatte. Sie befürchtete, dass diese Probleme Anzeichen für eine mögliche Rehegefährdung sein könnten.

Püppi, die schon immer leichtfuttrig war, war nämlich in der letzten Zeit recht mollig geworden. Wenig später, im Februar 2006, folgte dann eine E-Mail der Besitzerin: Püppi hatte leider einen Hufreheschub erlitten. Ich bat sie darum, mir Bilder zu schicken.

Püppi zeigte im Aussehen deutliche Anzeichen eines Equinen Metabolischen Syndroms, was die Besitzerin auch be-

64 *Alle Bilder von Pferd und Hufen mit freundlicher Genehmigung der Besitzerin Ines Buchmann sowie meiner Kollegin Eileen Penzel.*

65 *Zu den Folgen eines solchen Vorgehens siehe den Abschnitt »Zwei unterschiedlich steile Vorderhufe ... « S. 63ff.*

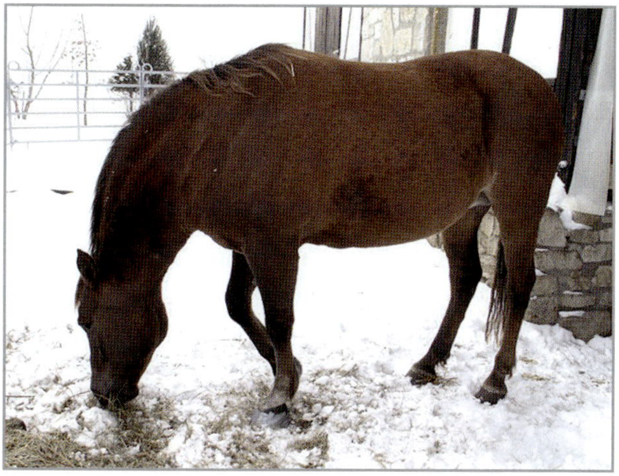

Dicke Usanda – Ende Februar 2006

stätigte. Püppi hatte eigentlich schon »immer« einen Hengsthals und nun, bei genauer Betrachtung, fielen auch der sehr speckige Schulterbereich und die Fettansammlungen auf der Kruppe und vor dem Euter auf.

In den ersten Tagen der Rehe lag Püppi viel. Sie bekam vom Tierarzt zehn Tage lang Equipalazone verordnet und die Hufe wurden beinahe drei Wochen lang mit Sohlen-Strahl-Polstern versorgt, bis eine Besserung sichtbar wurde.

Vier Wochen später, im März 2006, wurden Püppis Hufe geröntgt. Die Aussagekraft der Röntgenbilder war jedoch leider begrenzt. Um den Zehenwandverlauf im Verhältnis zum Hufbeinrücken auf den Aufnahmen besser sichtbar zu machen, wurde zwar extra ein Nagel auf die Hufwand aufgelegt, dieser lag allerdings im unteren Bereich auf dem Verband auf, so dass der korrekte Verlauf der Zehenwand nicht dargestellt werden konnte. Es ließ sich insofern nicht sagen, ob sich die auf den Bildern sichtbare Schere zwischen Zehenwand (Nagel) und Hufbeinrücken allein dem Aufliegen auf dem Hufverband verdankte oder ob sich die Wand im Zuge des Rehegeschehens und trotz der Sohlen-Strahl-Polster tatsächlich etwas vom Hufbeinrücken entfernt hatte.

Die Auskunft des Tierarztes, dass Usanda auf beiden Hufen eine leichte Hufbeinrotation erlitten hätte, war bereits aus diesem Grund in Zweifel zu ziehen.

Hinzu kam, dass die Röntgenbilder zeigten, dass beide Hufbein-Kronbein-Fesselachsen völlig ungebrochen waren, sich das Hufbein also mitnichten nach hinten bewegt hatte. Wenn sich etwas bewegt hatte, dann war es die Zehenwand, letzteres war aber aufgrund des Verbandes und durch die hierdurch veränderte Nagelposition nicht wirklich feststellbar.

Nachdem Usanda wieder gut lief, wurde sie langsam an der Hand angeweidet (zehn bis 15 Minuten täglich). Mitte April, sie lief bereits wieder problemlos, folgte leider der nächste Reheschub. Sie war an

diesem Tag zwei Mal für ein Stunde auf der Weide gewesen.
Sie erhielt sofort wieder Hufpolsterverbände und für drei Tage Equipalazone. Zusätzlich erfolgte eine homöopathische Behandlung durch eine Tierheilpraktikerin. Grünfutter wurde nun erst einmal gänzlich von Püppis Speiseplan gestrichen. Sie erhielt rationierte Heuportionen (rohfaserreiches, altes Heu), außerdem melassefreie Rübenschnitzel, Ingwer, Bierhefe, Mineralfutter und später auch Effektive Mikroorganismen zur Darmsanierung. Es ging bergauf und die Hufpolsterverbände konnten nach einer Woche wieder abgenommen werden. Usanda durfte wieder in den Auslauf.
Sie lief auf hartem Boden noch recht klamm. An den Hufen wurde nun auch die Ringbildung (Einschnürung) vom ersten Hufreheschub sichtbar und die Blättchenschicht zeigte sich im Unterschied zu früher leicht aufgerissen und auch etwas verbreitert. Die Hufbeinaufhängung war also durch die beiden Reheschübe eindeutig etwas in Mitleidenschaft gezogen worden.

Im Mai folgte der nächste kleinere Reheschub. Von nun an wurde das Heu, das Usanda erhielt, gewaschen. Sie erhielt über den Tag verteilt jetzt vier Portionen à 1,25 kg. Jegliche leichtverdaulichen Kohlenhydrate waren gestrichen. Schritt für Schritt zeigten sich die ersten Erfolge der Diät. Die Fettansammlungen an den Schultern und vor dem Euter wurden weniger und auch der üppige Mähnenkamm verlor an Festigkeit.

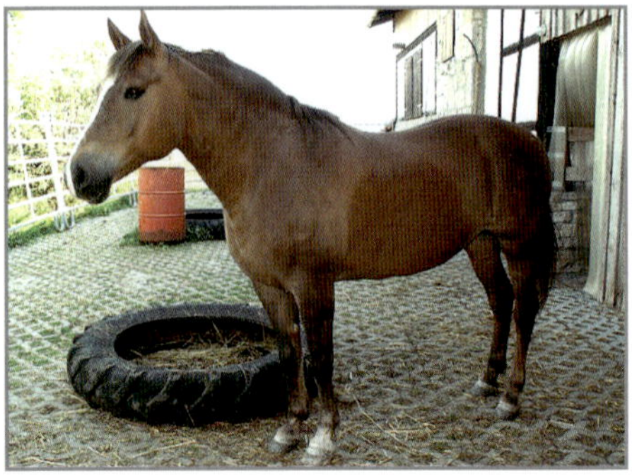

Usanda nimmt ab – Juni 2006

Langsam schien es auch mit dem Laufen wieder bergauf zu gehen. Die Hufe zeigten nun allerdings deutliche Auswirkungen der Reheschübe.
Durch die regelmäßige Hufbetreuung und die im akuten Stadium stets sofort angelegten Sohlen-Strahl-Polster blieben die Veränderungen zwar auf ein moderates Maß beschränkt, nichtsdestotrotz hatten die Schübe ihre Spuren hinterlassen.
Die Hufwände waren schräger geworden, hatten sich also etwas vom Hufbein entfernt. Dadurch war auch die Blättchenschicht leicht verbreitert und aufgerissen. In der Sohle waren jetzt auch im Bereich des Hufbeinrandes Einblutungen zu sehen.

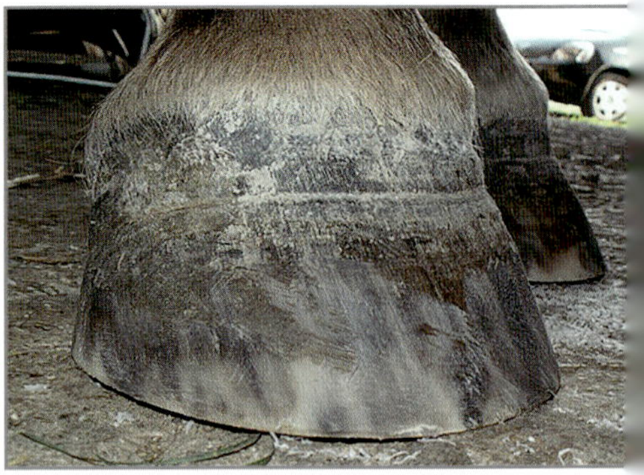

Juni 2006 – Hornringe unter dem Kronsaum und die geweitete und aufgerissene Blättchenschicht zeigen, dass der Hufbeinträger …

Mitte Juni führte der Tierarzt einige Blutuntersuchungen durch, unter anderem einen Dexamethason-Suppressionstest, um eine Cushing-Erkrankung auszuschließen.
Laut Testergebnis konnte Cushing definitiv ausgeschlossen werden. Die Werte Insulin und Glukose wurden ebenfalls erfasst und waren unspezifisch; Ergebnis war ein zwar hoher, aber im Rahmen bleibender Glukosewert und ein unauffälliger Insulinwert.
Da sowohl das Insulin als auch die Glukose nicht als Nüchternwerte und auch nicht im Rahmen eines Glukosetoleranztestes erhoben wurden, war die Aussagekraft dieser Daten sehr gering.
Da bei Usanda die Wahrscheinlichkeit einer EMS-Erkrankung an und für sich deutlich naheliegender war als die einer ECS-Erkrankung, kann die Entscheidung des Tierarztes, in Usandas Fall den mit einem recht hohen Risiko verbundenen Cushing-Test anstatt des ungefährlichen Glukosetoleranztests durchzuführen, nicht wirklich nachvollzogen werden.
14 Tage später am 1. Juli 2006 erlitt Usanda einen neuen Reheschub, ohne dass eine aktuelle Ursache hierfür ausfindig gemacht werden konnte.

... im Zuge der Hufreheschübe beschädigt wurde.

Fakt ist, dass Kortison – und dieses wurde ihr im Rahmen des Dexamethason-Suppressiontest gespritzt – die Insulinsensitivität der Zellen herabsetzt. Bei einem Pferd, welches bereits unter Insulinresistenz leidet, birgt dies, besonders wenn es bereits an Hufrehe erkrankt ist, ein sehr hohes Risiko. Diesmal wurde vom Tierarzt zusätzlich zur bisherigen Therapie durch entzündungshemmende Medikamente ein Aderlass vorgenommen. Zudem wurde ein anderer Tierarzt, der über ein digitales Röntgengerät verfügt, mit der Anfertigung neuer Röntgenbilder beauftragt. Die Röntgenbilder zeigten eine deutliche Schere zwischen Hufbeinrücken und Zehenwand. Die vom Tierarzt gemessene Abweichung betrug 7 Grad.

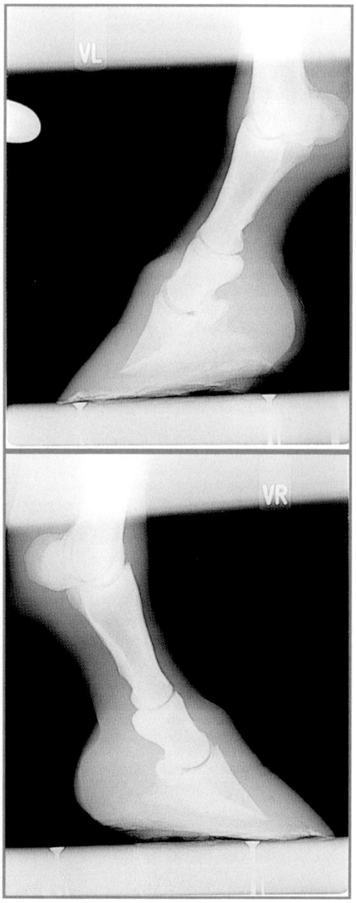

Röntgenbilder der Vorderhufe vom 5. Juli 2006. (Mit freundlicher Genehmigung von Dr. med. vet. Uwe Fischer)

Deutlich zu sehen ist, dass Usandas Hufbeine nicht nach hinten rotiert sind, sondern dass die Schere zwischen Hufbeinrücken und Zehenwand jeweils dadurch zustande gekommen ist, dass sich die Zehenwand vom Hufbein entfernt hat und schräger geworden ist. Dies ist die Folge des partiellen Funktionsverlustes des Hufbeinträgers; der Zusammenhalt zwischen Wandlederhaut- und Hornblättchen war ein Stück weit beschädigt.

Zwischen dem Tierarzt und der Huforthopädin entspann sich nun eine Diskussion darüber, ob es hilfreich (TA) oder kontraproduktiv (HO) wäre, die betroffenen Hufe in den Trachten zu erhöhen und die Zehenwand abzunehmen. Die Huforthopädin konnte sich mit ihren Argumenten durchsetzen, allerdings wurden an den Hufen als Kompromiss und alternativ zu den Sohlen-Strahl-Polstern der Huforthopädin diesmal Styrodur-Platten angebracht. Usanda quittierte dies mit einem sofort gebesserten Laufbild auf hartem Boden. Sobald sich das Styrodur jedoch zusammengedrückt hatte, ging dieser Anfangseffekt verloren und am Folgetag lief Usanda so schlecht bzw. lag sie auch sehr viel, dass ihre Besitzerin den Styrodur-Verband wieder abnahm.

Dies sollte Usandas letzter Rehe-Rückfall gewesen sein. Abgesehen von einer kurzzeitigen Verschlechterung durch ein Hufgeschwür im August 2006 ging es von nun an tatsächlich stetig bergauf.

Aus dem Rehetagebuch der Besitzerin:

»**15.07.2006**: *Es geht Usanda sehr gut. Sie läuft FAST normal im Schritt, in der Wendung geht es noch nicht so sehr gut.*

20.07.2006: *Es geht ihr weiterhin sehr gut und sie läuft eigentlich prima! Ich freue mich so.*

29.08.2006: *Usanda lief die letzten Wochen den Umständen entsprechend sehr gut. Sie ist schon durch den Auslauf getobt und ich habe angefangen, sie leicht im Auslauf vom Boden aus zu bewegen.*«

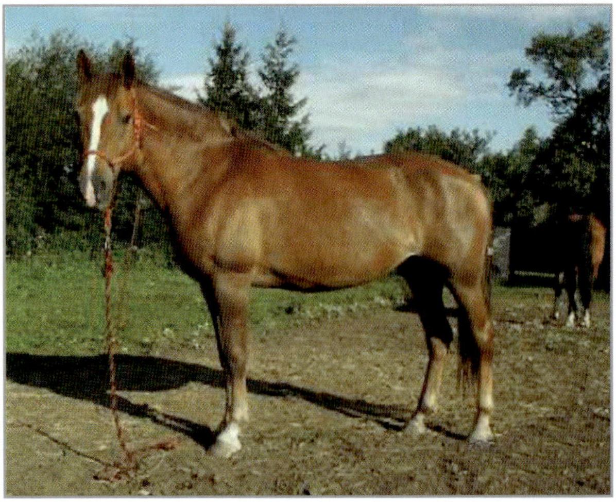

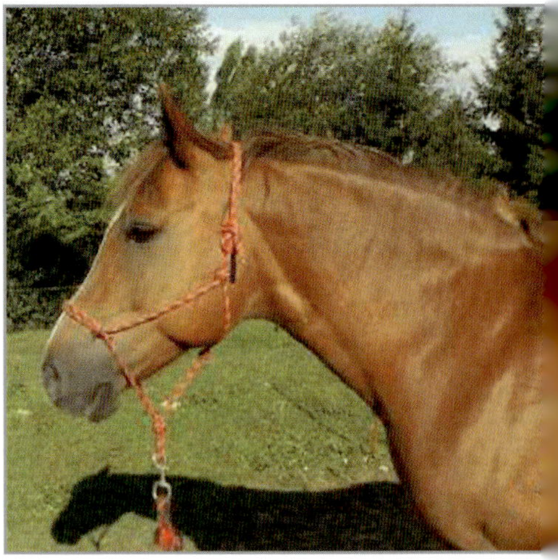

Schlanke Usanda – Ende August 2006

Etwas verunsichert durch Ratschläge aus dem Internet und außerdem noch die Diskussion zwischen Tierarzt und Huforthopädin über das Kürzen der Zehe im Ohr, stellte sich die Besitzerin die Frage, ob man nicht bei der Hufbearbeitung doch noch anders vorgehen müsste, als ihre Huforthopädin dies tat.

»15.7.2006: *Bleibt nur noch die Hufbearbeitung, was mir noch Magenschmerzen bereitet. Ich bin aber immer noch relativ unschlüssig, was das Kürzen der Zehe betrifft. Auf der einen Seite laufen wir beim Kürzen Gefahr, dass uns die schon schrägen Seitenwände weglaufen und wir durch die Mehrbelastung der schrägen Seitenwand (Hebelwirkung zur Seite) dort einen Reheschub auslösen könnten. Auf der anderen Seite hebelt die Zehe bei jedem Schritt – was erstens weh tut und zweitens den gerade nachwachsenden Hufbeinträger und die zarten Lamellen wieder empfindlich auseinander reißen könnte auch wieder Reheschub.*
Durch die Trachtenfußung der letzten Woche merkt man schon, dass sich der Huf anders verhält und anders wachsen möchte. Nämlich nach vorn oben (Rehe-Knollhuf).«

Sehr häufig wird in Fällen wie dem Usandas, in denen die Hufe rehetypische Veränderungen zeigen, eine sehr starke Korrektur der Zehe vorgenommen. Die Auswirkungen sind mitunter fatal.[66]
Durch das Entfernen der Zehenwand wird die Hufstatik zum einen empfindlich gestört, was nicht nur zu einer Verschlechterung der gesamten Hufsituation, sondern unter bestimmten Umständen auch zu einem neuen Reheschub führen kann. Man verlagert die Belastung des Hufbeinträgers in die Seitenwände, was bei schrägwandigen oder unsymmetrischen Hufen einen neuen Reheschub auslösen kann. Das seiner Schutzschicht beraubte Blättchenhorn trocknet zudem stark aus, was unweigerlich zu Verletzungen der empfindlichen Wandlederhautblättchen führt. Der bessere Weg ist, die Zehenwand nicht zu entfernen, sondern durch das kluge Beraspeln so zu gestalten, dass ihre Hebelwirkung zum einen weitgehend eingedämmt ist, sie andererseits aber als Wand und Schutzschicht erhalten bleibt (siehe hierzu S. 144ff.).
Glücklicherweise konnten die huforthopädischen Argumente die Besitzerin überzeugen und Usandas Zehen blieben unverletzt.

»07.09.2006: *Usanda geht es sehr gut: sie läuft wieder prima und ist munter und aufgeweckt.*

29.09.2006: *Der Matsch-Auslauf war gestern so schön weich durch den Regen, dass ich Usanda ein bissel frei laufen lassen habe in allen drei Gangarten. Sie lief WUNDERBAR!*

06.11.2006: *Usanda geht es weiterhin sehr gut. Die Diät hat ihr gutgetan – sie hat prima abgenommen. Die Fettpolster sind so gut wie verschwunden. Seit letzter Woche gebe ich ihr normal trockenes Heu, aber weiterhin nur fünf bis sechs Kilogramm täglich auf vier Mahlzeiten verteilt. Auch erhält sie noch Beets und Heucobs für eine Mahlzeit mit Bierhefe, Zimt, einem Apfel und Mineralcobs. Letzte Woche habe ich angefangen, sie mit Fressbremse für eine Stunde auf die Koppel zu lassen. Es klappt sehr gut und sie verträgt es auch gut. Für die Mehr-Energie wird sie möglichst jeden Tag am Boden im Paddock in allen drei Gangarten bewegt. Der linke Vorder-Rehehuf sieht schon sehr gut aus, der rechte ist noch behandlungsbedürftig. Die Blättchenschicht ist hier noch verbreitert zu sehen. Ich denke, dass die Hufe bald wieder hergestellt und belastungsfähig sind.*

66 siehe hierzu ausführlich im Abschnitt »Baustelle Huf« Seite 130ff.

30.11.2006: *Seit zwei Wochen wird Usanda wieder leicht gearbeitet – unter dem Sattel. Die Schulkinder beschäftigen sie zwei Mal die Woche im Schritt und etwas Trab für eine halbe Stunde. Auch ich war bereits zwei Mal im Gelände. Sie geht aber vorerst nur Schritt und ein klein wenig Trab unter dem Reiter. Wir reiten nur auf weichem Boden, wenn es etwas steinig wird geht das aber auch schon ausgesprochen gut und sie läuft normal darüber hinweg. Hätte ich nicht gedacht … Es klappt sehr gut, man merkt aber, dass die Muskeln und Kondition fehlen. Weiterhin bekommt sie ca. sechs Kilogramm trockenes Heu und früh und abends ihre KwikBeets mit etwas Heupellets, Bierhefe, Zimt und drei Mineralpellets. Auf die Weide darf sie für zwei bis drei Stunden mit Fressbremse. Alles klappt gut. Ich bin sehr zufrieden. Ach ja, die Hufe sehen fast wieder gaaaanz normal aus – als wäre nichts gewesen.*

18.05.2007: *Wir haben es überstanden! Usanda wird wieder normal geritten und ist top in Form und gertenschlank. Sie kommt aber aus Sicherheitsgründen nur mit Fressbremse für ein paar Stunden auf eine magere Koppel. Weiterhin nur ca. sechs bis sieben Kilogramm Heu am Tag, ab und zu etwas Speedibeets mit Heucobs und Bierhefe (wenn sie gearbeitet wird). Sonst nix!«*

Usandas Vorderhufe im Jahr darauf (September 2007):

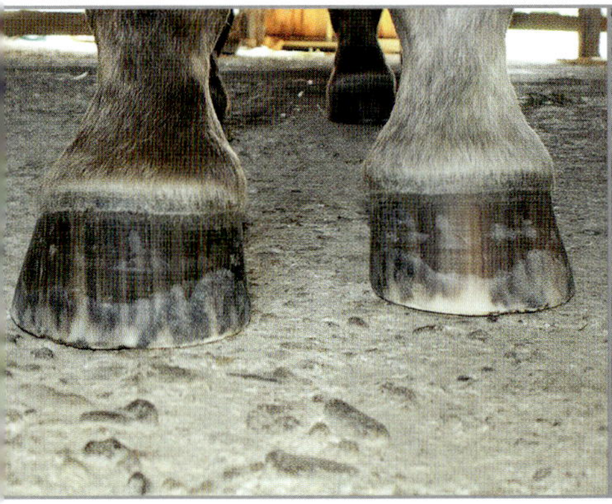

Usandas ungleich große Vorderhufe …

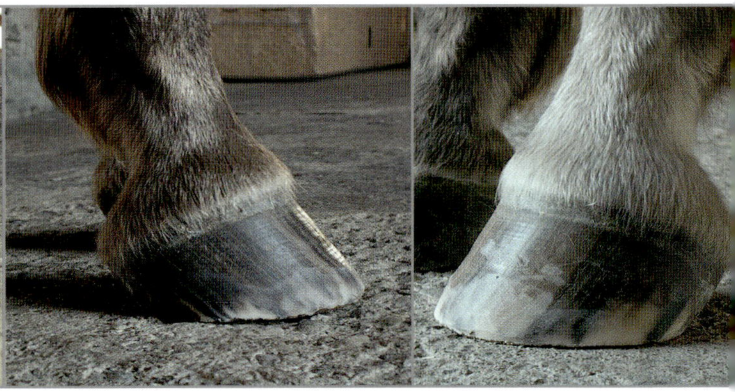

… mit wieder geraden und unverbogenen Zehenwänden …

vorne links

vorne rechts

… und einer nicht mehr verbreiterten Blättchenschicht.

Püppi ist seither rehefrei. Sie wird durch Arbeit und begrenzte Weidezeit schlank gehalten und man kann sagen, dass sie ihr Metabolisches Syndrom besiegt hat. Ihre Hufe wurden im Jahr 2010 interessehalber noch einmal geröntgt.

Die Parallelität zwischen Zehenwand und Hufbeinrücken zeigt, dass der Hufbeinträger wieder völlig intakt ist und auch die Knochen keine Schäden davongetragen haben.

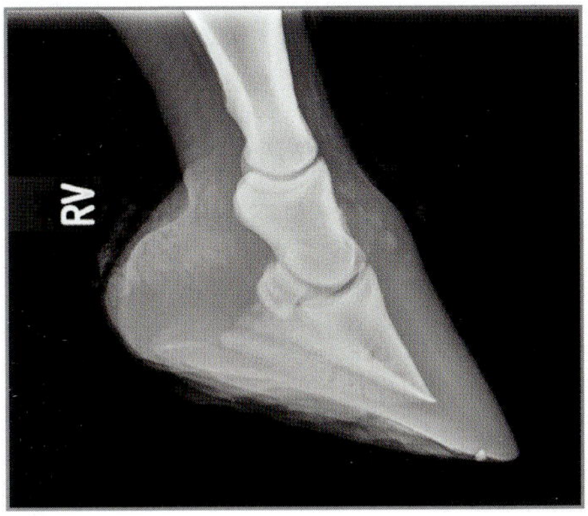

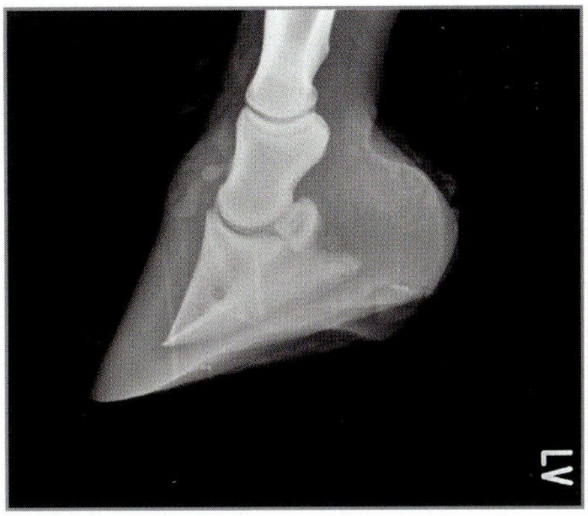

Röntgenbilder der Vorderhufe vom 6. Januar 2010.
(Mit freundlicher Genehmigung von Dr. med. vet. Uwe Fischer.)

Usanda im Winter 2009/10

UPDATE: STAND 2014

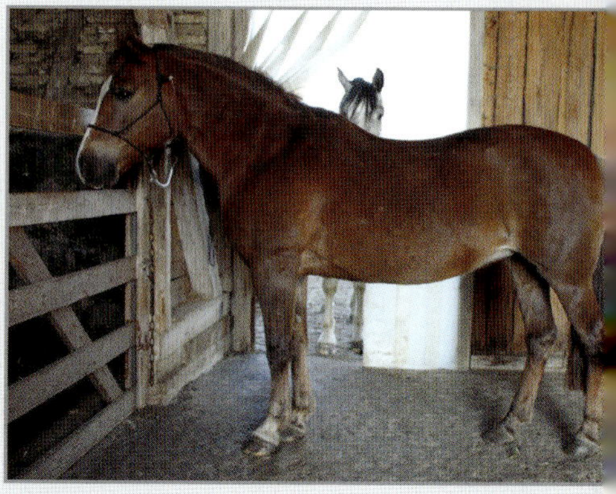

Usanda 2014

Püppi hatte seit damals nie wieder einen Reheschub. Sie ist jetzt 22 Jahre alt, ihr geht es gut, sie ist fit und gesund, auch wenn sie, laut Aussage ihrer Besitzerin, mittlerweile leider wieder ein wenig zu dick ist. Auf die Weide kommt sie nach wie vor nur mit Maulkorb. An und für sich, so die Einschätzung der Besitzerin und der Huforthopädin, müsste auch das Heu weiterhin rationiert werden, das lässt sich jedoch momentan haltungstechnisch nicht umsetzen. Im vergangenen Jahr hat Usanda einen mehrtägigen Wanderritt durch den Harz und auf den Brocken absolviert. Für diesen Zweck wurde sie rundum beschlagen. Abgesehen von dieser kurzen Beschlagzeit läuft Usanda barhuf.

Usanda hat den Ritt »mit Bravour und absolut problemlos gemeistert und kam völlig fit und guter Dinge vom Ritt zurück« so die Besitzerin. Aber sie war auch froh, als die Hufeisen wieder abgenommen wurden, da Püppi mit ihnen schlechter und weniger sicher lief als barhuf.

Usanda (im Bild rechts) auf einem Wanderritt im Harz, 2013

Usandas Vorderhufe nach der Hufbearbeitung im Mai 2014

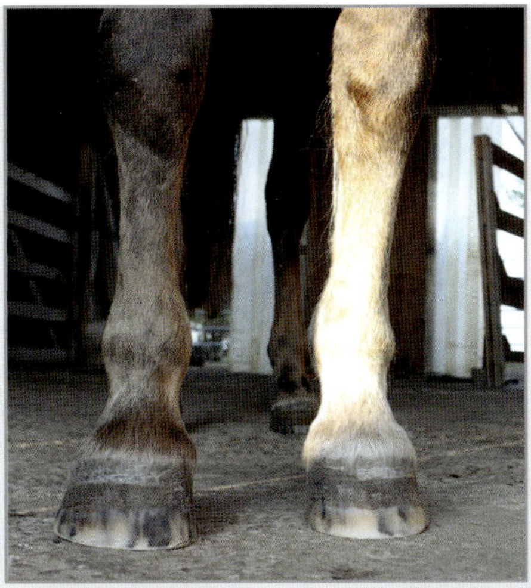

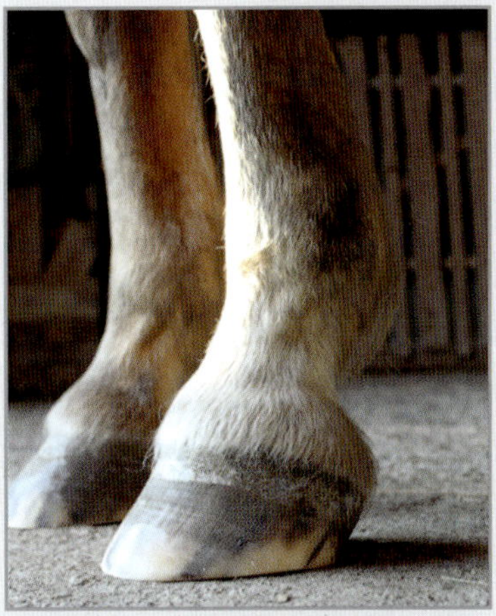

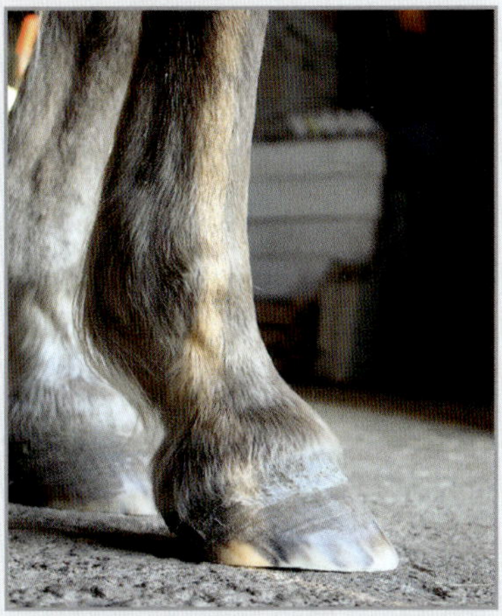

Linker Vorderhuf

Rechter Vorderhuf

Alle Bilder von Pferd Usanda und Hufen mit freundlicher Genehmigung von Ines Buchmann.

CHRISSIE – RISKANTE GRATWANDERUNG (EMS FALL 2)[67]

7

Chrissie, Reitpony-Mix, Stute
Alter zum Zeitpunkt der ersten Rehe: 9 Jahre
Reheschübe: 2004 bis Juli 2007
Ursache: EMS und Vollweide

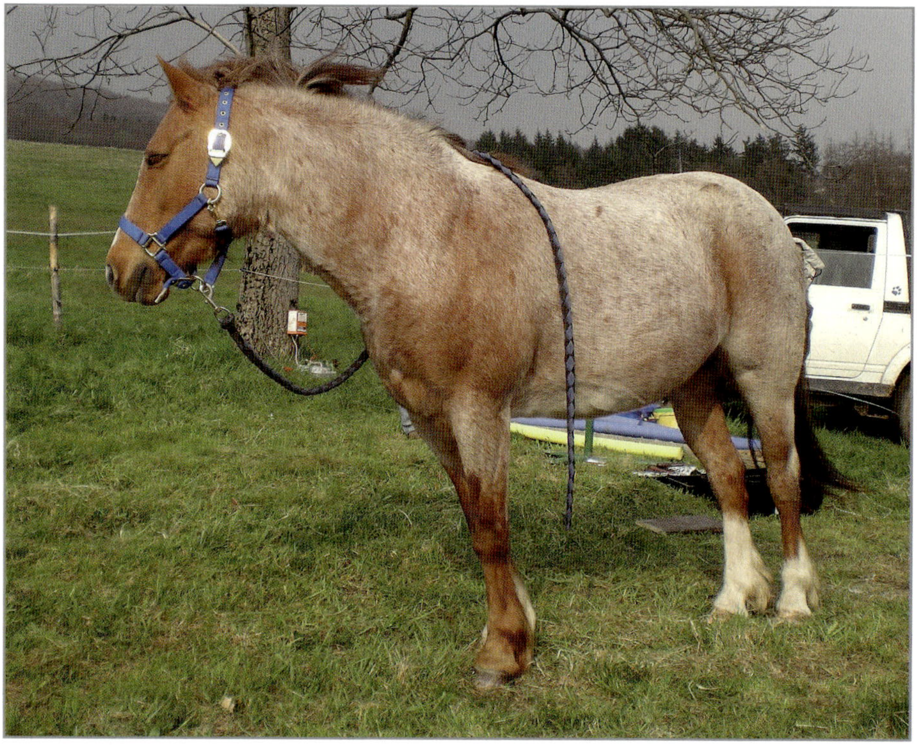

Chrissie im April 2007

Chrissie, eine 1,38 m große Reitponymix-Stute, wurde meiner Kollegin Corinna Meißner im April 2007 erstmals vorgestellt. Chrissie, übergewichtig und mit den typischen Schwellungen über den Augen, lebte mit drei weiteren Pferden im Offenstall (im Winter) bzw. auf der Weide (im Sommer). Alle vier Hufe besaßen zu diesem Zeitpunkt bereits eine verbreiterte Blättchenschicht. Auch die häufigen Rillen und die starken Einfärbungen wiesen darauf hin, dass Chrissie hochgradig rehegefährdet war. Sie hatte bereits einige Reheschübe erlitten, den ersten im Alter von neun Jahren im Jahr 2004.

Die Hufe hatten sich hiervon nie wirklich erholt. Das lag zum einen mit Sicherheit an der unverändert ganztägigen Weidehaltung im Sommer, zum anderen war wohl aber auch die Hufbearbeitung bislang nur ungenügend darauf gerichtet, die Hufe auch reheprophylaktisch zu sanieren.

67 *Alle Fotos von Hufen und Pferd Chrissie mit freundlicher Genehmigung von Corinna Meissner.*

Chrissies rehegefährdete Hufe im April 2007

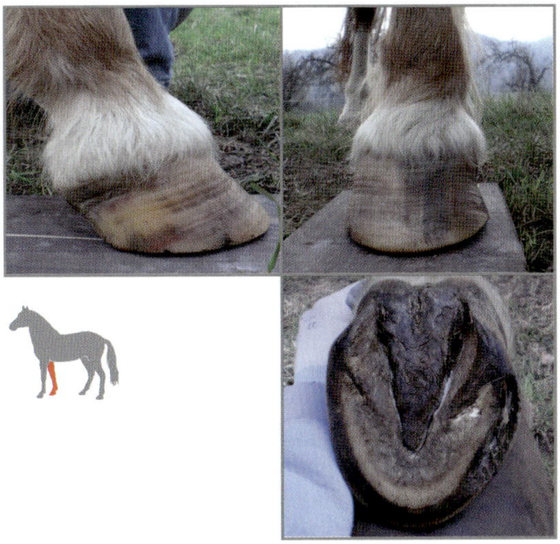

vorne rechts

vorne links

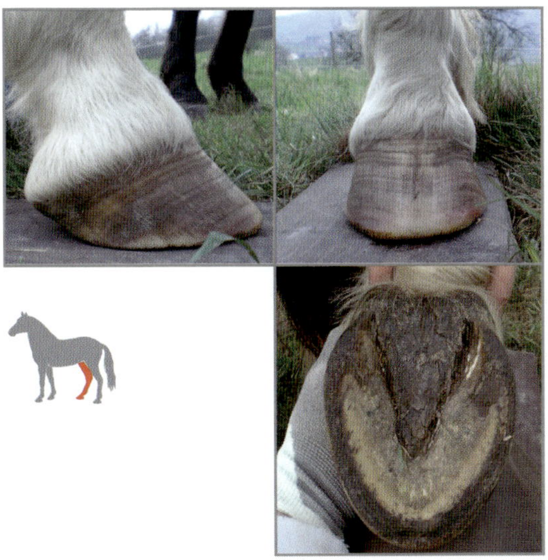

hinten rechts

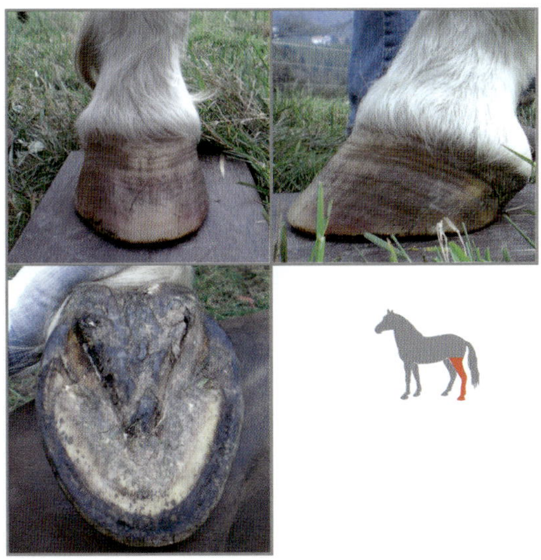

hinten links

Chrissies Hufe wurden vorher, bis zum April 2007, in dreimonatigen Abständen von einem Hufschmied bearbeitet. In solchen Abständen kann allerdings auch die beste Hufbearbeitung nichts Positives an Rehehufen bewirken. Aber es spricht in meinen Augen auch nicht gerade für die Umsicht und Qualität des Hufbearbeiters, wenn er diese zu langen Abstände zulässt bzw. sogar selbst einrichtet, und das, obwohl sie die Arbeit am Huf beständig ruinieren. Ein verantwortungsbewusster Hufbearbeiter hat die Aufgabe, den Pferdebesitzer auch über die Konsequenzen zu langer Bearbeitungsabstände aufzuklären und diese nicht stillschweigend oder gar dankend hinzunehmen.

Wenn der Pferdebesitzer über die Folgen und Risiken informiert ist und sich dennoch gegen einen kürzeren Bearbeitungsabstand entscheidet, ist es in der Regel vernünftiger, die Arbeit niederzulegen, als den Hufen und damit dem Pferd durch die mangelhafte, da zeitlich gestreckte Einflussnahme zu schaden und im Resultat eine schlechte Arbeit zu hinterlassen.

Im Juli 2007 – durch üppiges Wachstum beste Rehezeit und bevor die huforthopädische Bearbeitung wirklich greifen konnte – erlitt Chrissie einen weiteren Reheschub.

Der hinzugezogene Tierarzt röntgte die Vorderhufe und stellte auf beiden Hufen eine deutliche Schere zwischen Hufbeinrücken und Zehenwand fest.

Die Hufe wurden nicht im Stehen geröntgt, sondern wurden für die Aufnahmen in einen Oxspring-Block gestellt. Nachteil dieser Methode ist, dass man die Knochensäule nicht beurteilen kann, da das Pferd seine Hufe nicht belastet. Zu sehen ist allerdings, dass die Parallelität zwischen Hufbeinrücken und Zehenwand verloren gegangen ist. Der Hufreheschub hatte die innige Verbindung zwischen Hornwand und Hufbein gelöst. Nach dem Reheschub brach meine Kollegin ihre Arbeit an den Hufen ab, da sie eine Weiterarbeit unter den gegebenen Umständen nicht verantworten konnte und wollte. Chrissie wurde zwar kurzzeitig in den Offenstall ohne Weidezugang verbracht, aber ihre Besitzerin setzte trotz der schmerzenden Hufe auf die Bewegung des Pferdes, um die Rehe zu therapieren.

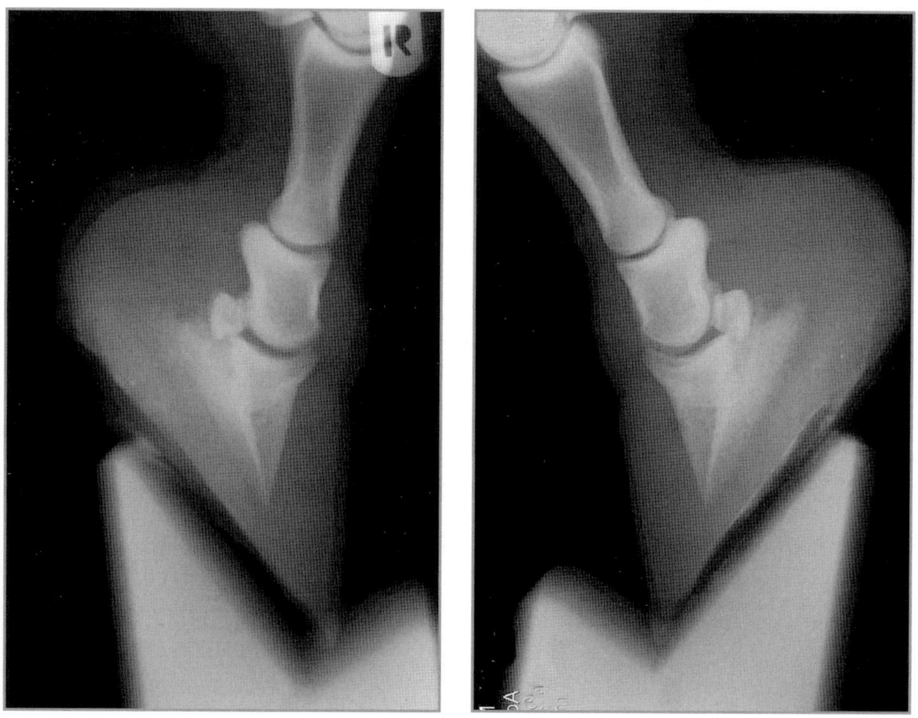

vorne rechts *vorne links*

Röntgenaufnahmen von Chrissies Vorderhufen nach dem Hufreheschub im Juli 2007. (Mit freundlicher Genehmigung von Tierarzt Andreas Köster.)

Ende September bat die Pferdebesitzerin meine Kollegin jedoch erneut um Hilfe. Chrissie hatte den Reheschub überstanden und es ging ihr zu dieser Zeit bereits wieder etwas besser. Sie lief leidlich gut und konnte auch wieder ohne größere Schmerzen beim Stehen bearbeitet werden. Die Kollegin übernahm die Hufbearbeitung erneut, allerdings unter der Auflage, dass Chrissie alle zwei bis drei Wochen behandelt werden müsse.

Die seit mehreren Wochen nicht bearbeiteten Hufe waren deutlich von der Rehe gezeichnet. Sie wiesen starke Verformungen der Wände und einen ausgeprägten Narbenhornkeil auf.

Von der Rehe gezeichnet – Chrissies Hufe zwei Monate nach dem Hufreheschub, Ende September 2007.

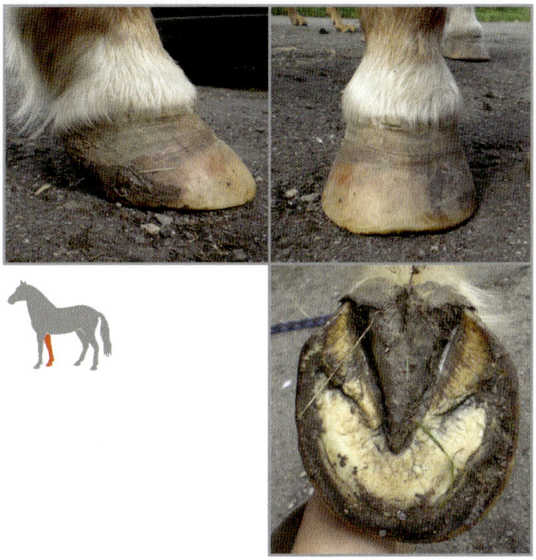

vorne rechts

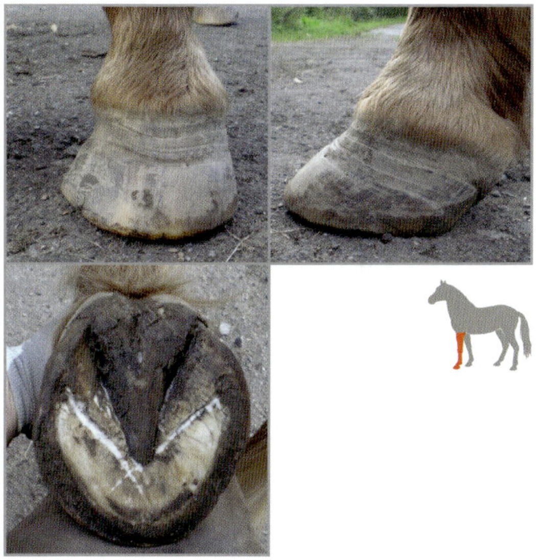

vorne links

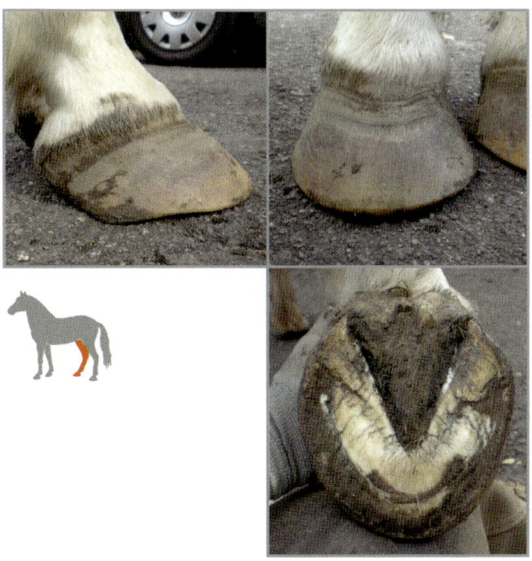

hinten rechts

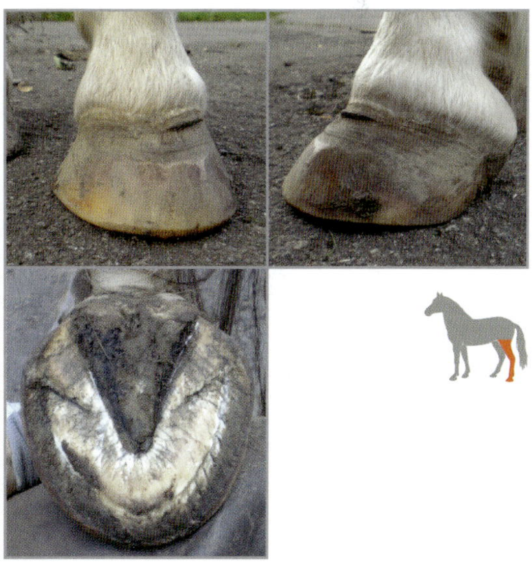

hinten links

Die Hufrehe hatte alle vier Hufe stark mitgenommen, wobei die hinteren Hufe beinahe noch stärker betroffen zu sein schienen. Nicht nur die Zehenwände, sondern auch die Seitenwände waren deutlich schräg geworden und hebelten nach außen. Die Vorderhufe waren insgesamt sehr schief geworden. Die Blättchenschicht war ringsum bis weit in die Seitenwände verbreitert und stark aufgerissen. Fäulnis war in die beschädigte Blättchenschicht eingedrungen und am linken Hinterhuf war bereits ein Hufgeschwür am Kronsaum aufgebrochen. Die bei Chrissie ohnehin immer sichtbaren Einfärbungen der Hornwände hatten sich deutlich verstärkt. Das zeigte, welch eine massive Entzündung und mechanische Beschädigung die Wandlederhäute erlitten hatten.

Waren Chrissies Hufe bereits im April eine kleine Herausforderung an das Geschick eines Huforthopäden, so ähnelten sie nun – zwei Monate nach der Hufrehe – einer Großbaustelle.

Verbreiterte, aufgerissene, fäulnisbesetzte Blättchenschicht.

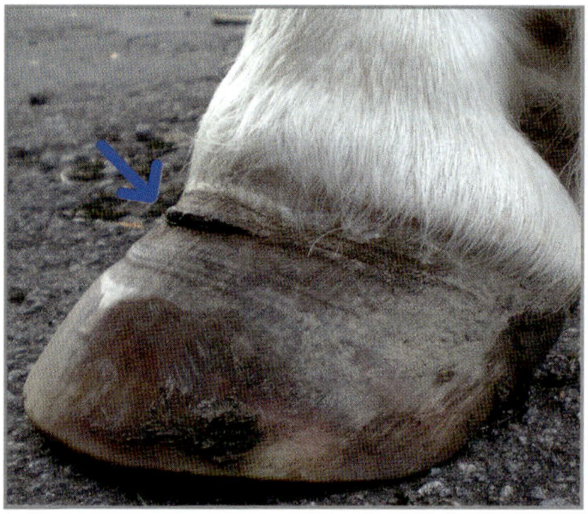

Hufgeschwür, hinten links, am Kronsaum durchgebrochen.

Intensivierte Verfärbungen der Hornwände.

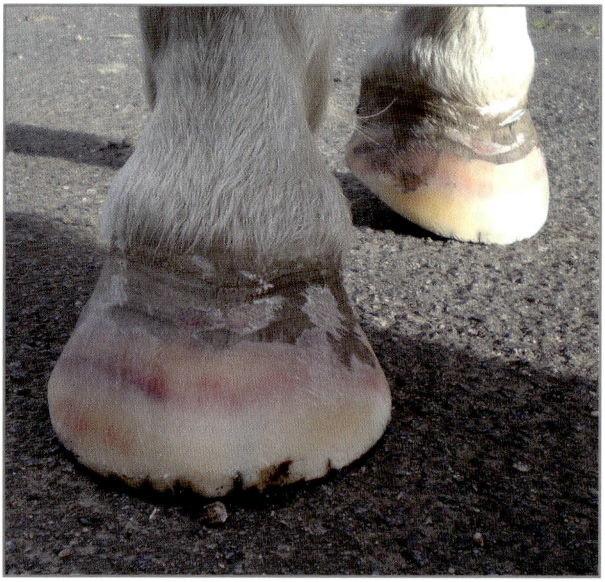

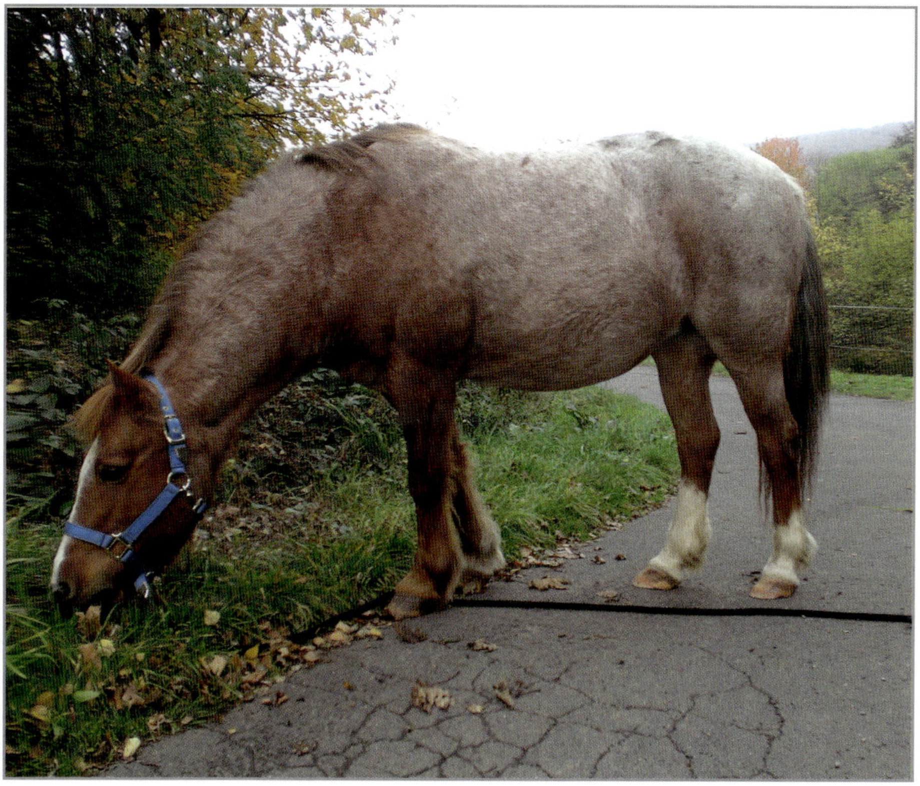

Chrissie mit EMS-typischen Fettpolstern im November 2009.

Von September 2007 bis Sommer 2008 erfolgte nun eine regelmäßige Bearbeitung in den genannten kurzen Abständen. Ab dem Sommer 2008 ließ der Zustand der Hufe es dann zu, den Bearbeitungsabstand auf vier Wochen zu verlängern.

Da die Pferdebesitzerin nicht die Möglichkeit hat, Chrissie anders zu halten als im Sommer auf Vollweide und im Winter im Offenstall mit Weidezugang, bleibt das Risiko neuer Reheschübe weiterhin sehr hoch. Zeitweise trägt Chrissie einen Maulkorb, außerdem wird sie regelmäßig bewegt. In besonders risikoreichen Zeiten (Umsetzen auf neue Weiden, kalte, sonnige Wetterlagen, hoher Blutzuckerspiegel) wird Chrissie jeweils verstärkt gearbeitet.

Die Besitzerin von Chrissie hat sich ein Blutzuckermessgerät angeschafft, wie es in der Humanmedizin verwendet wird, und misst regelmäßig und bei erhöhtem Risiko täglich den Blutzuckerspiegel. Wenn der Wert eine bestimmt Grenze überschreitet, erhält Chrissie über das Futter Isoxsuprin, ein vasodilatatorisch wirkendes Medikament, welches die Zehendurchblutung verbessern soll.

Ob dies tatsächlich zur Verhinderung eines neuen Reheschubs beitragen kann, ist angesichts der in den vorhergehenden Kapiteln dieses Buches vorgetragenen aktuellen Forschungsergebnisse zur Hufrehe zumindest fraglich.[68]

Chrissies Besitzerin schwört indes auf das Medikament und gibt es auch prophylaktisch bei jedem Weidewechsel.

68 *siehe hierzu den Abschnitt »Der unsichtbare Anfang« Seite 24ff.*

Chrissie trägt ein hohes Risiko für neue Reheschübe. Nichtsdestotrotz ist es bislang durch das beschriebene Maßnahmenpaket aus Futterbeschränkung (per Maulkorb), Bewegungsmanagement und regelmäßiger huforthopädischer Bearbeitung gelungen, einen neuen Reheschub zu verhindern.

Die Hufe selbst sind dabei noch immer keineswegs unauffällig. Zwar ist dank

Zweieinhalb Jahre ohne Reheschub – Chrissies aktueller Hufzustand im Oktober 2009:[69]

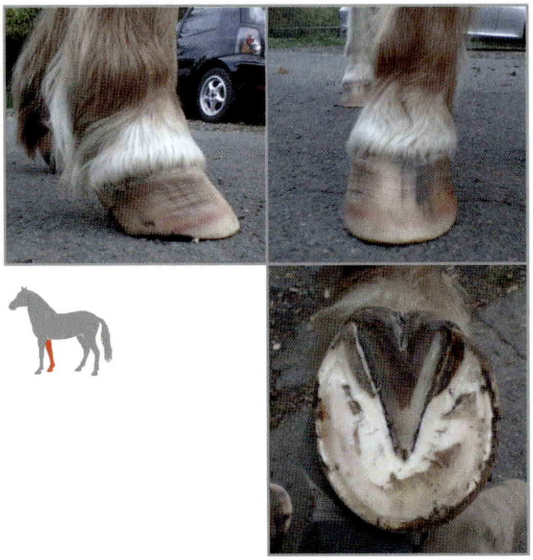

vorne rechts

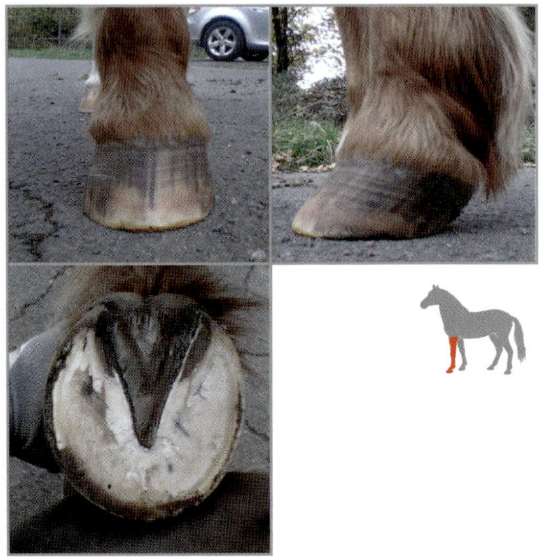

vorne links

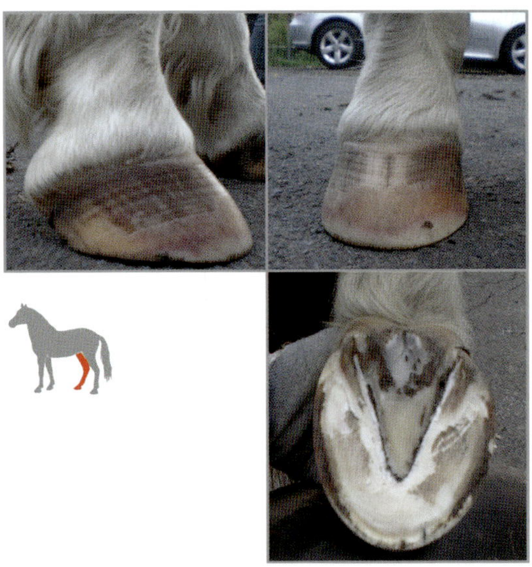

hinten rechts

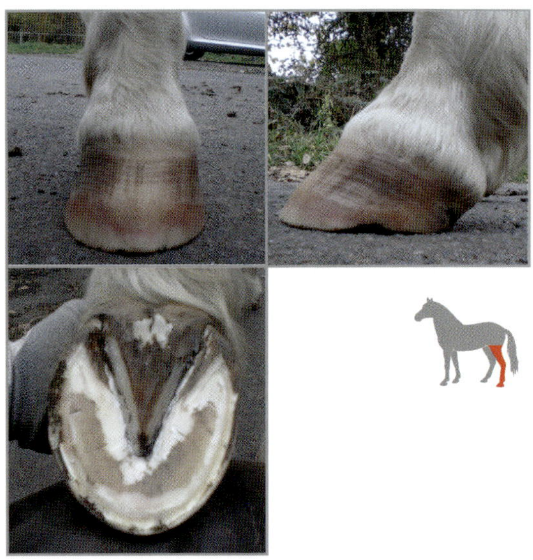

hinten links

69 *Die Sohlenbilder sind im Unterschied zu den Bildern der stehenden Hufe nach der Hufbearbeitung aufgenommen, um einen besseren Blick auf den aktuellen Zustand der Sohle und des Blättchenhorns zu gewährleisten.*

der Hufbearbeitung die Schere zwischen Hufbein und Zehenwand nahezu verschwunden; die regelmäßigen Rillen im Horn und die weiterhin vorhandenen rötlichen Verfärbungen der Hornwände spiegeln jedoch den Seiltänzerakt wieder, den Chrissies Stoffwechsel beständig vollführt.

Obwohl die Hufwände keine Verbiegungen mehr aufweisen, sind sie großflächig gelb-rot-violett eingefärbt und mit horizontalen Hornrillen übersät. Durch die zahlreichen Rillen im Horn wird der Tragrand immer wieder recht instabil und die Tragränder neigen deshalb zum Ausbrechen.
Die Blättchenschicht besitzt wieder ihre physiologische Breite und ist momentan auch nahezu geschlossen und frei von Fäulnis. Allerdings bleiben die metabolischen Störungen im Hufbeinträger auch nicht ganz ohne Auswirkungen auf die Blättchenschicht selbst. Sie ist hierdurch angreifbarer und wird leichter durch mechanische Beanspruchung und Keiminvasion beschädigt.
Auch die aktuellen Röntgenbilder (siehe unten) vom Oktober 2009 belegen die gelungene Wiederherstellung der Hufbeinaufhängung: Die Schere zwischen Hufbeinrücken und Zehenwand ist auf beiden Vorderhufen verschwunden. Dass dies auch auf die (nicht geröntgten) Hinterhufe zutrifft, beweist die geschlossene Blättchenschicht an beiden Hinterhufen.
Das Wandhorn aller vier Hufe wächst wieder am Hufbein entlang nach unten, ohne sich nach außen zu verbiegen und die Blättchenschicht aufzuspreizen.

Drücken wir Chrissie die Daumen, dass ihr auch zukünftig weitere Reheschübe erspart bleiben und dieser weitgehend intakte Zustand noch lange erhalten bleibt.

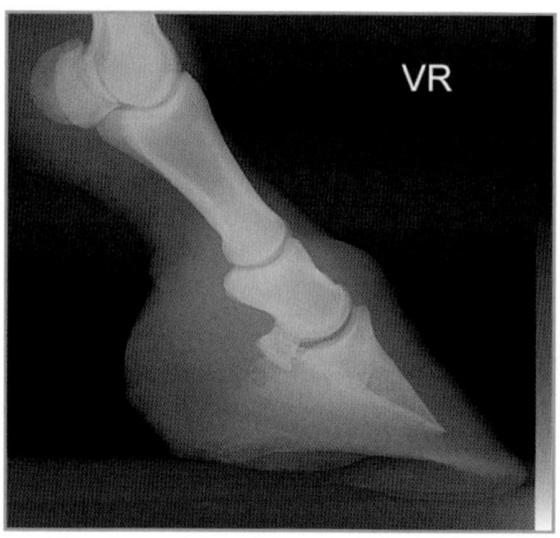

vorne rechts

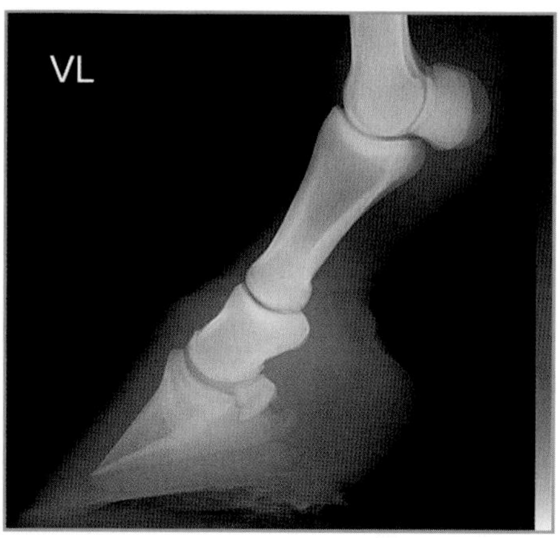

vorne links

(Aufnahmen mit freundlicher Genehmigung von Tierarzt Holger Weiß.)

UPDATE: STAND 2014

Die mittlerweile 19-jährige Chrissie im März 2014

Das Daumendrücken hat einfach nicht gereicht. Chrissie hat nach dem Erscheinen des Buches leider weitere Reheschübe erlitten. Sie ging wie vorher schon mit den anderen Pferden auf die Weide und trotz des Maulkorbs blieb die Futteraufnahme definitiv zu hoch und es fehlte im Gegenzug auch an der entsprechenden energieverbrauchenden Bewegung, die den Insulinstoffwechsel wieder hätte ins Lot bringen können. Meine Kollegin konnte sich leider mit ihrem Ratschlag, den Weidezugang für Chrissie zu streichen, nicht durchsetzen. Das war haltungstechnisch für die Besitzer nach ihren Aussagen zu schwer umsetzbar. Der nächste Reheschub ereilte Chrissie deshalb schon ein Jahr später im September 2010. Im Januar 2011 folgte ein zweiter Reheschub.

Im März 2011 zogen die Pferde und ihre Besitzer dann in ein neues Zuhause und der Weidezugang konnte jetzt leichter eingeschränkt werden. Letzteres geschah auch, dennoch bekam Chrissie im Februar 2012 leider noch einmal einen neuen Reheschub. Ab diesem Datum konnte sich meine Kollegin mit ihrem Vorschlag des kompletten Weideverbots durchsetzen. Seither lebt Chrissie rehefrei, im Sommer zusammen mit drei weiteren EMS Pferden in einem betonierten Offenstall mit offenem Zugang zu einem Track, der ca. 800m rund um das Anwesen führt. Die Pferde erhalten

Chrissies Hufsituation nach zwei neuen Reheschüben im März 2011 (am Beispiel des rechten Vorderhufes)

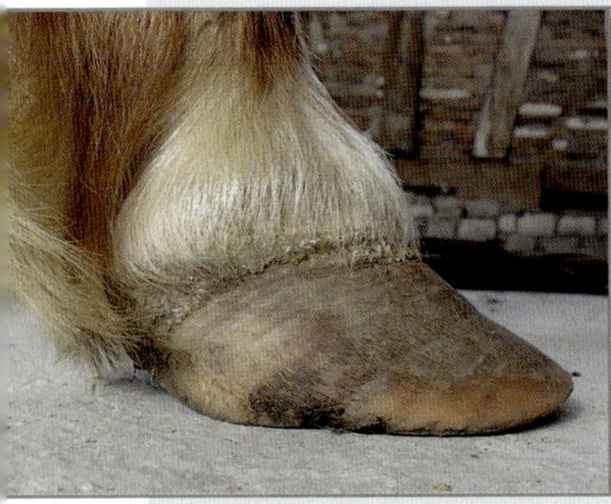

Die Zehenwand hebelt wieder deutlich davon.

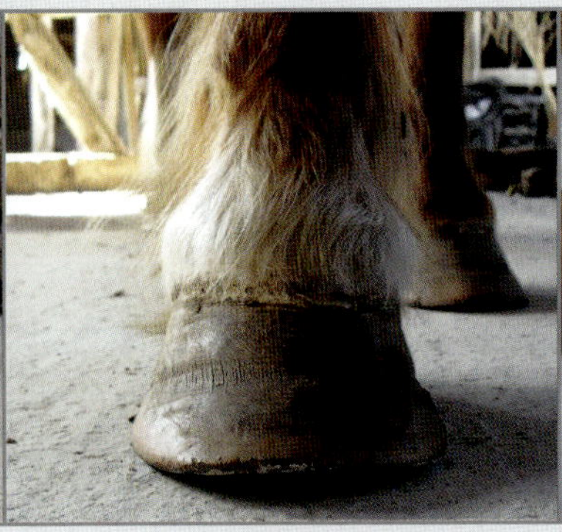

Die Schrägen reichen chrissietypisch bis in die Seitenwände.

Die Blättchenschicht ist wieder stark verbreitert.

Chrissies Hufe im März 2014

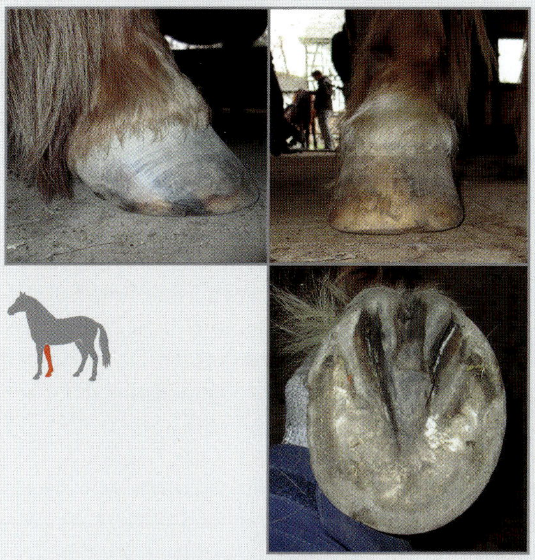

vorne rechts

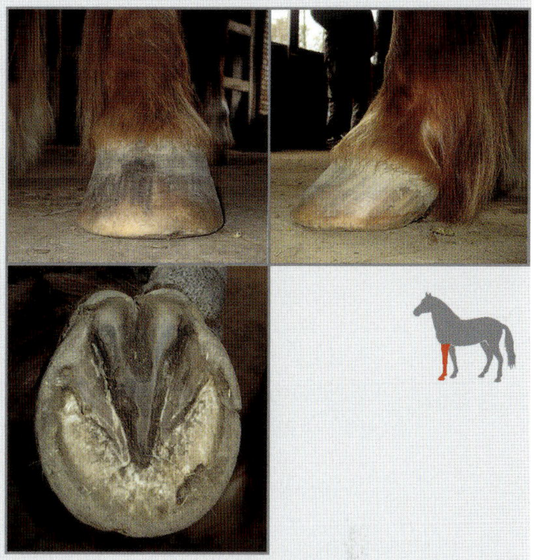

vorne links

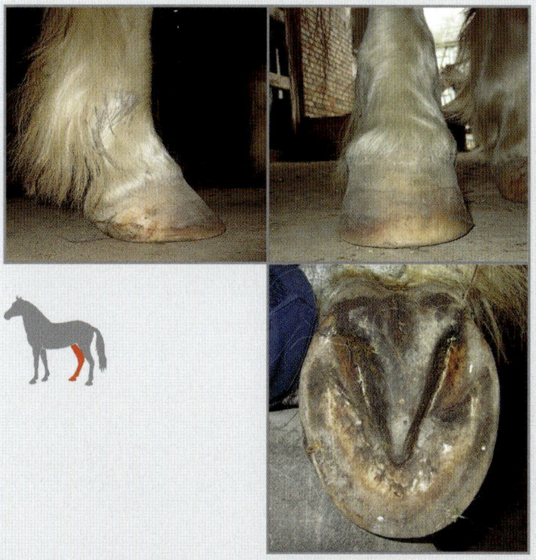

hinten rechts

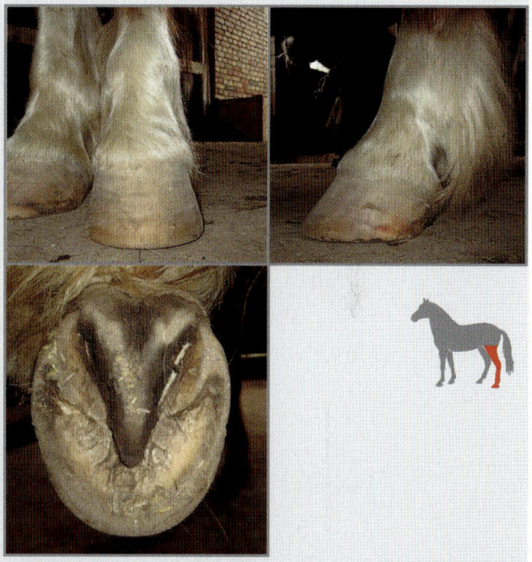

hinten links

mehrmals täglich Heu aus engmaschigen Netzen. Im Winter lebt die ganze siebenköpfige Herde dann gemeinsam im Offenstall mit Zugang zu einer kleinen Bewegungshalle und Zugang zum Reitplatz. Chrissie wird ca. einmal pro Woche mit Hufschuhen ins Gelände geritten, gelegentlich wird sie auch mal auf dem Reitplatz bewegt und longiert.

ARABELLA – FÜNF JAHRE FALSCHE HUFBEARBEITUNG[70]

8

Arabella, Paso-Peruano, Stute
Alter zum Zeitpunkt der Rehe: 17 Jahre
Reheschub: ab 2003
Ursache: Hufbearbeitung

Arabella ist eine Paso-Peruano-Stute, die von ihrer Besitzerin früher als Wanderreitpferd eingesetzt wurde.
Vor nunmehr sieben Jahren wechselte die Besitzerin zu einer neuen Hufbearbeiterin. Arabella hatte bis dahin prinzipiell keine Laufprobleme, ging aber auf Asphalt stets etwas klamm. Die neue Hufbearbeiterin sah die Ursache hierfür in Arabellas zu hohen Trachten und Eckstreben und versprach, dieses Problem zu lösen. Sie wollte Arabellas »Zwanghufe« in eine gesunde, flachere Form bringen, so dass das Hufbein bodenparallel käme, was für die Hufe die von der Natur vorgesehene und optimale Lage wäre.
Der Besitzerin leuchtete das Ganze ein, es klang ihr schlüssig und schien zum Wohle des Pferdes. Und sie wollte ja das Beste für ihre Pferde. So übernahm die neue Hufbearbeiterin ab diesem Zeitpunkt die Bearbeitung der Hufe von Arabella und auch von deren Tochter La Gitana.
Eine Weile später tauchten erste Probleme auf: Hufgeschwüre. Die Hufbearbeiterin erklärte, dass dies kein Grund zur Besorgnis sei, sondern im Gegenteil, dass dies zum ganz normalen Heilungsprozess dazugehöre. Die vorher krankhafte Hufform hätte dazu geführt, dass Teile der Lederhaut abgestorben seien. Diese würden jetzt im Zuge der Gesundung der Hufe nach außen transportiert und träten nun als Hufgeschwüre zutage.[71] Später kamen Abszesse hinzu, irgendwann war die gesamte Sohle des rechten Vorderhufes vereitert. Arabella lief immer wieder sehr schlecht und ihrer Tochter erging es noch schlimmer. La Gitana lief nur noch unter Schmerzen, hatte Phasen, in denen sie überhaupt nur noch lag.

Die Hufbearbeiterin blieb dabei, es sei alles nur eine Frage der Zeit und sie auf dem richtigen Weg. Im Juni 2007 sah die Besitzerin jedoch angesichts des offensichtlichen Leidens von La Gitana keine andere Chance mehr und ließ sie, gerade einmal 16jährig, traurigen Herzens einschläfern. Die Stute hatte zum Schluss so starke Schmerzen, dass sie eine Überempfindlichkeit gegen jegliche Berührung entwickelt hatte. Sie schrie, wenn man sie anfasste.

70 Alle Fotos von Hufen und Pferd Arabella mit freundlicher Genehmigung von Carmen Daum

71 Hufgeschwüre als positive Zeichen einer Hufheilung zu verkaufen, ist das Markenzeichen einer ganz bestimmten Hufschule und als reine Verteidigungsstrategie entstanden, da die Bearbeitungsweise dieser Hufschule tatsächlich mit großer Regelmäßigkeit Hufgeschwüre bei den bearbeiteten Pferden herbeiführt. Die Behauptung, Hufgeschwüre dienten der Entgiftung oder dank ihrer würden, wie im Falle Arabellas, abgestorbene Lederhautbereiche nach außen transportiert werden, ist einfach nur hahnebüchener Unsinn und soll das gehäufte Auftreten dieser Hufgeschwüre rechtfertigen. Die Vorstellung von friedlich schlummernden Lederhautnekrosen, die jahrelang unbemerkt bleiben (wie entsteht in dieser Zeit eigentlich das darüber befindliche Horn?), um dann mit Hilfe der richtigen Hufbearbeitung ans Licht geholt zu werden, ist ebenso absurd wie den schmerzhaften Hufgeschwüren eine Entgiftungsleistung anzudichten. Wären Pferde darauf angewiesen unliebsame und schädliche Stoffe über ihre Hufe auszuscheiden, von deren Funktionsfähigkeit und Intaktheit sie so essentiell abhängig sind, so müsste man sie zwangsläufig als eine Fehlkonstruktion der Natur betrachten. Wenn bei einem Pferd gehäuft Hufgeschwüre auftreten, so bleibt nichts weiter, als der Sache auf den Grund zu gehen, um die Ursachen (Vernachlässigung der Hufpflege, mangelnde Stallhygiene, dauerfeuchte Böden, falsche Hufbearbeitung, zu starker Hornabrieb) abstellen zu können. Siehe zu dieser Thematik auch RASCH 2013.

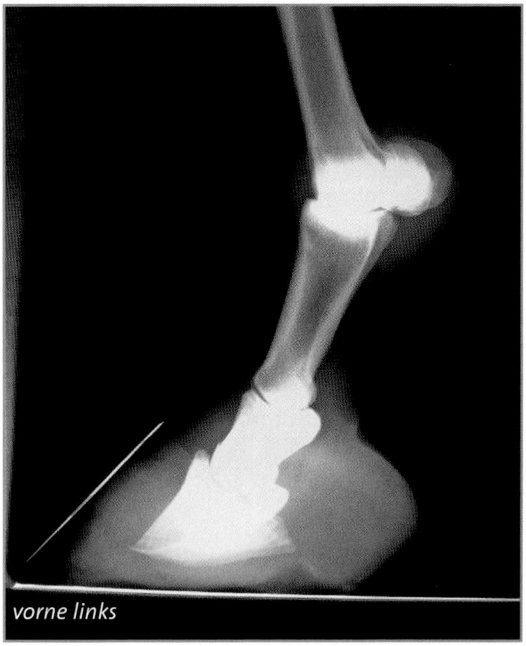

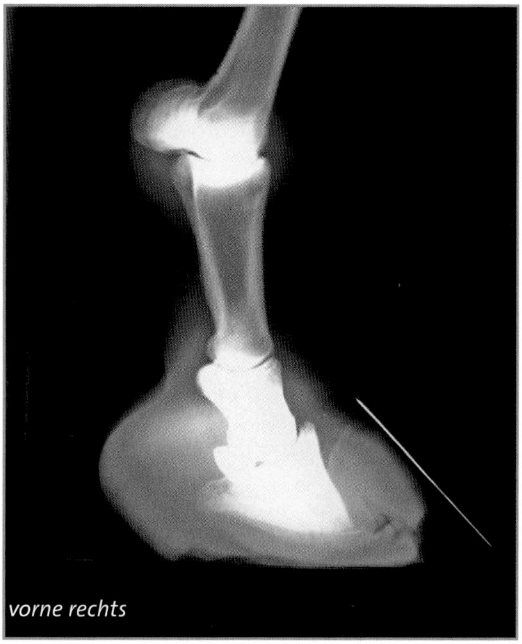

Röntgenbilder von Arabellas Vorderhufen aus dem Jahr 2007.

Die zu diesem Zeitpunkt bereits völlig verzweifelte Besitzerin ließ Arabellas Vorderhufe röntgen. Es zeigte sich, dass die Hufbeine bereits stark atrophiert und pathologisch verändert waren. Es hatte sich ein breiter Narbenhornkeil gebildet, der von Hufgeschwüren und Hufabszessen besetzt war.

Drei Monate später, im September 2007, nahm Arabellas Besitzerin an einem zweitägigen Symposium des Verbandes der energetisch arbeitenden Tiertherapeuten (VETT e.V.) in Kreuth teil.
Das Thema war »Sattel – Zähne – Hufe« und die sinnvolle Zusammenarbeit der verschiedenen spezialisierten Fachleute zum Wohle des Pferdes. Ich hielt dort unter anderem einen Vortrag über Hufrehe, über deren prädisponierende Faktoren – auch und vor allem seitens der Hufbearbeitung – und über die Möglichkeiten der Huforthopädie bei der Rehetherapie. Auch ein Tierarzt und ein Hufschmied stellten einen von ihnen gemeinsam erfolgreich behandelten Hufrehefall vor. Arabellas Besitzerin wurde in diesen beiden Tagen bewusst, dass etwas verdammt falsch lief bei Arabellas Hufbearbeitung und vor allem erfuhr sie auch, dass es Alternativen gab. Als Resultat dieses Symposiums kontaktierte sie eine Huforthopädin, die sich bereit erklärt, trotz einer beträchtlichen Entfernung die Bearbeitung von Arabellas Hufen zu übernehmen. Die erste Bearbeitung erfolgte am 15. Oktober 2007.

Was meine Kollegin Carmen Daum vorfand waren massiv verformte Hufe mit einem breiten Narbenhornkeil. Durch das ständige Kürzen der Hufe im hinteren Trachtenbereich wurden die Hufbeinträger im Zehenbereich einer enormen Belastung ausgesetzt und so in eine Hufrehe hineinmanipuliert.

Da die Hufbearbeitung auch nach den Reheschüben immer wieder und weiterhin auf das Kürzen der Trachten setzte, konnten sich die Hufe aus diesem Zustand auch einfach überhaupt nicht mehr erholen. Im Gegenteil, die ständigen Schmerzen und der Dauerstress im Hufbeinträger der Zehenwände sorgten für eine permanente Entzündung der Wandlederhaut. Das nachwachsende Horn der Zehen wurde hierdurch zu einem Knollhuf aufgestaucht. Arabella besaß mittlerweile vier stark deformierte chronische Rehehufe, bei denen auch die Lederhäute und die Hufbeine bereits schwer geschädigt waren.

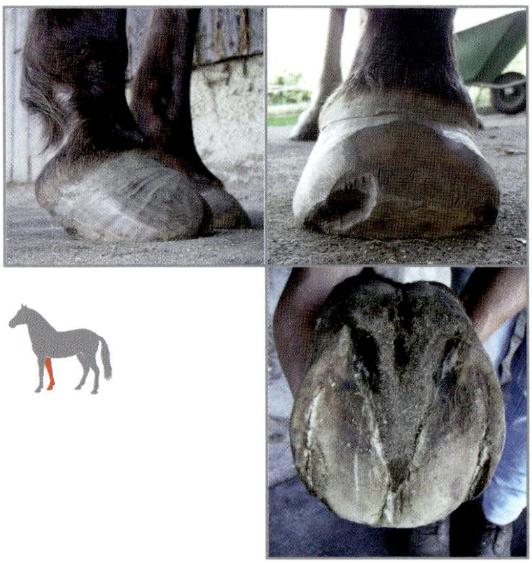

vorne rechts

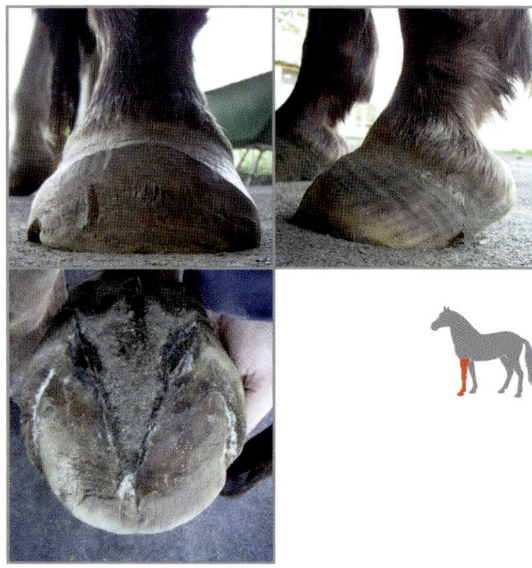

vorne links

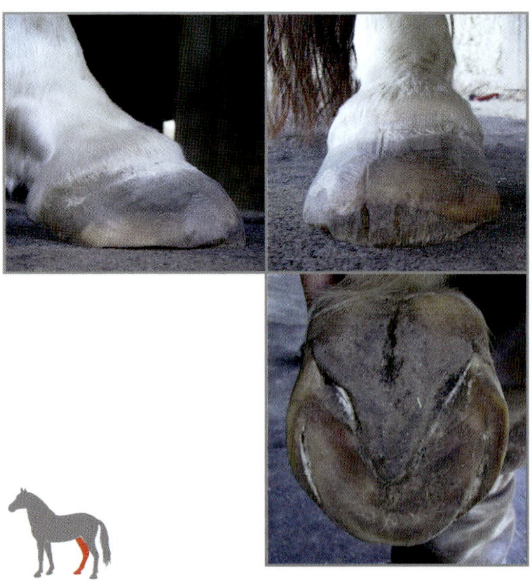

hinten rechts

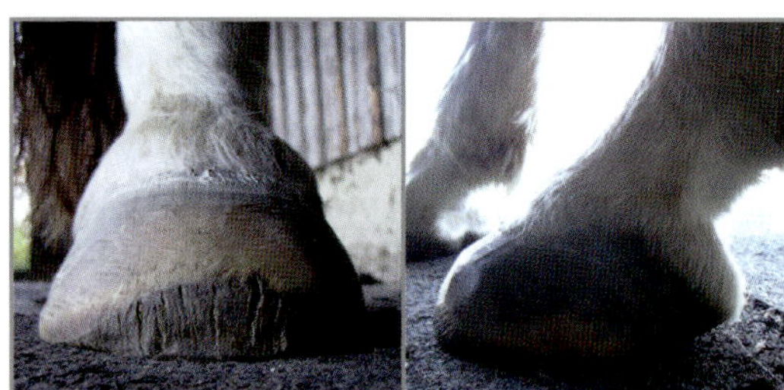

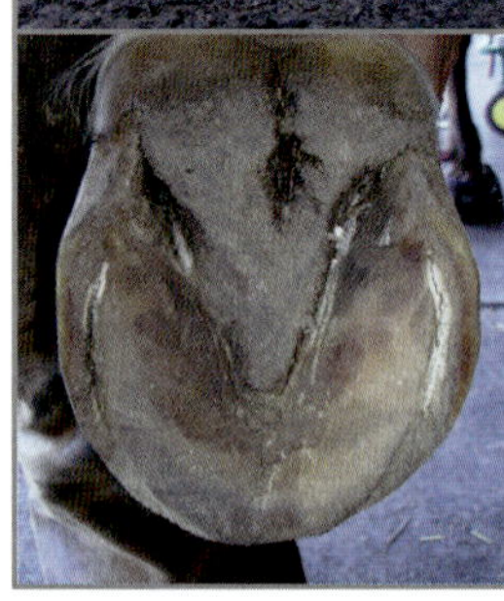

hinten links

Arabellas Hufe zu Beginn der huforthopädischen Behandlung am 15. Oktober 2007.

Der Narbenhornkeil staute das nachwachsende Wandhorn so auf, dass es nicht einmal mehr annähernd in Richtung Boden wachsen konnte. Die Hufzehe war gekappt, so dass das Blättchenhorn freilag. Eine hilflose Maßnahme, die nicht zum Erfolg führte. Das freigelegte Blättchenhorn konnte auf diese Weise stark austrocknen und war demzufolge völlig starr und unnachgiebig. Das setzte den bereits von den Reheschüben stark in Mitleidenschaft gezogenen Wandlederhautblättchen noch zusätzlich stark zu und kurbelte die Narbenhornproduktion weiter an. Da der Zehentragrand gänzlich fehlte, war die arme Arabella gezwungen mit ihrem bereits empfindlich geschädigten Hufbeinrand auf der Sohle zu laufen. Dass bei einer solchen Situation Schmerzen und weitere Schädigungen vorprogrammiert sind, verwundert nicht.

Die neue Hufbearbeitung bekam Arabella sofort sehr gut. Trotz der starken Schäden an ihren Hufen lief sie bereits ein halbes Jahr später – im Frühjahr des Jahres 2008 – so gut, dass ihre Besitzerin dachte, sie vielleicht doch eines Tages wieder reiten zu können. Leider sollte dieser Wunsch nicht mehr in Erfüllung gehen.
Aufgrund der jahrelangen Schmerzsituation hatte sich bei Arabella ein Equines Metabolisches Syndrom ausgebildet, so dass sie auf das frische Maigras mit einem Reheschub reagierte.[72]
Einen zusätzlichen Rückschlag gab es zudem durch die Manifestierung eines Hüftproblems am linken Hinterbein. In der ganzen Zeit, in der Arabella unter dem Rehegeschehen gelitten hatte, war es immer besonders ihr rechter Vorderhuf, der ihr Schmerzen bereitete. Entsprechend zeigten sich an diesem Huf auch jetzt die stärksten Verformungen. Zur Entlastung des rechten Vorderhufes benutzte Arabella über all die Jahre vermehrt ihr diagonales Hinterbein, wodurch sie sich letztlich ein Hüftproblem zuzog. Die Hüfte fing an, ihr mehr und mehr Probleme zu bereiten, so dass sie die Gliedmaße kaum mehr belasten mochte.

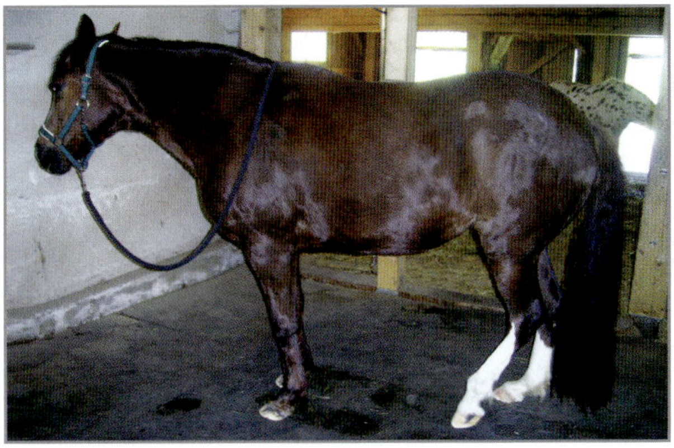

Arabellas linke Hüfte schmerzt.

Arabellas Besitzerin, selbst ausgebildete Tierheilpraktikerin und energetische Osteopathin, musste sich von dem Gedanken, Arabella jemals wieder als Reitpferd nutzen zu können, verabschieden.

Durch die intensive osteopathische, energetische, homöopathische und huforthopädische Behandlung geht es Arabella allerdings so gut, dass sie als Frührentner ein relativ normales und beschauliches Leben in einer Offenstallherde führen kann. Die Hufe haben sich deutlich erholt, auch wenn sie aufgrund der inneren Schäden nie wieder so aussehen werden wie früher. Die noch immer vorhandenen Einblutungen in den Wänden und Sohlen legen Zeugnis davon ab, wie stark die Lederhäute geschädigt worden sind. Trotz der mittlerweile vergleichsweise entspannten Hufsituation bluten sie noch immer in das Horn ein und verfärben es gelb bis rot.

72 *Dass EMS nicht nur durch übermäßige Futterzufuhr ausgelöst werden kann, sondern auch infolge von chronischen Schmerzsituationen und dem damit verbundenen Dauerstress entsteht, wird im Abschnitt 2.2.1 Seite 46ff. näher erläutert.*

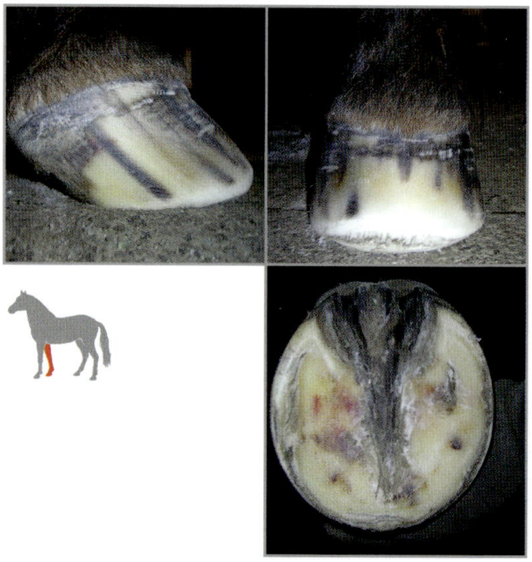

vorne rechts

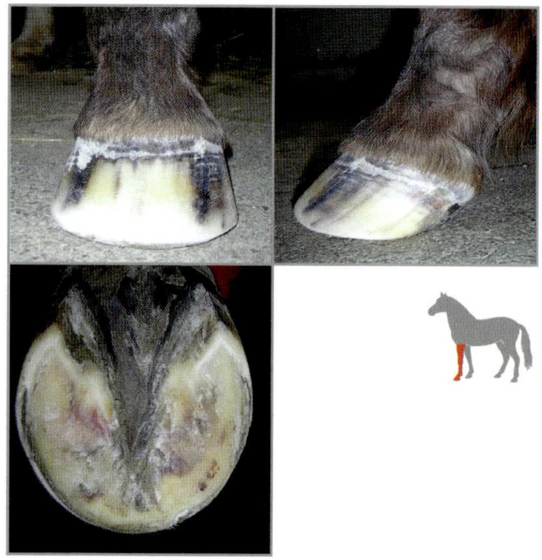

vorne links

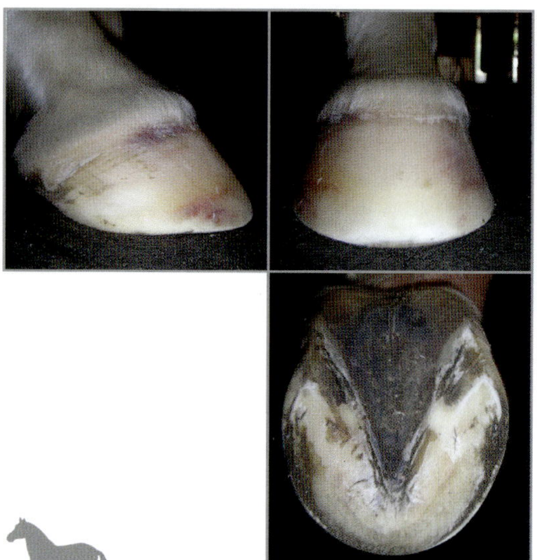

hinten rechts

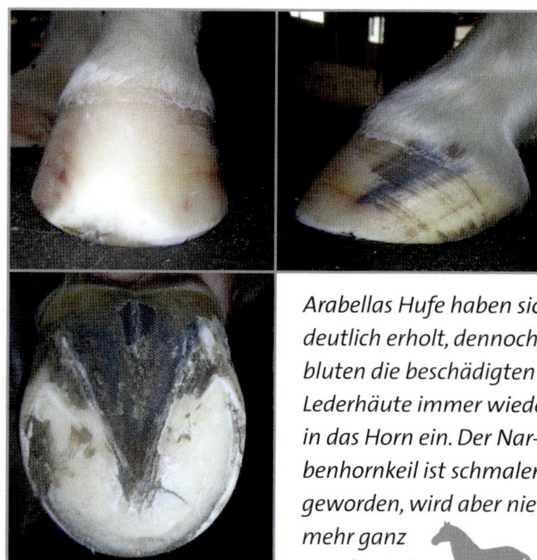

hinten links

Arabellas Hufe haben sich deutlich erholt, dennoch bluten die beschädigten Lederhäute immer wieder in das Horn ein. Der Narbenhornkeil ist schmaler geworden, wird aber nie mehr ganz verschwinden.

Das Zehenwandhorn gelangte mit Hilfe der huforthopädischen Bearbeitung innerhalb von zwei Jahren nahezu wieder auf den Boden. Der beträchtlich schmaler gewordene Narbenhornkeil wird allerdings aufgrund der pathologischen Veränderungen an Hufbeinknochen und Wandlederhäuten nie ganz verschwinden können. Arabella hat ihre Tochter La Gitana überlebt. Sie ist die lebende Mahnung an uns, wohin es führen kann, wenn man Hufe in eine eingebildete Idealform und Winkelung zwingen will. Wenn Ihr Pferd auf eine Hufbearbeitung mit Schmerz und Leid reagiert, dann lassen Sie sich bitte

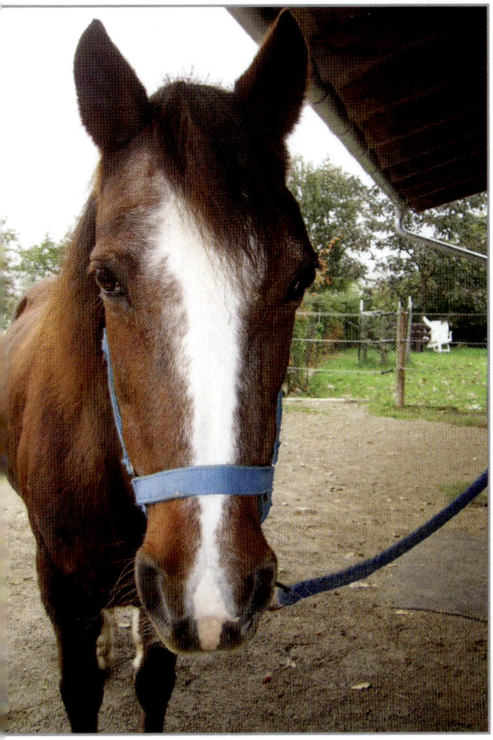

Überlebt – Arabella im Oktober 2009

durch nichts dazu bewegen, diese fortzuführen. Auch wenn die Durchhalteparolen noch so überzeugend vorgebracht werden und die zukünftigen Heilsversprechen noch so wohlklingend sind.

Und lassen Sie sich bitte auch nicht dadurch überfahren, dass man Ihnen vorwirft, Sie wären ein Tierquäler, weil Sie den schmerzhaften Weg zu den idealen Hufen abbrechen und andere Wege suchen. Geben Sie den Kelch zurück! Für Arabella und all die anderen ...

UPDATE: STAND 2014

Arabella wurde 26 Jahre alt. Im Oktober 2012, drei Jahre nach dem Erscheinen ihrer Hufgeschichte hier im Buch, begann sie auf ihrem rechten Vorderhuf sehr stark zu lahmen. Tierarzt und Hufpfleger meinten, die chronische Rehe hat sie nun wohl wieder eingeholt.

Hinzu kam, dass sie mittlerweile auch massive Probleme hatte, hinten hoch zu kommen. Schon in der Zeit vorher haben ihr ihre Hinterbeine immer wieder Schwierigkeiten bereitet. Durch die jahrelange, aus der Entlastung der Vorhand resultierende Überlastung der Hinterhand sind die Bänder der Fesselköpfe immer öfter dick und hart geworden, wie die Besitzerin mir schrieb.

Das Aufstehen wurde für Arabella deshalb immer schwerer. Die Besitzerin ließ sie im Winter 2012 schweren Herzens einschläfern. Arabella war bis zum Schluss inmitten ihrer Herde.

9

STELLA – ZIRKUSPONY MIT CHRONISCHEN REHEHUFEN[73]

Stella, Pony, Stute
Alter: zwischen 30 und 40 Jahre
Mehrere Reheschübe: Zeitpunkt ist unbekannt
Ursache: Unbekannt.

Stella ist ein ehemaliges Zirkuspony. Ihr Alter liegt irgendwo zwischen 30 und 40 Jahren. Meine Kollegin Carmen Daum entdeckte Sie in ihrer Nachbarschaft, wo sie zusammen mit zwei anderen Ponies in einem Offenstall lebte.
Stella hatte wirklich schlimme chronische Rehehufe und Carmen hatte ein großes Herz. Sie hatte Mitleid mit der Kleinen, die mit ihren verbogenen Füßen kaum in der Lage war, auch nur schmerzfrei zu stehen. Sie bat deshalb darum, die Kleine bearbeiten zu dürfen und man erlaubte es ihr.Am 26. Februar 2005 wurden Stellas Hufe so zum ersten Mal von ihr bearbeitet. Um Stella die Hufbearbeitung zu erleichtern, legte sie ihr eine weiche Gummimatte unter. Dennoch fiel es dem Pony unheimlich schwer, einen Huf aufzuheben und auf drei Beinen zu stehen.
Das wurde jedoch von Mal zu Mal besser. Die Hufe wurden nun ca. alle zwei Wochen bearbeitet und besserten sich dadurch zusehends. Stellas Hufe wurden immer gemütlicher. Mit der Zeit konnte der Bearbeitungsabstand auch vergrößert werden. Stella gewann nach und nach ihre Lauffreude wieder und schon im Herbst des gleichen Jahres trabte und galoppierte sie wieder über die weiche Koppel. Harten Boden mied sie jedoch und meidet sie noch immer, wenn sie kann. Völlig beschwerdefrei wird Stella auf härterem Boden sicher nie mehr werden.
Die lange Zeit in den verbogenen Hornschuhen hat mit großer Wahrscheinlichkeit zu starken Veränderungen am Hufbeinrücken, Hufbeinrand und den Wandlederhautblättchen geführt, die ihr das Laufen auf hartem Untergrund bleibend unangenehm machen. Auf weichem Boden aber ist Stella nun ein Pony wie jedes andere und freut sich ihres neu gewonnenen Lebensgefühls.

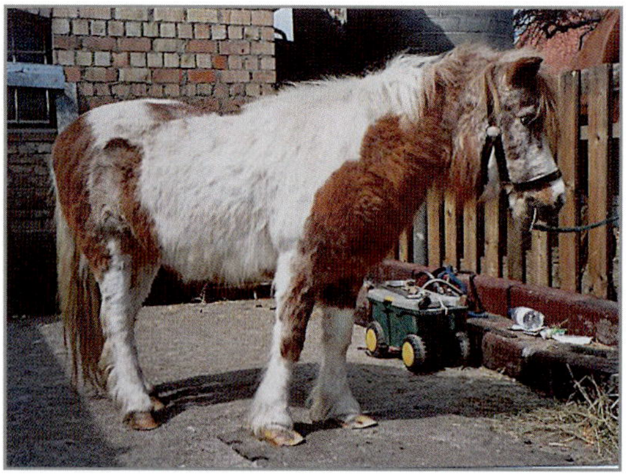

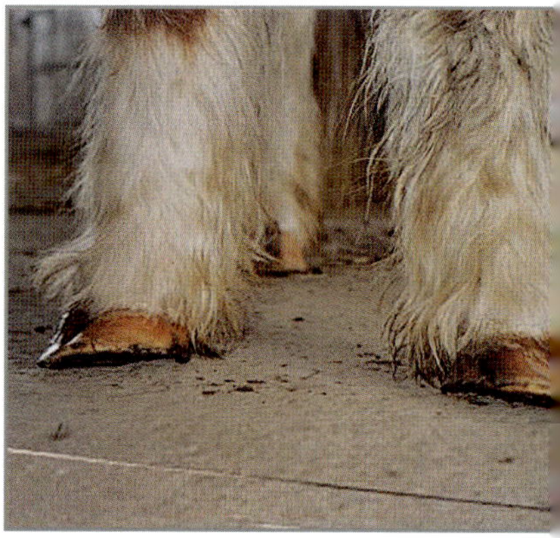

Stella zu Beginn der huforthopädischen Behandlung im Februar 2005.

73 *Alle Fotos von Hufen und Pferd Stella mit freundlicher Genehmigung von Carmen Daum.*

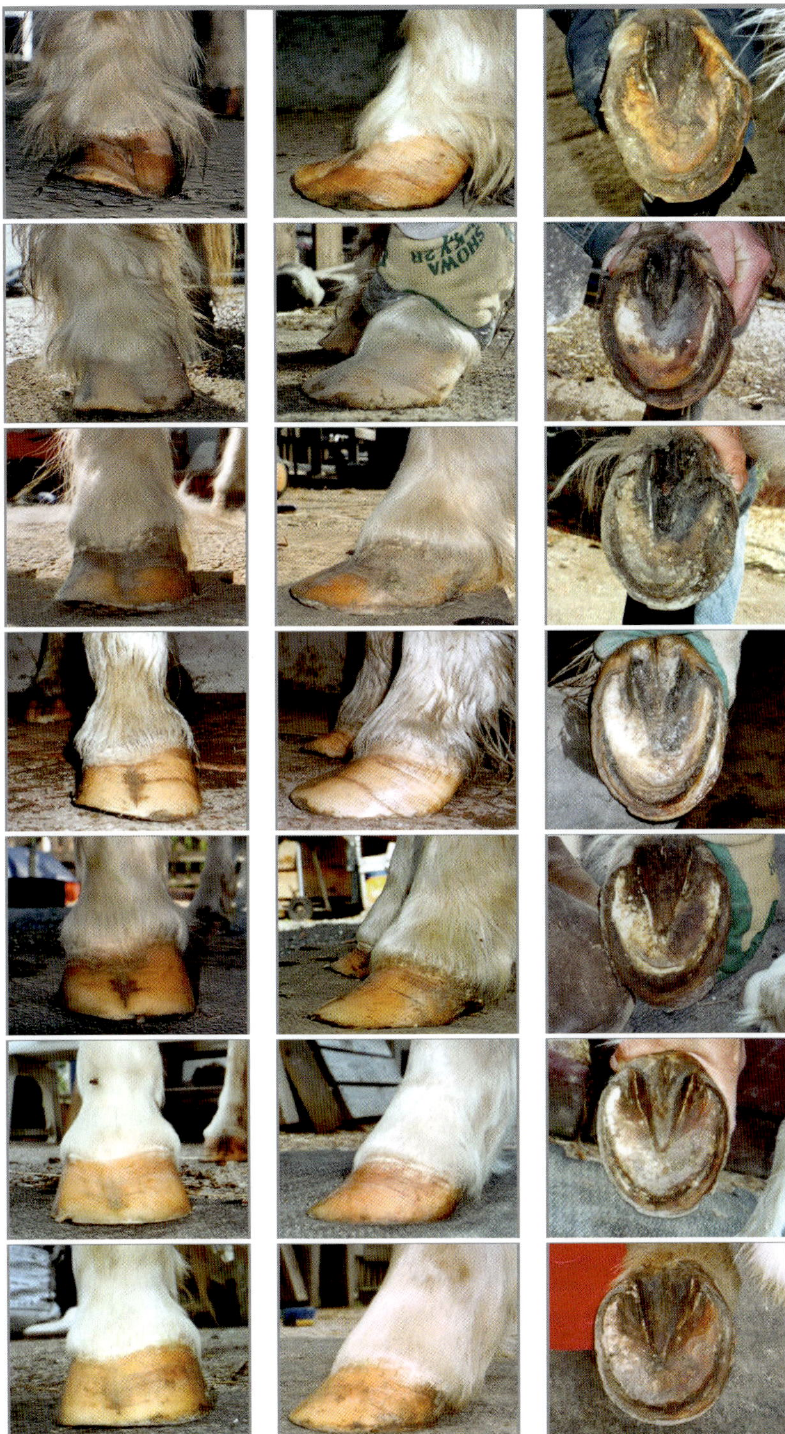

Februar 2005

März 2005

April 2005

Mai 2005

Juni 2005

Juli 2005

August 2005

Die Entwicklung von Stellas Hufen im Zeitraum von Februar bis August 2005 am Beispiel des linken Vorderhufes.

10 HENRY – HUFBEINDEFEKTE SIND KEIN TODESURTEIL[74]

Henry, Wallach
Alter zum Zeitpunkt der Rehe: knapp 2 Jahre
Reheschub: 2002
Ursache: Stresssituation und Borreliose

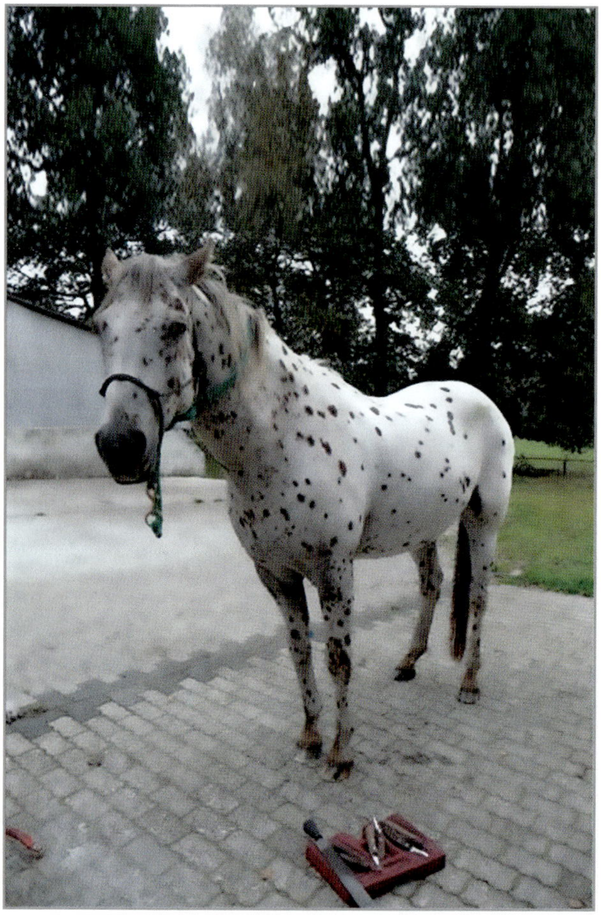

Gute Hufbearbeitung macht's möglich – Henry läuft trotz Hufbeindefekten.

Henry kam mit neun Monaten zu seiner Besitzerin, die zu diesem Zeitpunkt bereits zwei Pferde besaß, eine Stute und einen aus dieser Stute gezogenen Wallach. Die Stute musste ein knappes Jahr später eingeschläfert werden. Vier Wochen später im Dezember 2002, erlitten beide Wallache fast auf den Tag genau gleichzeitig einen Hufreheschub.
Während der ältere Wallach die Rehe innerhalb einer Woche mit Boxenruhe und Medikamenten überwunden hatte, litt Henry sehr unter der Erkrankung, ohne dass sich eine Besserung abzeichnete. Er lag fast ständig und stöhnte selbst beim Liegen vor Schmerzen.

Der Tierarzt war zunächst ratlos, hatte dann jedoch eine Idee und ließ einen Borreliosetest durchführen. Das Labor bestätigte hochgradig aktive Borreliose. Henrys Immunsystem war aller Wahrscheinlichkeit nach durch den Verlust der Stute so stark in Mitleidenschaft gezogen, dass die bis dahin in seinem Körper ruhig schlummernden Borrelien nun erfolgreich zuschlagen konnten. Nach Aussage der Besitzerin hing Henry abgöttisch an der Stute.

Henry erhielt ein Antibiotikum. Zur Eindämmung der ColitisX-Gefahr bekam er außerdem täglich Hefe. Bereits nach eineinhalb Wochen ging es Henry deutlich besser.

74 *Alle Fotos von Hufen und Pferd Henry, so sie nicht anders benannt sind, mit freundlicher Genehmigung von Angelika Prange.*

Auf Empfehlung des Tierarztes erhielt er nun auf den Vorderhufen einen orthopädischen Beschlag mit Steg und Silikonpolster. Die Hinterhufe waren von der Reheerkrankung kaum betroffen.
Da sich das Laufbild mit dem Beschlag deutlich verschlechterte, ließ die Besitzerin den Beschlag nach vier Wochen wieder abnehmen. Henry lief in den folgenden Monaten mehr schlecht als recht und verbrachte die meiste Zeit mit Stehen in der Box.

Im August 2003 wechselte man den Stall und damit auch den Schmied. Der neue Schmied hatte Hufschuhe dabei und Henry konnte mit den Schuhen zur Freude seiner Besitzerin sofort um Längen besser laufen. Dank der Schuhe war es nun wieder möglich, Spaziergänge zu unternehmen.
Ohne Hufschuhe lief Henry allerdings weiterhin sehr schlecht, so dass er praktisch nur nachts in der Box ohne Schuhe bleiben konnte.
Auf der Weide bzw. dem Auslauf waren die Hufschuhe seine ständigen Begleiter.

Im Sommer 2004 wechselte man erneut den Stall und damit auch wiederum den Hufbearbeiter.
Ein Huforthopäde und von mir sehr geschätzter Kollege übernahm ab diesem Zeitpunkt die Bearbeitung von Henrys Hufen. Die Hufe waren noch immer deutlich von der Hufrehe gezeichnet, obwohl die Rehe mittlerweile nun schon 20 Monate zurücklag.

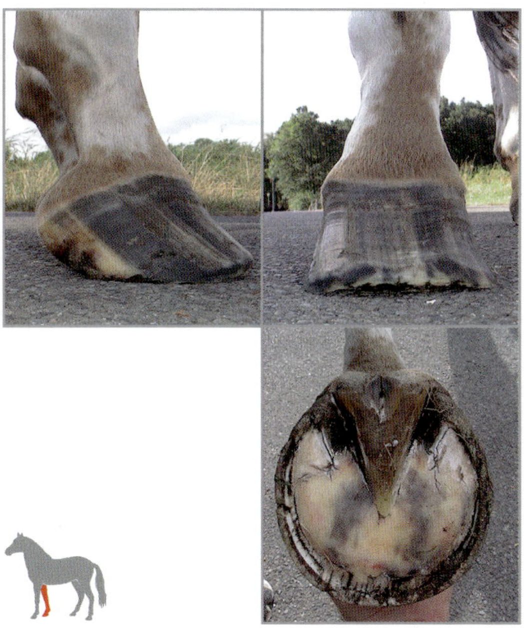

vorne rechts

vorne links

Henrys Vorderhufe bei der ersten huforthopädischen Bearbeitung am 19. August 2004.

(Fotos mit freundlicher Genehmigung von Frank Vicent.)

Die abgebildeten Sohlenaufnahmen zeigen die Hufe, im Unterschied zu den übrigen Bildern, nach der bereits erfolgten Hufbearbeitung. Dadurch sind die Auswirkungen der Hufrehe auf die Sohle besser zu sehen. Man sieht eine verbreiterte und aufgerissene Blättchenschicht, sowie starke Einblutungen in der Hufsohle. Während die Einblutungen mit der huforthopädischen Bearbeitung schnell verschwanden, blieb die Blättchenschicht leider auch weiterhin und dauerhaft auffällig verändert.
Henrys Laufbild verbesserte sich insoweit, dass er die Hufschuhe nun nur noch zum Spazierengehen tragen musste. Im Auslauf und auf der Weide konnte er barhuf laufen – außer wenn im Winter der Boden gefroren war und ihm deshalb Probleme bereitete. Aufgrund der sehr schlechten Stallhygiene gab es noch einmal Rückschläge durch Hufgeschwüre und Hufabszesse im Frühjahr 2005. Die durch die Rehe veränderte Blättchenschicht war dem hohen Bakteriendruck nicht gewachsen, so dass Keime eindringen und hinter der Hufwand nach oben wandern konnten. In der Folgezeit übernahm die Besitzerin das Ausmisten der Box selbst und Henry blieb von nun an von weiteren Hufgeschwüren verschont.
Langsam aber sicher stabilisierten sich Henrys Hufe. Für den Tierarzt, der Henry während seiner Rehe und auch danach behandelt hatte, war es, wie er sagte, ein Wunder, dass Henry mit seiner dünnen Sohle derart gut lief.
Seine Besitzerin, die von der Entwicklung der Hufe sehr beeindruckt war, begann sich für die Art der Hufbearbeitung zu interessieren.
Sie entschloss sich, selbst eine Ausbildung zur Huforthopädin zu absolvieren und so konnte sie ab 2007 die Bearbeitung von Henrys Hufe selbst übernehmen.

Henry bekam nie einen zweiten Reheschub. Er steht im Sommer 24 Stunden auf großen fetten Weiden, ohne auch nur im Mindesten dick zu werden. Von dieser Seite her bestehen also überhaupt keine Probleme für Henry. Dennoch konnten sich seine Hufe nie mehr ganz von der Reheerkrankung erholen.
Die noch immer verbreiterte und für Fäulnis und Zerreißungen anfällige Blättchenschicht zeigt, dass im Innern der Hornkapseln irreparable Schädigungen stattgefunden haben. Die im Sommer 2009 angefertigten Röntgenbilder bestätigen dies. Beide Hufbeine haben am unteren Hufbeinrand eine sogenannte Hutkrempe ausgebildet.

Die Röntgenbilder zeigen die Aufbiegung des Hufbeinrandes bzw. Hutkrempe (Pfeil) und eine moderate Schere zwischen Hufbeinrücken und Zehenwand. Letztere ist auch bei der genauen Betrachtung von Henrys Hufen deutlich zu sehen.

Henry läuft trotz dünner Sohlen gut.

Henrys Hufe wirken äußerlich beinahe normal. Schaut man etwas genauer hin, ist jedoch zu sehen, dass die Zehenwände sich weiterhin in einem Schwung vom Hufbein wegbewegen. Ein ganz gerades Nachwachsen der Hornröhrchen in diesem Bereich ist einfach nicht mehr möglich.

Die Krempenbildung am Hufbein verhindert dies, die Zehenwand wird durch die Form des Hufbeinknochens vom geraden Verlauf abgelenkt. Auch sohlenseitig spiegelt sich die pathologische Veränderung des Hufbeinrandes in einer leicht verbreiterten Blättchenschicht wieder.

Nichtsdestotrotz ist Henry auf seinen Hufen gut unterwegs und steht anderen Pferden in punkto Lebenslust und Bewegungsfreude in nichts nach.

Den diesjährigen Sommer verbrachte Henry zusammen mit anderen Pferden und einigen Kühen auf einer großen Weide. Er hatte größten Spaß dabei, spielerische Jagd auf die Kühe zu veranstalten und er genießt auch sonst sein Herdenleben in vollen Zügen.

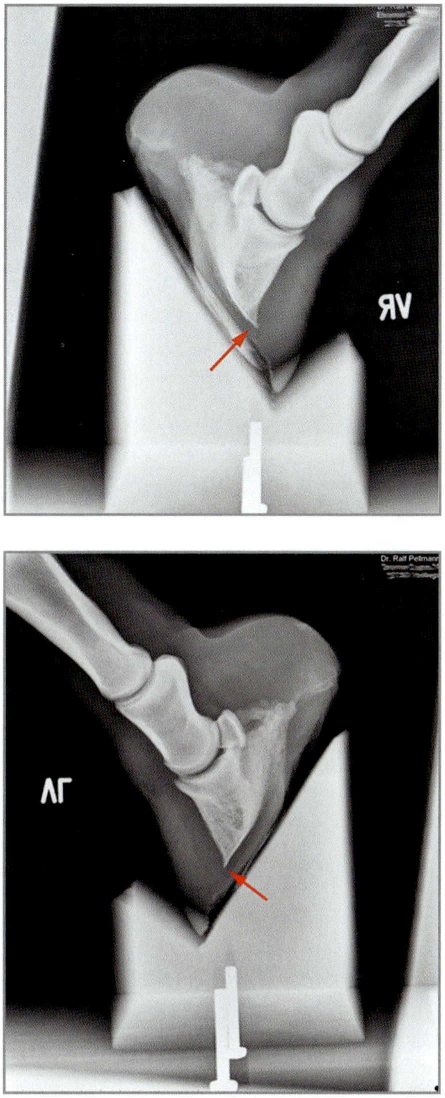

Röntgenaufnahmen von Henrys Vorderhufen vom 14. Juli 2009. (Mit freundlicher Genehmigung von Dr. med. vet. Ralf Pellmann.)

Henry jagt die Kuh – Sommer 2009

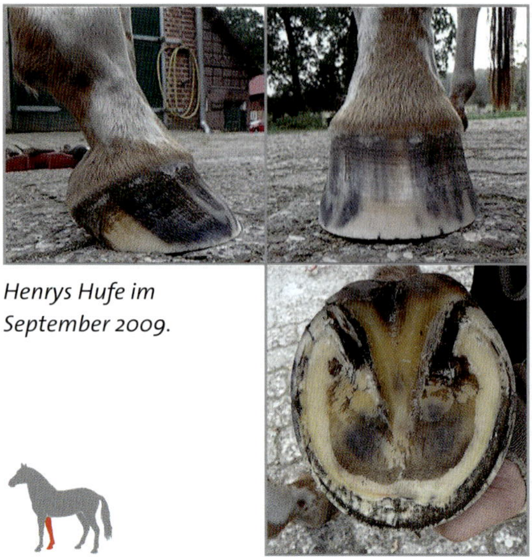

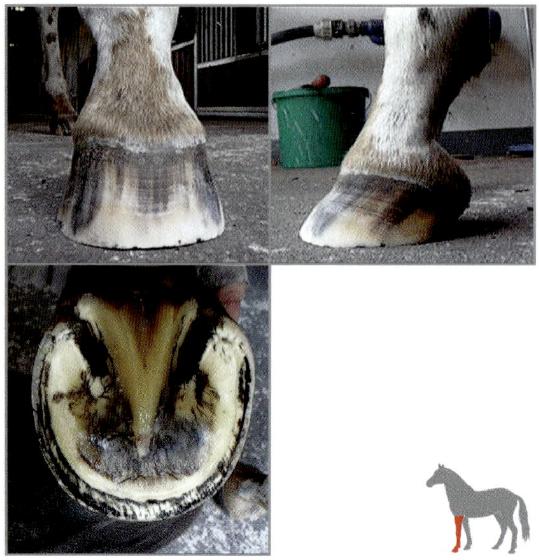

Henrys Hufe im September 2009.

vorne rechts *vorne links*

UPDATE: STAND 2014

Henry wird in diesem Jahr 15 Jahre alt. Er hat seit seiner Erkrankung vor 12 Jahren nie wieder in seinem Leben einen Reheschub erlitten. Er verträgt Gras ohne Probleme und steht im Sommer 24h auf der Koppel. Leider reichte diese eine heftige Reheerkrankung, die ihn im Alter von nicht einmal zwei Jahren ereilte, aus, um seine Hufe nachhaltig zu schädigen. Die pathologischen Veränderungen im Inneren der Hornkapsel an Hufbeinknochen und Lederhäuten wirken sich auch heute noch auf seine Hufstrukturen aus. Dank guter Hufpflege und Hufbearbeitung kann Henry jedoch auf seinen chronischen Rehehufen sehr gut leben. Nur wenn der Boden stark austrocknet und steinhart wird, wie bspw. im Sommer 2013, muss er beim Laufen zurückstecken. Er hat dann deutlich mehr Probleme mit seinen Füßen als ein Pferd mit gesunden Hufen. Henry bekommt in solchen Härtezeiten Hufschuhe.

Die Hutkrempen am bodenseitigen Rand der Hufbeine sorgen natürlich leider auch für eine dauerhafte Verbiegung der ohnehin recht dünnen Hornwände. Die Hornwände und die Blättchenschicht sind unter diesen Bedingungen letztlich anfälliger für ein Einreißen und Ausbrechen sowie für die Besiedlung durch Fäulnisbakterien. Abgesehen von diesen Erschwernissen ist Henry seit nunmehr 10 Jahren gut zu Fuß.

Henry im Frühjahr 2014

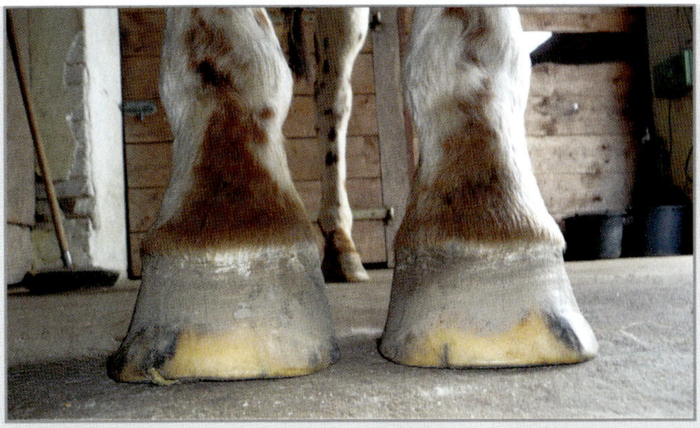

Henrys Vorderhufe im April 2014

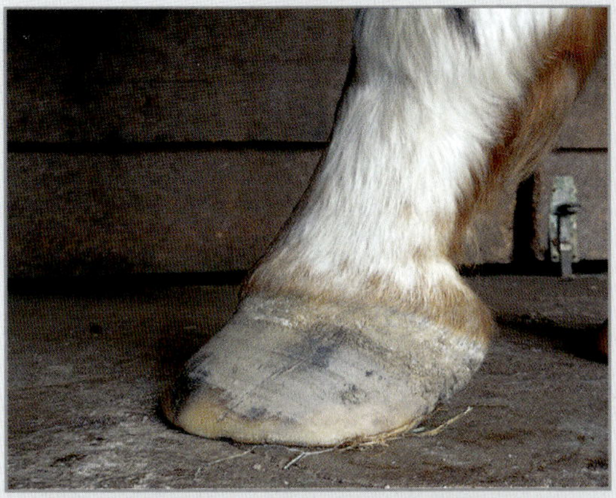

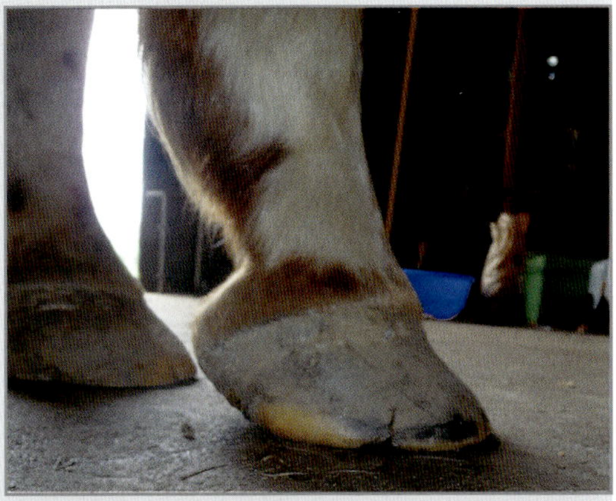

Linker Vorderhuf

Rechter Vorderhuf

11 GIPSY – SEIT ACHT JAHREN HUFREHE

Gipsy, Reitpony-Stute
Alter zum Zeitpunkt der ersten Rehe: 9 Jahre
Reheschübe: von 2004 bis Mai 2012
Ursache: Überfütterung, EMS

Die heute 19jährige Gipsy litt seit sie neun Jahre alt war unter ständig wiederkehrenden Reheschüben. Der Tierarzt war aus diesem Grund ständiger Gast im Stall und nicht nur einmal war vom Einschläfern die Rede. Als ich Gipsy zum ersten Mal sah, ging es ihr gerade wieder sehr schlecht. Sie konnte nur mit Mühe ein Bein vors andere setzen, ihre Hinterhand und ihr Rücken waren von der dauernden Anstrengung, die offensichtlich besonders arg schmerzenden Vorderbeine zu entlasten, massiv verkrampft.

Eigentlich hatte man mich bestellt, um Gipsys chronische Rehehufe zu bearbeiten. In diesem hochschmerzhaften Zustand war dies jedoch weder sinnvoll noch möglich. Ich riet den betroffenen Besitzern zu einer Blutegeltherapie, die am Folgetag auch gleich durchgeführt wurde. Die Tierheilpraktikerin behandelte zusätzlich die verkrampfte Muskulatur und Gipsy erhielt neben passenden homöopathischen Mitteln auch Magnetfeld und Akupunktur. Auch nahm die Tierheilpraktikerin das bisherige Futtermanagement unter die Lupe und erklärte den Besitzern, dass Gipsy nicht nur momentan, sondern auch auf längere Sicht keinen Zugang zum Gras mehr haben dürfte. Der Zustand der kleinen Ponystute besserte sich unter dieser Behandlung rasch, so dass ich drei Wochen später mit der Hufbehandlung beginnen konnte. Der akute Reheschub war abgeklungen und es bereitete Gipsy nun keine größeren Probleme mehr, die

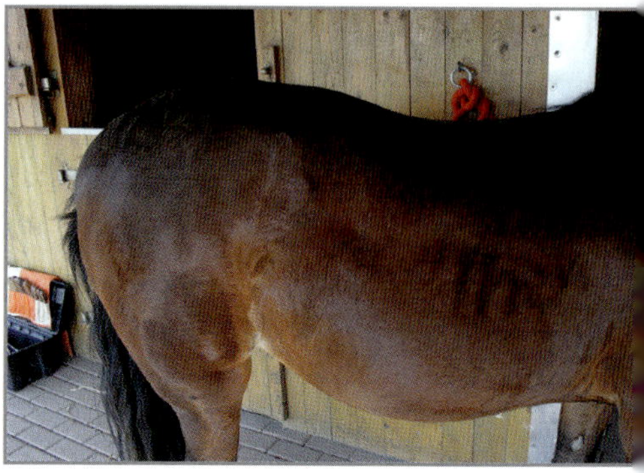

Gipsys durch ständige Reheschübe und Hufschmerzen verkrampfte Hinterhand- und Rückenmuskulatur, Mai 2012

Gipsy stellt ihr Hauptstützbein sehr häufig entlastend nach vorn, dadurch hat sich eine Art Tragrandschaukel ausgebildet, Mai 2012

Hufe zu geben. Sicher war noch etwas Überredungskunst vonnöten. Zu oft hatte die Hufbearbeitung ihr Unwohlsein bereitet, weil sie gerade wieder wegen der mehr oder weniger starken akuten Reheschmerzen nicht wusste, wie sie auf drei Beinen stehen sollte. Sie merkte sehr schnell, dass ihr meine Bearbeitung Entlastung brachte und zeigte sich (zum großen Erstaunen ihrer Besitzer) schon bei der ersten Hufbearbeitung völlig kooperativ. Mühe machte ihr vor allem das Anheben des rechten Hinterbeines. Mit Nachsicht und einigem guten Zureden klappte aber auch hier die Bearbeitung ohne Probleme. Gipsy stellte das rechte Hinterbein die ganze Zeit über sehr stark unter den Körper, wobei die hiermit einhergehende muskuläre Dauerbelastung offensichtlich bereits zu Problemen weiter oben geführt hatte. Häufig entlastete sie deshalb mittlerweile das rechte Hinterbein, indem sie es unter den Körper streckte. Auf diese Weise hatte sie sich am

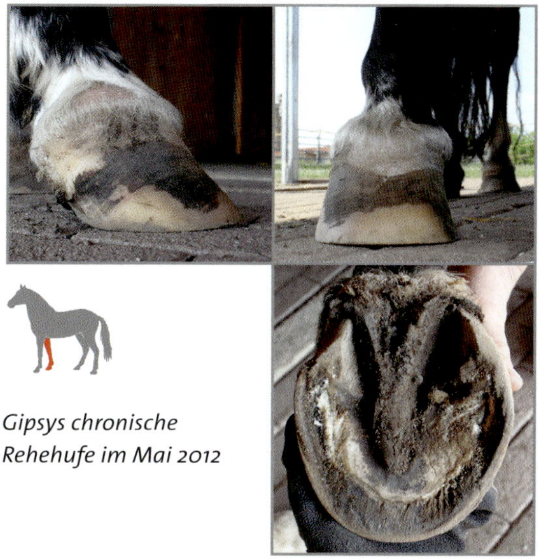

Gipsys chronische Rehehufe im Mai 2012

vorne rechts

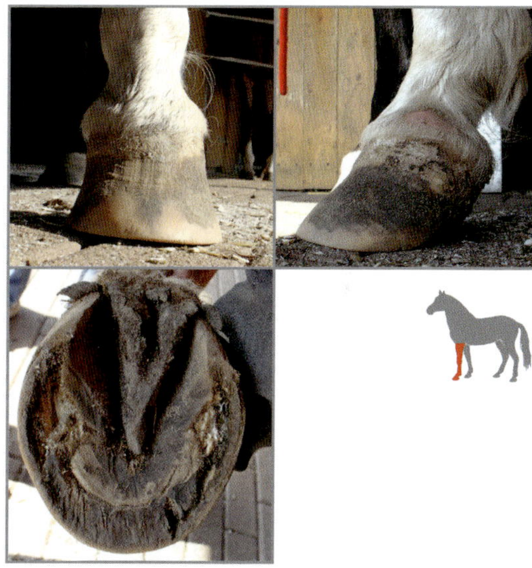

vorne links

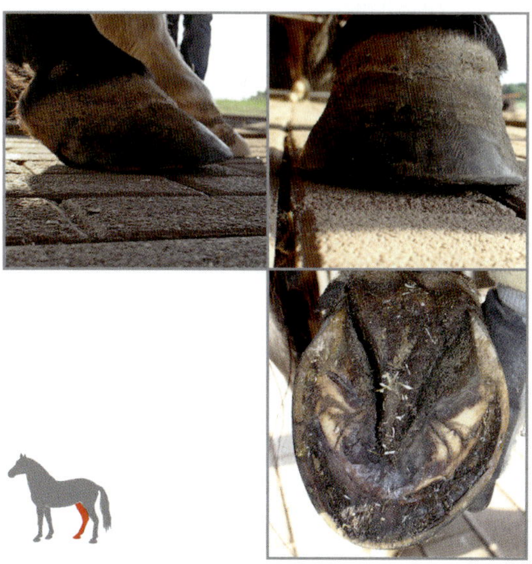

hinten rechts

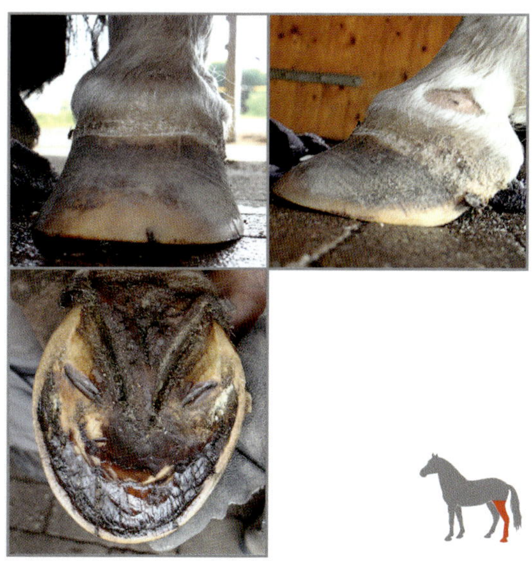

hinten links

rechten Hinterhuf schon eine regelrechte Tragrandschaukel angearbeitet.
Allem Anschein nach diente das rechte Hinterbein Gipsy lange Zeit als Hauptstützbein – was nachvollziehbar ist, wenn man berücksichtigt, dass das linke Vorderbein unter den vergangenen Hufreheerkrankungen letztlich am stärksten gelitten hatte und schmerzte.
Gipsys Hufe waren überhoch. Ihre an und für sich eher steilen Hufwände hatten sich durch die ständigen Reheschübe stark verbogen und alle vier Hufe wiesen einen breiten Narbenhornkeil auf. Der linke Vorderhuf war von dem Rehegeschehen ganz offensichtlich stärker betroffen als der rechte, was sich im stärkeren Auseinanderweichen von Hufbein und Hufwand und dem noch um einiges breiteren Narbenhornbereich zeigte. Im Bemühen, den schlimmsten Schmerzen zu entgehen, hatte Gipsy ihr Gewicht so gut es ging auf die rechte Körperhälfte verlagert. Die Verlagerung des Körperschwerpunktes musste vom ganzen Pferdekörper kompensiert werden und führte unter anderem zu den oben bereits beschriebenen Entwicklungen am rechten Hinterbein (Mehrbelastung, andere Aufstellung, Schonhaltung) sowie zu einer massiven mediolateralen Imbalance in der rechten Vordergliedmaße. Der rechte Vorderhuf hatte sich unter der Last bananenförmig verbogen. Gipsys Hufe wurden nun von mir in 4–5wöchigen Abständen bearbeitet. Im Winter, wenn kühle Temperaturen herrschten und das Hornwachstum entsprechend vermindert war, konnten wir die Abstände auch länger wählen. Gipsy lief von Anfang an gut und es war insofern auch für einen ausreichenden Abrieb der Hufe gesorgt. Obwohl die Hufe, insbesondere die hinteren, anfangs sehr viel Fäulnis beherbergten, gab es nie Komplikationen durch Hufgeschwüre oder Hufabszesse. Die Fäulnisbereiche wurden manuell gesäubert und mit Keralit undercover sowie geteertem Hanf ausgefüllt.
Ein Jahr später im April 2013 hatte sich der Narbenhornkeil deutlich verringert. Gipsy war die ganze Zeit über gut gelaufen und wurde mittlerweile auch wieder gearbeitet. Das bedeutete, hauptsächlich wurde sie longiert und auf Spaziergänge mitgenommen. Dem Reiten verweigerte sie sich nämlich zumeist und zwar einfach indem sie sich dabei häufig buckelnd Luft machte. Gipsy war nach Aussage der Besitzer schon früher beim Reiten nicht einfach gewesen. Ich vermutete jedoch, dass es nun auch körperlich bedingte Gründe für ihre Wehrhaftigkeit gab. Die lange Zeit der Schmerzen und Kompensationshaltung hatte mit Sicherheit ihre Spuren hinterlassen. Ich riet wiederholt dazu Gipsy einem Fachmann vorzustellen, also einen

Der Narbenhornkeil ist ein Jahr später bereits deutlich schmaler geworden, April 2013

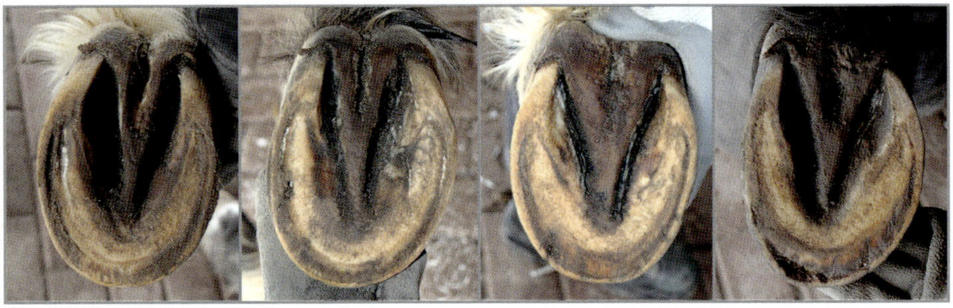

vorne links *vorne rechts* *hinten links* *hinten rechts*

Osteopathen, Physiotherapeuten oder Chiropraktiker ans Pferd zu holen.
Im folgenden Jahr entwickelte sich der Narbenhornkeil noch einmal deutlich weiter zurück. Gänzlich verschwunden ist er bis heute nicht. Dies ist aller Wahrscheinlichkeit nach auch nicht mehr möglich, da die neun Jahre währende Hufrehegeschichte an den Wandlederhäuten nicht spurlos vorübergegangen ist. Alles in allem ist es erstaunlich in welchem Maße sich die langjährigen chronischen Rehehufe überhaupt erholen konnten. Gipsys Hufe weisen gesundes kräftiges Horn auf. Einzig im Bereich der Blättchenschicht treten ab und an kleinere Schwachstellen und Zerreißungen auf. Die Hufwände stehen unverbogen auf dem Boden und sind glatt und faltenfrei.

Gipsy hatte seit Beginn meiner Hufbehandlung keinen Reheschub mehr. Ein entscheidender Faktor hierfür war, dass sie vom Weidegang ausgeschlossen blieb. Sie bekommt sommers wie winters Heu. An frischem Grün knabbert sie im Frühjahr und Sommer lediglich das wenige Gras, das sich in ihrem Auslauf durchsetzt.

Gipsys Hufe im April 2014

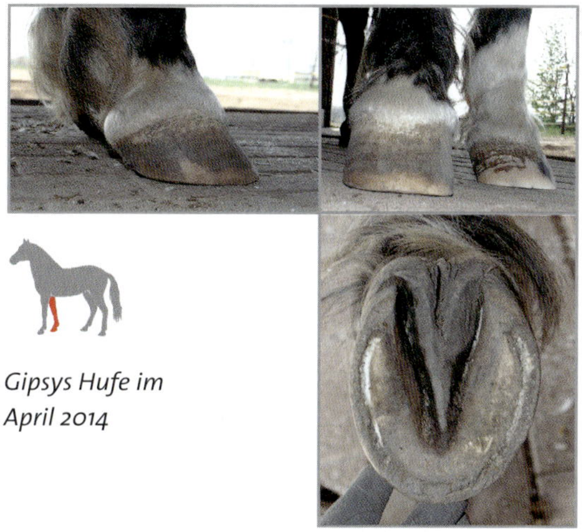

vorne rechts

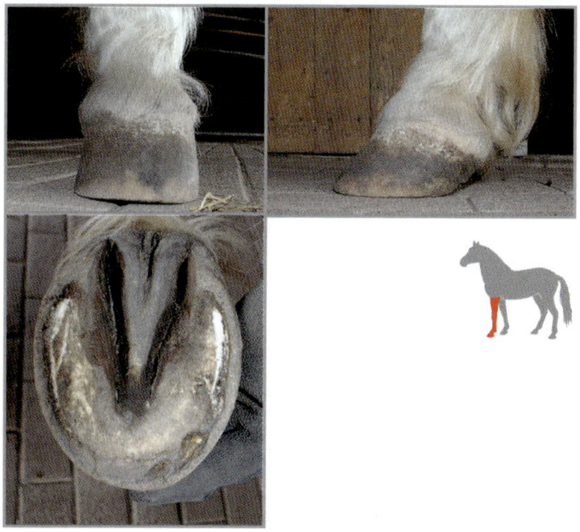

vorne links

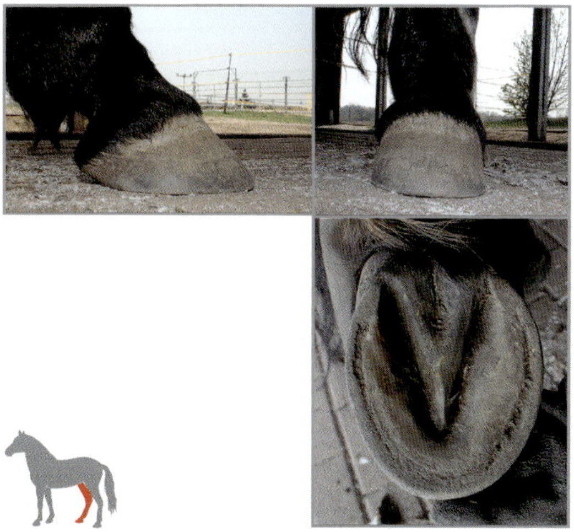

hinten rechts

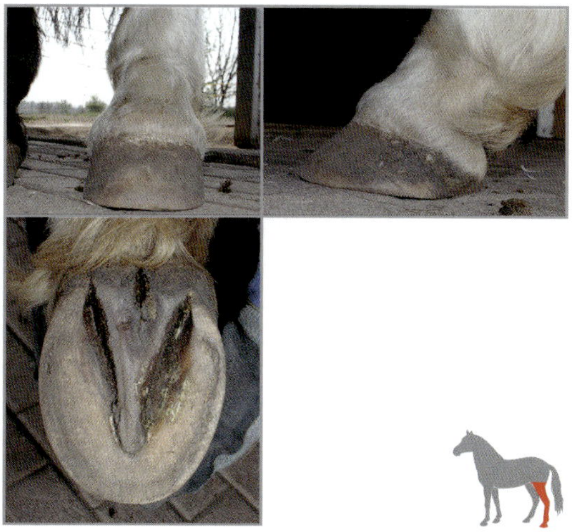

hinten links

12

LADY – SHIRESTUTE MIT CHRONISCHEN REHEHUFEN

Lady, Shirestute
Alter zum Zeitpunkt der Rehe: unbekannt
Reheschub: evtl. mehrere, vor 2010
Ursache: unbekannt

Lady mit starken Hufschmerzen im Juni 2013

Die schmucke Lady wurde von ihren Besitzern 2010 als Zuchtstute gekauft. Ihre Hufe waren zu diesem Zeitpunkt bereits durch frühere Hufreheerkrankungen verändert. Zunächst blieb sie barhuf und wurde von einem Kollegen ein knappes Jahr huforthopädisch bearbeitet. Sie ging mit den anderen Pferden auf die Weide und obwohl sich der Hufzustand verbesserte, lief sie die ganze Zeit über mehr oder weniger schlecht. Aus diesem Grund wurde sie beschlagen. Mit dem Beschlag besserte sich ihr Laufbild sofort. Lady lief eine ganze Weile relativ problemlos. Allerdings wurden nun die Hufe zusehends schlechter und im Februar 2013 war die Hufsituation dann so dramatisch, dass sie nicht mehr beschlagen werden konnte. Der desolate Hufzustand bereitete ihr zu diesem Zeitpunkt schon heftige Probleme. Lady bekam Schmerzmittel und blieb in der Box, aber ihr Zustand besserte sich nicht. Der schlimmere rechte Vorderhuf wurde geröntgt und die Diagnose Hufrehe gestellt. Es hatte sich eine gewaltige Schere zwischen Hufbeinrücken und Zehenwand gebildet. Die Hufbeinspitze war durch die unphysiologischen Verhältnisse bereits leicht aufgebogen.

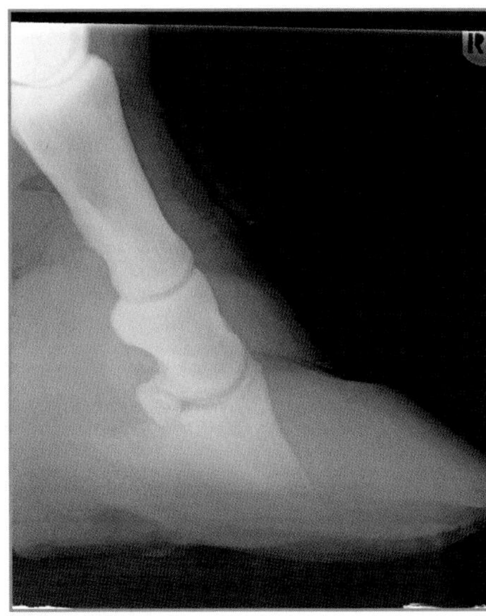

Lateromediale Röntgenaufnahme von Ladys rechtem Vorderhuf, Februar 2013

Tierarzt und Klinik machten den Besitzern wenig Hoffnung, aber letztere wollten Lady noch nicht aufgeben. Sie baten ihren früheren Huforthopäden, sich Lady anzuschauen und ihnen zu sagen, ob aus seiner Sicht irgendeine Möglichkeit bestünde, Lady zu helfen. Er schickte mir Bilder der Hufe und bat um meine Mei-

nung. Gleichzeitig riet er den Besitzern, mich selbst anzurufen und meinen Rat einzuholen. Lady ging es zu dieser Zeit so schlecht, dass die Besitzer sich in diesen Tagen dazu durchrangen, Lady nun doch einschläfern zu lassen. Am Vorabend des dafür vereinbarten Termins rief mich die Besitzerin an, sie hatte es die ganze Woche über bereits versucht, mich aber nicht eher erreichen können. Sie schilderte mir die Situation und sagte mir, dass der Tierarzt für den nächsten Morgen zum Einschläfern bestellt war. Aber sie war sich nicht sicher, ob die Entscheidung zum Einschläfern wirklich die richtige war. Sah ich irgendeine Chance für Lady? Aus meiner Sicht war Ladys Hufsituation wirklich kritisch und ich sagte ihr, dass ich nicht wüsste, ob es tatsächlich möglich wäre, Lady aus dieser Situation herauszuhelfen. Zeit und Situation waren einfach schon sehr weit fortgeschritten.
Andererseits weiß ich, wozu Hufe in der Lage sind und konnte auch nicht ausschließen, dass sie sich wieder erholen könnten, wenn man die richtigen Schritte unternimmt. Ich sagte ihr, dass ich guten Gewissens weder zu noch abraten könne, Lady einzuschläfern. Wir beendeten das Telefonat, ohne dass ein Entschluss gefallen war.

Einige Tage später rief mich die Besitzerin an und bat mich um einen Termin. Sie hatte dem Tierarzt abgesagt und wollte doch noch einmal versuchen, Lady aus ihrer Situation zu befreien.

Als ich Lady am 27. Juni 2013 zum ersten Mal sah, war ich sofort sehr beeindruckt von dieser prächtigen, liebenswerten und dabei ungemein tapferen Stute. Lady bekam mittlerweile seit vier Monaten Equipalazone®, sie lag sehr viel und hatte offensichtlich starke Schmerzen. Aber sie hatte sich keineswegs aufgegeben. Lady hatte vorsorglich eine noch etwas höhere Dosis des Schmerzmittels bekommen, um die Chancen für eine Hufbearbeitung zu erhöhen. Dennoch bereitete ihr das Stehen und Gehen große Mühe und wir wussten nicht, ob es überhaupt gelingen würde, ihre Beine aufzuheben. Aber sie machte es möglich und so konnten wir die Sanierung ihrer Hufe in Angriff nehmen.

Ich hatte die Besitzer in ihrer Erwartung gebremst, dass mit meiner Bearbeitung nun sofort alles besser werden würde. Aber manchmal gibt es ja kleine Wunder. Meine Hoffnung, Lady möge momentan nur unter einem ganz besonders heftigen Hufgeschwür leiden, ging zwar nicht in Erfüllung. Die Hufe boten in der Tat vielen Hufgeschwüren Platz, aber keines schien momentan für den hochschmerzhaften Zustand verantwortlich zu sein. Mein Wunsch, bei der Hufbearbeitung ein Hufgeschwür eröffnen zu können, so dass Lady sofort aufatmen und die Hufe wieder ohne diese großen Schmerzen belasten könne, blieb unerfüllt. Dennoch besserte sich ihr Zustand in der Folgezeit langsam aber stetig und als ich zum nächsten Huftermin kam, war die Schmerzmittelgabe bereits halbiert worden. Ich riet zu einer alternativen Schmerztherapie – Lady hatte mittlerweile schon massive Probleme mit der Entgiftung und ihre Beine waren stark von Mauke befallen. Die Besitzer kontaktierten einen Homöopathen, der mit der zweimaligen Gabe einer Hochpotenz einen Riesenschritt auf dem Wege zur Besserung erreichte. Beim dritten Huftermin war Lady schmerzmittelfrei und lief dabei um Längen besser als zu Anfang. Die Besserungstendenz hielt weiter an, unterbrochen von zwei heftigen Hufgeschwüren, die ihr jeweils auf dem rechten Vorderhuf Probleme bereiteten. Heute, elf Monate später, haben sich Ladys Hufe sehr gut erholt. Sie sind noch nicht völlig saniert und es ist auch noch offen, wie weit wir bei der Annährung an normale Verhältnisse kommen werden. Entscheidend ist, dass Lady auf ihren Füßen nun gut stehen und gehen kann. Sie bewegt sich wieder normal, einzig auf sehr hartem, unebenem Boden bemerkt man ihr Handicap. Eine wichtige Maßnahme für den Erfolg der ganzen Unternehmung war aber mit Sicherheit auch, dass Lady nicht mehr auf die Weide kommt. Man kann nicht mit Sicherheit sagen, dass Lady kein Gras verträgt, dass

Rechter Vorderhuf
Juni 2013

Rechter Vorderhuf
Mai 2014

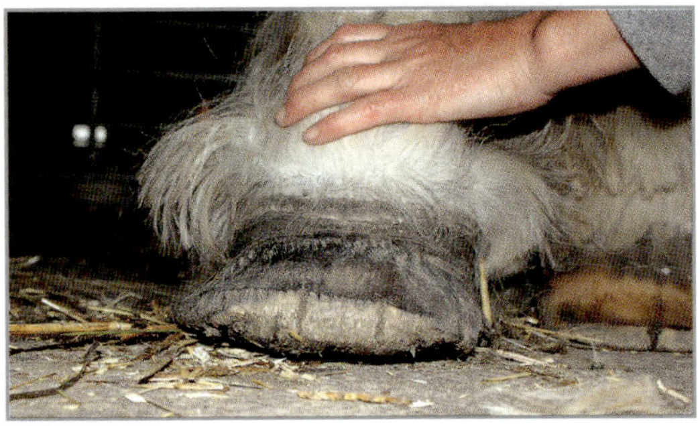

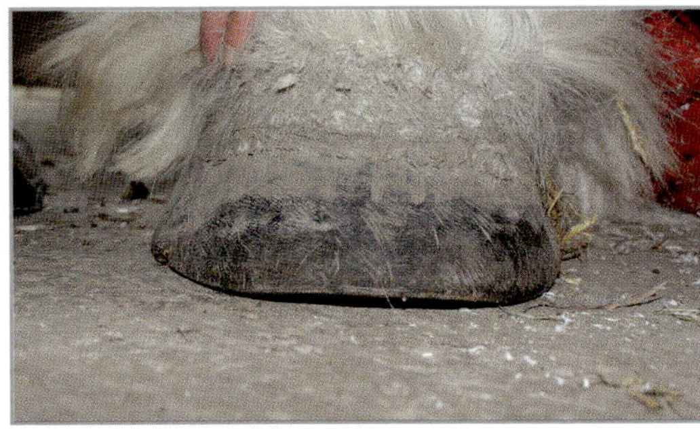

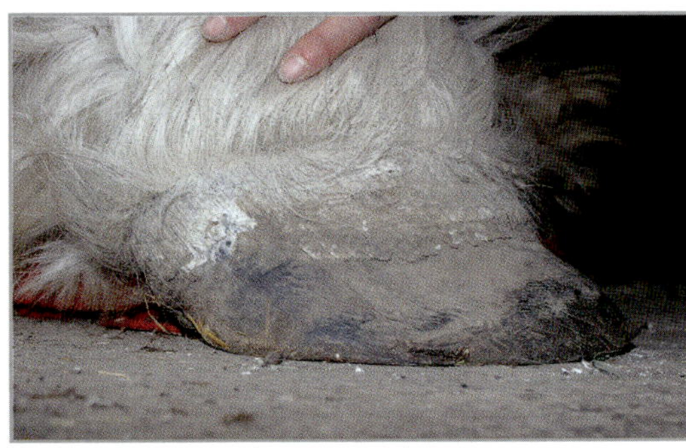

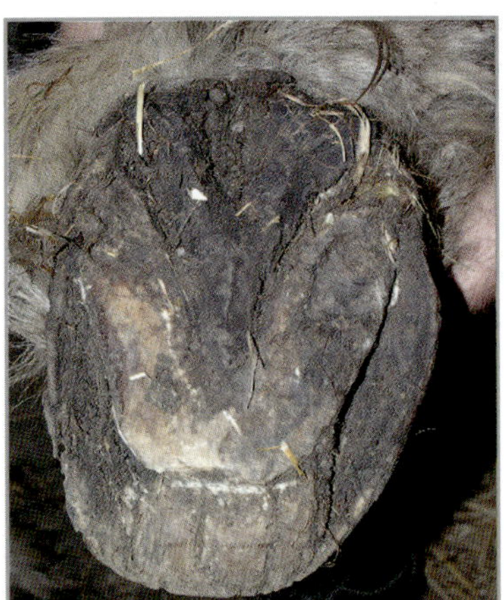

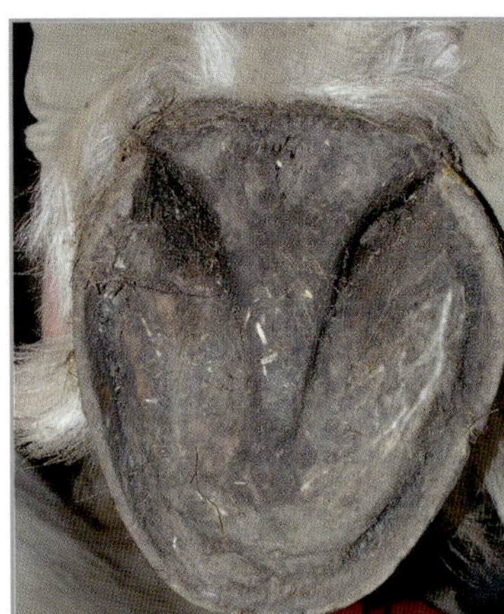

also Weidegang bei ihr wieder in einen neuen Hufreheschub münden würde, aber nach den Erlebnissen der letzten Jahre möchte das ernstlich auch niemand mehr ausprobieren.

Lady nach der Hufbearbeitung, April 2014

Linker Vorderhuf
Juni 2013

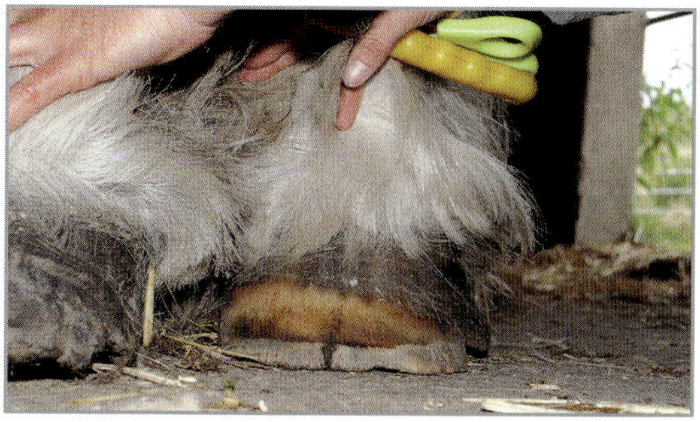

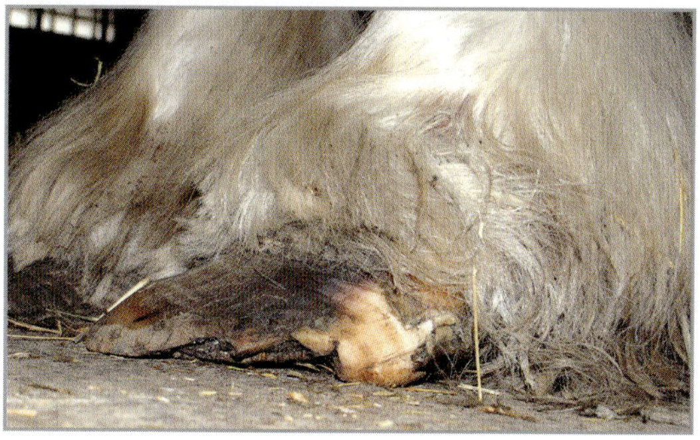

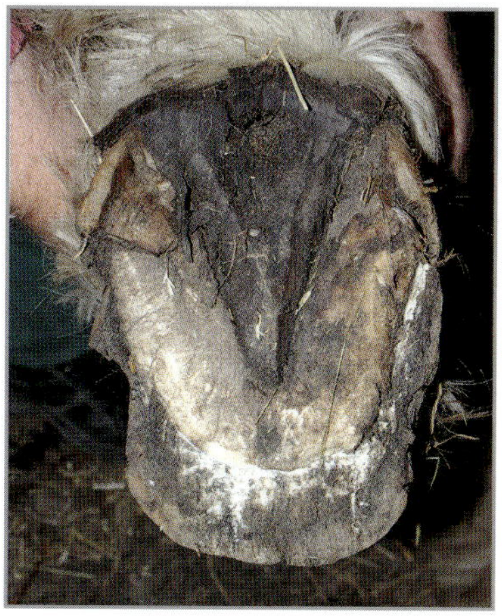

Linker Vorderhuf
Mai 2014

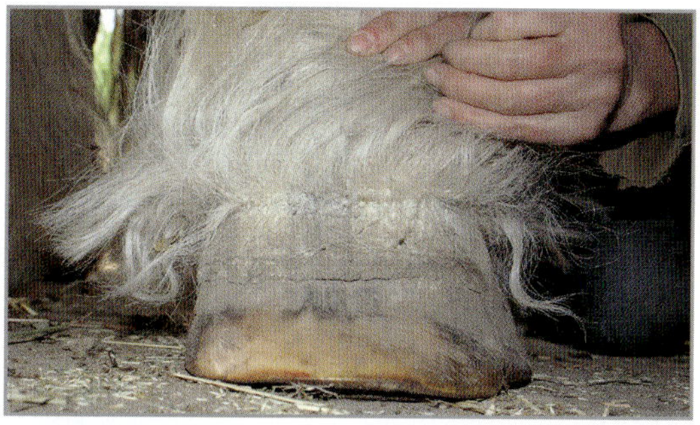

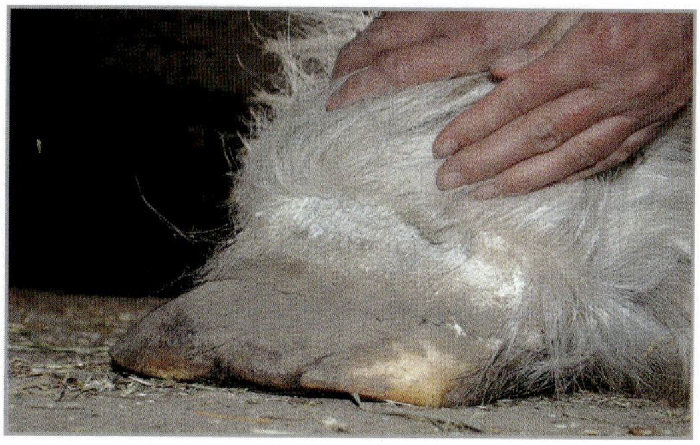

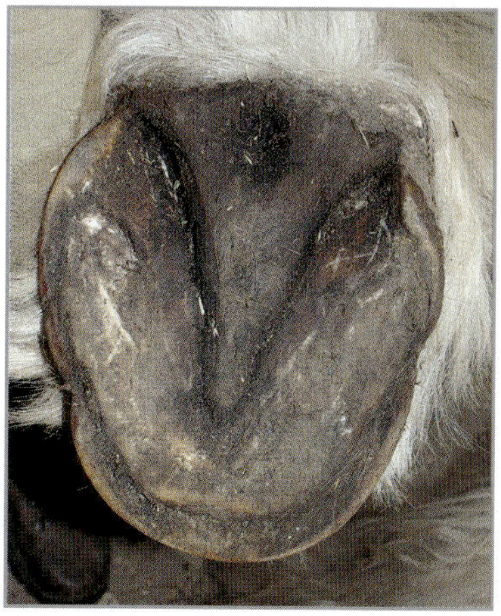

ENYA – ZWEIJÄHRIG MIT REHEHUFEN[75]

13

Enya, Norikerstute
Alter zum Zeitpunkt der Rehe: 2 Jahre
Reheschub: 2012
Ursache: Weidedaueraufenthalt, Luzernefütterung und Vernachlässigung

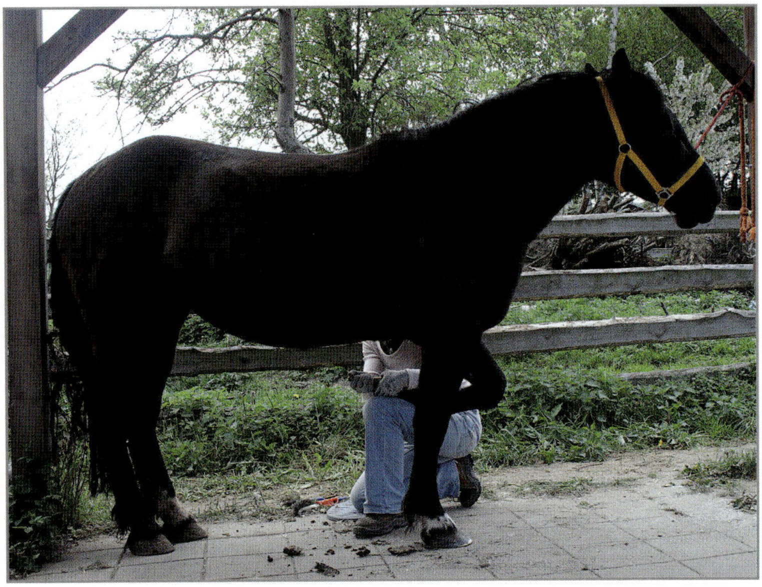

Enya wuchs in Österreich bei einem Milchbauern auf. Sie stand mit den Kühen auf üppigen Weiden bzw. wurde sie mit diesen gemeinsam im Kuhstall gefüttert. Als Folge der unsachgemäßen Fütterung und fehlender Hufpflege erkrankte Enya an Hufrehe. Im Winter 2012 sollte sie geschlachtet werden, kam aber durch Vermittlung einer auf die Rettung von Schlachtpferden spezialisierten Organisation nach Deutschland. Im Dezember 2012 zog Enya bei ihrer neuen Besitzerin ein. Ihre Hufe waren durch die Hufrehe und die fehlende Behandlung sehr stark verformt.

Die ersten Hufbearbeitungstermine gestalteten sich schwierig, da Enya nicht gewohnt war, die Hufe zu geben. Hinzu kamen natürlich auch Schmerzen durch ihre Hufsituation. Meine Kollegin Maria Scudino musste sehr viel Geduld aufwenden und die Hufe in Etappen bearbeiten. Anfang April 2013 – beim dritten Bearbeitungstermin – entstanden die ersten Bilder der Vorderhufe.

Enyas Hufe wurden nunmehr im 4-Wochen-Rhythmus bearbeitet und besserten sich ständig bis zum Sommer 2013. Im Juli 2013 erlitt Enya dann aber leider einen neuen Reheschub. Sie war zuvor

75 Alle Fotos zum Fall Enya mit freundlicher Genehmigung von Maria Scudino und Sabine Dietmann.

drei Wochen lang stundenweise auf die Koppel gestellt worden. Die Besitzerin hatte geglaubt, dass das überständige Sommergras ungefährlich wäre und hatte die Warnungen meiner Kollegin in den Wind geschlagen, die ihr nachdrücklich von jeglichem Weidegang abgeraten hatte. Nun hieß es von vorn beginnen, denn der neuerliche Reheschub führte wieder zu starken Schäden an den beiden Vorderhufen. Hatte sich die nachwachsende Zehenwand in den Monaten zuvor mehr und dem Hufbeinverlauf angenähert, hatte sich nun durch den neuen Reheschub wieder eine große Schere zwischen Zehenwand und Hufbeinrücken eingestellt.

Enyas Vorderhufe im April 2013 zum dritten Bearbeitungstermin

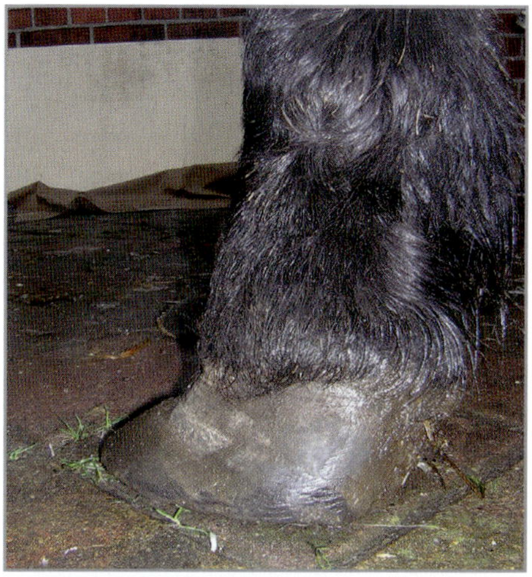

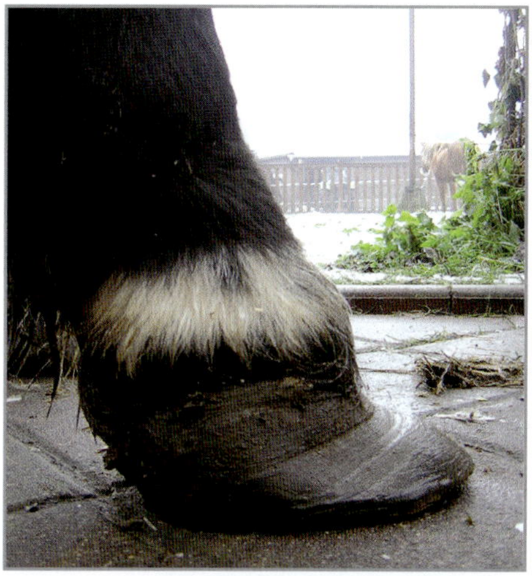

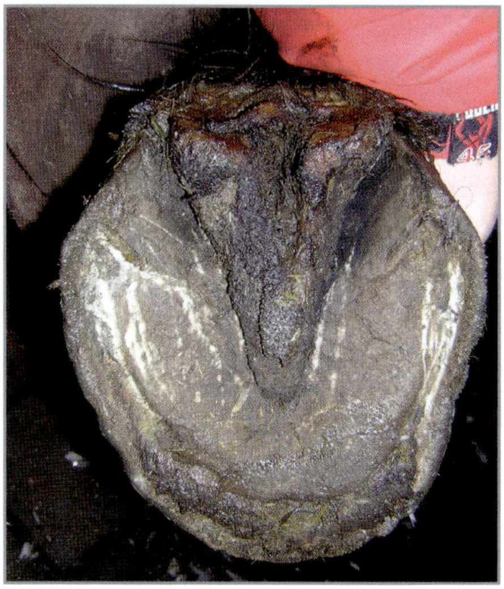

vorne links

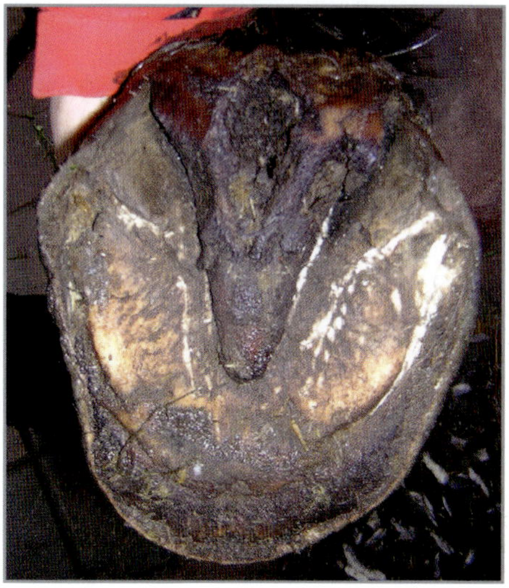

vorne rechts

Enyas Vorderhufe zwei Monate nach dem Reheschub des Sommers 2013

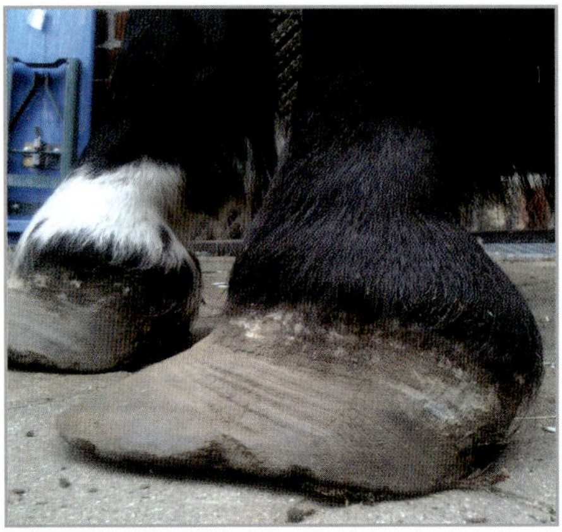

vorne links

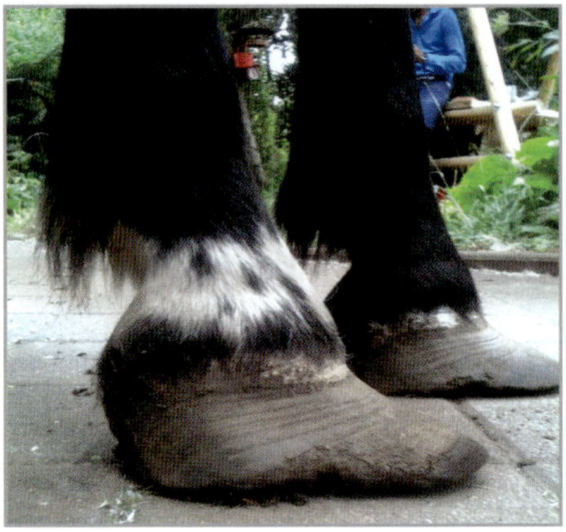

vorne rechts

Enyas Vorderhufe im April 2014

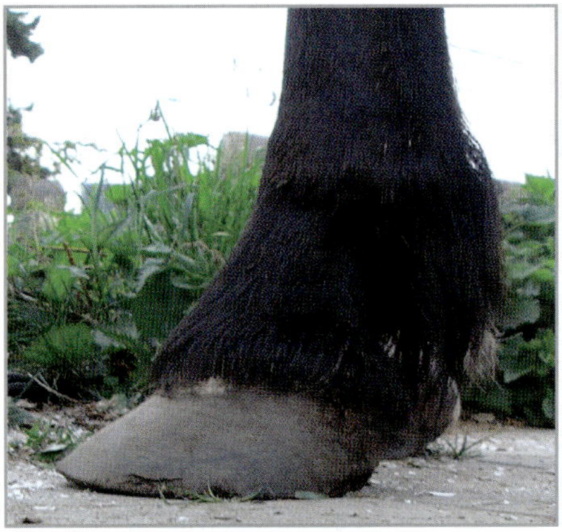

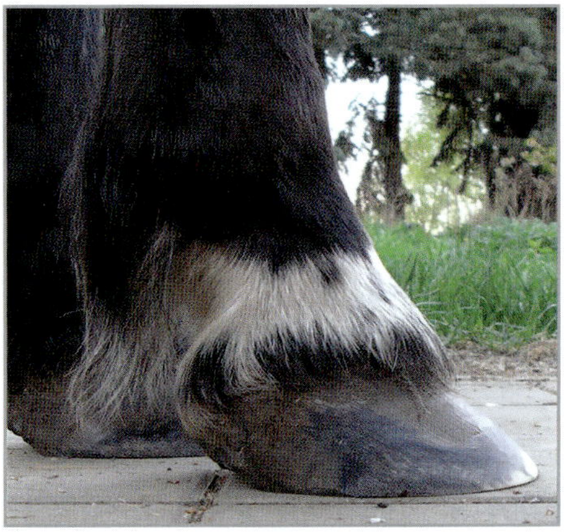

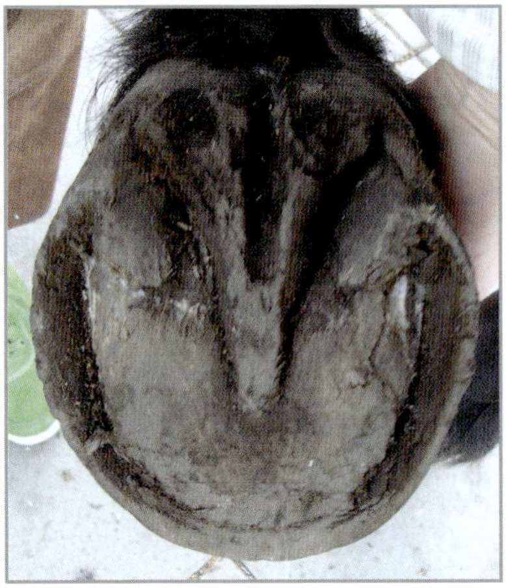

vorne links

vorne rechts

Enya im April 2014

Enya erholte sich langsam aber sicher von den Nachwirkungen der im Juli 2013 erlittenen Hufrehe. Sie blieb von nun an auf dem Paddock, wenn die Herde zur Weide ging und bekam ausschließlich Heu. Gesellschaft leistete ihr dabei ein ebenfalls rehegefährdeter Wallach.

Vor einem halben Jahr hat Enyas Besitzerin damit begonnen, mit ihr an der Longe zu arbeiten und Enya auf das Anreiten vorzubereiten. Die Hufe sind stabil und es wird der jungen Norikerstute sehr gut tun, wenn sie sich in Zukunft bei ausreichend Bewegung und Arbeit verausgaben kann. Bewegung ist die beste Medizin, wenn es darum geht, den Insulinstoffwechsel zu normalisieren und die Rehegefahr zu bannen. Enya wird auch im nächsten Sommer nicht mit den anderen auf die Koppel gehen. Danach wird man weitersehen.

Anhang

HÄUFIGE FRAGEN VON PFERDEBESITZERN

Kann ich Rehe wegfüttern?

Nein, auch wenn so manch ein Anbieter von Spezialfuttermitteln und Rehepülverchen diesen Eindruck erweckt. Der Witz ist nicht die Fütterung eines bestimmten Mehr, sondern in erster Linie ein Weniger an Futter. Das betrifft vor allem den Gesamtenergiehaushalt und bedeutet Futterreduktion und energiearmes statt energiereiches Futter (Heu). Das betrifft aber auch die permanente Überladung mit Mineral-Spurenelement-Vitamin-Mischungen. Ein Zuviel dieser Dinge schadet weit mehr, als es nutzt. Die bedarfsangepasste (nicht überbordende) Nährstoffversorgung ist die allerbeste Rehe-Vorsorge und die wirksamste Rehe-Nachsorge. Im Unterschied zur ungezielten Zufütterung teuerer Rehespezialfutter ist die labortechnische Überprüfung des Nährstoffgehaltes des Alleinfutters Heu eine sehr sinnvolle Investition. Etwaige Nährstoffmängel können dann gezielt ausgeglichen werden. Mit den Worten des Experten: »Die Zufuhr ausgewählter Nährstoffe über den Bedarf hinausgehend zum Zwecke der Reheprophylaxe oder der Minderung diesbezüglicher Risiken ist nicht begründet.« (COENEN 2008b) (siehe auch S. 44ff., Risikofaktor Wohlstand)

Darf mein Pferd nun nie wieder auf die Weide?

Das kommt darauf an. Liegt die Ursache der Hufrehe in einer Störung des Insulinstoffwechsels begründet, so ist Vorsicht geboten. Gras ist prinzipiell gefährlich, so lange diese metabolische Störung (Insulindysregulation) nicht behoben ist. Ein EMS-Pferd kann durch Diät und Bewegungsmanagement jedoch vollkommen gesunden, so dass ein Weideaufenthalt dann auch wieder möglich ist.

Für alle Pferde, deren Insulinstoffwechsel intakt ist, gelten die normalen Vorsichtsmaßnahmen, wie sorgfältiges Anweiden und eine dem Bedarf angepasste Energieaufnahme. Leichtfuttrige Pferde müssen auf unseren saftigen Weiden zumeist durch eine Begrenzung der Weidezeit oder durch andere Maßnahmen in der Futteraufnahme beschränkt werden. (siehe S. 86ff., Kapitel 2)

Kann ich mein Pferd nun gar nicht mehr nutzen?

Im Gegenteil, für die meisten Rehepferde ist die zukünftige Arbeit und Bewegung die gesundheitserhaltende Maßnahme per se. Voraussetzung für die Wiederaufnahme der Nutzung ist allerdings, dass die Funktion des Hufbeinträgers wiederhergestellt ist. Solange das Pferd durch Schmerzen anzeigt, dass die Hufsituation sich noch nicht regeneriert hat, gilt Rücksichtnahme und angemessene, zurückhaltende Bewegung.
Ist die Hufbeinaufhängung wieder intakt und sind die Hufe wieder tüchtig, so sorgt die Nutzung des Pferdes als Reit-, Fahr- oder Arbeitspferd für eine ausgewogene Energiebilanz und die Erlangung einer gesunden Fitness und Kondition. (siehe auch S. 98f., Schutzpatron Bewegung)

Kann Hufrehe nur auf einem Huf stattfinden?

Prinzipiell ist die Hufrehe eine systemische Erkrankung, d.h. sie ergreift den gesamten Organismus, weshalb mehr oder weniger alle vier Hufe von der Erkrankung betroffen sind. Sehr häufig wirkt sich die Hufrehe dabei an den Vorderhufen deutlich stärker aus, als an den Hinterhufen. Man gewinnt unter Umständen hierdurch den Eindruck, dass sie gänzlich auf die Vorderhufe beschränkt ist. Es ist auch möglich, dass ein Huf sehr viel stärker betroffen ist, als die übrigen. Das liegt häufig in einer besonderen Belastungssituation des Hufbeinträgers dieses Hufes begründet - durch unterschiedliche Hufformen an der Vorhand, durch eine gewichtsmäßige Überlastung einer Gliedmaße, weil die Partnergliedmaße erkrankt ist oder durch andere, sich auf den Reheprozess im Hufbeinträger begünstigend oder auch

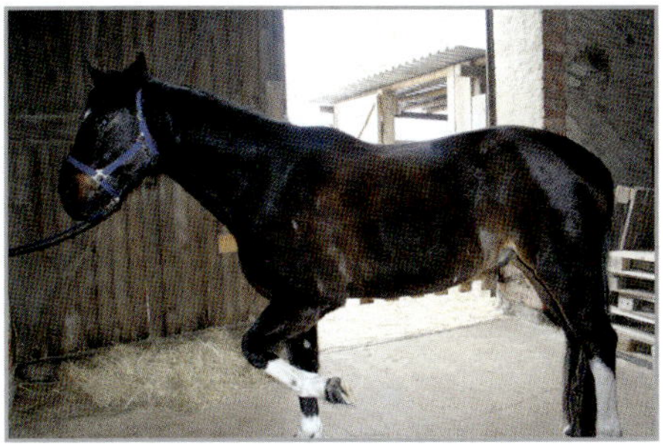

erschwerend auswirkende Momente. (So gelingt es bspw. im Experiment mittels Kryotherapie eine Gliedmaße »rehefrei« zu halten, während die übrigen Hufe eine schwere Hufrehe erleiden. (POLLITT 2008b: 8)

Benötigt mein Pferd nun einen Beschlag?

Nein, wozu? Die Hufreheerkrankung hinterlässt ihre Spuren an den Hufen, weshalb die Lauffreude des betroffenen Pferdes zunächst mehr oder weniger eingeschränkt ist. Das Beschlagen dieser Hufe therapiert sie nicht, sondern ermöglicht ihnen, trotz der Schäden weiter zu laufen. Das geht nicht immer auf, ist aber – wenn es aufgeht - kritisch zu sehen. Wenn Pferde hierüber schneller wieder in die Arbeit genommen werden, als es ihrem maroden Hufzustand entspricht, werden neue Schädigungen (auch neue Hufreheschübe) möglich. Der größte Nachteil des Beschlags bei Rehehufen besteht darüber hinaus darin, dass man sich der Möglichkeit beraubt, die Hufe von ihren Schäden vollständig zu therapieren. Wer also letzteres der schnellen Nutzung vorzieht, sollte sein Rehepferd nicht beschlagen lassen. (siehe S. 130)

Wird mein Pferd je wieder normale Hufe bekommen?

Die Hufreheerkrankung hinterlässt in einigen Fällen deutliche Schädigungen an den Hufen. Die häufigste pathologische Auswirkungen sind das Auseinanderdriften von Hornwand und Hufbeinrücken (Rotation der Zehenwand oder des Hufbeines) und die Ausbildung eines Narbenhornkeiles.

Da die Hufe stetig nachwachsen und sich die Hornstrukturen auf diese Weise über das Jahr vollständig erneuern, können die Hufhornschäden auch vollkommen beseitigt werden. Wichtig ist hierfür die Gestaltung der Hebelkräfte und des Hornabriebs durch eine angepasste Hufbearbeitung. Erstrecken sich die Reheschäden auch auf das lebende Gewebe (Lederhäute, Knochen), so schwinden damit die Chancen einer völligen Normalisierung der Hufsituation. (siehe S. 151ff.)

Fragebogen – Ist mein Pferd rehegefährdet?

		Punkte
Die Hufe meines Pferdes haben viele waagerecht verlaufende Rillen und Falten.	Nein (0 Punkte) Ja, einige (1 Punkt) Ja, sehr viele (2 Punkte)	
Die Hufe meines Pferdes haben eine aufgerissene Blättchenschicht.	Nein (0) Ja (1) Nicht nur aufgerissen sondern auch - quapschig/gatschig (2) - verbreitert (3)	
Mein Pferd geht immer mal wieder fühlig/klamm.	Nein (0) Ja, manchmal (1) Ja, häufig (2)	
Mein Pferd hat häufig Hufprobleme.	Nein (0) Ja (1)	
Mein Pferd zeigt ab und an eine unklare Lahmheit.	Nein (0) Ja (1)	
Mein Pferd zeigt manchmal einen leichten Wendeschmerz.	Nein (0) Ja (1)	
Die Zehenwand der Vorderhufe ist verbogen (wird nach unten hin schräger, als sie unter dem Kronsaum herauswächst).	Nein (0) Ja, etwas (1) Ja, sehr (2)	
Wenn der Hufbearbeiter kommt, sehen die Hufe ... aus.	noch sehr gut (0) man sieht, dass sie es nötig haben (1) schlecht (sind schief geworden, brechen aus, reißen ein ...) (2)	
Der Beschlag wird regelmäßig alle vier bis sechs Wochen erneuert.	Ja (0) Nein, länger als sechs Wochen (1) Nein, länger als acht Wochen (2) Nein, länger als zehn Wochen (3)	
Bei der Hufbearbeitung werden immer auch die »zu hohen« Trachten gekürzt.	Nein (0) Ja, manchmal (1) Ja, immer (2)	
Mein Pferd hatte schon einmal Rehe.	Nein (0) Ja, einmal (1) Ja, häufig (2)	
Mein Pferd hat chronische Rehehufe.	Nein (0) Ja (1)	

		Punkte
Ich bewege mein Pferd täglich.	Ja (0) Nein, aber mehrmals die Woche (1) Nein, seltener oder gar nicht (2)	
Mein Pferd hat einen mächtigen (Speck)Hals.	Nein (0) Etwas Speck am Hals (1) Ja, mächtig (2)	
Ich finde mein Pferd zu dick.	Nein (0) Etwas vielleicht (1) Ja, ist zu dick (2) Es ist viel zu dick (3)	
Ich wurde von anderen darauf angesprochen, dass mein Pferd zu dick sei.	Nein (0) Ja (1)	
GESAMTPUNKTZAHL		

Füllen Sie den Fragebogen aus, um die Rehegefährdung Ihres Pferdes feststellen zu können!
Die erreichte Gesamtpunktzahl bietet einen Anhaltspunkt dafür, wie hoch die Vorbelastung Ihres Pferdes ist.
Mit steigender Punktzahl erhöht sich das Risiko, dass Ihr Pferd an einer Hufrehe erkrankt.

Erreichte Punktzahl
0–5 : Geringe Vorbelastung in Bezug auf Hufrehe.
5–15: Zunehmende Gefährdung.
15–30: Es besteht ein hohes Risiko, an Hufrehe zu erkranken.

Fotoanleitung

1. Säubern Sie den Huf gründlich! Je nach Bodenverhältnissen und Hufzustand genügen hierfür Hufkratzer und Bürste oder aber Sie waschen den Huf mit klarem Wasser. Wenn Sie den Huf gewaschen haben, so ist es vorteilhaft, ihn vor dem Fotografieren abzutrocknen, da es sonst bei der Verwendung von Blitzlicht unerwünschte Spiegeleffekte geben kann.
2. Stellen Sie Ihr Pferd auf eine ebene, harte Fläche auf der die Hufe weder einsinken noch verkippt werden (Asphalt, Beton, glattes Pflaster ...)
3. Bewährt haben sich folgende drei Standardansichten:

Huf von vorn:
Halten Sie den Fotoapparat auf Hufhöhe knapp über dem Boden und in einem Winkel von 90° zum Fotoobjekt. Der korrekte Abstand zwischen Fotoapparat und Huf richtet sich nach den Einstellmöglichkeiten des Fotoapparates. Ein zu geringer Abstand ergibt oftmals unscharfe Bilder oder lässt die Gliedmaßenstellung (Minimum Fesselhöhe) nicht erkennen.

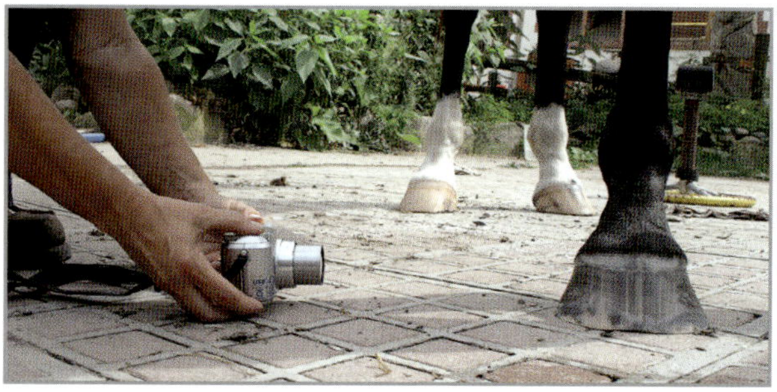

Huf von der Seite:
Der Fotoapparat wird wieder auf Hufhöhe knapp über dem Boden gehalten und ein Winkel von 90° zum Fotoobjekt eingenommen, so dass die Konturen von Trachten- und Zehenwand gut zu erkennen sind. Auch hier den Abstand bitte so wählen, dass der Huf scharf abgebildet ist und die Gliedmaße vom Tragrand bis zur Mitte des Röhrbeins erfasst ist.

Huf aus der Sohlenansicht:
Bitten Sie einen Helfer, den gesäuberten Huf aufzunehmen und ihn für die Fotoaufnahme zu halten. Hufsohle und Kamera sollten parallel zueinander gehalten werden, so dass keine Verzerrungseffekte entstehen.

Bei besonderen Problemzonen am Huf sind unter Umständen Zusatzaufnahmen sinnvoll. So sollten bspw. bei einem Spalt auf der Innenseite der Hufe die Fotos um eine seitliche Aufnahme dieser Wand ergänzt werden oder bei verschobenen Ballen noch eine Aufnahme der Hufe aus der Ballenansicht erfolgen. Am besten gelingen Fotoaufnahmen bei Tageslicht, aber ohne eine direkte Sonnenstrahlung (Schlagschatten, Gegenlicht). Bei der Verwendung von Blitzlicht kann es passieren, dass vor allem weiße Hufe überblitzt werden, also kein exaktes Bild abliefern. Hier kann ein größerer Abstand zwischen Kamera und Huf Abhilfe schaffen.

Nomenklatur

ACTH (Adrenocorticotropes Hormon)
ist ein *Hypophysen*-Hormon, welches aus der *Adenohypophyse* freigesetzt wird. Seine Freisetzung bewirkt, dass in der Nebennierenrinde das *Glukokortikoid Kortisol* gebildet und freigesetzt wird. Die Ausschüttung des ACTH unterliegt einem Tagesrhythmus (zirkadianer Rhythmus) und wird vom *Hypothalamus* gesteuert.

ACTH-Spiegel
ist die ACTH-Konzentration im Blut. Diese ist am frühen Morgen am höchsten und am späten Abend am niedrigsten. Erhöhte ACTH-Spiegel treten auf bei Stress und Schmerzen, bei Kälte, im Herbst und bei Cushing Syndrom (ECS).

Adenohypophyse
bildet den größten Teil der *Hypophyse* und besteht aus den drei Anteilen pars distalis, pars medialis und pars tuberalis.

Adenom
ist ein gutartiger Tumor im Schleimhaut- oder Drüsengewebe. Ein Adenom der pars medialis der *Adenohypophyse* (Hypophysenadenom) wird für das Cushing Syndrom verantwortlich gemacht.

Adipokine
sind körpereigene bioaktive Substanzen, die den Glukose- und Fettstoffwechsel regulieren. Sie beeinflussen aktiv die Insulinsensitivität der Zellen und sorgen bei *Adipositas* für Insulinresistenz.

Adiponectin
ist ein Hormon, welches die Insulinempfindlichkeit der Zellen erhöht, also einer Insulinresistenz entgegenwirkt. Bei *Adipositas* ist seine Produktion gehemmt.

Adipositas
ist ein bestehendes starkes Übergewicht oder auch Fettleibigkeit.

Adrenalin
ist ein Hormon, welches bei Stress, Aufregung, Schmerz vom Nebennierenmark gebildet und ins Blut ausgeschüttet wird. Adrenalin stößt die Umwandlung von *Glykogen* in *Glukose* an und blockiert gleichzeitig die Aufnahme von Blutglukose in die Zellen. Dadurch werden kurzfristig Energiereserven mobilisiert.

Aminosäuren
sind die kleinsten Bausteine der Proteine. Spezielle Aminosäuren erhöhen die Dünndarmverdaulichkeit von Pferde-Mischfuttermitteln. Die Aminosäuren Lysin und Arginin stimulieren allerdings eine erhöhte Insulinausschüttung, weshalb sie enthaltende Futtermittel für Pferde mit einer Insulinresistenz nicht zu empfehlen sind.

Amylase
ist ein Enzym, welches Stärke spaltet und abbaut. Die Bauchspeicheldrüse des Pferdes produziert kontinuierlich über den Tag verteilt eine Amylasemenge von etwa fünf bis zehn Prozent der Körpermasse.

Amylopektin
ist einer der beiden Hauptbestandteile von Stärke. Der andere Hauptbestandteil ist *Amylose*. Ein höherer Anteil von Amylopektin im Futtergetreide sorgt für eine höhere Verdaulichkeit. Eine amylopektinreiche Fütterung sorgt in Versuchen mit Ratten für Insulinresistenz.

Amylose
ist neben *Amylopektin* der zweite Hauptbestandteil von Stärke.
In der Landwirtschaftsindustrie gibt es heute einen Trend zur Entwicklung und Züchtung amylopektinreicher Getreidesorten.

Analgesie-Fähigkeit des Körpers
ist die Schmerzausschaltung durch körpereigene Stoffe (Opiate, Endorphine).

AVAs (arteriovenöse Anastomosen)
sind Querverbindungen (Kurzschlüsse) zwischen kleinen Arterien und ihren Begleitvenen. Ihre Steuerung (Öffnung) erfolgt über gefäßaktive körpereigene Botenstoffe. AVAs sind in der Wandlederhaut reichlich vorhanden und spielen eine Rolle beim Rehegeschehen.

Azidose des Dickdarms
bezeichnet ein starkes Absinken des pH-Wertes im Dickdarm (Übersäuerung) mit negativen Folgen für die Mikroflora des Darmes.

Basalmembran
trennt die Lederhaut von der Oberhaut (Epidermis). Auf der Basalmembran sitzt die *Basalzellschicht* auf, die für die Hornproduktion zuständig ist.

Basalzellschicht
in dieser Zellschicht findet die Produktion neuer Hornzellen statt. Durch die Teilung der Basalzellen entstehen lebende Hornzellen, die hiernach einen Prozess der Verhornung durchlaufen. Die Basalzellschicht wird über Diffusion durch die *Basalmembran* hindurch von der Lederhaut mit Nährstoffen versorgt.

Blutzuckerspiegel
oder auch Glukosespiegel ist die Höhe des Anteiles von Glukose im Blut. Ein erhöhter Blutzuckerspiegel *(Hyperglykämie)* tritt im Zusammenhang mit Insulinresistenz auf.

Colitis X (Typhlocolitis)
ist eine besonders schwere Form der Entzündung des Blinddarmes (vorderer Teil des Dickdarmes), die sehr häufig mit dem Tod des Tieres endet. Als Folgekomplikation ergibt sich fast immer eine Hufrehe.

Cornified envelope
ist die stabile, chemisch sehr resistente Membran, die die Hornzellen umgibt und schützt.

Desmosomen
sind Haftstrukturen, die für den Zusammenhalt der lebenden Hornzellen sorgen. Ihre Aufgabe wird später vom *Interzellularkitt* übernommen. Sie bestehen zum größten Teil aus Proteinen sowie aus Kohlenhydraten und Lipiden.

Dopamin
ist ein körpereigener Botenstoff (Glückshormon), welcher die *ACTH*-Produktion durch die *Hypophyse* steuert.

Dopaminagonisten
wie Prascend® oder Bromocriptin® gleichen das Defizit von *Dopamin* beim Cushing-Pferd aus. Die Arzneimittel besetzen die Dopaminrezeptoren der Pars intermedia und sorgen so für eine Drosselung der *ACTH*-Produktion, die bei Pferden, welche am Cushing Syndrom leiden, stark erhöht ist.

Effektive Mikroorganismen
ist eine Multimikrobenmischung aus natürlich vorkommenden und nicht genveränderten Mikroorganismen (Milchsäure- und Photosynthesebakterien, Hefen und fermentaktiven Pilzen). Die Zusammenstellung der Mikroorganismen bewirkt eine positive Wirkung in verschiedensten Milieus (bspw. Mikroflora Pferdedarm, Hufpflege). Entwickelt wurde die EM-Technik von dem japanischen Agrarwissenschaftler und Hochschullehrer Prof. Dr. Teruo Higa.

Endophyten
sind Pilze, die mit einheimischen Süßgräsern in einer Symbiose leben. Sie siedeln sich innerhalb der Pflanzen zwischen den Zellen an und sorgen durch die Produktion von Toxinen für einen Schutz der Pflanzen gegen Insekten oder Würmer und erhöhen die Widerstandskraft gegen widrige Bedingungen wie Dürre und Frost. Im Gegenzug werden sie von den Pflanzen mit Wasser und Nährstoffen versorgt. Die produzierten Toxine können für Weidetiere giftig sein.

Endotoxämie
entsteht bspw. infolge einer *Azidose* des Dickdarmes. Beim Absterben der gram-negativen Bakterien werden *Endotoxine* frei. Bei Aufhebung der Darmschranke gelangen diese in die Blutbahn und rufen eine Endotoxämie hervor.

Endotoxine
sind Zellgifte, die beim Absterben von Bakterien frei werden.

Exotoxine
sind von lebenden Bakterien abgesonderte Zellgifte.

Fruktan
ist ein Reservekohlenhydrat, das vor allem in den Gräsern der gemäßigten Zone gebildet wird. Es ist ein nicht-strukturbildendes Kohlenhydrat (NSC) und als solches schnell verdaulich. Der Gehalt an Fruktan ist bei den unterschiedlichen Gräserarten sehr verschieden und besonders hoch bei Deutschem und Welschem Weidelgras.

Glukagon
ist ein Hormon, welches dazu dient, den *Blutzuckerspiegel* zu erhöhen. Bei einem Abfall des Blutzuckers wird aus der Bauchspeicheldrüse Glukagon freigesetzt, wodurch dann der Abbau von *Glykogen* stimuliert wird. Es ist insofern der Gegenspieler des *Insulins*.

Glukose
oder auch Blutzucker ist der wichtigste Energielieferant für unseren Stoffwechsel. Glukose muss im Blut ständig verfügbar sein, um Gehirn und Muskulatur kontinuierlich mit ausreichender Energie zu versorgen.

Glykogen
dient der Speicherung und schnellen Bereitstellung von *Glukose*. Bei hohem *Blutzuckerspiegel* wird Glukose als Speicherkohlenhydrat in Form von Glykogen in Leber und Muskelzellen deponiert. Sinkt der Blutzuckerspiegel, sorgt das Hormon *Glukagon* für die Rückumwandlung des Glykogens in Glukose und setzt so Energie frei.

Hämatokrit
ist ein Maß für die Zähigkeit des Blutes und bezeichnet den Anteil der zellulären Bestandteile im Blut. Er beträgt beim Pferd je nach Rasse 32 bis 45 Prozent.

Hemidesmosomen
entsprechen in ihrem Aufbau jeweils halben *Desmosomen* und bilden Haftstrukturen zwischen den *Basalzellen* und der *Basalmembran*.

Hyperglykämie
ist ein chronisch erhöhter *Blutzuckerspiegel* und steht unter anderem im Zusammenhang mit Insulinresistenz und Bewegungsmangel.

Hyperinsulinämie
ist ein krankhaft erhöhter Insulinspiegel, wie er bei Insulinresistenz der Zellen auftritt.

Hyperkortisolismus
bezeichnet die übermäßige Freisetzung von *Kortisol* aus der Nebennierenrinde bei Pferden, die am Cushing Syndrom erkrankt sind.

Hyperlipämie
ist eine Entgleisung des Fettstoffwechsels, die bspw. in Verbindung mit Crash-Diäten auftritt und durch eine stark erhöhte Lipolyse gekennzeichnet ist. Es kommt dadurch zu einer massiven Erhöhung von Triglyceriden, Freien Fettsäuren und Lipoproteinen. Die Stoffwechselentgleisung betrifft ausschließlich Ponys und Kleinpferde und endet sehr oft tödlich.

Hyperlipidämie
ist eine schwerer Form der Hyperlipämie, bei der bereits eine Leberfunktionsstörung vorliegt.

Hyperplasie, der pars intermedia
ist die Gewebsvermehrung bzw. -vergrößerung in der pars intermedia der *Adenohypophyse* und verantwortlich für das Cushing Syndrom.

Hypophyse
wird auch Hirnanhangsdrüse genannt, ist eine Hormondrüse, die das Hormonsystem des Körpers steuert. Sie ist mit dem *Hypothalamus* verbunden und erhält von diesem die Signale für die Ausschüttung von Hormonen.

Hypothalamus
ist ein kleiner Abschnitt des Zwischenhirnes und die oberste Steuerungsinstanz des vegetativen Nervensystems. Der Hypothalamus unterliegt einem Tagesrhythmus (zirkadianer Rhythmus) und verschiedenen Sti-

muli wie Stress, Hunger, Kälte. Durch die Ausschüttung von Freisetzungshormonen (Corticotropin-Releasing-Hormon und Arginin-*Vasopressin*) stimuliert er die *Hypophyse* zur Produktion von *ACTH*.

Iatrogene Hufrehe
ist eine durch eine medizinische Behandlung hervorgerufene Hufrehe. Bspw. rufen bestimmte Medikamente (vor allem Glukokortikoide) unter Umständen eine Hufrehe hervor.

Interzellularkitt
verbindet die Hornzellen, wenn ihr Verhornungsprozess abgeschlossen ist (tote Hornzellen). Wie eine Art Zement oder Mörtel verbindet er die einzelnen Zellen miteinander und je nach konkreter chemischer Zusammensetzung, Menge und Verteilung im Zellzwischenraum sorgt er für die gute oder schlechte Stabilität des Hornzellverbandes.

Insulin
ist ein Hormon, welches die Aufnahme von *Glukose* in die Körperzellen steuert. Durch Andocken an den Insulinrezeptor der Zellen signalisiert es das Vorhandensein von Glukose und ruft die Glukosetransporter auf den Plan, die die Glukose in die Zellen bringen. Das Insulin wird von der Bauchspeicheldrüse ausgeschüttet, wenn diese bspw. das Signal erhält, dass der Glukosespiegel im Blut hoch ist.

Interleukin
ist ein körpereigener Botenstoff, der entzündungsfördernd wirkt. Er bewirkt eine vermehrte Aktivierung der Matrix-Metalloproteinasen (MMP-2 und MMP-9), was zur Entstehung einer Hufrehe beitragen kann.

Intermediärfilamentassoziierte Proteine (IFAP)
fügen die Keratine zu Bündeln (Keratinfilamentbündel) zusammen und ermöglichen so den Aufbau des Zellskeletts (Zytoskelett) der Hornzellen.

Kortisol
ist ein zur Gruppe der Glukokortikoide gehörendes Hormon, welches aus der Nebennierenrinde ausgeschüttet wird. Seine Ausschüttung wird gesteuert durch die Freisetzung von *ACTH* aus der *Adenohypophyse*.

Laktobazillen
sind Milchsäurebakterien, gram-positive Bakterien.

Lederhautnekrose
ist das Absterben der Zellen der Wand- oder Sohlenlederhaut aufgrund mechanischer oder chemischer Schädigung.

Leptin
ist ein Hormon, welches die Nahrungsaufnahme reguliert. Über die Stimulation des *Hypothalamus* hemmt es das Hungergefühl und begrenzt die weitere Nahrungsaufnahme.

Leptinresistenz
beschreibt die herabgesetzte Wirksamkeit des Hormons *Leptin*. Sie tritt auf bei *Adipositas* und sorgt für das Ausbleiben des Sättigungsgefühls und für unstillbaren Hunger.

Lipolyse
ist der durch Hormone gesteuerte Fettabbau. Depotfett wird dabei umgewandelt in verfügbare Energie. Die Lipolyse ist eng an den *Blutzuckerspiegel* geknüpft und wird durch das Hormon *Glukagon* angeregt und durch das Hormon *Insulin* gehemmt.

Matrix-Metalloproteinasen (MMP2, MMP9)
sind spezifische Enzyme (Gelatinasen), die für die gesteuerte Loslösung der Verbindungen zwischen Zellen zuständig sind. Bei der Hufrehe haben sie nach neuesten Erkenntnissen eine tragende Rolle. Ihre übermäßige Aktivierung sorgt für die Beeinträchtigung des Zusammenhaltes innerhalb der neu gebildeten Hornzellen und damit für den Funktionsverlust des Hufbeinträgers. Auch auf ganz anderem Gebiet spielen diese Enzyme eine bedeutende Rolle, sie tragen mit ihrer Aktivität zur Metastasierung von Tumoren bei.

Ödeme
sind Schwellungen der Gewebe aufgrund der Einlagerung von Flüssigkeit aus dem Gefäßsystem.

Probiotika
sind mikrobielle Futterzusätze, die dazu beitragen können, das Gleichgewicht der Darmflora zu erhalten.

Propolis
ist ein Produkt der Bienen, welches von diesen in ihren Bienenwaben eingebaut wird und wie Honig vom Imker gewonnen werden kann. Es besitzt eine hervorragende antibiotische und antimykotische Wirkung und kann gut zur Bekämpfung von Fäulnisprozessen am Huf eingesetzt werden.

Shifting
bezeichnet die Gewichtsverlagerung des Pferdes von einem Bein auf das andere. Das Pferd hebt beständig abwechselnd eines der beiden (schmerzenden) Vorderbeine.

Tumornekrosefaktor (TNF-α)
ist ein Signalstoff des Immunsystems (Entzündungsmediator), der von den weißen Blutkörperchen gebildet wird. Der zur Gruppe der *Zytokine* gehörende Tumornekrosefaktor spielt eine Rolle bei der Entstehung von Insulinresistenz und Hufrehe.

Vasodilatation
ist die Gefäßweitstellung durch die Erschlaffung der glatten Gefäßmuskulatur der Blutgefäße. Hervorgerufen wird diese bspw. durch vasoaktive körpereigene Botenstoffe oder Medikamente.

Vasokonstriktion
ist die Gefäßverengung der Blutgefäße verursacht durch die Kontraktion der glatten Gefäßmuskulatur. Substanzen, die eine solche Engstellung verursachen können, werden als Vasokonstriktoren bezeichnet. Körpereigene Vasokonstriktoren sind *Adrenalin* und Norarenalin, die bei Schmerz- und Stresssituationen ausgeschüttet werden.

Zytokine
sind körpereigene zuckerhaltige Eiweiße (Peptide), die der Steuerung der Immunantwort dienen. Sie leiten das Wachstum und die Ausdifferenzierung von Zielzellen ein und regulieren diese Prozesse, weshalb sie auch Wachstumsfaktoren genannt werden.

Nützliche Adressen

INFORMATIONEN

Informationsportal zur Hufgesundheit und Hilfe bei Hufproblemen
Deutsche Huforthopädische Gesellschaft e.V. (DHG e.V.)
Bahnhofstraße 20
D-04779 Mahlis
Telefon: +49(0)34364-88745
mail: info@dhgev.de
homepage: www.dhgev.de

Auf Facebook
https://de-de.facebook.com/DHG.e.V

PFLEGEMITTEL GEGEN FÄULNIS UND INFEKTIONEN AM HUF

KERALIT UNDERCOVER
Keralit Veterinär- und Pferdetechnik GmbH
Telefon: +49(0)7159-42848
mail: info@keralit.de
homepage: www.Keralit.de

BELAVET
Telefon: +41 445428991
mail: info@orthocell.ch
homepage: www. orthocell.ch

HYPOZIN
Fachhandel für Hufbeschlagartikel und Hufschmiedebedarf
PL-Huftechnik e.K.
Telefon: +49(0)2362-954551
mail: web@pl-huftechnik.de
homepage: www.pl-huftechnik.eu

Ähterische Öle

WADI GmbH
Telefon: +49(0)89-89052550
E-Mail: info@wadi-gmbh.de
homepage: www.etherischeoele.de

OSHADI GmbH
Telefon: +49(0)7227-6009933
mail: info@oshadhi.de
homepage: www.oshadhi.de

KLEINE UND GROSSE HELFER BEI HUFREHE

Blutegel
Blutegelapotheke Biebertal
Telefon: +49(0)6409-6627833
mail: bestellung@blutegelapotheke.de
homepage: www.blutegelapotheke.de

Kryotherapie/Kühltherapie
Jacks Ice Boots
https://www.bigdweb.com

Tierheilpraktiker

Kooperation deutscher Tierheilpraktiker-Verbände e.V.
Telefon: +49(0)700-56673847
mail: info@kooperation-thp.de
homepage: www.kooperation-thp.de

Verband energetisch arbeitender Tier-Therapeuten e.V. (VETT e.V.)
mail: verband@vett.de
homepage: www.vett.de

SICHERES GRAS, GEPRÜFTES HEU UND GESUNDE KRÄUTER

Futtermittelanalyse
AG FUKO e.V.
Telefon: +49(0)511- 8979870
mail: info@ag-fuko.de
homepage: www.ag-fuko.de

Kräuter und Beratung
KRAUTERIE
Telefon: +49(0)4349 - 979 90 50
mail: service@krauterie.de
homepage: www.krauterie.de

Giftpflanzendatenbank
www.giftpflanzen.ch

Informationsportal im Internet:
www.safergrass.org

DIÄTPROGRAMM UND GEWICHTSKONTROLLE

Weidemaulkörbe
GREENGUARD
Telefon: +49(0)4521-808650
mail: kontakt@nordic-medica.de
homepage: www.nordic-medica.de

AS
Telefon: +49(0)5482-925855
mail: service@as-das-pferd.de
homepage: www.as-das-pferd.de

Heunetze
Telefon: +49(0)6431-4794170
mail: info@loewers-heu.net
www.heunetzshop.de

Gewichtskontrolle
MOBILE PFERDEWAAGE
mobil: +49(0)172-6303108
mail: info@Pferdewaage.com
https://www.pferdewaage.com

Stichwortverzeichnis

A

B

C

D

E

F

T

U

Literatur

AHLERS, K. (2010): Referenzbereiche für Insulin, Insulinwachstumsfaktor-1 und Adrenocorticotropes Hormon der Ponys, Diss., Leipzig.

ALBERS, N.V. (2007): Untersuchungen zum Nachweis vitaler Escherichia coli Stamm Nissle 1917 in den Faeces adulter Pferde nach oraler Gabe, Diss., Leipzig.

ASPLIN, K. E.; SILLENCE M. N.; POLLITT Ch. C.; Mc GOWAN C. M. (2007): Induction of laminitis by prolonged hyperinsulinaemia in clinically normal ponies, In: The Veterinary Journal, Heft 3, S. 530–535.

AURICH, J.E. (2005): Erkrankungen im Puerperium, Geburtsverletzungen und deren Operationen, In: Reproduktionsmedizin beim Pferde, Hrsg. v. AURICH, C., S. 209–224, Stuttgart.

BACK, W. (2008): Hufrehe – Wenn Phenylbutazon immer noch die Antwort ist, was ist dann die Frage?, In: Internationales Hufrehesymposium vom 11.-13. November 2008 an der FU Berlin, keine Seitenangaben, Berlin.

BÄUMLER, S. (2007): Heilpflanzenpraxis heute, München.

BARTMANN, C.P.; BAUMS, C.; JOBST, D.; VERSPOHL, J.; AMTSBERG, G.; DEEGEN, E. (2006): Prophylaxe bei der Typhlocolitis des Pferdes, In: Praktischer Tierarzt, Heft 3, S. 198–202, Hannover.

BIERNAT, J.; RASCH, K. (2003): Der Weg zum gesunden Huf, Cham.

BOTHE, C. (2001): Effekte unterschiedlicher Stärketräger und deren Bearbeitung auf die postprandiale Glucose- und Insulinreaktion beim Pferd, Diss., Hannover.

BRADARIĆ, Z. (2012): Untersuchung zum Equinen Cushing Syndrom und Prüfung der Wirksamkeit von Vitex agnus-castus (Mönchspfeffer) bei der Behandlung des Equinen Cushing Syndroms, Diss., Berlin.

BRADARIĆ, Z.; May, A.; Gehlen, H. (2013): Use of the chasteberry preparation Corticosal® for the treatment of pituitary pars intermedia dysfunction in horses, In: Pferdeheilkunde, Heft 6, S. 721-728.

BRADE, W.; DISTL, O.; SIEME, H.; A. ZEYNER, A. (2011): Pferdezucht, -haltung und -fütterung - Empfehlungen für die Praxis, In: Landbauforschung - vTI Agriculture and Forestry Research, Sonderheft 353.

BROSIG, S. (2013): Ingwer, Meerrettich und Süßholz in der Pferdefütterung – Nahrungsmittel als wirksame Medizin, 4. erg. und überarb. Auflage, Norderstedt.

BRÜNS, Christina (2001): Diagnose und Therapieverlauf des equinen Cushing Syndroms – Rolle des endogenen ACTH, Diss., Hannover.

BUCHNER, H.H.F. (2008): Unterstützende Therapie am Huf bei der Hufrehe: Biomechanische Prinzipien und Validierung von orthopädischen Maßnahmen am Huf, In: Internationales Hufrehesymposium vom 11.–13. November 2008 an der FU Berlin, keine Seitenangaben, Berlin.

BUDA, S.; HIRSCHBERG, R. (2005): Die Bedeutung der Blut- und Nervenversorgung für die Pathogenese und Therapie der Hufrehe, In: Pferdeheilkunde, Heft 4, S. 349–350, Stuttgart.

BUDRAS, K.-D.; HUSKAMP, B. (1999): Belastungshufrehe – Vergleichende Betrachtungen zu anderen systemischen Hufreheerkrankungen. In: Pferdeheilkunde, Heft 2, S. 89–110, Stuttgart.

BUDRAS, K.-D.; SCHEIBE, K.; PATAN, B.; STREICH W. J.; KIM, K. (2001): Laminitis in Przewalski horses kept in a semireserve, In: Journal of Veterinary Sciences, Nr. 1, S. 1–7.

BUDRAS, K.-D.; PATAN, B. (2003): Segmentspezifitäten am Pferdehuf. Teil 1 – Struktur und Funktionsvarianten, In: Pferdeheilkun-de, Heft 1, S. 58–64, Stuttgart.

BUDRAS, K.-D.; PATAN, B. (2003): Segmentspezifitäten am Pferdehuf. Teil 2 – Zusammenhang zwischen Hornstruktur und mechanisch-physikalischen Horneigenschaften in den verschiedenen Hufsegmenten, In: Pferdeheikunde, Heft 1, S. 177–184, Stuttgart.

BUDRAS, K.-D.; KÖNIG, H. (2005): Pathogenese und Ätiologie der Hufrehe In: Pferdeheilkunde Heft 4, S. 344–345, Stuttgart.

BUSSANG, H.; VAN DAMSEN, B. (2012): Wohlstandskrankheiten unserer Pferde, Stuttgart.

BYRNES, S. E.; BRAND MILLER, J. C.; DENYER, G. S. (1995): Amylopectin starch promotes the development of insulin resistance in rats, In: The Journal of Nutrition, Nr. 6, S. 1430–1437.

CAROLL, C.L.; HUNTINGTON, P.J. (1988): Body condition scoring and weight estimation of horses, Equine veterinary Journal, Heft 1, S. 41–45.

CARSLAKE, H.B.; ARGO, C.; PINCHBECK, G.L.; DUGDALE, A.H.A.; McGOWAN, C.M.(2018): Insulinaemic and glycaemic responses to three forages in ponies, In: The Veterinary Journal, volume 235, S. 83-89.

COENEN, M. (2008a): Richtig Füttern für einen gesunden Bewegungsapparat, Vortrag beim Sachkundelehrgang Pferd am 11. Oktober 2008 im Landgestüt Moritzburg, Sächsische Landesanstalt für Landwirtschaft des Freistaats Sachsen.

COENEN, M. (2008b): Fütterungsbedingte ätiologische Aspekte der Hufrehe, In: Internationales Hufrehesymposium vom 11.–13. November 2008 an der FU Berlin, keine Seitenangaben, Berlin.

COENEN, M. (2010): Kann man durch die Fütterung Hufproble-me erzeugen oder auch beseitigen? In: 4. Huftagung der DHG e.V. für Tierärzte und Hufbearbeiter in Leipzig, S. 15–17, Mahlis.

COENEN, M.; VERVUERT, I. (2002): Risiko Gras – Realität oder übertriebene Befürchtung? In: Pferdeheilkunde, Heft 6, S. 544–546, Stuttgart.

COPAS, V. E. N.; DURHAM, A. E. (2012): Circannual variation in plasma adrenocorticotropic hormone concentra-

tions in the UK in normal horses and ponies, and those with pituitary pars intermedia dysfunction, In: Equine Veterinary Journal, Heft 4, S. 440–443.
DAHLHOFF, S. (2003): Fruktangehalt im Gras von Pferdeweiden während der Weidesaison 2002, Diss., Hannover.

D'ARPE, L. (2008): Ist Hufrehe immer noch der gültige Begriff für diese Krankheit oder sollten wir zwischen Corionitis der Wand- und Sohlenlederhaut unterscheiden? In: Internationales Hufrehesymposium vom 11.–13. November 2008 an der FU Berlin, keine Seitenangaben, Berlin.

D'ARPE, L. (2009): Aktuelles, In: Der Huf , Heft 4, S. 36, Malèves-Ste-Marie.

de LAAT, M.A.; McGREE, J.M.; SILLENCE, M.N. (2016): Equine hyperinsulinemia: investigation of the enteroinsular axis during insulin dysregulation. American Journal of Physiology-Endocrinology and Metabolism, Volume 310, issue 1, S.E61-E72.

DOHNE, W. (1991): Biokinetische Untersuchungen am Huf des Pferdes mittels eines Meßkraftschuhes, Diss., Hannover.

DONALDSON, M.T.; MC DONNELL S.M.; SCHANBACHER, B.J.; LAMB, S.V.; MC FARLANE D.; BEECH, J. (2005): Variation in plasma adrenocorticotropic hormone concentration and dexamethasone suppression test results with season, age and sex in healthy ponies and horses, In: Journal of veterinary internal medicine, Heft 2, S. 217–222.

EFSA (2009): Scientific Opinion of the Panel on Additives and Products or Substances used in Animal Feed (FEEDAP) on a request from the European Commission on the safety and efficacy of the product ColiCure (Escherichia coli) as a feed additive for horses., In: The EFSA Journal, 989, S. 1–14.

ELLIOTT, M. (2001): Cushing's Disease: a new approach to therapy in equine and canine patients, In: British Homeopathic Journal, Heft 1, S. 33–36.

FELDHAUS, K. (2005): Die Hufrehe (Pododermatitis aseptica diffusa) des Pferdes – ein Beitrag zur Geschichte der Haustierkrankheiten, Diss., Berlin.

FASSHAUER, M.; KLEIN, J.; BLÜHER, M.; PASCHKE, R.(2004): Adipokine: Mögliches Bindeglied zwischen Insulinresistenz und Adipositas, In: Deutsches Ärzteblatt, Jg. 101, Heft 51–52, S. 3491–3495,
Köln

FUGLER, L.A. (2009): Matrix metalloproteinases in the equine systemic inflammatory response: Implications for equine laminitis, Diss., Louisiana.

FREESTONE, J.F.; BEADLE, R.; SHOEMAKER, K.; BESSIN, R.T.; WOLFSHEIMER, K.J.; CHURCH, C. (1992): Improved insulin sensitivity in hyperinsulinaemic ponies through physical conditioning and controlled feed intake, In: Equine Veterinary Journal, Heft 3,
S. 187–190.

FRENCH, K.R.; POLLITT, C.C. (2004): Equine Laminitis: Loss of hemidesmosomes in hoof secondary epidermal lamellae correlates to dose in an oligofructose induction model: an ultrastructural study, In: Equine Veterinary Journal, Heft 3, S. 230–235.

GACHNIAN, R.; ASSENOW, I. (1990): Heilpflanzen in der Veterinärmedizin, Schorndorf.

GERHARDS, H. (2012): Hufrehe infolge der Behandlung mit entzündungshemmenden Medikamenten, In: 20. Hufbeschlagtagung für Hufschmiede und Tierärzte, Berlin, S. 37-42.

GERHARDS, H. (2008): Iatrogene Hufrehe, In: Internationales Hufrehesymposium vom 11.–13. November 2008 an der FU Berlin, keine Seitenangaben, Berlin.

GEOR, R.J.; HARRIS, P. (2003): Dietary Management of the Obese Horse, In: Current Therapie in Equine Medicine, Hrsg. v. ROBINSON, N.E.; SPRAYBERRY, K.A., S. 59–64, St. Louis.

GRABNER, A. (2008): Das Metabolische Syndrom: Überblick und Diagnose, In: Internationales Hufrehesymposium vom 11.–13. November 2008 an der FU Berlin, keine Seitenangaben, Berlin.

HAMPSON, B. (2017): Hufrehe bei halbwilden Pferden und Wildpferden – traumatisch
oder durch Insulinresistenz verursacht?, In: 11. Huftagung der DHG e.V. für Tierärzte und Hufbearbeiter in Leipzig, S. 88-90, Mahlis.

HIRSCHBERG, R.; BUDRAS, K.D.; HINTERHOFER, C. (2008): Gefäße und Nerven am Huf – Anatomie und klinische Bedeutung, In: Der Praktische Tierarzt, Heft 12 (Suppl. 6), S. 4–12, Hannover.

HÖPPNER, S.; HERTSCH, B. (2006): Therapiekonzepte bei der Hufrehe des Pferdes, In: Vet-MedReport, Sonderausgabe V1 zur 19. Ar-
beitstagung der Fachgruppe Pferdekrankheiten in Hannover vom 10.–11.2.2005, Jg. 30, S. 1–2, Berlin.

JACOB, S.I.; GEOR, R.J.; WEBER, P.S.D., HARRIS, P.A.,

McCUE, M.E. (2018): Effect of dietary carbohydrates and time of year on ACTH and cortisol concentrations in adult and aged horses. In: Domestic Animal Endocrinol, volume 63, S. 15-22.

JAMPERT, G. (2008): Die Huflehre von Dr. Hiltrud Strasser – Vom Vorurteil zur Pseudowissenschaft, In: Tierärztliche Umschau, Heft 11, S. 626–627, Konstanz.

JOHNSON, P.J.; MESSER, N.T.; BOWLES D.K.; SLIGHT, S.H.; GAN-JAM, V.K.; KREEGER, J.M. (2005): Glukokortikoide und Hufrehe beim Pferd, In: Pferdeheilkunde, Heft 1, S. 71, Stuttgart.

KEARNS, C. F.; Mc KEEVER, K. H.; ROEGNER, V.; BRADY, S.; MALINOWSKI, K. (2006): Adiponectin and leptin are related to fat mass in horses, In: The Veterinary Journal, Heft 3, S. 460–465.

KEKEWSKA, A. (2013): Untersuchung der fibrotischen Effekte des Dopaminagonisten Cabergolin an Herzklappen des Schweins, Diss., Berlin.

KELLON, E. (2000): Herbal offers hope for Cushing's syndrome, In: Horse Journal, Heft 12, S. 3–7.

KLUNDER, P. (2000): Physikalische Auswirkung der Trachtenhochstellung am Huf des Pferdes, Diss., Berlin.

KÖRNER, J.; HERTSCH, B. (2008): Ursache, Formen, Dia-

gnose und Behandlung der nichteitrigen und eitrigen Huflederhautentzündung (außer Hufrehe), In: Praktischer Tierarzt, Heft 4, S. 288–297, Hannover.
KRZYWANEK, H. (2006): Leitungsphysiologie, In: Handbuch Pferdepraxis, Hrsg. v. DIETZ, O.; HUSKAMP, B., S. 34–59, Stuttgart.

KUHNE, F. (2003): Tages- und Jahresrhythmus ausgewählter Verhaltensweisen von Araberpferden in ganzjähriger Weidehaltung unter besonderer Berücksichtigung von Klima- und Fütterungsbedingungen, Diss., Berlin.

LONGLAND, A.C.; BYRD, B.M. (2006): Pasture Nonstructural Carbohydrates and Equine Laminitis, In: The Journal of Nutrition, Heft 7, Supplement, S. 2099–2102.

Mc GOWAN, C.M.; NEIGER, R. (2003): Efficacy of Trilostane in the Management of Equine Cushing's Disease, In: Equine Veterinary Journal, Heft 4, S. 414–418.

MEYER, H. (1995): Pferdefütterung, Berlin, Wien.

MORGAN, R.A.; KEEN J.A.; HOMER, N.; NIXON, M.; McKINNON-GARVIN, A.M.; MOSES-WILLIAMS, J.A.; DAVIS, S.R.; HADOKE P.W.F.; WALKER, B.R. (2018): Dysregulation of Cortisol Metabolism in Equine Pituitary Pars Intermedia Dysfunction, In: Endocrinology, volume 159, S. 3791-3800.

MOYER, W.; SCHUMACHER, J.; SCHUMACHER, J.; CARTER G. K. (2008): Are Drugs Effective Treatment for Horses With Acute Laminitis? In: Proceedings of the 54th Annual Convention of the American Association of Equine Practitioners December 6–10, 2008, San Diego, California, AAEP proceedings, volume 54, S. 337–340.

NEUBERT, D. (2009): Equines Cushing-Syndrom. Teil 3: Diagnostik bei Cushing- und Rehepatienten, In: HundKatzePferd, Heft 1, S. 42–44, Darmstadt.

PAUL, N. (2017): Der metabolische Hufrehepatient - Verursacht Insulin eine Überproliferation der Hornkapsel? In: 11. Huftagung der DHG e.V. für Tierärzte und Hufbearbeiter in Leipzig, S. 79-84, Mahlis.

PELLMANN, R. (1995): Struktur und Funktion des Hufbeinträgers beim Pferd, Diss., Berlin.

PICHON, S.; GEHLEN, H. (2017): Pituitary Pars Intermedia Dysfunction (PPID) – Korreliert die Höhe der gemessenen ACTH-Konzentration mit der Ausprägung der klinischen Symptomatik? In: Pferdeheilkunde, Heft 1, S. 548-562, Stuttgart.

PLUMHOFF, M.-S. (2004): Bildung (Menge und Dynamik) von Fermentationsprodukten von Futtermitteln mit unterschiedlichen Gehalten an fermentierbaren Kohlenhydraten in einem in-vitro System mit Faeces von Pferden, Diss., Hannover.

POLLITT, C. C. (1999b): Farbatlas Huf. Anatomie und Klinik. Bearbeitet und übersetzt von Klaus-Dieter Budras und Bodo Hertsch, Hannover.

POLLITT, C. C. (2008a): Zum aktuellen Stand der Pathogenese der Hufrehe, In: Internationales Hufrehesymposium vom 11.–13. November 2008 an der FU Berlin, Pollitt 1, keine Seitenangaben, Berlin.

POLLITT, C. C. (2008b): Das Feuer löschen: Hufrehe vorbeugen, In: Der Huf, Heft 4, S. 6–15, Malèves-Ste-Marie.
POLLITT, C. C.; PASS, M.A.; POLLITT, S. (1998): Batimastat (BB-94) inhibits matrix metalloproteinases of equine laminitis, In: Equine Veterinary Journal, Supplement, S. 119–124.

POLLITT, C. C.; van EPS, A.W. (2008): Vermeidung von Hufrehe durch Kälteanwendung an der distalen Gliedmaße, In: Internationales Hufrehesymposium vom 11.–13. November 2008 an der FU Berlin, Pollitt 2, keine Seitenangaben, Berlin.

POLLITT, C.C. (2017a): Exkurs zur Hufanatomie aus der Perspektive der Hufrehe: ein 3D-Ansatz, In: 11. Huftagung der DHG e.V. für Tierärzte und Hufbearbeiter in Leipzig, S. 20-26, Mahlis.

POLLITT, C.C. (2017b): Die Hufrehe im Detail, In: 11. Huftagung der DHG e.V. für Tierärzte und Hufbearbeiter in Leipzig, S. 70-78, Mahlis.

POLLITT, C.C. (2017c): Optimales Management der Hufreheerkrankungl, In: 11. Huftagung der DHG e.V. für Tierärzte und Hufbearbeiter in Leipzig, S. 113-119, Mahlis.

POLLMANN, U. (2003): Einfluss der Strukturierung des Liegebereichs einer Gruppenauslaufhaltung auf das Verhalten der Pferde, In: Tagungsband der DVG Fachgruppen Tierschutzrecht und Tierzucht, Erbpathologie und Haustiergenetik, S. 71–75, Gießen.

PONGRATZ, M. C.; GRAUBNER, C.; WEHRLI ESER, M. (2010): Equines Cushing Syndrom - Wirkungen einer Langzeittherapie mit Pergolid, In: Pferdeheilkunde, Heft 4, S. 598-603.

PRATT, S.E.; GEOR; R.J.; Mc CUTCHEON L.J. (2006): Effects of dietary energy source and physical conditioning on insulin sensitivity and glucose tolerance in standardbred horses, In: Equine Veterinary Journal, Heft 4, S. 579–584.

RANNER, S. (2001): Vergleichende Betrachtungen zum equinen und caninen Cushing-Syndrom. Eine Literaturstudie mit Fallanalyse beim Pferd, Diss., München.

RASCH, K. (2008): Das Potenzial der Huforthopädie bei der Therapie der Rehe, In: Tierärztliche Umschau, Heft 11, S. 628–630, Konstanz.

RASCH, K. (2009): Zwei paar Stiefel – die Problematik der unterschiedlichen Vorderfußwinkelung beim Pferd, In: 3. Huftagung der DHG e.V. für Tierärzte und Hufbearbeiter in Leipzig, S. 29–37, Mahlis.

RASCH, K. (2010): Blutegeltherapie bei Hufrehe der Pferde – Ergebnisse einer bundesweiten Studie, In: Zeitschrift für Ganzheitliche Tiermedizin, Nr. 1, S. 24–29.

RASCH, K. (2013): Problemlos Eisenlos – Wege zum Barhuf, Stuttgart.

RASCH, K. (2017): Das Potential des Barhufes bei der Sanierung von Hufreheschäden, In: 11. Huftagung der DHG e.V. für Tierärzte und Hufbearbeiter in Leipzig, S. 121-137, Mahlis.

RECJKNAGEL, S. (2017): Pituitary Pars Intermedia Dysfunction (PPID): Aktuelles zur Pathophysiologie, Diagnostik und Therapie, In: 11. Huftagung der DHG e.V. für Tierärzte und Hufbearbeiter in Leipzig, S. 161-166, Mahlis.

REINHOLZ, J. (2000): Analytische Untersuchungen zu den Alkaloiden Lolitrem B und Paxillin von Neotyphodium lolii und Lolium perenne, in vivo und in vitro, Diss., Paderborn.

SCHMENGLER, U. (2013): Effekte der L-Carnitinsupplementierung auf das metabolische Profil adipöser und insulinresistenter Ponys im Verlaufe einer mehrwöchigen Körpergewichtsreduktion, Diss., Leipzig.

SCHNITKER, P.; SCHEIBE, K.; BUDRAS, K.-D. (2005): Grasrehe bei Urwildpferden (Equus ferus przewalski), In: Pferdeheilkunde, Heft 4, S. 351, Stuttgart.

SCHRAMM, E.; SCHWARZ, A.; ALBER, H.; ALBER, G. (2018): Effekte des Wirkstoffkomplexes in Corticosal® bei 177 Pferden mit PPID im Rahmen einer deutschlandweiten retrospektiven tierärztlichen Fragebogenanalyse, In: Pferdeheilkunde, Heft 6, S. 538-549, Stuttgart.

SCHRÖER, N.; ALBER, G. (2012): Der Mönchspfeffer (Vitex agnus-castus L.) – Behandlungsalternative beim Equinen Cushing Syndrom?, In: Zeitschrift für ganzheitliche Tiermedizin, Heft 4, S. 128-131.

SCHULZE, M. (2003): Thermographie am Huf, Diss., Berlin.

SCHWARZ, B. (2009): Das Equine Cushing Syndrom, In: CVE, Heft 4, S. 1–25, Gnarrenburg.

SCHWIERCZENA, H.-J. (2003): Biologische Behandlung des equinen Cushing-Syndroms bei älteren Pferden, In: Biologische Tiermedizin, Heft 1, S. 14–17, Baden-Baden

SOMMER, K. (2003): Das Equine Cushing-Syndrom: Entwicklung eines ACTH-Bioassays für die Ermittlung des biologisch-immunreaktiven Verhältnisses von endogenem ACTH in equinen Blutproben, Diss., Hannover.

SOUFAN, W. (2008): Untersuchungen auf wasserlösliche Kohlen- hydrate, Ertragsleistung und Inhaltsstoffe bei Futtergräsern zur Verbesserung der Verdaulichkeit, Diss., Göttingen.

STEWART-HUNT, L.; GEOR, R.J.; Mc CUTCHEON L.J. (2006): Effects of short-term training on insulin sensitivity and skeletal muscle glucose metabolism in standardbred horses, In: Equine Veterinary Journal, Supplement, S. 226–232.

STASHAK, T.S. (1989): Adams Lahmheit bei Pferden, Alfeld, Hannover.

SYNLAB LABORDIENSTLEISTUNGEN (2009): Fachinformation Equines Cushing Syndrom (ECS), Internet: http://www.synlabvet.de/fileadmin/synlab-vet/pdf/equines_cushing _syndrome_ecs.pdf

TILEY, H.A.; GEOR, R.J.; MC CUTCHEON L.J. (2008): Einfluss von Dexamethason auf die Glukose-Dynamik und Insulinsensitivität bei gesunden Pferden, In: Pferdeheilkunde, Heft 1, S. 139–140, Stuttgart.

VANSELOW, R. (2008a): Giftige Gräser auf Pferdeweiden. Resistenzen durch Endophyten als verborgene Dienstleister – Risiken für die Tiergesundheit, Westarp Wissenschaften, Hohenwarsleben.

VANSELOW, R. (2008b): Rehegefahr aus dem Gras durch giftige Resistenzen, In: 2. Huftagung der DHG e.V. für Tierärzte und Hufbearbeiter in Leipzig, S. 21–24, Mahlis.

VERVUERT, I. (2008a): Management des metabolischen Syndroms beim Pferd, In: 2. Huftagung der DHG e.V. für Tierärzte und Hufbearbeiter in Leipzig, S. 17–20, Mahlis.

VERVUERT, I. (2008b): Ausgewählte nutritiv bedingte Probleme beim Pferd, In: Tierärztliche Praxis, Heft 2, S. 131–138, Stuttgart.

VICK, M.M.; MURPHY, B.A.; SESSIONS, D.R.; REEDY, S.E.; KENNEDY, E.L.; JHOROHOV, R.F.; COOK, R.F.; FITZGERALD, B.P. (2008): Auswirkung einer systemischen Entzündung auf die Insulin-Sensitivität und die entzündliche Cytokin-Expression im Fettgewebe bei Pferden, In: Pferdeheilkunde, Heft 3, S. 493f., Stuttgart.

VOIGT, K. J. (2006): Effekte verschiedener Futtermittel und -bearbeitungsformen auf die postprandiale Glucose- und Insulinreaktion sowie auf die Wasserstoff- und Methanexhalation beim Pferd, Diss., Hannover.

van WEYENBERG, S.; HESTA, M.; BUYSE, J.; JANSSENS, G.P.J. (2008): The effect of weight loss by energy restriction on metabolic profile and glucose tolerance in ponies, In: Journal of animal physiology and animal nutrition, Heft 5, S. 538–45.

WIESENHOFER, G.; BUCHNER, H.H.F. (2010): Wirkung von Kryotherapie in Form von Icepacks auf die Oberflächentemperatur von Hufen – Eine Möglichkeit der Prophylaxe/Therapie akuter Hufrehe? In: DVG, 21. Arbeitstagung der Fachgruppe Pferdekrankheiten am 12./13. März 2010 in Hannover, S. 41.

WINKELSETT, S.; VERVUERT, I. (2008): Tierschutzaspekte bei der Prophylaxe und Therapie der Hufrehe, In: Deutsche Tierärztliche Wochenschrift, Heft 3, S. 106–113, Hannover.

WISEMAN, C. E.; HIGGINS, J. A.; DENVER, G. S.; BRAND MILLER, J. C. (1996): Amylopectin starch induces nonreversible insulin re-sistance in rats, In: The Journal of Nutrition, Nr. 2, S. 410–415.

WLASCHITZ, S. (2007): Das Equine Metabolische Syndrom, In: Wiener Tierärztliche Monatsschrift, Heft 1/2, S. 10–15, Wien.

Internetquellen

AOK (2009): Cushing-Syndrom, Hyperkortisolismus, Morbus Cushing, (Zugriff am 17. Mai 2010) http://www.aok.de/bund/tools/medicity/diagnose.php?icd=2090

BEECH, J.; DONALDSON, M.T.; LINDBORG, S. (2002): Comparison of Vitex agnus castus Extract and Pergolide in Treatment of Equine Cushing's Syndrome, (Zugriff am 17. August 2009) http://www.ivis.org/proceedings/aaep/2002/910102000175.PDF

BINGOLD, C.A.: Metabolisches Syndrom (Zugriff 10. Mai 2014) http://equivetinfo.de/html/metabolisches_syndrom.html

CLINIPHARM (Institut für Veterinärpharmakologie und –toxikologie): Pergolid – Unerwünschte Wirkungen (Zugriff am 14. April 2014) http://www.vetpharm.uzh.ch/reloader.htm?wir/00006610/4221_07.htm?wir/00006610/4221_00.htm

DIAVET (2009): Aus dem Labor für die Praxis. Das equine CushingSyndrom, (Zugriff am 31. Juli 2008) http://www.diavet.ch/d/publikationen/pdf/91.pdf

DURHAM, A.; SHREEVE, H. (2017): Horse-Factors Influencing the Seasonal Increase in Plasma ACTH Secretion (Zugriff am 23. Februar 2019) https://sites.tufts.edu/equineendogroup/files/2017/01/2017-Equine-Endocrinology-Summit-D-Russell-Havemeyer-Foundation.pdf

van EPS, A.W.; WALTERS, L.J.; BALDWIN, G.I.; Mc GARRY, M.; POLLITT Ch. C. (2004): Distal Limb Cryotherapy for the Prevention of Acute Laminitis, In: Clinical Techniques in Equine Practice, Heft 1, S. 64–70, (Zugriff am 23. September 2009) http://www.laminitisresearch.org/down-loads/chrispollitt_AanEpsetal(2004) DistalLimbCryotherapy.pdf

EUSTACE, R.; EMERY S.L. (2009): The laminitis trust equine cushing's disease trial. Report on a trial to study the use of Vitex agnus castus extract (Vitex4 Equids) on cases of Equine Cushing's Disease, (Zugriff am 17. August 2009) http://www.laminitis.org/Vitex%20trial.html

HARRIS, P.; BARFOOT, C.; LONGLAND, A. (2009): Laminitis study questions safety of soaked hay http://www.vetsonline.com/news/latest-headlines/laminitis-study-questions-safety-of-soaked-hay.html

HÖPPNER, S. (2007): Hufrehe – Aktuelle Behandlungskonzepte, In: 10. Kongress für Pferdemedizin und -therapie von 11.–13. Dezember 2007, Geneva, (Zugriff am 16. November 2009) http://www.ivis.org/proceedings/geneva/ 2007/p173_177_Hoppner.pdf

LABOKLIN (2011): Endokrinopathien beim Pferd (Zugriff am 14. April 2014) http://www.laboklin.de/pdf/de/news/laboklin_aktuell/lab_akt_1103.pdf

LABOKLIN (2019) Endokrinologie des mittelalten und alten Pferdes (Zugriff am 23. Februar 2019) https://laboklin.com/hr/vetinfo/further-lab-infos/horse-mailings/2019/january/

MEDKNOWLEDGE (2004): Herzklappen-Schaden durch Pergolid (Parkotil) (Zugriff am 14. April 2014) http://www.medknowledge.de/abstract/med/med2004/04-2004-25-parkinson-da.htm

MEIER, A.; REICHE, D.; deLAAT, M.; POLLITT, Ch.; WALSH, D.; SILLENCE, M. (2018): The sodium-glucose co-transporter 2 inhibitor velagliflozin reduces hyperinsulinemia and prevents laminitis in insulin-dysregulated ponies (Zugriff am 31.Januar 2019), https://doi.org/10.1371/journal.pone.0203655

MOLL, E. (2009): Sanfte Rosskur fürs Cushing-Syndrom, (Zugriff am 5. September 2009) http://www.hippolytshop.com/futterjournal/200801/medizin.htm

PFERDEWIKI (2009): Cushing (Zugriff am 9. Februar 2014) http://www.pferdewiki.de/wiki/Cushing

POLLITT, C. C. (o. J.): Chapter 5 – Laminitis current concepts, Equine Laminitis in Australia, (Zugriff am 4. November 2009)
http://www.uq.edu.au/~apcpolli/downloads/chrispollitt_5_Laminitis_Current_Concepts.pdf

POLLITT, C. C. (o. J.): Chapter 9 - Laminitis medical therapy, Equine Laminitis in Australia, (Zugriff am 4. November 2009)
http://www.uq.edu.au/~apcpolli/downloads/chrispollitt_9_Laminitis_Medical_Therapy.pdf

POLLITT, C. C. (1999a): Equine laminitis: A revised pathophysiology, (Zugriff am 4. November 2009)
http://www.uq.edu.au/ ~apcpolli/downloads/chrispollitt_equinelaminitis_revised_patho-physiology.pdf

RISTOW, M.; ZARSE, K.; OBERBACH, A.; KLÖTING, N.; BIRRINGER, M.; KIEHNTOPF, M.; STUMVOLL, M; KAHN, R; BLÜHER, M. (2009): Antioxidants prevent health-promoting effects of physical exercise in humans, (Zugriff am 17. August 2009)
http://www.pnas.org/-content/early/2009/05/11/0903485106.full.pdf+html

SILLENCE, M.; ASPLIN, K.; POLLITT, C.C.; McGOWAN, C. (2007): What Causes Equine Laminitis? The role of impaired glucose uptake, (Zugriff am 26. Februar 2008)
https://rirdc.infoservices. com.au/downloads/07-158.pdf

von SCHÖNAU, M. (2003): Gesundheitlicher Einfluss durch den Verzehr von Vollkornprodukten, Zürich, (Zugriff am 19. Juni 2009)
https://www.nb.inw.agrl.ethz.ch/education/old_semester/human_2003_pdf/von_schoenauSA2003.pdf

VPT (2010): Institut für Veterinärpharmakologie und -toxikologie, (Zugriff am 23. Mai 2009)
http://vptserver1.uzh.ch/reloader.htm?wir/UC000000/0000_07.htm?wir/UC000000/0000_00.htm

WALSH, D. M. (2007): Obesity and Laminitis. What can be done? (Zugriff am 24. Febraur 2009)
http://www.homestead veterinary. com/ObesityandLaminitis.WhatCanBeDone.DonaldMWalshDVM.pdf